国家社会科学基金项目"明清山东运河河政、河工与区域社会研究（编号：16CZS017）"结项成果

聊城大学学术著作出版基金资助

国家社科基金丛书
GUOJIA SHEKE JIJIN CONGSHU

明清山东运河河政、
河工与区域社会研究

Research on Canal Administration, River Engineering,
and Regional Society in Shandong during the Ming and Qing Dynasties

郑民德 著

人民出版社

目　录

绪　　论

一、研究目的与意义

中国大运河始凿于春秋时期,距今已有 2500 余年的历史,包括隋唐大运河、京杭大运河、浙东运河三部分,是世界上最伟大的水利工程之一,也是中国古代劳动人民勤劳、智慧的结晶,一部运河史即半部中华文明史,大运河影响中国社会政治、经济、文化长达数千年之久,直到今天依然在航运、灌溉、旅游、生态方面发挥着重要作用。在中国运河漫长的历史变迁过程中,山东运河在其中占有重要地位,从春秋时期吴王夫差在山东境内首凿菏水,其后战国、东晋、隋唐、宋金屡开山东运河,至元代随着济州河、会通河、胶莱运河的开挖,山东运河开挖长度、分布地域、功能作用不断扩大,成为了京杭大运河的重要组成部分。明清两朝随着河政、漕运制度的完善,山东运河更成为了北接京津、南通江淮的漕运要道,对于保障南粮北运、商货转输、文化交流发挥了巨大作用,有力地维护了王朝的统治与国家的统一。

明清山东运河的重要性主要体现在四个方面:首先,从地理位置上看,山东运河位于京杭大运河中部,居全河之中枢,长度 600 余公里,占京杭大运河总长度的三分之一强,加之运河最高点位于山东汶上县南旺镇,因此山东运河是否贯通直接影响到国家漕运能否正常运转。其次,从科技水平看,山东运河几乎完全为人工开凿,施工难度大,水源极为匮乏,为充分利用沿线河流、湖泊,建有大量的闸坝、堤埝、水柜、桥涵等水工设施,并开挖减河以泄洪、疏浚泉源以济运,其河工建设之频率、水工设施之众多、科技水平之高超,在中国水利史上都占有重要地位,为后世积累了丰富的治水经验。再次,从政治地位上讲,明清两代河道总督驻山东济宁,统筹全河事务,大量中央下辖的工部、户部衙门分布于济宁、临清、张秋、宁阳、南旺等地,掌管河道、闸座、泉源、漕船、税收、贡砖、仓储等事务,这对于提高山东运河的政治地位,促进沿线市镇崛起及商品流通有着重要意义。最后,从黄运关系上看,明清两朝山东黄运关系极为复杂,一方面黄河屡次冲决山东运道,导致漕运不通,河工频举,另一方面因运河水源匮乏,又屡次借黄行运、引黄济运,因此通过对明清山东黄运关系的研究与探讨,可以为当今的黄河治理、运河复航提供参考与借鉴。

目前关于中国运河史的研究主要集中在河道历史变迁、漕运制度、城市与商业、民俗与信仰诸方面,多数成果从宏观上对中国大运河的沿革及其社会影响进行了探讨,而关于沿运地区的微观研究相对较少,更缺乏对运河与区域社会互动关系的深入分析。因此,通过对明清山东运河河政、河工与区域社会的研究,一方面可以挖掘山东深厚的运河文化底蕴,探讨明清运河对山东区域生态环境、人文环境的影响,总结国家、地方社会、不同人群在运河变迁中的地位与作用,分析运河变迁的规律及社会影响。另一方面要"以史为鉴"、"以史为镜",深入挖掘山东运河的文化内涵,在保护好、传承好、利用好相关文化遗产的同时,积极对接国家战略与地方规划,突出山东运河优势与特色,实现运河文化与黄河文化、泰山文化、儒家文化、水浒文化的融会贯通,努力做到运河利用与经济发展、文旅融合、生态协调、乡村振兴的结合,打造"鲁风运河"文化品牌,建设好山东省大运河国家文化公园。

二、学术史回顾

目前关于中国大运河的研究已经取得了丰硕的成果,并且逐渐由单纯的历史学、文献学、社会学、民俗学等方面的探讨向综合学科、交叉学科的方向发展,同时运河生态、文化遗产、文旅融合也引起了学界与社会的广泛重视,运河研究已成为学界的热点与重点。从历史学角度看,关于明清山东运河河政、河工与区域社会的研究主要分布于运河史、漕运史的相关论著中,这些论著又分为专题研究与综合研究两个方面,下面分别进行梳理与介绍。

(一)专题研究

关于明清山东运河史的专题研究已有相当数量的论著出现,其往往涉及河政、河工、漕运、商业、市镇、民俗、信仰等方面的内容,这些前期成果对本书的写作起到了借鉴与参考作用。许檀的《明清时期山东商品经济的发展》一书不但对明清山东商品经济发展的生态环境与历史背景、生产结构调整与经济布局优化、非土地资源的开发与利用、商品流通、山东经济发展水平与趋势进行了全面的研究与探讨,而且对运河沿线商业城镇的分布、类型、数量、层级及商品市场予以统计与分析,揭示了山东运河城镇的发展特点与规律。[①] 王云全面考察了明清山东运河区域社会变迁的历史动因,指出其动力主要是交通环境改善、漕运政策和对其他区域多种文化的吸纳融合,并总结出该地区在社会变革过程中所表现的大起大落类似马鞍形的发展趋势,书中对山东运河的历史变迁、漕运与仓储、城镇与商业、民俗与信仰多有论述。[②] 王云、李泉从山东运河的历史变迁入手,对古代山东运河的管理与治理、漕粮与漕仓、漕船夹带与南北贸易、运河城镇、商人商帮、文化交流、民风与习俗、宗教与信仰诸方面进行了解析,探究了历史时期山东运河的文化现象、变迁过程及其原因。[③] 张礼恒、吴欣、李德楠的《鲁商与运河商业文化》一书对山东运河的开凿过程、运河区域商品经济发展、鲁商精神与运河商业文化、运河兴衰与鲁商流

① 许檀:《明清时期山东商品经济的发展》,中国社会科学出版社 1998 年版。
② 王云:《明清山东运河区域社会变迁》,人民出版社 2006 年版。
③ 李泉、王云:《山东运河文化研究》,齐鲁书社 2006 年版。

变进行了全面论述,深刻凸显了鲁商与运河区域社会之间的互动关系。① 杨
发源探讨了山东城市在清代的发展变迁,总结了山东城市在经济发展、城市建
设及城市空间布局等方面的特点,其中对运河城市及市场多有叙及。② 成淑
君以地方史志文献为依据,综合运用历史学、经济学、地理学等多学科研究方
法,对明代山东农业的生产环境、土地垦殖利用、农业种植结构调整、农业开发
局限等方面进行了全面深入的论述。③ 王宝卿以明清以来山东种植结构变迁
及其影响为研究对象,探讨了美洲粮食、经济作物引入中国的时间、路径及传
播过程,分析了美洲作物扩散的动因及其对社会经济发展的影响。④ 除明清
山东运河城镇、经济与商业、农业开发等方面的研究成果外,河工建设与民俗
文化方面的研究亦受到了学界的关注。王玉朋从清代山东运河河道工程、河
政制度、河夫征调、河工经费支出、河工经费来源等方面着眼,采用计量分析等
研究方法,对清代山东运河河工运作机制及河工经费筹支进行了深入探讨,揭
示了清代山东运河河工经费的运作程序。⑤《山东运河航运史》一书对历史时
期山东自然地理条件与水系分布、运河开凿与工程设施、造船技术与航运、经
济与商业发展、运河城镇与文化交流、河道管理与治理进行了全面的介绍,分
析了山东运河的开发与利用状况。⑥ 南旺分水枢纽作为京杭大运河上的核心
工程之一,对保障明清运河的畅通发挥了巨大作用,《济宁京杭运河及南旺枢
纽》一书对古代引水济运工程、南旺水利枢纽工程、运河闸坝工程进行了较为全
面的梳理与研究,揭示了南旺分水地位的重要性。⑦ 山东运河沿线的民俗与信
仰深受大运河的影响,深刻体现了运河与区域社会之间的互动关系。胡梦飞以

---

① 张礼恒、吴欣、李德楠:《鲁商与运河商业文化》,山东人民出版社 2010 年版。
② 杨发源:《清代山东城市发展研究》,湖北人民出版社 2013 年版。
③ 成淑君:《明代山东农业开发研究》,齐鲁书社 2006 年版。
④ 王宝卿:《明清以来山东种植结构变迁及其影响研究》,中国农业出版社 2007 年版。
⑤ 王玉朋:《清代山东运河河工经费研究》,中国社会科学出版社 2021 年版。
⑥ 山东运河航运史编纂委员会编:《山东运河航运史》,山东人民出版社 2011 年版。
⑦ 本书编委会:《济宁京杭运河及南旺枢纽》,中国水利水电出版社 2018 年版。

明清时期山东运河区域的民间信仰为研究对象,对民间信仰形成的社会环境、金龙四大王信仰的建构及影响、碧霞元君信仰与区域社会、关帝与龙神信仰、庙会及其功能进行了论述与探讨,归纳和总结了民间信仰的地域特色,分析了运河区域社会的发展脉络及运行规律。① 高建军基于山东运河民俗为视角,介绍了山东大运河的疏浚维护、闸座船只、仓储码头、客货运输以及运河两岸的商贸、饮食、艺术、信仰、风土人情等,较为系统地概述了山东运河民俗的大体状况。②

　　除著作外,学术界亦有相当数量的论文对明清山东运河及区域社会关系进行了探讨。邹逸麟通过对历史时期山东运河沿线地理面貌的分析,对山东运河的开凿及水源问题、河道变迁与闸坝设置、水柜与湖陆变化均进行了详细的论述,指出山东运河的根本问题是水源问题,黄河泛决是影响运河变迁的重要因素,山东运河的兴建严重影响了鲁西南地区的排水。③ 在山东运河河工研究上,刘德岑指出会通河始凿于元代,明代进行了大规模改造,统治者为保障南北漕运,不惜“逆河之性”,迫使黄河南流,并设置南旺分水及诸多闸座以节制水量,山东运河完全是一段人工创造的闸河。④ 李德楠指出明万历年间开凿山东泇河的目的是避黄,开凿过程中伴随着国家利益与地方利益的冲突,结果是导致了国家新运道的确立与徐州、台儿庄的兴衰更替。⑤ 高元杰从会通河引水工程演变中的水沙因素入手,分析了堽城坝及戴村坝的历史演变,总结出两坝由沙土坝到石坝的演变过程中水沙矛盾是其关键。⑥ 王玉朋在分析明清运河冬挑规制的基础上,指出清代山东运河冬挑用银实行了严格的限额

---

① 胡梦飞:《明清时期山东运河区域民间信仰研究》,社会科学文献出版社2019年版。
② 高建军:《山东运河民俗》,济南出版社2006年版。
③ 邹逸麟:《山东运河历史地理的初探》,《历史地理》1981年第1期。
④ 刘德岑:《元明时代会通河的沿革》,《西南师范学院学报》1957年第1期。
⑤ 李德楠:《国家运道与地方城镇:明代泇河的开凿及其影响》,《东岳论丛》2009年第12期。
⑥ 高元杰:《会通河引水工程演变中的水沙因素》,《华北水利水电学院学报》(社科版)2012年第4期。

政策,冬挑用夫实现了由金派向帮贴银、藩库正帑的转变。① 在河政管理研究方面,张艳芳对明代驻济宁的总理河道设立时间、历任官员、职责权限、功能作用等方面进行了考证,认为总河制的确立不仅对明代水路交通的发展极为有利,而且促进了商品经济的发展与政权的巩固。② 郑民德对清代驻济宁的河东河道总督建置与沿革、职责与功能、弊端与整顿进行了全面的分析,指出河东河道总督不仅负责黄运两河的管理与治理,而且对沿运地区的治安、军事防卫也有着重要的功能。③ 钟行明对明清山东运河水柜与船闸的管理运作进行了深入研究,从船闸与水柜的空间分布、管理机构设置、管理人员配备、运作程序等方面分析了船闸、水柜对运河的重要意义。④ 关于山东运河与区域社会的研究主要集中于市镇与商业、商人与商帮、民俗与信仰、生态环境与水利争端等方面。明清山东运河的贯通吸引了大量商人商帮的聚集,促进了沿线市镇的崛起与繁荣,王云对明清时期山东运河区域的商人会馆进行了统计,并就山东运河区域的徽商、山陕商人的经营地域、特点、行业种类、经商理念、社会关系进行了探讨,指出外地商人长期在山东运河区域的经营,不但改变了城镇的居民结构,而且促进了南北物资文化交流,带动了区域社会经济的发展。⑤ 许檀对明清时期临清的商业做了深入解析,指出临清的商业是为封建政府的国用军需服务的,也是为社会各阶层的消费需要服务的,其繁荣是南北经济发展不平衡的产物,并不是资本主义的商品流通。⑥ 郑民德从明清小说中的山东运河城市入手,对沿线城市的政治与交通、河政与漕运、商人与商业、生产与

① 王玉朋:《清代山东运河冬挑经费研究》,《农业考古》2021年第6期。
② 张艳芳:《明代总理河道考》,《齐鲁学刊》2008年第3期。
③ 郑民德:《略论清代河东河道总督》,《辽宁教育行政学院学报》2011年第3期。
④ 钟行明:《明清山东运河船闸的空间分布与管理运作》,《建筑与文化》2016年第5期。《明清山东运河水柜管理运作》,《建筑与文化》2016年第6期。
⑤ 王云:《明清山东运河区域的商人会馆》,《聊城大学学报》(社会科学版)2008年第6期。《明清时期山东运河区域的徽商》,《安徽史学》2004年第3期。《明清时期山东的山陕商人》,《东岳论丛》2003年第2期。
⑥ 许檀:《明清时期的临清商业》,《中国经济史研究》1986年第2期。

生活、风俗与信仰进行了全面论述,充分体现了运河对山东区域社会巨大而深远的影响。① 官美堞指出张秋镇在元明清时期成为鲁西南的大镇与其地理位置有极大关系,便利的水运交通与国家漕运促进了张秋商业的发展与繁荣。② 明清山东运河的贯通也促进了本土文化与外来文化的交流融合,使山东运河沿线的民俗与信仰极为繁盛,王云对明清时期山东运河区域的金龙四大王崇拜进行了考察,认为该信仰是明清时期伴随着京杭运河的全线贯通和漕运的兴盛而产生的一种新的民间信仰,它最初形成于山东运河区域,然后迅速向南北传播,成为了覆盖运河区域数省的重要信仰之一。③ 吴欣以明清山东运河区域的水神为研究对象,指出因保漕、治河、祈雨的需要,运河区域水神系统不断被建构,并形成了正祀与杂祀的区别,漕运的政治目标和神道设教的文化控制手段是正祀河神大量存在的原因,而运河区域固有的经济结构、文化传统与运河畅通之间的矛盾,又造成这一区域水神的差异性和多样性。④ 明清两朝为实现保漕目的,严重扰乱了运河区域的河湖水系,破坏了沿线地区的生态环境,导致了大量的水利冲突。吴琦、杨露春通过对清代山东漕河用水与民田灌溉之间矛盾的分析,认为水利之争既反映了河与地对水利资源的争夺,同时也更深层地反映了国家与地方对水利资源的利益之争。⑤ 孟艳霞指出明初山东运河区域人口稀少,人地关系较为和谐,明中后期人口的迅速增长导致人地关系逐渐失衡,人地矛盾凸显并尖锐化,突出表现在围湖造田、围河垦田、土地盐碱化、旱涝蝗灾害增加等方面,生态环境遭到严重破坏。⑥ 曹志敏对清代山东运河补给及其对农业生态的影响进行了探讨,指出漕河用水对沿岸河流、湖泊、

---

① 郑民德:《明清小说中的山东运河城市》,《城市史研究》2021 年第 1 期。

② 官美堞:《明清时期的张秋镇》,《山东大学学报》(哲学社会科学版)1996 年第 2 期。

③ 王云:《明清时期山东运河区域的金龙四大王崇拜》,《民俗研究》2005 年第 2 期。

④ 吴欣:《明清山东运河区域"水神"研究》,《社会科学战线》2013 年第 9 期。

⑤ 吴琦、杨露春:《保水济运与民田灌溉——利益冲突下的清代山东漕河水利之争》,《东岳论丛》2009 年第 2 期。

⑥ 孟艳霞:《明代山东运河区人地矛盾及引发生态环境问题探析》,《青岛农业大学学报》(社会科学版)2017 年第 4 期。

泉源的占用,导致农民难以兴修水利与开辟稻田,严重影响了运河沿岸农田灌溉与水利事业的发展,并造成了诸多水患灾害的发生与农业生态的破坏。①

总之,目前关于山东运河史的专题性研究已有一定数量的成果涉及河道沿革、河政管理、城镇与商业、民俗与信仰、水利争端等,这些成果开拓了运河史的研究内容,丰富了其研究体系,具有重要的意义与价值。从研究的过程与趋势看,主要有以下三个方面的特点。首先,从研究范围看,从最初的对山东运河河道开凿、工程设施方面的探索逐渐延伸,运河管理、市镇商业、民俗信仰、民众生活等方面的内容逐渐引起了学界的关注,由单纯的运河政治制度史研究向经济史、社会史、民俗学等多学科方向扩展,关注对象由国家向基层社会人群下探,逐渐重视"人"在运河演变中的地位与作用。其次,在研究资料上最初来源较为单一,主要以正史、实录、奏疏为主,资料的对比性不强,利用度不高,随着研究范围的扩大,档案、方志、文集、笔记、碑刻、家谱、口述史等资料得到了一定的使用,研究资料来源更为丰富,比较研究得到了相当的重视。最后,总体来看,目前的相关成果主要以历史学研究为核心,研究方法较为单一,学科交叉度不高,多论述山东运河的某一方面,缺乏宏观与微观的结合,过多关注国家在运河变迁过程的地位与作用,而较少探讨基层社会与不同群体在其中的影响,对运河与区域社会互动关系的研究尚需深入。

(二) 综合研究

关于运河史、漕运史的研究成果众多,多从综合角度对中国大运河的历史变迁及漕运的沿革进行全面的概述与探讨,而山东运河作为其中重要的组成部分,在研究中往往占有相当比例,从中我们可以看出山东运河在国家漕运系统中的地位与作用,有助于分析山东运河的变迁规律与发展趋势。

大运河作为一条人工运道,其开凿过程与河工建设、河政管理受到了学界

---

① 曹志敏:《清代山东运河补给及其对农业生态的影响》,《安徽农业科学》2014 年第 15 期。

的广泛关注。史念海《中国的运河》一书对中国不同历史时期运河的开凿、分布、漕运网络的形成、运河的废弛与恢复按照时间线索作了全面的概述与研究,其中对山东运河的沿革与特点多有探讨。① 欧阳洪从京杭运河工程建设角度出发,对京杭运河的开凿过程及工程措施进行了分析,尤其关注工程管理与河工技术。② 姚汉源在研究京杭运河历史变迁的基础上,全面叙述了京杭运河从兴建到发展,直至衰败的历史过程,其中山东运道的开凿、河道管理、工程措施占有重要地位。③ 蔡泰彬以明代漕河的整治与管理为研究对象,对漕河水系与历代经营、山东四大水柜的功能与整治、船闸建置与运道变迁、漕河管理组织进行了整体的介绍与论述,山东运河作为其中的重点,涉及闸漕、水柜、堤坝、河道管理、夫役等内容,论述十分详尽。④ 李治亭对历代漕运及河渠开凿进行了介绍,并对漕运管理、漕运组织、漕运弊端予以研究,其中对元明清山东运河与漕运有所探讨。⑤ 陈桥驿的《中国运河开发史》一书对运河开凿与水运系统的形成、山东运河开发过程、里运河历史变迁、江南运河形成及演变、杭州运河与浙东运河变迁等进行了详细论述,其中对山东运河开凿的历史地理背景、会通河改造与水工设施、山东运河治理与管理、山东运河沿线聚落与城市发展、山东运河淤废与经济衰落叙述尤详。⑥ 邹宝山等通过对京杭运河治理与开发的研究,对不同时期运河开凿,黄运关系的发展过程与治理措施,沿运地区的社会经济发展状况等作了全面、系统、深入的论述。⑦ 李德楠以明清时期包括山东在内的黄运地区河工建设与生态环境变迁为研究视角,通过对黄运地区河道开挖、堤防修筑、闸坝创建、物料采办等河工建设活动的分析,

① 史念海:《中国的运河》,重庆史学书局 1944 年版,陕西人民出版社 1988 年再版。
② 欧阳洪:《京杭运河工程史考》,江苏省航海学会 1988 年版。
③ 姚汉源:《京杭运河史》,中国水利水电出版社 1998 年版。
④ 蔡泰彬:《明代漕河之整治与管理》,台北商务印书馆 1992 年版。
⑤ 李治亭:《中国漕运史》,台北文津出版社 2008 年版。
⑥ 陈桥驿:《中国运河开发史》,中华书局 2008 年版。
⑦ 邹宝山、何凡能、何为刚:《京杭运河治理与开发》,水利电力出版社 1990 年版。

揭示了其对区域内河流、湖泊、土壤、植被、河口、海岸带来的环境影响。① 运河区域城市史、经济史的研究也是当今学界关注的热点,许檀的《明清华北的商业城镇与市场层级》一书对明清时期冀鲁豫三省数十个重要的城镇进行了系统梳理,开创了以商人会馆集资的"抽厘率"折算经营规模,利用商人捐款的地域分布考察商镇腹地范围的方法,推进了临清、济宁、东昌、德州等山东运河传统城镇研究的量化与深入。② 傅崇兰着眼于中国运河城市的发展变迁,在叙述中国古代城市发展阶段、历代运河历史作用的基础上,对包括山东德州、临清、聊城、济宁在内的运河城市的地理位置、城市环境、人口数量与结构、经济与商业发展、文化特色进行了全面探讨。③

相较于著作,论文方面的综合性研究成果则更为丰富。在大运河研究意义的论述上,邹逸麟认为中国运河在世界运河史上有着独特的地位,运河不仅是一种交通载体,还在客观上巩固和维护了国家统一,对中华文明的发展有着巨大而深远的意义。④ 李泉指出中国运河文化是中华民族文化大系中的南北地域跨度大、时间积累长、内容丰富多彩的区域文化,是运河区域人民在长期社会实践中创造的物质和精神财富的总和。⑤ 关于明清河政管理与河工建设的成果也较为丰硕,封越健对明代京杭运河的管理体制与工程管理进行了深入研究,不但探讨了明代京杭运河管理机构的设置、规章制度的制定,分析其得失利弊与经验教训,而且论述了明代运河工程管理制度,对水源、闸坝、堤防进行了全面分析。⑥ 贾国静以清代河政体制演变为对象,认为清代河政体制经历了完整的兴衰过程,其变化均与清王朝的政治生存状态密切相关,急剧动

---

① 李德楠:《明清黄运地区的河工建设与生态环境变迁研究》,中国社会科学出版社 2018 年版。
② 许檀:《明清华北的商业城镇与市场层级》,科学出版社 2021 年版。
③ 傅崇兰:《中国运河城市发展史》,四川人民出版社 1985 年版。
④ 邹逸麟:《运河对中华文明发展的意义》,《月读》2018 年第 11 期。
⑤ 李泉:《中国运河文化的形成及其演进》,《东岳论丛》2008 年第 3 期。
⑥ 封越健:《论明代京杭运河的管理体制》,《明史研究》1997 年第 1 期;《明代京杭运河的工程管理》,《中国史研究》1993 年第 1 期。

荡的政治局势与缓慢的社会变迁相比更能影响河政制度的命运,驻济宁的河东河道总督及其他管河机构的裁撤折射出大清王朝的衰亡。① 江晓成指出清代前期治河是国家重大政务,清廷设立河道总督管河,工部逐渐失去了对河务的控制,河道总督的话语权不断增强,其权力扩张的原因实质为清廷对河务技术特征认识深化的内在要求。② 钟行明通过对海运背景下大运河管理制度的开创、大运河管理制度的确立、大运河管理制度的完善与成熟、大运河管理制度的衰败等方面的研究,探讨了元明清大运河管理制度的演变过程。③ 戴龙辉认为河兵是清代河政体系下河工任务的执行者,随着河政的发展,逐渐取代河夫成为基层河工力量的中坚,其职责有巡察维护、修防堵决、治运助漕、维护治安等,但至晚清其数量和素质发生了较大变化,人浮于事,冗杂不堪,其变化主线与河政兴衰基本符合。④ 王元林、孟昭峰探讨了元明清三朝引汶济运及其影响,引汶济运是山东运河的重要工程,为保障运河的畅通发挥了重要作用,但人为对河道的过多干预,影响了沿河的农业生产,增加了洪涝灾害发生的频率,并刺激了水神信仰的兴盛。⑤ 钮仲勋分析了历史时期黄河与运河之间的关系,对元代以前的黄运关系、元明清时期的关系分别进行了论述与说明,指出黄运两河关系密切,两者经常发生交汇或联通,黄河的决溢往往影响运河。⑥ 吴欣对明清京杭运河河工组织、社会组织作了全面而详细的研究与探讨,认为河工组织、社会组织对保障运河的畅通及河工职能的发挥起到了重要作用,但在长时间的演变过程中,这些组织又因河道变迁、赋税变革发生了形式上的变化或实质上的消除,而山东运河闸、浅、泉等河工组织及夫役的演变就体现了这种变化。⑦ 运

① 贾国静:《清代河政体制演变论略》,《清史研究》2011 年第 3 期。
② 江晓成:《清前期河道总督的权力及其演变》,《求是学刊》2015 年第 5 期。
③ 钟行明:《元明清大运河管理制度的演进》,《运河学研究》2018 年第 1 期。
④ 戴龙辉:《清代河政体系下的河兵研究》,《史学月刊》2019 年第 5 期。
⑤ 王元林、孟昭峰:《元明清时期引汶济运及其影响》,《人民黄河》2009 年第 4 期。
⑥ 钮仲勋:《黄河与运河关系的历史研究》,《人民黄河》1997 年第 1 期。
⑦ 吴欣:《明清京杭运河河工组织研究》,《史林》2010 年第 2 期;《明清时期京杭运河的社会组织浅议》,《中原文化研究》2015 年第 3 期。

河的贯通及大规模的河工建设也促进了沿线市镇经济与商业的发展,许檀利用税关档案与碑刻资料对明清冀鲁豫三省的商业城镇进行了系统的梳理,对其空间分布与市场层级分别定位,并估算了其商业规模。① 陈冬生对明清时期山东运河区域的经济作物种植发展情况进行了统计与分析,指出明清时期山东西部运河流域曾是商品经济比较活跃的区域,经济作物的种植发展尤为显著,特别是棉花、烟草、果木等经济作物的种植已呈现出专业化经营色彩,促进了社会经济的发展与变化,其历史意义不可低估。② 王明德认为运河城市在本质上是一个开放的、复杂的、动态的系统,大规模的人口流动、繁荣的商贸活动、大量的社会组织与人群使城市社会结构呈现出开放性、复杂性、变动性的特点。③ 刘捷通过对明代京杭大运河沿线的转运仓与城市变迁的研究,得出了临清、德州等转运仓对运河沿线城市建设产生了很大影响的结论。④ 运河区域的宗教及民俗信仰近年来日益引起学界的关注,出现了相当数量的研究成果,孙竞昊、汤声涛探析了明清至民国时期济宁的宗教文化,指出大运河所推动的商业化、城市化塑造了开放、包容、高端的城市环境和社会风气,既促进了济宁当地精神文化和正规宗教的繁荣,也排拒了极端或偏狭异端教门和秘密会社,使济宁的宗教文化呈现出多元、理性、富有活力的特征。⑤ 王元林认为京杭大运河曾是中国古代历史上政治、经济、文化的大动脉与生命线,丰富多彩的民俗信仰及其历史遗迹是运河文化内涵的重要组成部分,通过对镇水兽信仰及功用的分析、实物调查及举例、类型特征及文化遗产价值分析,可以提升运河文化遗产价值。⑥ 胡梦飞以明清漕运视野下的金龙四大王信仰为

① 许檀:《明清时期华北的商业城镇与市场层级》,《中国社会科学》2016年第11期。
② 陈冬生:《明清山东运河地区经济作物种植发展述论——以棉花、烟草、果木的经营为例》,《东岳论丛》1998年第1期。
③ 王明德:《试论明清时期运河城市社会结构的特点》,《城市史研究》2015年第1期。
④ 刘捷:《明代京杭大运河沿线的转运仓与运河城市》,《建筑史》2006年第1期。
⑤ 孙竞昊、汤声涛:《明清至民国时期济宁宗教文化探析》,《史林》2021年第3期。
⑥ 王元林:《京杭大运河镇水神兽类民俗信仰及其遗迹调查》,《中国文物科学研究》2012年第1期。

研究对象,认为其作为黄运沿岸的代表性水神之一,具有护佑漕运、防洪护堤诸功能,其庙宇分布具有明显的地域差异,与漕运及河患密切相关。① 运河的贯通还引起了区域社会结构的变动,孙竞昊、佟远鹏指出明清济宁地区的商品化、城市化由中央政府的漕运引发和支持,大运河的运转重塑了济宁的国家与社会关系,但受诸多因素的制约,其依旧难以摆脱大一统国家政治社会结构、机制的限制及传统王朝国家治乱分合的轨辙。② 马俊亚以明清漕粮河运及其社会生态后果为研究视角,认为行河运,弃海运不但造成了国家财政的极大浪费,牺牲了许多无辜百姓的性命,更严重的是维持河运给苏北、皖北、鲁南等地区造成了不可估量的生态灾难。③ 吴琦、李想指出清代漕运对运河大众生计有着巨大的影响,正是繁复的运粮事务和巨量的货物流转,汇聚了运丁、水手、纤夫、脚夫、浅夫、泉夫、商帮、贩夫走卒等人员,这些人员从事体力、商业及其他各种服务性活动,极大推动了运河区域的消费市场和商业繁荣,而清代漕运也极大影响了运河区域大众的生计和社会生活。④

目前关于大运河的综合研究中多有涉及明清山东运河政、河工与区域社会的内容,这些成果多将山东运河作为大运河的一部分,从宏观上分析了运河演变的历史轨迹及其与区域社会的互动关系,研究的目的与主旨并不在于山东一省,但通过对大运河整体作用与影响的分析与探讨,有助于强化对明清山东运河研究的深度与广度,丰富其研究视角,扩展其研究范围。

---

① 胡梦飞:《明代漕运视野下的金龙四大王信仰》,《聊城大学学报》(社会科学版)2018 年第 1 期。

② 孙竞昊、佟远鹏:《遏制地方:明清大运河体制下济宁社会的权力网络与机制》,《安徽史学》2021 年第 2 期。

③ 马俊亚:《集团利益与国运衰变——明清漕粮河运及其社会生态后果》,《南京大学学报》2008 年第 2 期。

④ 吴琦、李想:《清代漕河中的百万"衣食者"——兼论清代漕运对运河大众生计的影响》,《华中师范大学学报》(人文社会科学版)2021 年第 6 期。

第一章　春秋至元代山东
运河的历史变迁

　　山东运河有着悠久的历史,早在春秋时期就产生了境内最早的运河——菏水,距今已有2500余年的历史。其后,秦汉、魏晋、隋唐、宋元,山东运河随着政治经济的发展、漕运制度的演变、水工科技的进步而不断延伸、扩展,无论是河道管理制度、闸坝工程技术、漕粮运输程序都趋向完善与系统化,对整个国家及沿河区域社会的影响不断扩大。直到今天,京杭大运河山东段依然在国家内河运输体系中占有重要地位,南通苏浙运河,延伸至宁波入海,对于沿线物资转输、农田灌溉、分洪排涝、生态调节、文化交流发挥着重要作用。而山东运河在数千年发展演变过程中所留下的文化遗产、精神内涵的价值更是难以估量,成为了齐鲁文化,乃至中华优秀传统文化的重要组成部分,持续且恒久的影响着国家与社会。

　　春秋至元代,山东运河经历了由局部性运河向整体性运河的演变,运河对沿线区域社会的辐射不断增强。其中春秋至魏晋时期,运河的军事属性明显,山东运河往往因争霸战争或军事征伐而开挖,所以开凿距离较短,往往连接自然河道或湖泊,河道管理、维护程度较低,很快淤塞或湮没,难以长久发挥作用。隋唐宋时期,山东运河逐渐纳入隋唐大运河运输网络体系,不再是孤立的、局部性运道,数百年间山东运河与黄河、汶河、泗河、济水的联系更为频繁与密切,根据山东地理、地势而修建的水工设施逐渐产生,除政治、军事功能外,运河的商业交流、市场调控、文化交流的作用不断增强。元代随着政治中心的北移及江南经济中心地位的确立,运河线路由东西方向转为南北方向,特别是忽必烈开凿山东济州河、会通河及北京通惠河后,山东段运河成为了京杭大运河的重要组成部分,北接冀津,南通苏浙,居全河中枢。因山东段运河地形复杂、水源匮乏,所以元政府设置了大量闸坝水工设施,用以调控水源、平衡水位,同时设置管河机构、管河官员疏浚河道、催趱漕船、兴修水利,保障山东运河的顺利通航。

春秋至元代山东运河的历史变迁,深刻凸显了运河与国家及区域社会的互动关系。特别是京杭大运河成为国家漕运命脉及贯通海河、黄河、淮河、长江、钱塘江五大水系后,人为因素对运河及附近自然河道的影响越来越大。黄运关系的复杂化及大量水工设施的建设,一方面强化了中央政府对山东运河的管控,刺激了大量河工衙署及管河官员、夫役的设置,提高了山东运河的政治地位,促进了沿线市镇的崛起及商业的繁荣,增强了基层市场的活跃度与市民阶层的出现。但运河也是一把双刃剑,在发挥正面效应的同时,因人为改变自然环境所产生的恶果也逐渐显现,导致了水旱灾害、土地盐碱化、水系紊乱等问题,甚至围绕水利的争端也日趋复杂,严重扰乱了社会秩序。当然这些问题的出现,自山东运河开挖初期就已开始凸显,不过真正产生巨大影响则是元明清三代,这种情况的出现与运河分布地域的扩大、长度的延伸、管控的多元化、漕运体系的复杂性等因素密不可分的。

第一节　春秋至两晋南北朝时期的山东运河

春秋至两晋南北朝时期是山东运河的早期阶段,这一时期因军事争霸战争及都城供需、对外交流的需要,统一政权或割据势力往往会开凿距离较短的人工运河,用以沟通江河湖泊,以运输军队、兵粮或其他物资。从春秋时期吴王夫差在山东境内开凿菏水开始,即拉开了山东运河历史演变的序幕,其后随着淄济运河、汴渠、洮汶运河、桓公渎的出现,人工河道发挥的作用逐渐增大,与山东境内其他自然河流的关系也日趋复杂,对自然生态环境、社会人居环境的影响也开始显现。尽管早期的运河功能较为单一、多数旋开旋淤,存在开挖规格低、管理松散、水工设施少等问题,但也体现了古人改造自然的智慧与能力,即通过聪明才智与创造实践使大自然服务于人类,服务于国家的各项需求,从而促进文明的进步与社会的发展。另外早期运河开挖所积累的水工技术、治河经验对于后世运河的演进也起到了借鉴作用,奠定了山东大运河不断发展与完善的技术基础。

一、春秋战国时期山东境内运河的开挖

黄河流域是华夏文明的重要发源地,而黄河流域的齐鲁文化在华夏文明中占有重要地位。早在先秦时期,聪慧的国人就已"刳木为舟,剡木为楫。舟楫之利,以济不通,致远以利天下",①利用舟船通过江河运输物资,互通有无。先秦时期的山东并非为固定地域,一般指崤山②以东,其范围包括今河南、河北、山东的大部地区,后世方逐渐确定今山东省的大体界限。山东之地自古河流众多,境内知名者有黄河、济水、汶水、卫河、漯水、泗水、淄河等,其他距离较短的河流更是不计其数,尽管河流数量众多,但因山东属暖温带季风气候区,降水多集中于夏秋,冬春降水少,所以洪涝、干旱等灾害发生频率较高,加之山东地形起伏大,中间高,两边低,导致河流水源分布不均,自然河道航运利用效率较低。

春秋时期,列国争霸、诸侯割据,位于长江中下游的吴国逐渐强大,两代君主阖闾、夫差利用江南水网之利,"以船为车,以舟为楫,往若飘风,去则难

---

① (清)江永:《河洛精蕴》,九州出版社 2011 年版,第 157 页。
② 崤山:在河南省洛宁县北,山分东西二崤,为古代军事重地。

从"，①制造了大量船舰以发展水军力量，并击败对手越国，占领其都城会稽（今浙江绍兴）。随着夫差野心的膨胀，北上击败齐、晋等中原强国，争夺霸主成为了吴国的战略目标。鲁哀公九年（公元前486年），夫差命于邗城（今江苏扬州）下开凿运河，引长江水北流入淮河，即《左传》所载"吴城邗，沟通江淮"，②《行水金鉴》亦称："江淮漕运尚矣，春秋时吴穿邗沟，东北通射阳湖，西北至末口"。③ 关于邗沟的具体经行路线，《水经注》进行了较为详细的介绍，"昔吴将伐齐，北霸中国，自广陵城东南筑邗城，城下掘深沟，谓之韩江，亦曰邗溟沟，自江东北通射阳湖，《地理志》所谓渠水也。西北至末口入淮"。④ 邗沟开通后，吴国战舰从都城姑苏（今江苏苏州）出发，由江南河入长江，自长江进邗沟，再由邗沟入淮河，复通过流经山东、江苏交界的泗水进入齐国境内，并联合鲁国在艾陵（今山东莱芜）附近大败齐军，从而为吴王夫差称霸中原奠定了基础。邗沟是中国大运河历史的开端，尽管开挖过程中为减少工程量，沟通了樊梁湖、博芝湖、射阳湖等自然湖泊，但通过开挖人工运道沟通长江、淮河两大水系的尝试，为山东境内菏水的开凿积累了丰富的经验，也扩大了吴越地区与中原地区的联系，增进了不同区域文明的交流与融合。

　　经过一系列战争后，吴国西破楚、南服越、北败齐，军事实力达到鼎盛。公元前482年，夫差欲与晋国、鲁国会盟，争夺盟主之位，进而达到号令诸侯、称霸中原的目的。为显示吴国军威与实力，震慑沿途诸国，夫差率领大量军队北上，因路途遥远，物资供给困难，夫差在开凿邗沟的基础上，决定在山东境内开凿运河，用以输送兵粮，减少路途耗费。吴军沿长江、邗沟、淮河、泗水进至山东定陶附近，"吴王夫差既杀申胥，不稔于岁，乃起师北征，阙为深沟，通于商、

---

① 周琦：《东瓯丛考》，上海古籍出版社2016年版，第362页。

② （春秋）左丘明：《左传》，岳麓书社1988年版，第402页。

③ （清）傅泽洪：《行水金鉴》，商务印书馆1937年版，第1439页。

④ （北魏）郦道元：《水经注》，光明日报出版社2014年版，第142页。

鲁之间,北属之沂,西属之济,以会晋公午于黄池",①《史记》亦称:"十四年春,吴王北会诸侯于黄池,欲霸中国,以全周室"。② 这条名为"深沟"的运河后世称菏水,其路线为自定陶东北开河引菏泽等湖泊之水东南流,入于泗水,间接沟通了泗水与济水。开河过程中充分利用这一区域的大野泽、雷泽等湖泊,以补充菏水水源,保障水量,满足航运,使吴军顺利到达济水岸边的黄池(今河南封丘南),得以与晋国会盟。而菏水也是山东境内开挖的最早运河,开挖过程中利用自然湖泊济运,这也是后世水柜的雏形,具有相当的科技含量,充分体现了先人的创新精神与聪明智慧。

另一在山东境内开凿运河的国家为齐国,齐国为东方大国,"齐带山海,膏壤千里,宜桑麻,人民多文彩、布帛、鱼盐"。③ 早在春秋时,齐桓公任用管仲为相,推行改革、富国强兵,以"尊王攘夷"为口号,九合诸侯,成为春秋五霸之首。战国时齐国为七雄之一,都城临淄(今山东淄博)人烟辐辏、商业发达,异常富庶,《战国策》称:"临淄之中七万户……临淄甚富而实,其民无不吹竽、鼓瑟、击筑、弹琴、斗鸡、走犬、六博、蹋鞠者。临淄之途,车毂击,人肩摩,连衽成帷,举袂成幕,挥汗成雨,家敦而富,志高而扬",④从中可见临淄城之繁华。《史记》对临淄更是极尽溢美之词:"关东之国无大于齐者,齐东负海而城郭大,古时独临淄中十万户,天下膏腴之地莫胜于齐者矣"。⑤ 而临淄繁盛局面的出现与淄济运河的开挖密不可分,战国时期古临淄城位于今临淄西,位置偏东,交通闭塞,水运落后,与中原魏、赵等诸侯国联系不便,于是齐国自临淄城东的淄水与城北的济水之间开挖运河,即淄济运河,运河开通后,不但便利了各地贡赋、商货向都城的集中,而且船只可由淄水进入淄济运河,再由淄济运

---

① 王云五、朱经农主编:《国语》,商务印书馆 1934 年版,第 153 页。
② (汉)司马迁:《史记》,岳麓书社 2016 年版,第 226 页。
③ (汉)司马迁:《史记》,岳麓书社 2016 年版,第 885 页。
④ (汉)刘向:《战国策》,吉林文史出版社 2014 年版,第 111 页。
⑤ (汉)司马迁:《史记》,岳麓书社 2016 年版,第 455 页。

河进入济水,加强了与中原诸国的政治、经济、文化交流。

中国大运河肇于邗沟,而春秋战国时期菏水、淄济运河等运道在山东境内的开凿,拉开了山东运河历史的序幕。这些运河或因军事征伐而开,或因都城供需、外交往来而凿,政治属性非常明显。同时因该时期政局动荡、诸侯割据,所以开凿的运河分布范围较小、距离较短、管理不完善,难以长期稳定发挥作用。不过即便如此,早期山东运河的开挖与出现,积累了一定的河工建设经验,产生了初步的漕运概念,为后世运河的进一步发展奠定了基础。

二、秦汉两晋南北朝时期的山东运河

秦汉两晋南北朝时期尽管出现了大一统局面,中央集权不断强化,但仍存在了数百年的分裂割据,因这一时期政治中心主要集中于长安、洛阳两地,所以开挖的运河主要位于京畿附近,满足国家供需。而山东境内在秦汉两朝并未开凿新运河,只是对影响山东区域的汴渠进行了整治,以减少黄、汴冲决对山东州县的危害。魏晋南北朝数百年间战乱不休,山东境内的运河多因军事征伐而开,开河主力也多为军队,河道缺乏长期稳定的管理与维护,战争结束不久即湮废,难以对国家与地方社会产生持久影响。

秦汉定都关中,所开运河或为满足京城供需,或为维护国家统一,具有极大的政治目的性。秦朝未在山东开凿人工运河,航运多利用济水、泗水等自然河道,与黄河、淮河相通,以便巡视诸地与运输战略物资。为进军岭南,秦始皇曾命监御史禄率领军队于今广西兴安地区开凿运河,"灵渠在桂之兴安县,秦始皇戍岭时,史禄凿此以通运之遗迹。湘水源于海阳山,在此下融江;融江为牂牁下流,本南下,兴安地势最高,二水远不相谋。禄始作此渠,派湘之流而注之融,使北水南合,北舟逾岭",[①]这条贯通湘江与漓江的人工运河称灵渠,灵渠最早使用斗门技术以平衡水位,保障船只稳定航行,斗门为后世船闸的雏

---

① (宋)范成大:《桂海虞衡志校注》,广西人民出版社1986年版,第175页。

形,元明清时期在山东运河广泛使用。西汉定都长安,关中平原所出基本能够满足京城需要,自然河道渭水与人工运河漕渠发挥着至关重要的作用,而山东贡赋则通过济水、黄河、渭水、漕渠输送至长安。此时山东水上运输网络体系仍然以自然河道为主,但春秋时期开凿的菏水依然发挥着重要作用,菏水承济水而与泗水相通,"菏水,即济水之所苞注以成湖泽也。而东与泗水合于湖陵县西六十里谷庭城下,俗谓之黄水口。黄水西北通巨野泽",①沿途经曹县、定陶、巨野、鱼台等地,沟通了黄淮两大水系,促进了沿线地区政治、经济、文化的交流。东汉对山东影响较大的运河为春秋鸿沟水系的分支汴渠,该渠初为自然河道汳水(又名汴水),后不断加以整修,至东汉时已成为都城洛阳沟通山东、江淮的重要漕粮运道。汴渠自河南荥阳板渚②出黄河,经河南荥阳、开封、商丘诸地入安徽宿州、灵璧、泗县,再经江苏泗洪、盱眙入淮河。尽管汴渠不经山东境内,但因汉代黄、汴关系复杂,黄河经常冲决汴渠,导致"汴渠东侵,日月弥广,而水门故处,皆在河中,兖、豫百姓怨叹,以为县官恒兴他役,不先民急",③对山东兖州百姓造成了巨大灾难。东汉永平十二年(69),明帝整修汴渠,命水利专家王景负责工程,当年夏发卒数十万人,"遣景与王吴修渠筑堤,自荥阳东至千乘海口千余里。景乃商度地势,凿山阜,破砥绩,直截沟涧,防遏冲要,疏决壅积,十里立一水门,令更相洄注,无复溃漏之患"。④ 工程完工后,汉明帝亲自巡行阅视,并命滨河郡国设置管河官员,升王景为河堤谒者。经此次治理后,黄河东北经山东入海而汴渠东南入泗,实现了黄汴分理,此后"城下漕渠,东通河、济,南引江、淮,方贡委输,所由而至",⑤山东境内的黄河、济水通过与汴渠相通,起着沟通各地水系、运输漕粮的作用。

两晋南北朝是中国古代政权更迭最为频繁的时期,因诸侯割据、战乱不

---

① (北魏)郦道元:《水经注》,岳麓书社 1995 年版,第 379—380 页。
② 板渚:古津渡名,位于今河南荥阳汜水镇东北黄河侧。
③ (南朝宋)范晔:《后汉书》,岳麓书社 2008 年版,第 892 页。
④ (南朝宋)范晔:《后汉书》,岳麓书社 2008 年版,第 892 页。
⑤ (北魏)郦道元:《水经注》,浙江古籍出版社 2013 年版,第 221 页。

休,所以这一时期山东境内的运河多因军事需求而开凿。东晋穆帝时,前燕慕容兰攻打内附东晋的青州段龛,东晋王朝命兖州刺史荀羡前往救援,后慕容兰退守东阿,因当时汶、泗二水并不相通,荀羡船队沿泗水逆流北上至鲁桥便不能通行。荀羡命军队在今宁阳附近洸、汶交接处挖开汶河河堤,引汶河之水进入洸水,而洸水又通于泗水,这条沟通汶、泗两河的人工运道称洸汶运道。据《晋书》载东晋永和十二年(356),"慕容兰以数万众屯汴城①,甚为边害。羡自洸水引汶通渠,至于东阿以征之,临阵斩兰",②因急于进军,荀羡船队先由洸水逆流而上,然后转入汶水,再顺流至东阿。由于洸汶运道为军需而开,工程时间较短,开挖规格较低,所以很快淤塞不通。东晋开挖的另一条运河为桓公渎,亦称桓公沟,太和四年(369)徐兖二州刺史桓温与江州刺史桓冲、豫州刺史袁真北伐前燕,大军进展顺利,擒燕将慕容忠,"进次金乡,时亢旱,水道不通,乃凿巨野三百余里以通舟运,自清水入河",③《资治通鉴》亦载,"大司马温自兖州伐燕……六月辛丑,温至金乡,天旱水道绝,温使冠军将军毛虎生凿巨野三百里,引汶水会于清水……温引舟自清水入河,轴舻数百里"。④ 桓温开挖的河道主要分为两部分,一部分自今嘉祥县附近的薛训渚⑤向南,与源自巨野泽之水合流,然后东南流至鱼台入于泗水,另一部分北流入汶水,延伸北上与济水汇合,两段河道计 300 余里,统称桓公渎。运河开通后,桓温军队进至林渚⑥,击败燕将慕容垂等,进至枋头⑦,后因连通黄河与睢水之间的石门难开,军粮匮乏,最后北伐功败垂成。

秦汉至两晋南北朝时期山东境内开挖的运河虽然距离较短,却连通了济

---

① 汴城:又作卞城,城址位于今山东东阿附近。
② (唐)房玄龄:《晋书》,吉林人民出版社 1995 年版,第 1186 页。
③ (唐)房玄龄:《晋书》,大众文艺出版社 1999 年版,第 1303 页。
④ (宋)司马光:《资治通鉴》,上海古籍出版社 2017 年版,第 1102 页。
⑤ 薛训渚:位于嘉祥县萌山下的小型湖泊。
⑥ 林渚:今河南新郑县东北。
⑦ 枋头:今河南浚县东南淇门渡,古淇水口。

水、汶水、泗水等河流,初步形成了自然河道、人工运河相互连通的水运网络。特别是洸汶运道、桓公渎两条运河呈南北走向,为后世山东运河的进一步开挖及南北京杭大运河的出现奠定了基础。

第二节　隋唐宋金时期山东运河的发展

隋唐宋金是中国古代漕运发展的重要时期,也是隋唐大运河的开凿与发展阶段,这一时期山东境内既有区域性的人工运河,也有隋唐大运河的组成河段,呈现出局部性与整体性相结合的特征。之所以出现这种现象,是因为隋唐为统一帝国,有足够的人力、物力、财力大规模开凿运河,山东运河为国家整体运河体系的重要组成部分,而宋金两朝虽然漕粮运输量较高,但因国力较弱,加之未完全实现国家统一,所以山东境内的运河多为区域性与局部性的。

一、隋唐五代时期的山东运河

隋朝立国之初,文帝杨坚为加强都城大兴城的供给,于开皇三年(583)在华州(今陕西省渭南市华州区境内)置广通仓,存贮通过黄河、渭河转运而来的漕粮,第二年又因渭河多沙,不便航运,命宇文恺开凿运河,引渭水自大兴城至潼关入黄河,长300余里,因运河经广通仓下,故名广通渠。广通渠属中央政府开凿的运河,目的是保障京城供给,维持京畿区域社会秩序的稳定。而隋初山东境内运河的开凿则早于广通渠,开皇元年(581)兖州刺史薛冑开丰兖渠,目的是加强兖州地区的农业灌溉与交通运输,充分发挥泗水的水利功能。据《隋书》载,"兖州城东沂、泗二水合而南流,泛滥大泽中,冑遂积石堰之,使决令西注,陂泽尽为良田,又通转运,利尽淮海,百姓赖之,号为薛公丰兖渠",①其具体做法为在兖州城东泗、沂交汇处筑石堰,遏水南流,然后开河引

---

① (唐)魏征:《隋书》,吉林人民出版社2005年版,第926页。

泗水西注,沿洙河下游故道,至任城(今济宁)西与桓公渎相通。丰兖渠作为区域性运河,不但促进了兖州农业的发展,增加了粮食产量,方便了商货运输,而且"积石为堰"的水工技术,成为了后世拦河坝、滚水坝的雏形,如元代开山东会通河时,"乃修薛公旧堰,为滚水石坝,以引泗入运",①是对该技术的继承与发展。隋炀帝即位后,为加强江淮、山东、河北漕粮向洛阳、辽东等地的供给,先后开通济渠、永济渠,并与邗沟、江南运河相接,从而形成了贯通海河、黄河、淮河、长江、钱塘江五大水系,长达2700余公里的隋唐大运河,建立起了沟通全国的水运交通网络。其中开凿于大业四年(608)的永济渠与山东有着密切联系,据《隋书》载,"四年春正月乙巳,诏发河北诸郡男女百余万开永济渠,引沁水,南达于河,北通涿郡",②《资治通鉴》亦称:"诏发河北诸军百余万众穿永济渠,引沁水南达于河,北通涿郡,丁男不供,始役妇人",③该渠经今河南、河北及山东的临清、德州两地再入河北,经天津至北京附近,沿途利用沁水、淇水、卫河等河补充水源,目的除加强隋王朝对北方地区的控制外,还用于运输兵粮与物资,增强对高丽作战的军事储备。关于永济渠在山东境内的具体情况,《元和郡县图志》进行了记载,"永济渠,在县(永济县④)西郭内。阔一百七十尺,深二丈四尺。南自汲郡引清、淇二水东北入白沟,穿此县入临清。按汉武帝时,河决馆陶,分为屯氏河,东北经贝州、冀州而入渤海,此渠盖屯氏故渎,隋氏修之,因名永济",⑤河道大约宽50米,深8米左右,完全能够承载船只航行。隋代永济渠流经山东西部,境内距离较短,加之主要运输军用物资,所以对区域社会商业、文化的辐射不大,但作为隋唐大运河的重要组成部分,后世唐宋元明清北方运河基本利用隋代故道或与之平行,对北方水系交通网的发展变迁产生了重要影响。

① (清)顾炎武:《肇域志》,上海古籍出版社2004年版,第663页。
② (唐)魏征:《隋书》,大众文艺出版社1999年版,第48页。
③ (宋)司马光:《资治通鉴》,岳麓书社2016年版,第350页。
④ 永济县:唐代县名,分临清县南部而建,因西临永济渠而得名。
⑤ (唐)李吉甫:《元和郡县图志》,中华书局1983年版,第466页。

　　唐代基本沿用隋代运河,山东境内的永济渠路线大体与隋代相同。除永济渠外,唐代还在山东境内疏浚了其他河道,并开挖了一系列区域性运河,武德七年(624)担任徐州经略的尉迟敬德为保障军需,重开泗水运道,疏浚洸水及重修隋代所建丰兖渠,引汶、泗二水至任城(今山东济宁)汇合,建天井闸南北分水,"天井闸者,唐尉迟敬德之故闸也",①使济宁以南泗水运道恢复了航运功能。武则天垂拱四年(688),为加强两淮食盐的运输与销售,曾开涟水新漕渠,又称官河,《新唐书》称:"有新漕渠,南通淮,垂拱四年开,以通海、沂、密等州",②《读史方舆纪要》亦载,"官河在州西十里,即唐垂拱中所开漕河,自沂、密达州,至涟水县入淮者也",③新漕渠自泗州涟水县北至山东沂州、密州两地,不但促进了淮盐向山东的转输,而且使山东境内的沂河、沭河、潍河得以与淮河相通,形成了沟通江苏东北与山东东南的水运交通网络,促进了沿线城镇的发展及物资、文化的交流。除开凿涟水新漕渠外,武则天时还开凿了流经山东的湛渠,"唐载初元年,引汴水注白沟,以通徐、兖之漕,其色甚洁,故名",④《汴京遗迹志》也记曰:"五丈河在安远门外。唐武后时引汴水入白沟,接注湛渠,以通曹、兖之赋。因其阔五丈,名五丈河,即白沟河之下流也。唐末湮塞",⑤开凿湛渠的目的是加强山东曹州、兖州漕粮向开封、洛阳的输送,但客观上也扩大了山东与河南郡县的交流。湛渠使用至唐末已破败不堪,唐政府予以修治整顿,金代后湮塞不通。五代后晋时开单县涞河,以便军输,"单县东门外有涞河,源出汴水,晋时所开,北抵济河,南通徐、沛",⑥该河西接曹县、兰考,连汴河通开封,东沿菏水故道通泗水入淮河。后周显德二年(955)世宗柴荣开五丈河以加强山东漕粮向开封的输送,显德四年(957)又"疏汴

---

①　(明)何乔远:《名山藏》卷49《河漕记》,明崇祯刻本。
②　(宋)欧阳修:《新唐书》,岳麓书社1997年版,第588页。
③　(清)顾祖禹:《读史方舆纪要》卷22《南直四·淮安府》,清稿本。
④　(清)顾祖禹:《读史方舆纪要》卷47《河南二·开封府》,清稿本。
⑤　吴玉贵、华飞主编:《四库全书精品文存》,团结出版社1997年版,第195—196页。
⑥　(清)王琦注:《李白全集》,引《山东通志》,珠海出版社1996年版,第587页。

水,入五丈河,自是齐鲁舟楫皆达于汴"。① 因五丈河以汴河为源,泥沙泛滥,淤塞严重,船只航行不便,两年后再次疏浚,"东过曹、济、梁山泊,以通青、郓之漕,发畿内及滑、亳丁夫数千以供其役"。② 后周数次对山东运河的整治,为宋代漕运高峰的到来奠定了基础,也促进了沿线地区的开发。

隋唐五代时期是山东运河的发展期,不但开凿运河分布范围广,数量多,发挥作用大,而且河道管理制度初步建立与完善,开始形成中央与地方相互结合的管理体制。为保障运河的顺利通航,各种闸坝堤堰等水工设施数量增多,维护、修缮举措逐渐完善与系统化,运河在山东区域社会中发挥的作用越来越大。

二、宋金时期的山东运河

宋都开封,京城附近水系发达,逐渐形成了汴河、惠民河、金水河、广济河为主的水运交通网络,后世称"漕运四渠",连通了开封与各地的联系,加强了商货、军需物资向都城的输送,巩固了北宋王朝的统治。据《行水金鉴》载,"宋都大梁,有四河以通漕运,曰汴河、曰黄河、曰惠民河、曰广济河,而汴河所漕为多",③四河中汴河最高年漕运量达 600 万石、惠民河 60 万石、黄河 80 万石、广济河 62 万石,而属"漕运四渠"之一的金水河主要为京城开封供水、兼有景观河道的功能,漕运量较小。

其中广济河即五丈河,与山东关系最为密切,宋廷专设广济河辇运司负责该河漕运。据《宋史》载,"广济河导菏水,自开封历陈留、曹、济、郓,其广五丈",④该河上承汴水,自开封永顺门入京,由东城善利水门出,东流至今山东巨野西北合蔡镇入梁山泊,再经定陶、菏泽入济水,由济水达郓州(治所东

① 吴玉贵、华飞主编:《四库全书精品文存》,团结出版社 1997 年版,第 195—196 页。
② (宋)司马光:《资治通鉴》,北京出版社 2006 年版,第 379 页。
③ (清)傅泽洪:《行水金鉴》,商务印书馆 1936 年版,第 1386 页。
④ (元)脱脱:《宋史》,吉林人民出版社 1995 年版,第 1492 页。

平）。北宋对于广济河的治理非常重视，多次予以整理、修治，早在宋初建隆二年（961）就曾派使者前往定陶勘察规划，并发曹州、单州数万人浚治河道，后又多次疏通。真宗景德三年（1006）内侍赵守伦建言：“自京东分广济河，由定陶至徐州，入清河以达江淮漕路”，①但施工完毕后因地势高峻而致水浅难行，虽置堰埭调控水位，又遇吕梁之险，最终未能使用。仁宗天圣六年（1028）尚书驾部员外郎阎贻庆上言：“五丈河下接济州之合蔡镇，通利梁山泺，近者天河决荡，溺民田，坏道路，合蔡而下，弥漫不通舟，请治五丈河入夹黄河”，②仁宗命阎贻庆与水工官员李守忠前往治理。神宗、哲宗年间也多次修治广济河闸坝，增置水柜，疏浚淤塞，以保障广济河与北方济水、南方水道的互通。

宋金对峙期间，原隋唐大运河永济渠段称御河，御河主要流经山东临清、德州，利用卫河行运，河道分布于宋金两朝统治区域内，两个政权均对御河进行了一定的治理，并通过设置专职管河官的方式增强管理效率。宋初御河因受五代战乱影响废毁严重，基本不能通航，后为将军需物资运往对金作战前线，对御河进行了疏浚整修。其后黄河屡次冲决御河，淤塞河道，导致漕船不能通行，沿岸百姓田庐毁坏者无数。崇宁元年（1102）御河浅涩，命河北路转运副使侯临与北外都水丞司官员，“开临清县坝子口，增修御河西堤，高三尺，并计度西堤开置斗门，决北京、恩、冀、沧州、永静军积水入御河枯源”，③通过增加御河水量的方式恢复航运。第二年秋，黄河水涨入御河，“行流浸大名府馆陶县，败庐舍，复用夫七千，役二十一万余工修西堤，三月始毕，涨水复坏之”。④ 十数年后又增修恩州北御河东堤，并派遣都水使者孟揆率领埽兵分地修筑御河河堤，并取枣强县堤柳为治水埽桩。

有宋一代，虽对辖境御河的治理非常重视，多次修筑河防堤坝，但因黄河

① （明）丘浚：《大学衍义补》，京华出版社1999年版，第307页。
② （元）脱脱：《宋史》，吉林人民出版社1995年版，第1493页。
③ 周魁一注：《二十五史河渠志注释》，中国书店1990年版，第147页。
④ 周魁一注：《二十五史河渠志注释》，中国书店1990年版，第147页。

屡次决口,导致御河涸溢无常,航运效率不高,其功能难以得到充分发挥。除御河外,北宋还曾于聊城开挖马颊河、鲁南开通赵王河,用以运输漕粮、物资,但因受黄河影响,使用时间较短,发挥作用较小。金代山东境内的运河主要有北清河(小清河)与御河。南宋建炎初年黄河决口,洪水漫入梁山泊,从中分两支流出,其南流者为南清河,为黄河决口之岔流,向北流者为北清河,经济水旧道,通过山东中西部地区北流入海。北清河并非完全为人工开凿的运河,而是经人工改造的自然河流,所以具有自然、人工的双重属性,该河不但便利了山东沿海地区食盐的内运,而且对于宋金两朝的贸易往来也有着重要意义。北清河自开通之日起,期间虽有淤塞,但对沿线山东区域社会产生了巨大影响,除航运功能外,同时在灌溉、防洪、排涝方面也效益显著,数百年间一直为山东境内重要的水上交通运输线。鉴于北清河地位重要,金政权设置了相应管理机构,"皇统三年闰四月,置黄沁河堤都大管勾司",[1]对黄河、沁河、北清河进行统一管辖,负责河防修筑事务。泰和五年(1205)金章宗至霸州,"以故漕河浅涩,敕尚书省发山东、河北、河东、中都、北京军夫六千,改凿之。犯屯田户地者,官对给之,民田则多酬其价",[2]开辟新河道,以提升航运条件。第二年尚书省因御河流经地方官员无权管辖河道,导致运道浅涩、奸弊百出,于是制定管河章程,"凡漕河所经之地,州府官衔内皆带'提控漕河事',县官则带'管勾漕河事',俾催检纲运,营护堤岸",[3]其中山东御河沿岸的州有恩州(治所今山东武城),县有夏津、武城、历亭、临清,州县官员兼理河道修防、漕粮催趱诸事。为存储沿河而来的漕粮,金代还于山东运河沿线设置漕仓,"凡诸路濒河之城,则置仓以贮旁郡之税,若恩州之临清、历亭、景州之将陵、东光,清州之兴济、会川,献州及深州之武强,是六州诸县皆置仓之地也",[4]其中位于今

①　(元)脱脱:《金史》,吉林人民出版社1995年版,第370页。
②　(元)脱脱:《金史》,吉林人民出版社1995年版,第391页。
③　(元)脱脱:《金史》,吉林人民出版社1995年版,第391页。
④　(元)脱脱:《金史》,吉林人民出版社1995年版,第390页。

德州的将陵仓延用数百年之久,为明清德州水次仓的前身。

宋金时期山东运河多为隋唐永济渠局部河段,自行开挖河道较短。但为保障京城及边防供需,宋金王朝对于漕运也是非常重视,不但疏浚、改造前朝运河,而且设置专官对河道、漕运进行管理、治理,漕粮运输量达到了历史上的高峰。而五丈河、小清河、御河的畅通对于山东商品经济的发展、文化的交流、交通路线的形成也起到了重要的作用。

第三节 元代京杭大运河山东段的形成

元朝建立后,定都大都(今北京),随着政治中心的北移,北方所产难以满足京城供给,因此建设贯通北方政治中心与南方经济中心的交通线路成为了元朝政府迫在眉睫之事。为加强南粮北运,元政府采取河陆联运、海陆联运、河海联运等多种方式运输漕粮,但均存在一定的不足与缺陷。山东作为南方漕粮、物资北上的必经之地,元政府采取了多种不同运输方式的尝试,突出表现为胶莱运河、济州河、会通河的开凿。正是由于山东运河的开凿,才能北接卫河、白河、通惠河,南连泗河、黄河、江淮运河、江南运河,形成了贯通南北的京杭大运河,正如《元史》所载,"元有天下,内立都水监,外设各处河渠司,以兴举水利、修理河堤为务,决双塔、白浮诸水为通惠河,以济漕运,而京师无转饷之劳……开会通河于临清,以通南北之货……当时之善言水利,如太史郭守敬等,盖亦未尝无其人焉。一代之事功,所以为不可泯也",①对后世产生了巨大且深远的影响。元代所开凿运河,尽管存在分水口不合理、河道浅涩、黄河侵袭等问题,但京杭大运河山东段的形成,产生了巨大的经济效益与社会效益,促进了沿线市镇的发展、商业的繁荣、文化的兴盛,而世代传承的运河管理经验、水工技术的价值更是难以估量。当然元代山东运河的开凿也是一把双

---

① (明)宋濂:《元史》,岳麓书社1998年版,第887页。

刃剑,在带来经济发展的同时,人为改造运河区域的河湖水系、土壤结构、种植模式,也导致了一系列生态问题的出现,产生了一定的负面影响。

一、元代山东运河开凿的历史背景

元代之前政治中心多位于长安、洛阳、开封等地,漕粮运输路线呈现自东向西的特点,江淮、江南、关中漕粮通过邗沟、漕渠、汴河运往都城或军事要地。隋唐以后因关中地区战乱频仍,经济受到严重破坏,所产难以满足国家的各项需求,而政治中心也由西向东北方向偏移,从而使漕运路线逐渐呈南北方向。元朝建立后,"元都于燕,去江南极远,而百司庶府之繁,卫士编民之众,无不仰给于江南",①江南成为了维持国家统治的物质基地。而此时关中地区早已没有了秦汉时的富庶,加之隋唐大运河废毁严重,所以从遥远的关中地区运粮到北京极不现实。在开凿山东运河之前,元政府的漕粮运输经历了复杂的过程,其中既有成功,也有失败,而这些尝试为山东运河的开凿积累了丰富的经验。

元朝未立国之前,蒙古军为强化山东军粮南运,积累对南宋作战的军事物资,就曾对山东境内水道进行了一定的整理。蒙古宪宗七年(1257),"济倅毕辅国始于汶水之阴、堽城之左,作斗门一所,遏汶南流,至任城入泗,以饷宿、蕲戍边之众,谓之引汶入济,此堽城坝所由始也",②《山东运河备览》亦载,"遏汶水入洸,益泗漕,以饷宿、蕲戍边之众,且以溉济、兖间田,汶由是有南入淮、泗之派",③可见毕辅国建堽城坝,引汶入泗虽为军需,但客观上也加强了对济州、兖州农田的灌溉。元朝建立后,至元十二年(1275)丞相伯颜率军南征,为便于征调兵粮,建议沿途设置水站,以利转输,于是元政府命都水少监郭守敬

---

① (明)宋濂:《元史》,中华书局 2000 年版,第 1569 页。

② (清)顾炎武:《天下郡国利病书》,上海古籍出版社 2012 年版,第 1542 页。

③ (清)陆耀:《山东运河备览》卷 4《运河厅河道上·附堽城坝》,清乾隆四十年(1775)刻本。

"行视河北、山东可通舟者,为图奏之"。① 郭守敬前往山东后,既考察了过往运河旧道,同时又积极筹划新路线,"宋金以来汶、泗相通河道,郭都水按视,可以通漕",②但因当时军务紧急,所以未大规模开凿。第二年伯颜伐宋北还后,上奏称:"都邑乃四海会同之地,贡赋之入非漕不可。若由陆运,民力惫矣",③"今南北混一,宜穿凿河渠,令四海之水相通,远方朝贡京师者,皆由此致达,诚国家永久之利",④已有开凿连接京师与漕赋之地运道的意图。

元代山东运河的开凿并非临时性策略,而是有着深刻的历史背景,经历了较长时期的规划。作为地域辽阔的帝国,"若元则起朔漠、并西域、平西夏、灭女真、臣高丽、定南诏,遂下江南,而天下为一,故其地北逾阴山,西极流沙,东尽辽左,南越海表。盖汉东西九千三百二里,南北一万三千三百六十八里,唐东西九千五百一十一里,南北一万六千九百一十八里,元东南所至不下汉、唐,而西北则过之,有难以里数限者矣"⑤。在如此广阔的疆域内,如通过陆运漕粮至北京及边防要地,不但耗时费力,而且路途艰难,严重耽误百姓正常的农产,不利于社会秩序的稳定。因此,元政府对山东境内水运环境的考察及前期的筹划,为济州河、会通河的开凿奠定了基础。

二、山东半岛胶莱运河的开凿

元政府在准备开挖内陆运河的同时,对于海运也非常重视。至元十二年(1275)平宋后,曾命张瑄、朱清二人自崇明入海,将南宋皇室所藏珍贵图籍、珠宝运往北京,开始了对海运的初步探索。但当时漕粮主要以内河、陆地联运

---

① (明)宋濂:《元史》,大众文艺出版社 1999 年版,第 1349 页。

② (明)宋濂:《元史》,岳麓书社 1998 年版,第 905 页。

③ 北京旧志汇刊编委会编:《北京旧志评校文丛》,引自《通惠河志》,中国书店 2013 年版,第 73 页。

④ 《海河志》编纂委员会编:《海河志》,引自《元朝名臣事略》,中国水利水电出版社 1997 年版,第 374 页。

⑤ (明)宋濂:《元史》,岳麓书社 1998 年版,第 758 页。

为主,"自浙西涉江入淮,由黄河逆水至中滦旱站,陆运至淇门,入御河,以达于京。后又开济州泗河,自淮至新开河,由大清河至利津河入海,因海口沙壅,又从东阿旱站运至临清,入御河"。① 相较海运的省时省力,陆运不但运输量较小,而且涉江入河,危险系数较大,因此开凿贯通山东半岛的胶莱运河(元时称新河),缩短海运距离,成为了元政府迫在眉睫之事。

提议创开胶莱运河,施行河海联运的为莱州人姚演。姚演生卒年不详,元初曾参与开凿胶莱运河及疏浚滦河工程,颇受元世祖忽必烈重视。据《新元史》所载,"胶莱河,亦名胶东河,在胶州东北,分南北流,南流自胶州麻湾口入海,北流至掖县海仓口入海。至元十七年,姚演建议开新河,凿地三百余里,起胶西县陈村海口,西北至掖县海仓口,以达直沽。然海沙易壅,又水潦积淤,功讫不就。二十二年,以劳费不赀,罢之",②《读史方舆纪要》亦载,"至元十七年,莱人姚演献议开新河,由胶西县东陈村海口西北达于胶河,出海仓口,由海道达直沽以通漕,谓之胶莱新河,从之。劳费不赀,卒无成效,二十二年罢其役"。③ 由史料可知,胶莱运河的开凿历经数年,期间困难重重,最终无果而终,但新河也并非毫无用处,而是在一定时期内发挥着漕粮运输、商货转运的作用,"江淮岁漕米百万石于京师,海运十万石,胶莱六十万石,济州三十万石",④通过胶莱运河的漕粮数量相当之巨。胶莱运河开凿失败的原因是由多重因素导致的。首先,开凿连接莱州湾与胶州湾的半岛运河尚属中国历史首次,对自然河道、海湾地形的勘查、规划不足,没有经验可以借鉴,加之河道水源匮乏,难以实现长久通航。其次,河道高于海平面,由海而来漕船高下悬殊,难以进入运河之中,必须候潮而进,而海口风大浪急,礁石遍布,"比因淮子口石砑森立,伤船甚多,遂以罢运"。⑤ 同时海潮上涌时,"沙积甚高,渠口一开,

---

① (明)宋濂:《元史》,吉林人民出版社1995年版,第1463页。
② 柯劭忞:《新元史》,吉林人民出版社1995年版,第1363页。
③ (清)顾祖禹:《读史方舆纪要》卷36《山东七·莱州府》,清稿本。
④ (清)屠寄:《蒙兀儿史记》,上海古籍出版社2012年版,第105页。
⑤ (清)孙承泽:《春明梦余录》,北京古籍出版社1992年版,第988页。

沙随潮入",①河道淤积严重。最后,元廷中存在海运派、联运派、内河派等不同群体,他们之间相互博弈,不时对新河的开凿加以掣肘,加上连年开河耗费巨大,国库空虚,百姓疲敝,因此其失败是历史的必然。

胶莱运河部分河段为人工开凿,大部河道利用自然河流古胶水加以改造而成。运河以今平度市姚家村为分水岭,北流者长约 200 里,入莱州湾,南流者长约 60 里,入胶州湾。作为横贯山东半岛的人工运河,其开凿体现了古人的创新与艰苦卓绝的精神。胶莱运河虽有泽河、白沙河、柳沟河、五龙河、龙王河、清水河、墨水河汇入,但这些河流属季节性河流,水源并不稳定,加之开河急于求成,河窄水浅,船只负重难行。为解决这一困境,施工者在河道之中设置陈村、吴家口、窝铺、亭口、周家、玉皇庙、杨家圈、新河、海仓 9 座船闸,《春明梦余录》载,"是役也,在元人已为之建闸置坝,古迹犹存",②通过闸座节水、蓄水,达到通航的目的。开凿胶莱运河耗费了大量的人力、物力、财力,"发兵万人开运河,阿八赤往来督视,寒暑不辍。有两卒自伤其手,以示不可用,阿八赤檄枢密并行省奏闻,斩之以惩不律",③后又增派新附汉军、民工 2 万人相助,用工达到了 3 万人,可见开河之艰难。为保障工程顺利进行,元政府不但发钞万锭为佣值,拨粮为工人口食,而且"免益都、淄莱、宁海三州一岁赋,入折佣值,以为开河之用",④全力支持运河的开凿。

终元一代漕粮运输基本以海运为主,"逮元混一区寓,漕运之自南而北者,始事于河。而河运弗便,则开神山、济州、胶莱诸河,以为转漕之计,自海运行,而诸河之运皆罢"。⑤ 尽管元代漕粮运输基本以行海运为主,但开凿胶莱

---

① 李国祥、杨昶主编:《明实录类纂经济史料卷》,武汉出版社 1993 年版,第 899 页。
② (清)孙承泽:《春明梦余录》,北京古籍出版社 1992 年版,第 988 页。
③ (明)宋濂:《元史》,岳麓书社 1998 年版,第 1755 页。
④ (明)宋濂:《元史》,岳麓书社 1998 年版,第 911 页。此段史料《元史·河渠志》记为"济州河"条下,通过考证,应为胶莱河。详见陈有和《〈元史·河渠志·济州河〉辨析》一文,《南开学报》1985 年第 3 期。
⑤ (清)周郁滨:《珠里小志》,上海社会科学院出版社 2005 年版,第 211—212 页。

运河,施行河海联运的尝试,属中国水利史、航运史上的伟大创举,虽然以失败而告终,但却为后来内陆运河的开凿积累了丰富的经验。

三、济州河、会通河的开挖

在开凿胶莱运河,尝试河海联运的同时,元政府又在鲁西地区相继开凿了济州河、会通河,因两河相接,且都位于山东境内,故后世统称会通河。不过两河开凿目的有所差异,济州河虽位于内陆,但主要服务于河海联运,江南漕船至济州河后,通过济州河入大清河,沿大清河入海,由海到直沽(今天津),然后通过白河至北京。后大清河出海口因泥沙壅塞,漕船难以入海,济州河作用减弱,在此局势下,元政府为充分利用现有河道,继续沿济州河向北开挖,直至卫河,从而形成了会通河。元代济州河、会通河的开挖,基本奠定了元明清三代山东运河的格局,同时在运河中设置的闸坝等水工设施一直为后世所沿用,影响了山东区域社会数百年。

山东济州河的筹划始于元世祖忽必烈至元十八年(1281)十二月,“遣奥鲁赤、刘都水及通算学者一人,往济州,定开河夫役。令大名、卫州新军助其工”,[①]目的是“开济州泗河入大清河,至利津入海”。[②] 经前期准备后,工程于至元十九年(1282)十月正式动工,至元二十年(1283)八月完工,历时十个月。关于开河路线,《北河纪》载,“以江淮水运不通,乃命兵部尚书李奥鲁赤等自今济宁州开河达于今东平州之安民山,凡百五十里。北自奉符为一闸,以导汶水入洸,东北自兖州为一闸,以遏泗、沂二水,亦会于洸,以出济宁之会源闸,分流南北,其西北流者至安民山以入清济故渎,经东阿县至利津河入于海,其后海口沙壅,又从东阿陆运二百里抵临清州以下御河”,[③]河道以任城(今山东省济宁市任城区)为中心,南至今微山县鲁桥镇连通泗水,北至今梁山县小安山

---

① 柯劭忞:《新元史》,吉林人民出版社1995年版,第1363页。
② 柯劭忞:《新元史》,吉林人民出版社1995年版,第1363页。
③ (明)谢肇淛:《北河纪》卷1《河程纪》,明万历刻本。

入大清河。济州河开凿成功后,元政府设置济州运司管理漕粮运输,至元二十二年(1285)参政不鲁迷失海牙奏称:"自江南每岁运粮一百万石,从海道运者十万石,从阿八赤、乐实二人新挑河道运者六十万石,从奥鲁赤所挑济州河道运者三十万石",①同年因济州河道运粮船只匮乏,又造船 3000 艘以济运输。为保障船只顺利通行,至元二十一年(1284)命汶、泗转运使马之贞完善济州河水工设施,"作双虹悬门闸,虹相连属,分受汶水,而于汶河筑沙坝一道,以遏汶流",②并拟修石闸 8 座、石堰 2 座,实修石闸 7 座。至元二十三(1286)升马之贞为漕运副使,"于兖州立闸堰,约泗水西流,堽城立闸堰,分汶水入河,南会于济州,以六闸撙节水势,启闭通放舟楫",③通过闸坝等工程措施汇聚汶、泗之水,用以济运。济州河使用时间不长,因大清河出海口受海潮影响,不断涌入泥沙,淤塞严重,船只难以出海,"运河开未久旋废不用者,曰济州河、曰胶莱河。"④尽管济州河已无法与大清河施行河海联运,但其河道依然存在,并继续向北开挖,成为了会通河的一部分。

济州河、大清河无法入海后,元政府曾实行了一段时间的陆运。当时南来船只至济州河后,由东阿陆运北上临清,入卫河至天津,再由天津进京,其中东阿至临清之间 200 里陆路异常艰难,特别是雨季,运粮车辆途经荏平低洼地带时,"地势卑,夏秋霖潦,道路不通,公私病之",⑤"牛债鞁脱,艰阻万状,或使驿旁午,贡献相望,负戴底滞,晦暝呼警,行居骚然,公私以为病久矣",⑥其中运粮役民达 13276 户,严重耽误了百姓正常的农业生产。在此情形下,有大臣提议开凿新河道,由济州河直达临清卫河,以减省民力,先是寿张县尹韩仲晖、太史院令史边源相继建言开河,元廷命大臣讨论。至元二十五年(1288)命漕

---

① 柯劭忞:《新元史》,吉林人民出版社 1995 年版,第 1640 页。
② (清)魏源:《魏源全集》,岳麓书社 2004 年版,第 595 页。
③ 朱偰:《中国运河史料选辑》,江苏人民出版社 2017 年版,第 85 页。
④ 柯劭忞:《新元史》,吉林人民出版社 1995 年版,第 1363 页。
⑤ 柯劭忞:《新元史》,吉林人民出版社 1995 年版,第 1359 页。
⑥ (明)杨宏、谢纯:《漕运通志》,方志出版社 2006 年版,第 253 页。

运副使马之贞偕同边源勘察地形,将结果绘图呈进,马之贞称其河可开,但元
廷仍犹豫不决,后丞相桑哥上言:"安民山至临清,为渠二百六十五里。若开
浚之,为工三百万,当用钞三万锭,米四万石,盐五万斤。其陆运夫一万三千户
复罢为民,其赋入及刍粟之估,为钞六万八千锭,费略相当。然渠成,亦万世之
利,请来春浚之",①元政府最终决定开河。至元二十六年(1289)正月,元廷积
极筹措开河经费,出楮币 150 万缗、米 400 石、盐 5 万斤为佣值,征调旁县丁夫
3 万人,命断事官忙哥速儿、礼部尚书张孔孙、兵部郎中李处巽负责工程,"建
闸三十有一,度高低,分远迩,以节蓄泄",②《元史纪事本末》亦载,"二十六年
开会通河,从寿张县尹韩仲晖等言,开河以通运道,起项城县安山渠西南,由寿
张西北至东昌,又西北至临清,引汶水以达御河,长二百五十余里,中建闸三十
有一,以时蓄泄,河成,渠官张孔孙等言:'开魏博之渠,通江淮之运,古所未
闻,诏赐名会通河'",③顾炎武也称:"二十六年,又用寿张县尹韩仲晖言,复
自安山西南开河,由寿张西北至东昌、临清,直属御、漳,谓之引汶绝济,此会通
河所由始也"。④ 会通河实际用工 250 万余个,从始凿至竣工仅用 6 个月,速
度非常之快,河成后中央政府设置提举司职河渠事管理河道。会通河因开凿
于水源匮乏的鲁西地区,加之沿途地形复杂,工期较短,所以存在不少问题,
"时河初开,岸狭水浅,不能负重,岁不过运十万石,故终元之世,倚海运为
重",⑤但元代会通河的开凿,奠定了京杭大运河山东段的基本格局,为明清运
河漕运的兴盛奠定了基础。

　　会通河开成后,相关配套工程陆续设置,并延续数十年之久。至元二十七
年(1290)因霖雨岸崩,导致河水外泄,河道淤浅,于是"罢输运站户三千,专供

①　柯劭忞:《新元史》,吉林人民出版社 1995 年版,第 1359 页。
②　(明)丘浚:《丘浚集》,海南出版社 2006 年版,第 590 页。
③　(明)陈邦瞻:《元史纪事本末》,商务印书馆 1935 年版,第 67 页。
④　(清)顾炎武:《肇域志》,上海古籍出版社 2004 年版,第 691 页。
⑤　(清)孙承泽:《春明梦余录》,北京古籍出版社 1992 年版,第 639—640 页。

挑浚之役",①对河道不时予以挑浚。其后每年派都水监官员一名,佩分监官印,率令史、奏差、濠寨官等巡视河道,同时监督工程进行、建置石闸,按照缓急进行相关工程。元代在会通河上置闸30余座,自北至南分别为:临清会通镇头闸、中闸、隘船闸,李海务闸、周家店闸、七级上下闸、阿城上下闸、荆门上下闸、寿张闸、安山闸、开河闸、济州上中下三闸、赵村闸、石佛闸、辛店闸、师家店闸、枣林闸、孟阳泊闸、金沟闸、沽头北隘船闸、沽头南闸、徐州三汊口闸,各闸间距从2里至152里不等,最多者为3里或12里,间有18里、124里者,诸闸最早建者为至元三十年(1295)所置临清会通镇三闸,最晚者为泰定三年(1325)所建徐州三汊口闸,间隔30年,可见工程延续时间之长。期间延祐元年(1314)于沽头、临清置二小闸,限制不法商贾随意置造大船阻塞河道;至治三年(1323)都水分监又建言于沽头、金沟设滚水坝、隘船闸、堰闸数座;泰定四年(1326)御史台建言:"愚民嗜利无厌,为隘闸所限,改造减舷添仓长船至八九十尺,甚至百尺,皆五六百料,入至闸内,不能回转,动辄浅搁,盖缘隘闸之法不能限其长短。宜于隘闸下岸立石则,遇船入闸,必须验量,长不过则,然后放入,违者罪之",②命济宁路、东昌路官员及濠寨官依石则验查过往船只,限制大型船只通过运河。后至元五年(1339)冬十月,针对会通河浅涩、漕运不畅的现状,元廷派都水监丞宋公韩、伯颜不花疏浚河道,第二年春,"挑洮各处河身之浅,五旬而工毕,汶、泗、洸、济之水源源而来,凑乎会通,舟无浅涩之患",③同时又浚会源闸、天井闸之间河道,开挖济河故道,分流水势,舟船得以航行无碍,百姓大悦。元代关于会通河管理制度的初步确立及相关水工设施的完善,在一定程度上保障了河道的通航秩序,促进了漕粮、商货的运输,且相关闸坝大量为明清所沿用,同时不断被加以修缮,水工科技含量不断提升。

元代会通河的管理经历了由非稳定性管理到制度化管理的过程。开挖会

① 柯劭忞:《新元史》,吉林人民出版社1995年版,第1359页。
② 柯劭忞:《新元史》,吉林人民出版社1995年版,第1362页。
③ (明)杨宏、谢纯:《漕运通志》,方志出版社2006年版,第268页。

通时元政府命断事官、礼部尚书、兵部郎中等高级别官员负责工程,体现了元
政府对开河的重视,但这些官员并不负责河道的具体运行,工程完毕后即回
京。直到开通会通河数年后于景德镇(今山东张秋镇)设置了都水分监,才正
式形成稳定的会通河管理制度。都水监的历史最早可以追溯至隋朝,主官先
后称都水使者、都水监、都水令,唐宋因之,"掌川泽、津梁之政令,总舟楫、河
渠二署之官属",①为国家专职水利事务管辖最高机构。元朝建立后,于至元
二年(1265)设都水监,秩从三品,有都水监二人、少监一人、监丞二人及经历、
知事、通印、奏差、壕寨、典吏数十人,"掌治河渠并堤防、水利、桥梁、堰闸之
事",②后又在诸水工要地设行都水监(都水分监),为中央都水监派出机构。
管理会通河的张秋都水分监约设置于至元三十年(1293),据元代侍读学士揭
傒斯的《都水分监记》载:"会通河成之四年,始建都水分监于东阿之景德镇,
掌凡河渠坝闸之政令,以通朝贡,漕天下实京师地。高平则水疾泄,故为碣以
蓄之;水积则立机引绳以挽其舟之上下谓之坝;地下迤则水疾涸,故为防以节
之;水溢则绳其悬板以通其舟之往来,谓之闸。皆置吏以司其飞挽启闭之,节
而听其狱讼焉",③可见除管理河道、水工设施外,都水分监对辖地的狱讼也有
过问之权。甚至至大四年(1311)时,因江河闸坝有人以盘浅为名,阻截民船,
河岸隘口军人刁难商旅,索贿财物,因此刑部令:"盘浅船只,游手泼皮,及河
岸部头把隘军人作弊,刁蹬客旅,取受财物,扰民不便等事,合令所在官司,出
榜严加禁治。仍令都水分监并濒河巡防捕盗官,常加体察禁约,敢有违犯之
人,捉拿到官,痛行追断",④对沿河社会治安秩序也有兼顾之责。张秋都水分
监的设置,既强化了中央政府对会通河的管理,同时也提升了山东及张秋的河
政地位,"特设都水分监于景德镇,即张秋也。以饬渠闸之政令,而张秋始称

---

① (后晋)刘昫:《旧唐书》,吉林人民出版社1995年版,第1161页。
② (明)宋濂:《元史》,岳麓书社1998年版,第1312页。
③ (清)林芃:康熙《张秋志》卷9《艺文志·碑记》,清康熙九年(1670)刻本。
④ 黄时鉴校:《通制条格》,浙江古籍出版社1986年版,第304—305页。

襟喉重地矣"。① 作为重要的河工管理机构,张秋有规模庞大的行都水监衙门,据康熙《张秋志》载"攻石伐材,为堂于故署之西偏……左庑右库,整密峻完,前列吏舍于两厢,次树洺、魏、曹濮三役之肆于重门之内,后置使客之馆,皆环拱内向,有翼有严。外临方池,长堤隐虹。又折而西,达于大途,高柳布阴,周垣缭城,遐迩纵观,仰愕俯叹……思河渠之利,永世攸赖",②衙署建筑合计房屋 80 余楹,规模宏大,蔚为壮观。张秋都水分监的设置,极大加强了对会通河的管理,保障了各项工程的顺利进行,明清驻张秋的北河工部分司衙门,实为元代都水分监的延续,其功能与作用基本类似。

元代在山东开凿济州河、会通河,并设置管理机构,建设闸坝等水工设施,基本奠定了元明清三朝京杭大运河山东段的基本格局,运河的贯通不但促进了沿线市镇的发展、商品的交流、文化的沟通,而且对区域社会自然环境、人文环境都产生了巨大影响。可以这样说,明清山东运河区域的繁荣与运河的开通是密不可分的。运河与其他自然水道所形成的水运交通网络,使山东鲁西诸多市镇成为了著名的商埠与码头,吸聚了各地的优势资源,汇集了商贾、仕宦各类人群,深刻凸显了山东运河文化开放包容、兼收并蓄、博采众长的特征。

四、元代山东运河对区域自然、社会环境的影响

运河作为人工开凿的水利工程,不可避免会与自然环境、社会环境发生密切的联系。从自然环境角度看,运河会改变其他自然河道布局,对流经地的农业生产环境、土壤环境、水利环境产生影响,其中有些符合生态发展的规律,产生了有益的作用,而有些则扰乱了正常的自然规律,导致了诸多负面影响。从社会环境角度看,运河对沿线市镇、商业、文化、民众生活都有影响,正面的作用更大一些。

---

① (清)顾炎武:《天下郡国利病书》,上海古籍出版社 2012 年版,第 1511 页。
② (元)揭傒斯:《揭傒斯全集》,上海古籍出版社 1985 年版,第 327 页。

元代山东运河的开挖,改变了山东地区的河湖水系,影响了沿河的土壤结构与农业种植结构。山东境内的汶、泗、济等自然河流在运河未开通前连贯性较差,而会通河的开挖则沟通了这些自然河道,形成了水运交通网络,促进了各地政治、经济、文化的交流。但同时运河的开凿也带来了一定的负面效应。首先,南北走向的运河切断了东西走向的自然河道,导致下游地区的农田得不到及时灌溉,对农作物的种植、生长都产生了不利影响。其次,运河横断其他自然河流,导致夏秋季节洪水无法排泄,造成了严重的洪涝灾害,威胁了两岸农田、庐舍。历史地理学家侯仁之曾指出:"自元开会通河,中截诸流,马颊、徒骇,竟同泄运入海之渠道;而会通以西,复经壅阻,徒以妨漕害运为辞,不使东下。历年既久,故道渐湮。然河南、河北之内地坡水,继续东注,上壅下塞,此明清两代濮、观、朝、莘诸县所以频频被患而无以为救者也",[①]清晰分析了当时的河道形势及危害。再次,运河占用大量水源,堤防又阻挡洪水下泄,导致河道周边土地的沙化、盐碱化现象非常严重。如元惠宗至元四年(1338)汶河暴涨,"溃东闸,突入洸河,两河罹其害,而洸亦为沙所塞",[②]改变了河道的自然形态。不过因元代山东运河利用程度较低,相关工程建设频率不如明清,加之史料相对匮乏,所以对沿岸自然生态环境的影响相对较小。最后,元代黄运关系复杂,会通河时刻面临黄河冲淤之苦。元末黄河决口十数次,其中至正八年(1348)决济宁,"河水北侵安山,沦入运河,延袤济南、河间,将瘝两漕司盐场",[③]后又多次决金乡、鱼台、任城、东平、寿张等地,不断威胁运道。而贾鲁治河后,虽在一定程度上解决了黄河频决问题,但大规模的治河也对黄运地区的自然生态环境产生了很大影响。

在山东运河贯通之前,鲁西地区属于较为贫困落后的区域,民众生活以自

---

① 侯仁之:《我从燕京大学来》,生活·读书·新知三联书店2009年版,第324页。
② 谭其骧:《清人文集地理类汇编》,引自张伯行《治河议》,浙江人民出版社1988年版,第2页。
③ (清)朱樟:《泽州府志》,山西古籍出版社2001年版,第615页。

给自足的小农经济为主,市镇发展相对缓慢,整体处于较封闭的状态。而会通河开通后,尽管存在河道浅狭、水源不足等问题,但客观上促进了商货的转输、市场的建构。寿张县尹韩仲晖建言开会通河时就称:"时粮运艰难,晖奏开会通河,以便公私漕贩,于是遣官总理,河成至今赖之",①可见开河不仅为国家运粮所需,也有利于商货转运。元代赵元进《重浚会通河记》曰:"前政开挑会通河道,南自乎徐,中由于济,北抵临清,远及千里。各处修置闸坝,积水行舟,漕运诸货,官站民船,皆得通济",②《北河纪》亦载,"至元二十六年开挑会通河道,南自乎徐,中由于济,北抵临清,远及千里,各处修筑闸坝,积水行舟,漕运诸货、官站民船偕得通济",③水运交通的便利,使得官船、商船、民船都能够在运河中航行,全国各地的商货得以互通,人群得以交流。元代欧阳玄《中书右丞相领都水监政绩碑》记曰:"我国家用东南之粟,岁漕数百万石,由海而至者,道通惠河以达。东南贡赋凡百,上供之物岁亿万计,绝江淮河而至,道会通河以达,商货懋迁与夫民生日用之所须不可悉数,二河溯沿,南北物货或入或出,遍天下者犹不在是数",④甚至连日本、朝鲜诸国的奇珍异货也沿海而至,通过会通河、通惠河到达大都城。元武宗至大二年(1309)七月,"禁权要、商贩挟圣旨、懿旨、令旨阻碍会通河民船者",⑤鼓励民间贸易。延祐元年(1314)中书省称会通河浅涩,大船充塞其中,阻碍运道,河道初通时规定只能行150料以下船只,"近年权势之人并富商大贾贪嗜货利,造三四百料或五百料船,以致阻滞官民舟楫",⑥从侧面反映了运河之中商船数量之多、运货之巨。甚至元末至正六年(1346)"盗扼李海务闸,劫夺商旅",⑦沿河过往商旅甚至成

① (清)傅泽洪:《行水金鉴》,商务印书馆1937年版,第1507页。
② (明)杨宏、谢纯:《漕运通志》,方志出版社2006年版,第268页。
③ (明)谢肇淛:《北河纪》卷3《河工纪》,明万历刻本。
④ (明)周之翰:《通粮厅志》卷11《艺文志下·碑记》,明万历刻本。
⑤ (清)傅泽洪:《行水金鉴》,商务印书馆1937年版,第1513页。
⑥ 柯劭忞:《新元史》,吉林人民出版社1995年版,第1361页。
⑦ (清)嵩山:嘉庆《东昌府志》卷4《兵革》,清嘉庆十三年(1808)刻本。

为了盗贼觊觎的对象。除商品流通外，山东运河的开凿，也促进了沿线市镇的发展，临清、济宁等城市在便利交通的推动下，成为了重要的商埠与码头。意大利商人马可·波罗曾经地中海、欧亚大陆前往中国游历，对运河沿线城市进行了细致观察，如描述元代陵州（即今天的德州）时称："这里是发达的商业区，这些地方的税收总额数目巨大……有一条宽阔水深的大河穿过这座城市，大批的商品，包括丝绸、药材和其他贵重物品，都通过这条河运往各地"①；东平府"这里是一座令人心旷神怡的宜居之所，城市四周环绕着园林，园中花木吐艳，瓜果遍地。这里丝的产量十分巨大，这座城市在行政上还管辖着帝国的十一座城市和相当多的城镇，这些地方商业繁荣，盛产蚕丝"②；描绘济州城，即今天的济宁时称："这是一座宏伟、巨大而壮丽的城市，商品与手工制品十分丰富……这条河中航行着大批船只，数量多的令人难以置信。它们在两地之间运输货物，每条船上都装载着生活所需日用品，从一地运往另一地。河中的船只往来如梭，只要看看这些满载贵重商品的船舶的数量和吨位，就会令人惊叹不已"③；途经会通河畔重要城市临清时记曰："有一条既深且宽的河流经临清，对于运输诸如丝、药材或其它有价值的大宗商品，是十分便利的"，④可见运河流通商货的种类非常丰富。另一位意大利旅行家鄂多立克也曾通过山东会通河北上京城，经过济宁时称："它也许比世上任何其他地方都生产更多的丝，因为那里的丝在最贵时，你仍花不了八银币就能买到四十磅。该地区还有大量各类商货，尚有面食和酒，及其他种种好东西"，⑤史料中可以反映出济宁盛产丝绸，价格低廉，各类商货齐全，为著名的商埠。西方人对元代大运河的认识，充满了惊奇与新鲜，其对临清、济宁、东平等运河城市繁华景象的描述虽不免有夸张、修饰的成分，但也反映了这些市镇作为码头与商埠的繁盛，对

---

① ［意］马可·波罗：《马可波罗游记》，中国书籍出版社 2009 年版，第 296 页。
② ［意］马可·波罗：《马可波罗游记》，中国书籍出版社 2009 年版，第 296 页。
③ ［意］马可·波罗：《马可波罗游记》，中国书籍出版社 2009 年版，第 305 页。
④ ［意］马可·波罗：《马可波罗游记》，吉林摄影出版社 2004 年版，第 121 页。
⑤ ［意］鄂多立克：《鄂多立克东游录》，中华书局 2019 年版，第 69 页。

商货种类、流通情况的介绍,也是研究大运河城市史的重要文献资料。

元代山东运河的开挖,对沿线区域社会自然环境、社会环境产生了巨大影响。运河对山东河湖布局的改变,使周边区域的农业生产环境、土壤结构发生了巨大变化,这些改变既产生了有利的方面,也导致了诸多弊端,并且这种局面一直延续至清末,长达数百年之久。从区域社会经济发展角度看,元代山东运河漕粮运输数额较少,但是商货贸易、民间交往却较为频繁,相当数量的客货在济宁、东昌、临清等城市汇聚,促进了市场网络体系的建构及市镇的发展,同时对沿线民众经济作物种植、经商意识提升、生活方式改变都产生了很大影响。

第二章　明清山东运河主要河道
工程与水工设施

　　明清两代山东运河河道主要包括卫河段(南运河)、会通河段、南阳新河段、泇河段,从宏观上讲临清至微山夏镇运河也可统称会通河。明清山东运河相关工程与水工设施的建设在保障运河通航的同时,还与黄河发生着密切的关系,特别是明中前期、清前期与后期黄河屡次冲决山东运河,导致运道中断、漕粮不达。为保运道,中央政府屡次派遣重臣治理黄运决口,耗费了大量的人力、物力、财力,治理虽取得了一定的效果,但朝廷之中借黄行运、避黄保运、治黄利运等不同派别始终处于博弈之中,导致统治者举棋不定,从而使明清两代黄运关系复杂化延续数百年之久。同时大量河道工程、水工设施的建设在某些时间段内虽缓和了黄运关系,暂时实现了河道的安澜与漕运的畅通,但从根本上看,在"重漕"国策下,对黄河、运河及相关河道过多的人为干预及过度治理,加之施行的相关工程具有特定的目的性,因此改变了山东地区的水系布局与河道规律,从而导致明清两朝黄河屡次北决,横断运道,最终酿成了清末咸丰五年(1855)黄河铜瓦厢大决口,形成了从山东入海的局面。

　　明代山东运河的主要河道工程、水工设施建设可以分为三个阶段。自洪武朝至景泰朝为前期,对山东运河的治理主要体现在会通河的疏浚、南旺枢纽的初建、借黄行运与治黄保运、闸坝等水工设施的建设及相关河政、水工制度的草创。天顺朝至万历前段为中期,这一时期主要由频繁的黄河治理转向南阳新河的开凿及泇河的议开,尝试通过避黄保运措施,实现山东境内黄、运两河的相对安澜。其特点为对明前期河道工程、水工设施进行增建、修缮,力图形成稳定的河政管理体系。万历中期至明亡为后期,泇河开通后,山东运河与黄河完全分离,黄河在山东境内大规模决口相对减少,但仍屡次淤塞运河,造成漕运不畅,朝臣因河事而相互攻讦,治河之论多浮于空谈,相关措施也多为对中前期工程的维护。特别是天启、崇祯年间,灾荒不断、战乱不休,三饷加派导致民不聊生,漕运呈现日落西山之势。除对内陆运河进行治理外,有明一代因会通河不断淤塞,于是重开胶莱河以通海运之议屡起,正统、嘉靖、万历、崇祯年间上疏奏开者众多,其中嘉靖年间凿马濠运道,胶莱运河大部开通,但运行十余年后复淤,最终因水源匮乏而断航。

受明末清初战乱影响,山东运河废毁严重,只有局部河段尚能通航,而且有清一代,黄河对山东运河的冲决、淤塞问题始终未得到彻底根治,特别是清初、清末尤为严重,国家耗费了大量财力予以治理,但效果不佳。清代对山东运河的治理也可分为三个阶段:顺治至雍正朝为清代前期,山东运河河道工程主要为运河的重新疏浚及黄河决口的堵塞,努力协调黄运关系,保障漕粮按时抵达北京,为清王朝的稳定奠定物质基础。康熙年间靳辅开挖中河后,黄河与运河大部分离,相关治河工程主要集中于苏北地区,山东运河主要对明代旧有水工设施进行修缮,新建部分闸坝工程予以补充,这一时期河政管理制度日趋完善,形成了中央与地方协同治理的综合体系,运河挑浚、修防、看护逐渐制度化。乾隆至道光朝为中期,该时期黄河于江苏境内频繁决口,河工日甚一日,每年投入巨资治河,山东境内黄河虽也多次决于曹县、单县、菏泽、张秋诸地,但相较苏北为轻。这一时期山东运河工程、水工设施逐渐健全,伊家河的开挖减轻了泇河淤塞及两岸水患发生频率,使黄河对运道的威胁降低。微山湖滚水坝、南旺湖堤等水工设施的建设使蓄水、排水、分水更加合理,运道管控程度进一步强化。咸丰至宣统朝为清后期,也是山东黄运关系最为复杂的时期,特别是咸丰五年（1855）黄河铜瓦厢决口，黄河第六次大改道，从山东利津入海，此后黄河对山东运河及沿线区域社会的影响不断增强。据统计，铜瓦厢决口至清王朝灭亡的 1912 年，黄河于山东决口 200 余次，决口次数达到改道前的 16 倍，加之清末运河断航、漕粮改折、铁路兴起，清政府虽开凿陶城埠运河，置大闸连通黄运两河，力图重新振兴传统漕运，但最后无果而终，特别是东河河道总督及所辖一系列河官的裁撤，更使山东境内黄运关系雪上加霜，冲决、淤塞日甚一日，并一直延续至清朝灭亡。除对山东内陆运河进行管理与治理外，清廷也曾试图开凿胶莱运河以通海运，雍正初年大学士朱轼曾建言开胶莱运河，以辅会通河运输，派员考察后，认为耗费过大、水浅难行、淤沙难除、无水可用，开河方案难以实施，自此以后再也无人重提开河之事，元代、明代所置闸坝水工设施遂日益废坏。

第一节　明代山东运河主要河道工程

有明一代，对山东会通河的治理投入了大量人力、物力、财力。元末明初，受黄河决徙、战乱兵燹影响，山东运河已基本不能通航，加之元代会通河初成时设计不合理，因此水源匮乏、河道狭窄、闸坝倾圮，在漕粮运输、商货转运、军需供给上已难以发挥较大作用，明初甚至不得不通过陆路输送漕粮、物资，以满足北部边防需求。永乐初年，随着会通河疏浚工程的完工及南旺分水枢纽的初建，海、陆二运皆罢。朱棣迁都北京后，山东运河地位随之上升，成为了沟通南北的重要河段。为强化对山东运河的管理与治理，明前期一方面极力减轻黄河对会通河的冲决，通过大量引河、减河、闸坝、堤堰的开挖或设置保障山东运河的通航，另一方面则不断完善南旺分水枢纽工程，水柜、斗门等配套设施不断健全。而明中后期则通过南阳新河的开挖、泇河的开凿等工程，使黄运分离，保障河道安澜。明末因战乱频繁、灾荒不断、国库空虚，大规模的河道工程已难以施行，加之山东运河区域沦为清军、农民军与明军争夺的对象，河道废毁严重,难以正常通航。

一、明前期山东运河的治理

明王朝对京杭大运河及国家漕运异常重视,"漕为国家命脉攸关,三月不至则君相忧,六月不至则都人啼,一岁不至则国有不可言者",①"百司庶府,卫士编氓,一仰漕于东南",②可见明代对漕粮非常依赖,是维系国家统治的物质基础。而漕粮能否顺利抵达京城,则与京杭大运河是否畅通密切相关,"国家定鼎燕京,凡上供之需,百官六军之馈饷,大率仰给东南,舟楫转输,以免陆地飞挽之劳与海运风涛之险,实维漕渠是赖",③会通河作为京杭大运河最为关键的河段之一,"皇明建都燕蓟,岁漕东南以给都下,会通河实国家气脉,而张秋又南北之咽喉",④可见其地位异常重要。明初洪武朝对山东运河不甚重视,虽利用局部河段北运漕粮,但未进行大规模治理。永乐朝疏浚会通河,引汶河于南旺南北分流,置水柜、闸坝诸水工设施以分水、蓄水、排水,京杭大运河全线贯通,宣德年间漕运量达600余万石,河道畅通,漕粮顺利抵达京师。正统、景泰年间,黄河屡决山东张秋运道,漕船受阻,百姓罹难,中央屡兴河工,对黄运两河进行大规模治理,对山东运河区域社会产生了巨大且深远的影响。

(一)洪武朝对山东运河的治理

明初定都金陵(今江苏南京),江南漕赋可以通过长江、江南运河及贯通河流运至京城,不但运输路线较短,而且河道管理、工程建设较为简易,国家耗费较少,正如《明史》所载,"历代以来,漕粟所都,给官府廪食,各视道里远近

---

① (清)傅维麟:《明书》,商务印书馆1936年版,第1390页。
② (清)傅维麟:《明书》,商务印书馆1936年版,第1390页。
③ (清)林芃:康熙《张秋志》卷9《艺文志一·安平镇石堤记》,清康熙九年(1670)刻本。
④ (清)林芃:康熙《张秋志》卷9《艺文志一·安平镇治水功完碑》,清康熙九年(1670)刻本。

以为准。太祖都金陵,四方贡赋,由江以达京师,道近且易"。① 但面对北方蒙元残余势力的骚扰,势必需要运粮至前线或边镇,因此洪武朝通过海运、陆运及利用山东尚能通航的局部河段运输军粮、物资以供军需,这种多重运输方式综合使用的策略,虽然选择面更大,但因此时尚未建立完善的河道管理与漕粮运输制度,因此存在耗费过大、效率较低、路途艰难等缺陷与弊端。

早在元末至正二十六年(1366)时,因黄河北决,洪水漫至山东曹州、济宁、东明一带,会通河航运就已大受影响。次年冬,大将军徐达、常遇春领兵北伐,攻克济南,都督同知张兴祖率偏师自徐州沿运河北上,夺取东平、东阿等沿运城市,抵安山镇后,旋攻克济宁。洪武元年(1368)大将军徐达为充分利用水路交通,集军于济宁,开耐牢坡口西岸堤防,以便漕船行进,据《新建耐牢坡石闸记》载,"大明受命皇帝即位之元年,诏遣大将军定山东、平幽冀,兵不血刃而梁晋、关陕大小郡邑悉皆附顺,分兵戍以守扼塞,浚河梁以逸漕度,舳舻千里鱼贯蝉联,贡赋供需有程无阻。后以黄河变易,济宁之南阳西暨周村涯淤窒壅,数坏舟楫",②其时黄河决曹州双河口,冲东平、鱼台之间运道,徐达欲引河入泗以济运,北沿汶、济以达燕京,西循黄河冲决之道以抵梁晋,因此开凿四通之地的耐牢坡口尤为关键,"耐牢坡口者实西北分路之会,坡有堤绵数十里以防河决,于是时遂开通焉",③"国初洪、永间开济宁迤西耐牢坡,引曹、郓黄河水,经塌场出谷亭以为运道",④不过因当时急于进军,耐牢坡口虽开却缺乏管理与维护,水势散漫不能制,漕舟屡遭浅淤之苦,不能按时抵达军需之地。

洪武二年(1369)十一月,命山东行省委派官员专管耐牢坡附近河道南北疏导之事,十二月命济宁府同知刘大昕沿河考察以备置闸,后其与知府余芳、通判胡处谦、任城主簿周允、提领郭祥,"至于河上,视其旧口,则土崩流悍,不

---

① (清)张廷玉:《明史》,岳麓书社 1996 年版,第 1124 页。
② (明)谢肇淛:《北河纪》卷 4《河防纪》,明万历刻本。
③ (明)谢肇淛:《北河纪》卷 4《河防纪》,明万历刻本。
④ (清)傅泽洪:《行水金鉴》,商务印书馆 1937 年版,第 2114 页。

可即功行。视口之北几一里许,平衍水汇,可立基焉。乃伐石转木,度工改作,时冰冻暂止"。① 建闸工程自洪武三年(1370)正式施工,除土堤、置基址、枣栗为桩、实以瓦甓、铺以木枋、镶嵌石板,"犬牙相入,复固以灰胶,关以铁锭,磨砻铲削,浑然天成。闸门东西广十六尺有五寸,崇十尺一寸,西北比东西广加二尺焉。闸之北东向有墉,纵二十二尺,西向墉纵一十五尺有奇。闸之南称是,翼如也,所以捍水之洞洑冲薄也。两门之中凿渠五寸,下贯万年枋,以立悬板,复于闸之南北,决去壅土,以杀悍湍,且济舟以转折入闸。自兹启闭有常,舟行如素"。② 耐牢坡石闸为明代于山东运河所建第一闸,规制严整,施工科学,用时 50 日、用工近 500 人、用木 1300 余根、用铁 550 斤、用木炭 1542 斤,工程"若铁粟则取给于官,余悉因沂、兖二州,任城、滕、郓诸县土地所有,规措给用,虽少劳于民而民乐于趋事,不费于官而官亦易以成功",③闸座顺利竣工与官民合作密不可分,充分体现了工程建设与区域社会之间的互动关系。耐牢坡闸主要使用于黄、运兼用时期,洪武时人谢肃曾有《过耐牢坡闸观梁山水涨》一诗,"三宿淹留会同闸,一帆飞过耐牢坡。旧来禾黍秋风地,今作蒲莲野水坡。岸决黄河方泛溢,尘生碧海定如何。苍茫天意知谁解,北望梁山一浩歌",④感叹黄河决徙后沧海桑田之变。耐牢坡闸自建成之日起,就不断受到黄河冲击,使用 33 年后,永乐元年(1403)因河道淤垫,裁耐牢坡、周家店、李海务、临清、会通五闸闸官,国家重视程度降低。

洪武二十四年(1391)四月,黄河决口于河南原武黑洋山⑤,"由旧曹州、郓城两河口漫东平之安山,元会通河亦淤",⑥《创建宋尚书祠堂记》亦载,"国朝

① (明)程敏政:《明文衡》,吉林人民出版社 1998 年版,第 304 页。
② (明)程敏政:《明文衡》,吉林人民出版社 1998 年版,第 304 页。
③ (明)程敏政:《明文衡》,吉林人民出版社 1998 年版,第 304 页。
④ 赵志远、刘华明编:《中华辞海》,印刷工业出版社 2001 年版,第 3252 页。
⑤ 黑洋山:在今河南省新乡市原阳县西北,为一小丘,明前期黄河多次决口于此,现已淤平。
⑥ (清)张廷玉:《明史》,吉林人民出版社 1995 年版,第 1286 页。

洪武中,河决原武,过曹入于安山。漕河塞四百里,自济宁至于临清,舟不可行,作城村诸所,陆运至于德州",①可见黄河对会通河冲击异常剧烈,甚至只能通过置递运所,陆运漕粮、物资至北部边防。关于河决的详细情况,《皇明宋尚书像赞碑》称:"维兹漕河,元故运程,复有海运,国计是经,逮我国朝,河决原武,入于安山,塞四百里。南自济宁,北至临清,陵谷代迁,舟不可行"。②会通河几近完全淤塞后,基本不能通舟,漕粮运输只能陆运数百里入卫河,"自济宁至临清三百八十五里有奇,内七十七里有河道,渔船往来;中一百二里淤为平地;北二百五里有奇仅有河身。自济宁至德州陆行七百里,始入卫河",③运粮路径反复曲折,异常艰难。

除利用山东水运外,洪武初期对于陆运、海运也非常重视,"洪武元年北伐,命浙江、江西及苏州等九府,运粮三百万石于汴梁。已而大将军徐达令忻、惇、代、坚、台五州运粮大同。中书省符下山东行省,募水工发莱州洋海仓饷永平卫,其后海运饷北平、辽东为定制",④"太祖初起大军北伐,开蹢场口、耐牢坡,通漕以饷梁晋。定都应天,运道通利:江西、湖广之粟,浮江直下;浙西、吴中之粟,由转运河;凤、泗之粟,浮淮;河南、山东之粟,下黄河。尝由开封运粟,溯河达渭,以给陕西,用海运以饷辽卒,有事于西北者甚鲜",⑤可见洪武朝多重运输方式并举,运河并未在国家交通运输中占优势与主导地位。

明初洪武年间定都金陵,漕粮多由长江运道至京,对山东水利建设不甚重视。但因北征蒙元需要,明政府对故元会通河进行了一定的整理,其中最突出者即开济宁耐牢坡口,建石闸以控南北之水,开启了明代山东水工建设的先河,耐牢坡闸对加强黄运两河联运,促进山东地区的水利开发,增强军粮供给,

---

① (明)李燧:《创建宋尚书祠堂记》,碑刻位于山东省汶上县南旺镇南旺分水龙王庙遗址。
② (明)张文凤:《皇明宋尚书像赞碑》,碑刻位于山东省汶上县南旺镇南旺分水龙王庙遗址。
③ (明)王琼:《漕河图志》,水利电力出版社1990年版,第212页。
④ (清)张廷玉:《明史》,岳麓书社1996年版,第1124页。
⑤ (清)张廷玉:《明史》,吉林人民出版社1995年版,第1328页。

减轻周边区域社会的水患灾害起到了一定的作用。但随着黄河不断冲决山东运河,单纯依赖某一孤立的水工设施已难以保障运河的通航与周边水环境的稳定,因此全面、系统整顿山东运河区域河湖水系,成为了后世王朝的当务之急。

(二) 永乐朝会通河疏浚工程

靖难之役后,燕王朱棣登上帝位,仍都南京,但南京地偏南方,距朱棣旧藩北平距离遥远,加之蒙元残余势力时刻骚扰明朝边境,南京反对朱棣的旧势力仍然较强,因此朱棣努力加快北平城的营建,为以后的迁都做好前期准备。永乐初,黄河屡决河南温县、阳武、开封诸地,会通河淤塞不通,不堪使用,其时运往通州、北平等地漕粮多海、河、陆兼用,"江南漕船一由江入海,出直沽,溯白河至通州;一由江入淮,入黄河至阳武,陆运至卫辉,由卫河至通州",①"永乐初,太宗文皇帝肇建北京,立运法。自海运者,由直沽至于京。自江运者,浮于淮入于河,至于阳武,陆运至于卫辉,又入于卫河,至于京。当是时,海险陆费,耗财溺舟,岁以万亿计已",②上述运输方式中山东只有临清以北卫河可用,临清以南会通河已不在国家运输体系之中。为便于存储沿河而来漕粮,"淮、海运道凡二,而临清仓储河南、山东粟,亦以输北平,合而计之为三运,惟海运用官军,其余则皆民运云",③在临清设仓储粮,利用卫河输山东、河南漕粮至北平,最大限度保障北平的军粮供给。

永乐九年(1411)济宁州同知潘叔正因州中百姓从事漕粮递运工作艰难,上言重浚元代已淤会通河,"九年二月乃用济宁州同知潘叔正言,命尚书宋礼、侍郎金纯、都督周长浚会通河。会通河者,元转漕故道也,元末已废不

---

① (明)杨宏、谢纯:《漕运通志》,方志出版社2006年版,第20页。
② (明)李燧:《创建宋尚书祠堂记》,碑刻位于山东省汶上县南旺镇南旺分水龙王庙遗址。
③ (清)张廷玉:《明史》,吉林人民出版社2005年版,第1227页。

用……由济宁至临清三百八十五里，引汶、泗入其中"，①"上命工部尚书宋礼修元运河，发济、兖、青、东民十五万人，登、莱民愿役者五千人，疏淤启隘，因势而治之"。② 新浚会通河仍以汶、泗二水为源，其中汶河有二，小汶河源于新泰宫山下，大汶河出泰安仙台岭南，又出莱芜原山阴及寨子村，大汶河二支俱至泰安静丰镇合流，绕徂徕山南后与小汶河汇，再经宁阳北堽城，西南流百余里，至于汶上，汶河支流名洸河，出堽城西南，流 30 里后与宁阳诸泉合，经济宁东与泗水合。而泗水源出泗水县治东 50 里陪尾山，四泉并发，西流至兖州城东，合于沂水。但汶、泗二水属季节性河流，仍有水源不足之虞，于是又引黄河支流济运，"侍郎金纯从卞城金龙口下达塌场口，筑堤导河，经二洪南入淮，漕事定"，③《丘浚集》亦称："又命刑部侍郎金纯，自汴城北金龙口开黄河故道，分水下达鱼台县塌场口，以益漕河"，④《漕河图志》所载则更为详细，"又命刑部左侍郎金纯发河南运水夫开浚黄河故道引水。首起开封，尾入鱼台县塌场口。始役于是年三月，讫工于是年九月。每夫月支粮五斗，钞三锭，仍复其粮差一年"，⑤黄河分支从鱼台县塌场口入运河，以增河道水源，多余之水下泄入淮河。宋礼所浚会通河并非完全循旧元故道，而是在某些区域根据地势、水源有所变通，"尚书宋礼役丁夫一十六万五千浚会通河，乃开新河自汶上县袁家口，左徙二十里，至寿张之沙湾接旧河"，⑥新开河道自安山之西东徙 20 里，长约 50 里，经沙湾、东昌、临清入卫河，河深一丈三尺，宽三丈二尺。会通河疏浚工程自永乐九年(1411)二月开始，至六月开成，仅用时四个月，所用民工既有来自沿河兖州、东昌、徐州诸府者，也有远自登州、莱州、应天、镇江等府者，负责开河及辅助工程的官员包括兴安伯徐亨、工部尚书宋礼、刑部侍郎金纯、工

---

① 周魁一注：《二十五史河渠志注释》，中国书店 1990 年版，第 390 页。
② (明)李燧：《创建宋尚书祠堂记》，碑刻位于山东省汶上县南旺镇南旺分水龙王庙遗址。
③ (明)潘季驯：《河防一览》卷 5《历代河决考》，明万历十八年(1590)刻本。
④ (明)丘浚：《丘浚集》，海南出版社 2006 年版，第 591 页。
⑤ (明)王琼：《漕河图志》，水利电力出版社 1990 年版，第 108 页。
⑥ (明)潘季驯：《河防一览》卷 5《历代河决考》，明万历十八年(1590)刻本。

部右侍郎蒋廷瓒等中央官员,可见会通河疏浚集全国之力,为国家大型水利工程。

会通河工程并非一蹴而就,永乐九年(1411)六月浚工后,后续工程陆续开展。七月帝命:"工部、锦衣卫便差四个官铺马里去,都齐到那黄河新开口子处,讨两支船,从那里看将下来。到旧曹州两河口分开:一路往会通河那一带去,一路往谷亭这一带来。看那两条河的水势行的如何?还看那黄河水比先是那一处漫过安山湖?那一带去淤塞了河道?若是那原漫过水处堤岸低薄时,就著再整治得高厚著,若不低薄时罢。将文书去与宋尚书每知道",①皇帝亲自过问河道情形,并命宋礼完善河堤工程。八月宋礼又将分水口由济宁改于南旺,元代及会通河初成时,汶、泗于济宁南北分流,北流为会通河,南流入淮,但济宁并非山东运河最高点,导致南北分流不均,会通河乏水,于是宋礼通过勘查,采纳汶上老人白英建议,"作坝于戴村,横亘五里,遏汶勿东流,令尽出于南旺,乃分为二水,以其三南入于漕河,以接徐、吕;以其七北会于临清,以合漳卫",②"用汶上县老人白英计,于东平州东六十里戴村旧汶河口筑坝,遏汶水西南流,由黑马沟至汶上县鹅河口入漕河,南北分流,遂通舟楫"。③《会通河水道记》对南旺工程介绍更为详细:"于东平戴村筑石坝五里,以遏汶水,使全注于汶上县西南之南旺湖。置分水口,四分南行,接泗及南清,六分北行。于元渠之西凿渠,由汶上之袁口至沙湾入元渠,达临清接卫"。④ 南旺为山东运河最高点,号称"水脊",也是分水工程的核心与关键,"南旺者,南北之脊也。自左而南,距济宁九十里,合沂、泗以济;自右而北,距临清三百余里,无他水,独赖汶",⑤为补充水源,又疏浚东平沙河三里,筑堰蓄水,与马常泊⑥合流

---

① (明)王琼:《漕河图志》,水利电力出版社1990年版,第107—108页。
② (明)李燧:《创建宋尚书祠堂记》,碑刻位于山东省汶上县南旺镇南旺分水龙王庙遗址。
③ (明)王琼:《漕河图志》,水利电力出版社1990年版,第112页。
④ (清)俞正燮:《癸巳存稿》,辽宁教育出版社2003年版,第133页。
⑤ (清)张廷玉:《明史》,吉林人民出版社1995年版,第1328页。
⑥ 马常泊:即后来的马场湖。

入会通河济运.据《行水金鉴》载,宋礼曾建言:"会通河以汶、泗为源,夏秋霖潦泛溢,则马常泊之流亦入焉。汶、泗合流至济宁分为二河,一入徐州,一入临清,河流浅深,舟楫通塞系乎泊水之消长,然泊水夏秋有余,冬春不足,非经理河源及引别水以益之,必有浅涩之患。今汶河上流自宁阳县堈城闸已筑坝堰使其水尽入新河。东平州之东境有沙河一道,本汶河支流,至十路口通马常泊,比年流沙淤塞河口,宜趁时开浚,况沙河至十路口故道具存,不必施工,河口当浚者仅三里,河中宜筑堰,计百八十丈",①可见为保障运河顺利通航,宋礼费尽心思,调配运河区域自然河道、湖泊水源,以缓解会通河乏水问题。

会通河疏浚成功后,相关人员受到了明廷褒奖,其中建言开河的潘叔正被赐于纱衣一袭,钞一锭,"总督官尚书宋礼等三员,人赏钞二百锭,彩币二表里。续差管事兴安伯徐亨等三员,人赏钞百锭,彩币一表里。分遣管工、户部郎中窦奇等五十四员,人赏钞四十锭。工部办事官蔺芳等三十五员,人赏钞十锭,命如所定给之"。② 山东会通河的浚通,加之宋礼等人在临清、德州卫河开置减河、设闸分水,从而使山东运河北接卫、白,南连黄、淮,形成了贯通全国的水运交通网络,加快了北京城的营建及漕粮、商货的转输。正如《漕运通志》所称:"十年,尚书宋礼请从会通河通运。十三年,始罢海运……自是东南之舟浮于邗沟,济于淮,溯于河、于汴、于沁、于泗、于沂、于汶,沿于会通,入于卫,溯于白,达于大通,至都城六十里。其间灌有诸塘,汇有诸湖,委有诸泉、诸沟、诸河,蓄泄有闸,防有坝、有堤,洪有援,浅有备,漕法大成,国用充足,而军民忘劳",③对明代国家及沿河区域社会产生了巨大且深远的影响。

(三)宣德至景泰时的黄运治理工程

永乐朝会通河贯通后,海、陆二运皆罢,漕粮、商货运输专赖运河。宣德年

---

① (清)傅泽洪:《行水金鉴》,商务印书馆 1937 年版,第 1559 页。
② (清)傅泽洪:《行水金鉴》,商务印书馆 1937 年版,第 1558 页。
③ (明)杨宏、谢纯:《漕运通志》,方志出版社 2006 年版,第 20 页。

间对山东运河进一步整治,强化管理、增置闸座、疏浚河道,漕粮运输量达到了600余万石。正统、景泰年间随着黄河不断决口,冲毁山东张秋运道,不但给沿岸百姓带来了巨大灾难,而且导致运河中断、漕船不达、商货难通,国家派遣重臣,耗费大量人力、物力、财力治河,但始终不能根治黄河决运的问题,国家漕运受到严重威胁。

宣德年间山东运河大规模河道工程较少,主要进一步完善了相关水工设施,增补闸坝,开挖月河、引河等。宣德四年(1429)建堂邑县梁家乡闸以控运河水源,同年置临清钞关,征收过往船只商税。宣德五年(1430)七月吏部郎中赵新自江西还京,路经临清运河,上言称:"临清河道穿狭,往来舟楫阻滞,广积仓纳粮民船离仓湾泊,负米上仓甚难,乞遣官会平江伯陈瑄于仓东开月河泊船,于河北置坝一所,则车船往来皆便",①于是开月河并置闸,大大便利了纳粮百姓与过往商民。同年十月,漕运总兵官、平江伯陈瑄称临清至安山河道春夏水浅,舟船难行,"张秋西南旧有汊河通汴,朝廷尝遣官修治,遇水小时,于金龙口堰水入河,下注临清,以便漕运,比年缺官,遂失水利,漕运实难,乞仍其旧",②于是开浚金龙旧渠,引黄河水至张秋济运。后又发军民12万人,"浚济宁以北自长沟至枣林闸百二十里,置闸诸浅,浚湖塘以引山泉",③强化了河道管理,扩大了运河水量来源。宣德十年(1445)廷臣会议漕运事宜,"沙湾张秋运河,旧引黄河支流,自金龙口入焉,今岁久沙聚,河水壅塞,而运河几绝,宜加疏凿",④于是予以疏浚。经过宣德年间对山东运河的治理,加之这一时期黄河威胁较小,宣德四年(1429)运粮600余万石,宣德八年(1443)运粮计500余万石,其数额超过成化后额定的400万石,在明代属于最高峰,其原因即与山东运河的畅通密不可分。

---

① (清)傅泽洪:《行水金鉴》,商务印书馆1937年版,第1569页。
② (清)傅泽洪:《行水金鉴》,商务印书馆1937年版,第1570页。
③ (清)张廷玉:《明史》,吉林人民出版社2005年版,第1328页。
④ 李国祥、杨昶主编:《明实录类纂山东史料卷》,武汉出版社1994年版,第869页。

正统、景泰年间虽对山东运河的闸坝设施进行了一定增置,但这一时期大规模的工程主要以治理黄河决运为主。《明史》载,"正统时,浚滕、沛淤河,又于济宁、滕三州县疏泉置闸,易金口堰土坝为石,蓄水以资会通。景帝时,增置济宁抵临清减水闸",①相关措施主要以蓄水、节水、排水工程为主。自正统初年始,暂息数十年的黄运关系又趋复杂,一方面需借黄行运,另一方面又要防止黄河决运,正如《河漕备考》所言:"黄河为中国患久矣",②而这种复杂的关系在明正统、景泰、弘治年间体现得尤为明显。正统元年(1436)九月,漕臣商讨,言金龙口黄河之水接济张秋运道,"是引水通运之处,宜令水部委官一员巡视提督。遇有淤塞,会同河南三司鸠工疏浚之",③于是遴选公廉干济官员一名前往,并训诫其不能扰民,违者不宥。正统二年(1437)黄河决口,"筑阳武、原武、荥泽决岸,又决濮州、范县",④下溢洪水又决会通河,淹阳谷。第二年黄河又决阳武及邳州,灌鱼台、金乡、嘉祥,冲会通河,数年后再决金龙口、阳谷堤及张家黑龙庙口,运道淤塞,漕船不通。正统十三年(1448)黄河大决,先是听取都督同知武兴之议,命兵卒疏浚淤塞河道,而夏季陈留水涨,决金村堤及黑潭南岸,决口即将堵塞时复决,秋季新乡八柳树⑤亦决,"漫曹、濮,抵东昌,冲张秋,溃寿张沙湾,坏运道,东入海。徐、吕二洪遂浅涩",⑥"东流抵濮州,过张秋入海,其流奋击,声闻数十里,俗名响口子"。⑦ 面对黄河横溢、运河中断的危急局面,明廷命工部侍郎王永和前往治河,但其修沙湾决口未成,又因冬季寒冷工程停工,由于治河不力,被正统帝切责:"八柳树河决,不由金龙口故道东流徐州、吕梁,以溢运河,致妨漕运,患及山东。特简命尔往董其事,

---

① (清)张廷玉:《明史》,岳麓书社 1996 年版,第 1223 页。
② (清)朱鋐:《河漕备考》卷 1《河漕总论》,清抄本。
③ (清)林芃:康熙《张秋志》卷 3《河渠志二·河工》,清康熙九年(1670)刻本。
④ (清)张廷玉:《明史》,吉林人民出版社 1995 年版,第 1287 页。
⑤ 八柳树:今河南新乡七里营镇下辖社区,位于黄河沿岸。
⑥ (清)张廷玉:《明史》,吉林人民出版社 1995 年版,第 1288 页。
⑦ (清)顾祖禹:《读史方舆纪要》卷 16《北直七·大名府》,清稿本。

冀在急恤其患,预定其谋,躬询其源以副朕意。乃辄以天寒罢工,且以筑塞之工诿之他人,不知朝廷所以委任,尔之所以尽职何在。且治水有术,当先其源,先治八柳树口,然后及沙湾,则易成功。苟治其末,不事其源,朕知春冬水小,暂能闭塞,夏秋水涨,必仍决溢",①督催王永和尽快堵塞河南八柳树决口,疏浚金龙口淤积,使黄河复归故道,又命山东三司筑沙湾决堤,亲自对治河指授方略。第二年黄河复决聊城,王永和浚黑洋山西湾,引黄河水由太黄寺接济徐州以下漕河,修筑沙湾堤大半,东岸置分水闸放水,将多余洪水泄至大清河入海,沙湾西岸也置分水闸,以泄上流,遂停八柳树堵河工程,"是时河势方横溢,而分流大清,不专向徐、吕。徐、吕益胶浅,且自临清以南,运道艰阻",②此次治河不但未根治黄河决运问题,而且导致徐州以下运道淤塞,漕运受阻。关于此次黄河决口对运河造成的困扰,《漕河图志》载,"正统十三年,河决荥阳。自开封城北经曹州、濮、范至阳谷入漕河,溃沙湾东堤,以达于海,漕贩不便。遣工部尚书石璞、侍郎王永和、都御使王文辈相继塞之,弗绩",③《北河纪》亦称:"正统十三年河决荥阳,自开封城北经曹、濮,北冲张秋,溃沙湾东堤,以达于海。命工部右侍郎王永和治之,至十四年五月罢役",④可见工程并未一劳永逸。

正统十四年(1449)明英宗亲征蒙古瓦剌,于怀来土木堡被瓦剌军击败,明英宗被俘,其未竟的黄河决运之事由即位的景泰帝继续进行。面对日益严重的河患,景泰二年(1451)六月,命山东巡抚都御史洪英、河南巡抚都御史王暹集两省之力全力治河,务使水归漕河,王暹上言请督河南三司疏浚黑洋山东南至徐州段,洪英治临清以南河段。两月后,给事中张文弹劾洪英、王暹治水毫无成绩,"请引塌场水济徐、吕二洪,浚潘家渡以北支流,杀沙湾水势。且开

① (清)林芃:康熙《张秋志》卷3《河渠志二·河工》,清康熙九年(1670)刻本。
② (清)张廷玉:《明史》,吉林人民出版社1995年版,第1288页。
③ (明)王琼:《漕河图志》,水利电力出版社1990年版,第108页。
④ (明)谢肇淛:《北河纪》卷3《河工纪》,明万历刻本。

沙湾浮桥以西河口,筑闸引水,以灌临清,而别命官以责其成",①《行水金鉴》亦称:"八月壬辰,给事中张文质劾巡抚都御史王暹、洪英治水无绩,且言济宁以西,耐牢坡闸南,直抵鱼台县南阳闸,有塌场河可引水济徐、吕二洪。沙湾之决,可于潘家渡以北浚支流以减水势,其沙湾浮桥以西开筑河口闸座,引水以灌临清",②但这一开支河分泄洪流、置闸分水的合理建议未得到景泰帝允准,仍命洪英、王暹负责工程。洪、王二人治河久而无功,朝野议论纷纷,讹言四起,"时议者谓:沙湾以南地高,水不得南入运河。请引耐牢坡水以灌运,而勿使经沙湾,别开河以避其冲决之势。或又言:引耐牢坡水南去,则自此以北枯涩矣。甚者言:沙湾水湍急,石铁沉下若羽,非人力可为。宜设斋醮符咒以禳之"。③ 面对众论纷纭的局面,景泰帝摇摆不定,一面命工部尚书石璞前往治河,一面加封河神为"朝宗、顺正、惠通、灵显、广济河伯之神",④希望神灵护佑治河成功。

石璞浚黑洋山至徐州淤塞河道以通漕,但山东沙湾决口依然未塞,又命宦官黎贤、阮洛及御史彭谊协同石璞治理,"璞等筑石堤于沙湾,以御河决,开月河二,引水以益运河,且杀其决势"。⑤ 景泰三年(1452)五月,黄河决流细微,沙湾堤筑成,石璞加太子太保衔,同时于黑洋山、沙湾建河神庙二座,每岁春秋二祭。石璞沙湾堤成的原因主要得益于黄河水微,而非根治了水患。景泰三年(1452)六月,大雨如注,黄河复决沙湾北岸,挟运河东流,近河田庐全部淹没,命山东巡抚洪英率有司修筑决口,又命宦官黎贤、武艮,工部侍郎赵荣前往治河。景泰四年(1453)正月,黄河复决沙湾新塞口之南,二月以沙湾累决,升沙湾"河伯之神"为"大河之神",并命山东巡抚薛希琏以太牢之礼祭祀河神,

① (清)张廷玉:《明史》,岳麓书社 1996 年版,第 1184 页。
② (清)傅泽洪:《行水金鉴》,商务印书馆 1937 年版,第 1586 页。
③ (清)张廷玉:《明史》,岳麓书社 1996 年版,第 1184 页。
④ 李国祥、杨昶主编:《明实录类纂》,武汉出版社 1993 年版,第 852 页。
⑤ (清)张廷玉:《明史》,岳麓书社 1996 年版,第 1184 页。

同月工部左侍郎赵荣言："黄河之趋运河,势甚峻急,而沙湾抵张秋,旧岸低薄,故此方筑完,彼复决溢。不为长计,恐其患终不息也。臣等议:请于新决之处,用石置减水坝以杀其势,使东入盐河,则运河之水可蓄以通运舟矣。然后加高、厚其堤岸,填实其缺口,庶无后患",①命京厂给铁牛十八、铁牌十二以镇水患。四月,因山东东昌及直隶凤阳等府发生饥荒,且沙湾修筑河道民工、匠役众多,命山东巡抚薛希琏发济南等府官仓粮一万石,运往沙湾决河现场备用,当月决口堵闭。工程竣工后,御史彭谊上言称:"河堤仅完,人力实罢,今民夫虽已疏放宁家,而原设看桥捞浅者尚在,贫且乏食,乞每人月给粮三斗,从之",②以增强看河夫役积极性。后运河水泛涨,溃沙湾减水坝,五月大雷雨,决沙湾北岸,挟运河水入盐河,漕船尽阻。景泰四年(1453)七月,命工部司务吴福往治沙湾决河,行至半途,为给事中盛所阻,认为吴福庸碌,不堪治河,于是再命工部尚书石璞前往,并命山东、河南、南北直隶人匠及淮安、临清、南京龙江抽分木料便宜取用。石璞集壮丁于沙湾浚治漕河,所需口粮由山东、河南及直隶大名等府粮税及因犯赎罪米、中纳盐粮供给,运至沙湾空闲房屋存贮,以便随时取用,当月漕运总兵官徐恭奏:"沙湾河决,水皆东注,以致运河无水,舟不得进者过半,虽设法令漕运军民挑挖月河,筑坝遏水北流,然北高东下,时遇东南风,则水暂北上,舟可通行,设遇西北风,则水仍东注,舟不得动。况秋气已深,西北风日竞,行舟更难,诚恐天寒地冻,不敢必其得达京师,乞早为定计",③面对漕船难进,京城随时匮粮的局面,只能定妥协之计,命漕船可进者,纳粮于通州仓,不得进者,纳粮于临清仓。石璞前往沙湾后,"乃凿一河,长三里,以避决口,上下通运河,而决口亦筑坝截之,令新河、运河俱可行舟",④工程竣工后,景泰帝恐不能持久,令石璞于当地留心处置,又命左金都

---

① 李国祥、杨昶主编:《明实录类纂》,武汉出版社1993年版,第852页。
② (清)林芃:康熙《张秋志》卷3《河渠志二·河工》,清康熙九年(1670)刻本。
③ (清)林芃:康熙《张秋志》卷3《河渠志二·河工》,清康熙九年(1670)刻本。
④ (清)张廷玉:《明史》,岳麓书社1996年版,第1184—1185页。

御史徐有贞前往沙湾,专治决河。

　　景泰五年(1454)九月,总督漕运徐恭、副都御史王竑言:"运河胶浅,南北军民粮船蚁聚临清闸上下者不下万数",①景泰帝命徐有贞吸纳众人意见,不要固执己见,趁决口水小时加紧督工堵塞。十一月,徐有贞提出治河三策:其一因沙湾两岸土质疏松,即使置闸坝也易坍塌,不利长久使用,"置门于水而实其底,令高常水五尺。水小则可拘之以济运河,水大则疏之使趋于海,如是则有通流之利,无湮塞之患矣"②;其二开广济分水河一道,"下穿濮阳、博陵二泊及旧沙河二十余里,上连东西影塘及小岭等地又数十余里。其内则有古大金堤可倚以为固,其外则有八百里梁山泊可恃以为池。至于新置二闸,亦坚牢可以宣节之。使黄河水大不至泛滥为害,小亦不至干浅以阻漕运"③;其三挑深运河,永乐初宋礼所浚会通河至景泰时已严重淤塞,河道浅狭,"今之河底,乃与昔之岸平,其视盐河上下固悬绝,上比黄河来处亦差丈余,下比卫河接处亦差数尺,所以取水则难,走水则易,诚宜浚之如旧"。④ 结合治河三策,徐有贞"逾济、汶,沿卫、沁,道濮、范,相度地形水势",⑤通过实地勘察,采取疏其水、浚其淤等措施,终于于景泰六年(1455)六月堵塞沙湾决口,七月山东大雨,诸河涨溢,新建工程经受住了考验,不甚为害。沙湾治河耗费巨大,用木、铁、竹、石累计数万,用夫58000有余,用工550余日,可谓旷日持久。徐有贞治河后,"自此河水北出济漕,而阿、鄄、曹、郓间田出沮洳者,百数十万顷,乃浚漕渠,由沙湾北至临清,南抵济宁,复建八闸于东昌,用王景制水门法以平水道,而山东河患息矣",⑥其后数十年间山东运河处于相对安流状态。《敕修河道功完之碑》载徐有贞治河,"上制其源,下放其流,既有所节,且有所宣,用平

①　(清)林芃:康熙《张秋志》卷3《河渠志二·河工》,清康熙九年(1670)刻本。
②　李国祥、杨昶主编:《明实录类纂》,武汉出版社1993年版,第854页。
③　李国祥、杨昶主编:《明实录类纂》,武汉出版社1993年版,第854页。
④　李国祥、杨昶主编:《明实录类纂》,武汉出版社1993年版,第854—855页。
⑤　(清)张廷玉:《明史》,吉林人民出版社1995年版,第1290页。
⑥　(清)张廷玉:《明史》,吉林人民出版社1995年版,第1290页。

水道,由是水害以除,水利以兴",①"有贞既塞沙湾决口,乃复于开封金龙口、铜瓦厢开渠二十里,引黄河水东北入漕河,以济漕运",②达到了既制黄,又用黄的目的。

宣德至景泰年间,黄河屡决山东运河,造成运道梗塞,漕粮不达,商民俱困。明政府屡派高官治理决河,耗费了大量人力、物力、财力,但成效不著,其原因在于不能正确了解黄运河道形势,黄河上游穿行于山岭、峡谷之间,不甚为害,至张秋则裹挟诸支流水势滔天,又为南北运堤所阻,洪水在鲁西平原散漫而不可制,王永和、石璞诸人惟知堵塞沙湾决口,而不能上制黄河之源,下泄黄河之流,造成洪水积于张秋运堤附近,为祸近十年而不能根治。而徐有贞治河既善于运用科学理论,又注重实地调研,通过对黄运两河地理地势、水文特征、河道状况规律的了解,采取疏、泄、堵并举的方法,使山东黄运两河相对安澜了数十年。

二、明中期山东运河的整治

天顺朝至万历前期为明代山东运河整治的第二阶段。其突出特点是经景泰徐有贞治河后,天顺至成化时山东境内黄运两河相对安流,漕运通畅,弘治年间黄运两河形势再度恶化,国家治理策略由治黄保运、借黄行运逐渐向避黄保运方向转变。刘大夏治河后,山东运河逐渐趋于稳定,相关河政、河工制度不断完善与系统化。嘉靖朝黄河屡决运河,河道梗阻,开南阳新河以避黄河冲击,实为避黄保运政策的具体体现。除此之外,面对黄河屡决、漕运不畅的局面,明廷曾试图重开胶莱运河以振海运,但终因耗费巨大、困难重重而罢。隆庆、万历前期开凿泇河之议屡起,数任总理河道谋其事而不能终。朝野之中海运、河运两派相互攻诘、争论不休,胶莱运河被再次开凿,但遇难而止,直至万

---

① (明)程敏政:《明文衡》,吉林人民出版社1998年版,第645页。
② (明)王琼:《漕河图志》,水利电力出版社1990年版,第108页。

历中期洳河彻底开通后,山东运河方彻底摆脱了借黄行运的历史,实现了相对的畅通。

(一)天顺至弘治年间对山东黄运两河的治理

景泰年间经徐有贞治河后,此后数十年间山东境内黄运两河实现了相对安澜,济宁以南借黄行运较为稳定,因此天顺、成化两朝主要对山东运河水工设施进行了修缮与增建,并设置河道官员管理与治理黄河、运河,实现了河政有专管、河道有专治、河事有专理的局面,河道工程建设更加规范化与专业化。

天顺、成化年间不断疏浚河道、建设闸座,以保障河道水源充足。天顺五年(1461)二月,漕运总兵官徐恭称运河诸闸多狭隘,临清闸尤甚,"而近造粮舟高大,闸殆不能容。请敕山东军卫有司,积工措料,修移旧闸五十丈,浚深三尺六寸,增广三尺,庶不阻漕运",[1]接到奏报后,天顺帝亦认为临清为南北要冲,闸座过隘不利于漕船通行,命有司予以修理。天顺八年(1464)都察院都事金景辉称会通河安山至临清仅有汶水,春日少雨,运河水微,开封城北有旧河一道,经曹州、巨野入会通河,合汶至临清,但河道狭窄,水小不能通流,"请兴工开浚,亦可分引沁水,仍置二闸,以司启闭,则徐州、临清二河均得利济,而卫河之水亦皆增长,且长垣、曹、郓诸处粮税可免飞挽之劳,而江淮民舟又可由徐之浮桥达陈桥、临清,而无济宁一路壅塞之苦",[2]可见当时济宁运河并非畅通无阻。同年修永乐年间所建临清新开上闸。成化元年(1465)建清平县戴家湾闸,"戴家湾闸,在清阳驿北二十里,距土桥四十里,成化元年建",[3]与上下闸座配合,调蓄运河水源。成化七年(1471)总督漕运陈濂奏称:"运河一带,济宁居中,而南北分流久不疏浚,蓄水不多,况两京往来内外官,多不恤国计,不候各闸积水满板,辄欲开放以便己私,而南京进贡内臣尤甚,以此走泄水

---

① 《明英宗实录》卷325,天顺五年二月丙戌条。
② 《明宪宗实录》卷7,天顺八年秋七月壬申条。
③ (明)杨宏、谢纯:《漕运通志》,方志出版社2006年版,第44页。

利,阻滞运粮",①于是命山东地方计工挑浚,以便航运。同年改南京刑部左侍郎王恕为刑部左侍郎,奉敕总理河道,"总河侍郎之设,自恕始也。时黄河不为患,恕专力漕河而已",②同时命郭昇为工部管河郎中,管理沛县至瓜州河道,陈善为山东按察司副使,专管山东运河,并修沙湾积水闸。成化十年(1474)于堂邑县运河建土桥闸,"土桥闸在堂邑县东北,北至清平戴家湾闸四十八里,成化十年巡抚右副都御史翁世资建"。③ 成化十一年(1475)开济宁西河,"自耐牢坡闸至塌场口,长九十里,汶水入焉。改耐牢坡闸名永通闸,中建闸名永通上闸。塌场口建闸名广运闸,中置浅铺十五所",④通过增置闸座、设置浅铺调节水源,增强河道防控力度。成化十八年(1482)二月,经管河右通政杨恭、巡河监察御史赵英、漕运总兵官陈锐建议,于临清县南三里开通月河,分担主河道行船压力,提高航运效率。天顺、成化年间山东运河相关水工设施的修缮与增建,进一步强化了运河的通航能力,提高了国家对运河的管控力度,有利于漕粮、商货的转输,对于促进沿线市镇的发展与市场的建构也起到了一定的作用。

弘治初年,缓和三十余年的山东黄运关系再次恶化,黄河屡决运道,为祸于沿线区域社会,中央政府大兴河工,对黄运两河进行了全面治理。弘治二年(1489)五月,黄河决口开封及金龙口,洪水下泄,"蹙张秋,凌会通河之长堤"。⑤ 其时黄河决水自原武、中牟分为数股,其大者横溢于河南、安徽诸州县,次者为祸山东最大,漫曹州、濮州、郓城、阳谷、寿张、东昌,于临清入卫河,兼及德州。面对如此危局,九月改南京兵部侍郎白昂为户部左侍郎,"修治河道,赐以特敕,令会山东、河南、北直隶三巡抚,自上源决口至运河,相机修

---

① 《明宪宗实录》卷87,成化七年春正月甲申条。

② (清)张廷玉:《明史》,岳麓书社1996年版,第1187页。

③ (明)陆釴:嘉靖《山东通志》卷14《东昌府》,明嘉靖刻本。

④ (明)王琼:《漕河图志》,水利电力出版社1990年版,第112页。

⑤ (清)林芃:康熙《张秋志》卷9《艺文志一》,清康熙九年(1670)刻本。

筑",①因堵口工程规模较大,加之黄运两河涉及数省,所以弘治帝授予白昂很大权力,敕书称:"近闻河南黄河泛溢,自金龙等口分为二股,流经北直隶、山东地方,入于张秋运河。所过闸座间有淹没,堤岸多被冲塌。若不趁时预先整理,明年夏秋大水,必至溃决旁出,有妨漕运,所系匪轻。今以尔曾监督工程,绩效著闻,特改前职,驰驿会同山东、河南、北直隶巡抚都御史同三处分巡、分守,并知府等官,自上源决口至于运河一带,经行地方,逐一踏看明白,从长计议,修筑疏浚,应改图者,从便改图,各照地方量起军民人夫,趁时兴工,务要随在有益,各为经久,不可虚应故事"。② 弘治三年(1490)正月白昂通过考察决河情况,称黄河决口分为南北两支,南决者经河南、安徽州县入于淮河,北决者经山东曹州冲入张秋运河,"宜于北流所经七县,筑为堤岸,以卫张秋",③同时弘治帝命南直隶淮安、徐州决河所经地方官员,统归白昂管辖调度。白昂举荐南京兵部郎中娄性协理治河,动用夫役25万余人,筑河南阳武长堤,以障张秋运道,"昂举郎中娄性协治……南北分治,水患稍宁",④并引中牟决河至于淮河,浚宿州古汴河入于泗河,浚睢河至宿迁会漕河,上筑长堤以约束洪流,下修减水闸以泄余水。疏通月河十余条排水,塞决口三十六处,使黄河洪流入汴,汴入睢,睢入泗,泗入淮,由淮入海。白昂又以河南黄河入淮非正道,"恐卒不能容,复于鱼台、德州、吴桥修古长堤;又自东平北至兴济凿小河十二道,入大清河及古黄河以入海。河口各建石堰,以时启闭。盖南北分治,而东南则以疏为主云",⑤白昂治河的核心与关键是保张秋漕河,通过置闸、建堤、开河诸措施,将张秋上游之水排泄入海,保障运河通畅,满足国家供需,而其他方面都要服务或让位于保漕国策。

① (清)张廷玉:《明史》,岳麓书社1996年版,第1187页。
② (清)傅泽洪:《行水金鉴》,商务印书馆1937年版,第300页。
③ (清)张廷玉:《明史》,岳麓书社1996年版,第1187—1188页。
④ (清)夏燮:《明通鉴》,线装书局2009年版,第1285页。
⑤ (清)张廷玉:《明史》,岳麓书社1996年版,第1188页。

弘治五年(1492)黄河决张秋、戴家庙一线,挟漕河、汶河北流,"今河决而北,直趋张秋,又决而东,长奔入海,将使运道中绝,东南财赋恐难遽达京师",①于是遣工部侍郎陈政前往督治,敕书称:"黄河流经河南、山东、南北直隶平旷之地,迁徙不常,为患久矣,近者颇甚……今特命尔带同本部员外郎陶嵩、署员外郎事张谟前去,会同各该巡抚、巡按,督同布、按二司及直隶府卫掌印并管河官员,自河南上流及山东、直隶一带,直抵运河,躬亲踏勘,计议何处应疏浚,以杀其势;何处应修筑,以防其决;会计桩木等料若干,著落各该军卫有司措办,然后相度事势缓急,工程大小,起倩附近军民,相兼在官人夫,趁时用工,务使民患消弭,运道通行",②并授予陈政便宜之权,五品以下官员可径自送问。工程进行之时,山东按察司副使沈钟上言:"臣提调所属学校,自济南至兖州,第见郊野萧条,场无稼穑,流民扶老携幼,呻吟道路。盖由今岁山东天久不雨,曹、濮一带黄河冲决,朝廷遣工部侍郎陈政巡视河决,役夫数万,修筑堤防。臣窃谓堤防不可不修,而民情亦不可不念,今天气渐寒,夫役止月给米三斗,其衣裳单薄,将必有受冻而死者,欲乞暂停工役,俟来春二三月后,即并督成之"。③经工部商讨后,工程照旧进行,命陈政酌量处置,可见明政府始终将国家漕运置于民生之上。关于治河结果,《河防一览》称:"是年复决金龙口,溃黄陵冈,再犯张秋,侍郎陈政督夫九万治之,弗绩",④期间陈政工未成而卒于官,治河工程半途而废。

弘治六年(1493)命都察院右副都御史刘大夏总理河道,治张秋决河,敕书曰:"自济宁循会通河一带,至于临清,相视见今河水漫散,其于运河有无妨碍,今年漕船往来有无阻滞,多方设法,必使粮运通行,不至过期,以失岁额。粮运既通,方可溯流寻源,按视地势,商度工用,以施疏塞之方,以为经久之

---

① 丁守和等主编:《中国历代奏议大典》,哈尔滨出版社1994年版,第965页。
② (清)傅泽洪:《行水金鉴》,商务印书馆1936年版,第304页。
③ (清)傅泽洪:《行水金鉴》,商务印书馆1936年版,第304页。
④ (清)傅泽洪:《行水金鉴》,商务印书馆1936年版,第304页。

计"，①命刘大夏先疏通运道，以便粮船北上，然后再施行治河工程。后又派太监李兴、平江伯陈锐与刘大夏共治决河，通过勘查，发现决口宽阔，长达九十余丈，"时夏且半，漕舟已集，一经决口，挽力数倍，稍失手辄覆溺不可救"，②"决口奔猛，戒莫敢越。或贾勇先发，至则战棹失度，人船灭没"，③形势异常危急。面对如此局面，刘大夏等人认为必须先治上流，待洪水消减后，方能治下流，于是从决口西南开越河 3 里，粮船先行通过，浚黄陵冈南贾鲁旧河 40 余里，引黄河水由曹州出徐州，以削弱水势，又浚河、凿渠引水入淮，"然后沿张秋两岸，东西筑台，立表贯索，联巨舰穴而窒之，实以土。至决口，去窒沉舰，压以大埽，且合且决，随决随筑，连昼夜不息。决既塞，缭以石堤，隐若长虹，功乃成"。④工程竣工后，改张秋镇为安平镇，建显惠庙春秋祭祀真武、龙王、天妃诸神，以祈黄河安澜，运道通畅。因治河有功，加太监李兴岁禄 24 石、平江伯陈锐加太保兼太子太傅、刘大夏升左副都御史佐院事、分董工程的山东左参政张缙升通政司右通政。其后，刘大夏又塞河南黄陵冈、荆隆口等决口 7 处，分黄河之水南入运河会淮河，筑长堤自大名府至曹州、曹县抵虞城，起荆隆口新堤于于家店，经铜瓦厢、东桥，抵小宋集，堤坝坚厚，以防冲决。经刘大夏治河后，弘治十一年（1498）、正德八年（1513）黄河又先后决口于河南归德、黄陵冈等地，但洪水主要泛滥于山东曹州、单县至江苏徐州、淮安一带，对张秋的危害有所减轻。

天顺至弘治年间明政府之所以耗费巨资治理张秋决河，是因"皇明建都燕蓟，岁漕东南，以给都下。会通河实国家气脉，而张秋又南北之咽喉"，⑤一旦张秋运道梗塞，南粮不能抵京，国家统治即受威胁，总理河道万恭曾言："河南属河上源，地势南高北下，南岸多强，北岸多弱。夫水，趋其所下而攻其所

①　（清）傅泽洪：《行水金鉴》，商务印书馆 1937 年版，第 306 页。
②　（明）杨宏、谢纯：《漕运通志》，方志出版社 2006 年版，第 254 页。
③　（明）王鏊：《王鏊集》，上海古籍出版社 2013 年版，第 301 页。
④　（清）张廷玉：《明史》，吉林人民出版社 1995 年版，第 1293 页。
⑤　（明）王鏊：《王鏊集》，上海古籍出版社 2013 年版，第 301 页。

弱。近有倡南堤之议者,是逼河使北也。北不能胜,必攻河南之铜瓦厢,则径决张秋;攻武家坝,则径决鱼台,此覆辙也! 若南攻,不过溺民田一季耳。是逼之南决之祸小而北决之患深",①所以明清两代力使黄河南流入淮,通过大量工程措施以堵张秋决河,其目的即为保漕。明代治河存在偏颇,过度关注运道而忽视综合治理,特别是对黄河中上游基本置之不理,对沿岸植被、湖泊、耕地保护力度不够,导致中上游溃决,下游即遭祸殃。刘大夏采取相对科学的方法综合治理,使山东运道大体保持了二十余年的安澜,但国家极力使黄河南下,从徐州洪、吕梁洪入淮的策略,违背了黄河顺下的自然属性,使黄水泛滥于山东鲁南、江苏苏北地区,为祸既巨且远。

(二) 嘉靖至万历前期的山东黄运工程

嘉靖至万历前期,随着黄河决运形势日益严峻,避黄保运逐渐成为朝廷治河主要策略,南阳新河的开凿,使山东运河利用黄河行运的距离大为缩短,山东运河的人工性进一步凸显。在此期间,河运、海运两派相互争诘,不同利益集团充斥朝野,海运派实力上升时,意图河海联运,胶莱运河被重新开凿,遭挫折而失利后,河运派又占据主流。两派的斗争充分体现了这一时期黄河决运后统治者的矛盾心理,即意图万全之策以保漕,而这种求完求全的心理,一旦遇挫,即犹豫不决。隆庆朝谋开泇河,即明廷意欲使山东运河彻底摆脱黄河的尝试,目的是使山东运河完全人工化,以便更好的控制与管理。

嘉靖朝黄河对运河冲击进一步加剧,国家屡兴大工,但始终不能根治黄河北徙趋势,只能另开人工运道,以避黄保运。嘉靖五年(1526)督漕都御史高友玑请浚山东贾鲁河、河南鸳鸯口,分泄水势,朝廷以工大难成,恐为祸山东、河南而否决,治河趋于保守。同年,"黄河上流骤溢,东北至沛县庙道口,截运河,注鸡鸣台口,入昭阳湖。汶、泗南下之水从而东",②借黄行运河道淤数十

① (明)万恭:《治水筌蹄》,水利电力出版社 1985 年版,第 15 页。
② (清)张廷玉:《明史》,吉林人民出版社 2005 年版,第 1296 页。

里,洪水淹没丰县。第二年黄河又决山东曹县、单县,"冲入鸡鸣台,夺运河,沛地淤浅七八里,粮艘阻不能进"。① 御史吴仲弹劾负责治河的工部侍郎章拯,认为其不谙河事,请派能者代替,后明廷遣盛应期为总督河道右都御史,前往治河。其时朝臣众说纷纭,光禄少卿黄绾称山东漕河水源可资沿线山泉,不必借用黄河,不如疏浚兖州至河北之间高低之地,导黄河北流,顺河之性,至直沽入海。其他如詹事霍韬、左都御史胡世宁、兵部尚书李承勋各有治河之策,莫衷一是。经商讨后,嘉靖七年(1528)采纳胡世宁之策,"南阳新河之议,实倡于嘉靖初司空胡世宁……世宁以南司空应召上言,今日之事开运道最急,治河次之,运道之塞河流致之也,使运道不假于河,则亦易防其塞矣。计莫若于昭阳湖东岸滕、沛、鱼台、邹县界择土坚无石之地,另开一河,南接留城,北接沙河口,就取其土,厚筑西岸为湖之东堤,以防河流之漫入,山水之漫出,而隔出昭阳湖在外,以为河流漫散之区",②将运河改于昭阳湖东岸高阜之地,可防黄河冲击,同时湖泊可起到吸纳洪水,减弱洪峰的作用,实为避黄保运策略的具体实践。于是明廷命河道都御史盛应期前往昭阳湖东开新河,"役丁夫九万八千,开渠自南阳,经三河口,过夏村,抵留城,百四十里",③工程进行数月后,恰逢旱灾,有大臣称开河耗费巨大,请罢新河工程,加之盛应期督工严厉,民怨沸腾,与同僚不和,于是盛应期被罢职,工程停滞,"自是四十年无敢言改河者"。④

　　盛应期被罢后,明廷又派工部侍郎潘希曾前往治河,嘉靖八年(1529)、九年(1530)其先后筑单县、丰县、沛县、孙家渡等处长堤与河堤,期间黄河决曹县,分数道入运河,潘希曾称:"今全河复其故道,则患害已远,支流达于鱼台,则浅涸无虞,此漕运之利,国家之福也"。⑤ 但实际情况并非如潘氏所言,黄河

---

① (清)张廷玉:《明史》,吉林人民出版社 2005 年版,第 1297 页。
② (清)狄敬:《夏镇漕渠志略》,书目文献出版社 1997 年版,第 27 页。
③ (清)狄敬:《夏镇漕渠志略》,书目文献出版社 1997 年版,第 27 页。
④ (清)狄敬:《夏镇漕渠志略》,书目文献出版社 1997 年版,第 27 页。
⑤ (清)张廷玉:《明史》,岳麓书社 1996 年版,第 1194—1195 页。

虽基本不再决口于有长堤守护的丰县、沛县，却为祸于山东鱼台，泛滥成灾，屡毁运道。甚至嘉靖十一年(1532)总河佥都御史戴时宗提出，与其让丰县、沛县、单县、曹县、鱼台数县受灾，不如将鱼台一地作为黄河受水之地，"今患独钟于鱼台，宜弃以受水，因而导之，使入昭阳湖，过新开河，出留城、金沟、境山，乃易为力"，①这种妄图以牺牲鱼台一地而求全局的做法极不合理，不但不能根治黄河决口，而且会加剧黄河对山东运河的威胁。嘉靖十二年(1533)都御史朱裳任总河，提出修缮堤岸、束黄入运策略，利用黄河水以资运河。第二年又议筑城武至济宁缕水大堤150余里，防范黄河北溢威胁张秋运道，同时自鱼台至谷亭开通淤塞河道，引黄河水入漕河，以减少鱼台、城武水患，顺水之性，不与水争。针对黄河决徙不定，漕河随时匮水的局面，朱裳同时提出："河出鱼台虽借以利漕，然未有数十年不变者也。一旦他徙，则徐、沛必涸，宜大浚山东诸泉，以汇于汶河，则徐、沛之渠不患干涸，虽岔河口塞，亦无虞矣"，②意图通过开拓漕河水源的方式，减少对黄河的依赖。正当朱裳治河策略逐步实施之际，恰逢丁忧而去，明廷命刘天和为总河副都御史，接替朱裳治河。嘉靖十四年(1535)黄河决兰阳北赵皮寨入淮河，鱼台县南阳湖侧谷亭黄河济运支流断绝，庙道口淤塞，刘天和役夫十四万疏浚，不久黄河又决夏邑，分数支，至徐州小浮桥，形势进一步严峻。刘天和言："黄河自鱼、沛入漕河，运舟通利者数十年，而淤塞河道，废坏闸座，阻隔泉流，冲广河身，为害亦大。今黄河既改冲，从虞城、萧、砀下小浮桥，而榆林集、侯家林二河分流入运者，俱淤塞断流，利去而害独存。宜浚鲁桥至徐州二百里之淤塞"，③得到了明廷允准。同年，自曹县梁靖口、东岔河口筑压口缕水堤，复筑曹县八里湾至单县侯家林长堤各一道，并建议黄河应防北岸为主，北岸数百里可筑重堤，以防冲决。其后总河副都御史丁湛、总河都御史胡缵宗、兵部侍郎王以旂、总河都御史詹瀚或建言开

① (清)夏燮：《明通鉴》，线装书局2009年版，第1947页。
② (清)夏燮：《明通鉴》，线装书局2009年版，第1513页。
③ (清)潘镕：《萧县志》，黄山书社2012年版，第87页。

支河杀黄济运,或主张疏浚泉源聚水济漕,但始终不能消除黄河对运道的威胁,黄河不断决口于曹县、徐州、邳州诸地,漫流于鲁南、苏北广大地区,既决运道,又害民生,沿岸区域社会深受黄河水患之害。

嘉靖四十四年(1565)黄河决沛县,上下二百里运道皆淤,漕船不能通行。黄河逆流,自沙河至徐州北,再至曹县棠林集分为两支,南流至徐,北流绕丰县出飞云桥又分十三支,散漫无际,浩渺无涯,河漕败坏至极。于是命工部尚书朱衡兼理河漕、佥都御史潘季驯总理河道,共同探讨治河之策,同时命工科给事中何起鸣勘查河工,协助朱衡、潘季驯治河。朱衡至决口处,发现旧河已淤成平陆,而嘉靖初盛应期所开新河虽已过去近四十年,但故迹犹存,新河地势高峻,如黄河决口,洪水有昭阳湖作为缓冲,不致对新河造成冲击,于是朱衡决定重开新河,并筑堤吕孟湖以防溃决。不过潘季驯并不赞同朱衡之议,其称:"新河土浅泉涌,劳费不赀,不如浚留城故道",①而朱衡坚持己见,两人遂有嫌隙。朱衡亲自督工,引鲇鱼、薛、沙诸水至新河马家桥堤,以遏飞云桥决口,并弹劾、重惩施工不力者,给事中郑钦劾朱衡"虐民幸工",②明廷命何起鸣勘明奏闻。后何起鸣兼取朱、潘二人之议,"宜用衡言开新河,而兼采季驯言,不全弃旧河",③力图减轻二人嫌隙,并使运道有所备用。但当时支持潘季驯复故道者众多,朝廷犹豫不决,又遣人前往勘查新集、郭贯楼诸地,验看是否可于此施工。朱衡为使朝廷坚定开新河之策,称无论郭贯楼,或是新集,如若开河,都会劳费民力,且造成商丘、夏邑、萧县、砀山受灾,于是明廷最终接受朱衡重开新河之议。重开新河工程始于嘉靖四十五年(1566)正月,竣工于当年八月,历时 7 个月,后续配套支河及黄河治理工程于隆庆元年(1567)五月全面完工。新河路径为,"开鱼台南阳抵沛县留城百四十余里,而浚旧河自留城以下,抵境山、茶城五十余里,由此与黄河会。又筑马家桥堤三万五千二百八十

---

① (清)夏燮:《明通鉴》,岳麓书社 1999 年版,第 1782 页。
② (清)夏燮:《明通鉴》,岳麓书社 1999 年版,第 1782 页。
③ (清)张廷玉:《明史》,吉林人民出版社 1995 年版,第 1303 页。

丈,石堤三十里,遏河之出飞云桥者,趋秦沟以入洪",①所开新河称南阳新河或夏镇新河,全长140里,河成后黄河不再东侵,漕河通而沛县旧道断流。

除开南阳新河外,嘉靖年间因黄河不断冲决、淤塞运道,还曾重开故元胶莱运河(胶莱新河),试图河海联运。早在正统六年(1441),山东昌邑县民王坦就建言重开胶莱运河,"漕河水浅,军卒穷年不休,往者江南常海运,自太仓抵胶州。州有河故道接掖县,宜浚通之。由掖浮海抵直沽,可避东北海险数千里,较漕河为近",②不过当时黄河决运形势尚不严峻,加之复开胶莱运河耗资巨大,明廷未采纳王坦建议。嘉靖十一年(1532)面对黄河不断冲击运河的局面,"巡按御史方远宜巡历登、莱,访兹遗迹,乃檄使采询,直抵淮海,始得其详,为图表之。于是水源之通塞,山川之险易,道路之远近,闸坝之废置,若指掌然",③通过实地调研,对胶莱河周边水域、水工设施有了清晰的了解,并绘图上奏建言开河,但明廷以"马家濠数里皆石冈为患",④予以拒绝。嘉靖十七年(1538)山东巡抚胡缵宗上言称:"元时新河石座旧迹犹在,惟马壕未通,已募夫凿治,请复浚淤道三十余里",⑤明廷从其议。嘉靖十九年(1540)山东巡海副使王献称:"登、莱之民土瘠人稀,生理不足,皆由舟楫不通,当按元遗迹凿马壕石底,以通淮安商贾,建新河等闸八座以蓄泄水患",⑥于是开马壕工程,"其初土石相半,下则皆石,又下石顽如铁。焚以烈火,用水沃之,石烂化为烬。海波流汇,麻湾以通,长十有四里,广六丈有奇,深半之。由是江、淮之舟达于胶莱",⑦《马家濠记》亦载,"公虑材计,徒用取诸赎金,为费不敢敛于民。募民以役,而阴以寓赈,选文武将吏之有才力者以督其成。公复相形度

① (清)张廷玉:《明史》,吉林人民出版社1995年版,第1304页。
② (清)张廷玉:《明史》,吉林人民出版社1995年版,第1366页。
③ (清)顾炎武:《天下郡国利病书》,上海古籍出版社2012年版,第1506页。
④ (清)顾祖禹:《读史方舆纪要》卷36《山东七·莱州府》,清稿本。
⑤ (清)张廷玉:《明史》,吉林人民出版社1995年版,第1366页。
⑥ (明)徐学聚:《国朝典汇》卷190《工部·治河》,明天启四年(1624)徐与参刻本。
⑦ (清)张廷玉:《明史》,吉林人民出版社1995年版,第1367页。

势,去元人之旧迹少西七丈许开之……力不告残,形不知疲,而石渠成矣",①
工程始于嘉靖十九年(1540)正月二十二日,竣于四月二十二日,历时三个月。
第二年复浚胶莱运河,河道深阔,水源丰沛,设9闸以控水源,置浮桥以便通
行,建官署以守河道,"而中间分水岭难通者三十余里"。② 当时总河王以旗建
言恢复海运,彻底开通胶莱运河,完成分水岭工程,嘉靖帝认为王以旗妄生异
议,加之王献离职,分水工程半途而废,胶莱运河未能全线贯通。但马壕工程
的完工,也对胶、莱两地经济的发展,商货的流通起到了重要作用,"自兹,南
北商贾、舳舻络绎,百货骈集,远迩获利矣",③"自此之后,商贾云集,货物相
易,南海胶州有桩木税,北海掖县有船只料,胶州、平度临境十数郡邑之民,仰
给攸赖",④对区域社会经济、民生都起到了推动作用。嘉靖三十一年(1552)
工科右给事中李用敬奏开胶莱运河,"胶莱新河在海运旧道西,王献凿马家
壕,导张鲁、白、现诸河水益之。今淮舟直抵麻湾,即新河南口也,从海仓直抵
天津,即新河北口也。南北三百余里,潮水深入,中有九穴湖、大沽河,皆可引
济,其当疏浚者百余里耳,宜急开通",⑤给事中贺泾、御史何廷钰均支持李用
敬,明廷命何廷钰偕同山东抚按官勘查河道地形,以工费浩繁而罢。

　　隆庆初年,黄河尽趋铜山县秦沟,加之诸流汇集,河势大涨。隆庆三年
(1569)黄河决沛县,考城、虞城、曹县、单县、丰县、沛县、徐州等俱受其害,茶
城运道淤塞,漕船阻邳州不能进。总河都御史翁大立请于梁山之南另开一河
以通漕,"避秦沟、浊河之险,后所谓泇河者也",⑥诏令考察地势,但未施行工
程。隆庆四年(1570)黄河暴涨,茶城淤塞,山东沙河、薛河、汶河、泗河涨溢,
决济宁仲家浅运道,由梁山出戚家港与黄河会。翁大立请求根据水势疏浚运

①　(清)苏潜修:《灵山卫志校注》,五洲传播出版社2002年版,第325页。
②　(清)张廷玉:《明史》,吉林人民出版社1995年版,第1367页。
③　(清)苏潜修:《灵山卫志校注》,五洲传播出版社2002年版,第325页。
④　(明)崔旦:《海运编》,商务印书馆1937年版,第2页。
⑤　(清)张廷玉:《明史》,吉林人民出版社2005年版,第1367页。
⑥　(清)张廷玉:《明史》,吉林人民出版社2005年版,第1304页。

道,适逢淮河亦大涨,南河亦淤。后黄河又决邳州,淤河180里,漕船受阻,翁大立上言称:"比来河患不在山东、河南、丰沛,而专在徐、邳,乃议开泇河口以避洪水之险",①并提出开泇口、就新冲、复故道三策,分析其利害,供朝廷选择,但恰逢翁大立罢职,决策未定,而继任总河潘季驯主张复故道,泇河之议遂寝。隆庆五年(1571)茶城与吕梁洪之间黄河为崖岸所束,不能下又不能决,于是自灵璧双沟而下,北决3口,南决8口,横流漫衍,邳州匙头湾80里运河淤塞,潘季驯动用数万丁夫,塞决口11处,疏浚匙头湾,筑缕堤3万余丈,故道得以恢复,后因漕船多漂没,潘季驯被罢职。隆庆六年(1572)再次命工部尚书朱衡经理河工,并命兵部侍郎万恭总理河道,两人罢泇河之议,专事徐州、邳州黄河治理,修筑长堤防河,并设铺置夫看守,运道大通。

万历元年(1573)黄河决房村,后数年又决砀山、邵家口、曹家庄诸处,"徐、邳、淮南北漂没千里",②总河都御史傅希挚筑砀山月堤,留三口分泄洪流,冬季水微堵塞决口,其后又提出开泇河之议。万历四年(1576)八月,黄河再决曹县韦家楼、沛县缕水堤及丰、曹二县长堤,"丰、沛、徐州、睢宁、金乡、鱼台、单、曹田庐漂溺无算,河流啮宿迁城",③《河渠纪闻》亦载,"徐、丰、沛、睢、金、鱼、曹、单八州县皆淹水,灌萧县,城崩,迁县治于三台山之阳。河复南趋,自崔家口历北陈、雁门集等处,至九里山出小浮桥",④对鲁南、苏北黄泛区造成了巨大危害。其后黄河屡决崔镇,淮河亦涨溢,高邮、宝应沦为泽国,万历六年(1578)潘季驯再次出任总河,采取塞决口以挽正河、筑堤以杜溃决、复闸坝以防外河、创滚水坝以固堤岸等措施,使黄淮两河得以暂时安澜。

隆庆、万历年间,黄河为祸于山东曹县、鱼台,江苏徐、沛之地,经常导致漕河中断,百姓流离,"胶、莱海运之议纷起"。⑤ 隆庆五年(1571)平度州监生崔

① (清)夏燮:《明通鉴》,岳麓书社1999年版,第1824页。
② (清)张廷玉:《明史》,吉林人民出版社1995年版,第1307页。
③ (清)张廷玉:《明史》,吉林人民出版社1995年版,第1308页。
④ (清)康基田:《河渠纪闻》卷10,清嘉庆霞荫堂刻本。
⑤ 朱偰:《中国运河史料选辑》,江苏人民出版社2017年版,第110页。

且倡开胶莱运河，朝廷命莱州府知府杨起元、济南府同知牛若愚等亲至胶州麻湾等处勘查，认为不但水源匮乏，而且挑浚艰难，冈岩遍布，难以动工，"青州府同知程道东、南阳府同知李元芳等随同监生崔旦募夫到于分水岭口东南老地周围，开凿三丈有余，上层至岸坚土四尺，中层冈石五尺，仍将冈石以下加挑四尺有余，俱是松软糜沙，旋挑旋堕，工役难施"，①工程遇难而止。同年三月，户科给事中李贵和又言："比岁河决，转饷艰难，请修献遗策，开胶莱新河，复海运以济饷道"，②隆庆帝认为事体重大，命工科胡槚会同山东抚按官前往勘视。勘后，胡槚与山东巡抚梁梦龙皆持反对意见，"献所凿渠，皆流沙善崩，虽有白河一道，徒涓涓细流，不足灌注，至如现河、小胶河、张鲁河、九穴、都泊稍有潢污，亦不深广。胶河虽有微源，然地势东下，不能北引，且陈村闸以下夏秋雨集，冲流积沙，为河大害"，③"献误执元人废渠为海运故道，不知渠身太长，春夏泉涸无所引注，秋冬暴涨无可蓄泄。南北海沙易塞，舟行滞而不通"，④并断言："苟率意轻动，捐内帑百万之费以起三百里无用之渠，如误国病民何！臣请亟罢其事，并令所司明示新河必不可成之端，勿使今人既误，而复误后人也"，⑤于是罢新河工程，此后不必再议。不过仅过四年，万历三年（1575）南京工部尚书刘应节、侍郎徐栻倡复海运，称："难海运者以放洋之险，覆溺之患。今欲去此二患，惟自胶州以北，杨家圈以南，浚地百里，无高山长坂之隔，杨家圈北悉通海潮矣。综而计之，开创者什五，通浚者什三，量浚者什二。以锥探之，上下皆无石，可开无疑"，⑥于是命徐栻前往勘查与施工，但实际情况并非如此，"胶州旁地高峻，不能通潮。惟引泉源可成河，然其道二百五十余里，凿

---

①　（明）潘季驯：《河防一览》卷6《隆庆五年工科题止胶河疏》，清文渊阁四库全书本。
②　（清）傅泽洪：《行水金鉴》，商务印书馆1937年版，第1722页。
③　（清）傅泽洪：《行水金鉴》，商务印书馆1937年版，第1723页。
④　（清）张廷玉：《明史》，吉林人民出版社1995年版，第1367页。
⑤　（清）傅泽洪：《行水金鉴》，商务印书馆1937年版，第1723页。
⑥　（清）张廷玉：《明史》，吉林人民出版社1995年版，第1367页。

山引水,筑堤建坝,估费百万",①万历帝下诏切责徐栻,又命刘应节往勘,应节称:"南北海口俱深阔,舟可乘潮"。② 而山东巡抚李世达则极言开河艰难,耗费巨大,且无水源可供新河,巡按御史商为正、给事中王道成、工部尚书郭朝宾也持反对意见,"议者极言非便,遂中止。其后屡议屡阻,迄无成绩",③《宗伯集》亦载刘应节,"时河漕梗塞,挽输不继,为国家东南忧,公上疏请浚胶莱河,上锐意行之,中作未竟而罢",④可见刘应节开新河原因是京杭运河梗塞,漕运受阻,结果是无果而终。明中期屡开胶莱运河受阻原因除耗费巨大、开凿艰难、海运派与河运派利益博弈外,甚至还与山东地方社会有着密切关系,胶莱运河虽可带来商人、商货,对于促进沿海开发有积极作用,但同时也耗费了大量民力,"工大遽难成,令百姓弃耕桑,执畚锸,徒劳费,亡益",⑤"时胶莱河役起,作者溃碱淖中,蛆生于股,人众骚然,环噪首议者欲为变",⑥开河夫役怨声载道,几乎激起民变。而山东官员亦对开河极不热心,如嘉靖时孙应奎任山东布政使,"有开胶莱河之议,御史衔命往,应奎按视地势,必不可河,即河无益,徒愁劳百姓,争言诸不便状,及奏上,朝议直之,役竟寝",⑦《筹海图编》亦称:"山东抚巡病其烦难而止,惜小害大,可慨也。"⑧

明代中期黄河虽主要决于徐、沛间,国家工程也集中于此,但黄河善淤、善徙、善决的特性,决定了其绝不可能安分守己,仍不时漫淹山东曹县、单县、鱼台等地,对山东沿河区域社会造成了巨大影响。为保障漕粮北达京城,嘉靖中开南阳新河,并屡开胶莱运河,但始终无法彻底杜绝黄河对运河的冲击。隆庆朝议开洳河,并最终于万历后期开凿成功,标志着山东运河与

① (清)张廷玉:《明史》,吉林人民出版社 1995 年版,第 1367—1368 页。
② (清)张廷玉:《明史》,吉林人民出版社 1995 年版,第 1368 页。
③ (清)顾祖禹:《读史方舆纪要》卷 36《山东七·莱州府》,清稿本。
④ (明)冯琦:《宗伯集》卷 18《行状》,明万历刻本。
⑤ (明)冯琦:《宗伯集》卷 16《青州守唐公传》,明万历刻本。
⑥ (明)过庭训:《本朝分省人物考》卷 51《浙江绍兴府三》,明天启刻本。
⑦ (明)过庭训:《本朝分省人物考》卷 51《浙江绍兴府三》,明天启刻本。
⑧ (明)胡宗宪:《筹海图编》卷 7《山东事宜》,清文渊阁四库全书本。

黄河的彻底分离。

三、明后期的山东运河工程

万历中期至明末黄河决运依然主要集中于苏北借黄行运河段,但仍不时冲决山东鲁南运道,造成运河梗阻、漕粮不达。这一时期山东运河的主要河道工程为泇河的开凿,开泇之议始于隆庆朝,至万历后期开成,延续长达三十余年之久,期间充满了朝臣之间的争诘与博弈,借黄行运、避黄保运策略被反复提及,而泇河的开凿标志着山东境内运道的完全人工化,与黄河基本脱离关系,国家管控力度进一步强化。天启、崇祯年间,战乱不断,加之灾荒迭告,国库空虚,国家对黄河、运河的治理力度降低,山东运道梗阻频繁,运输能力下降,所兴工程规模较小,难以保障运河的正常运转。

万历十七年(1589)黄河暴涨,决开封兽医口月堤,冲入山东夏镇运河,漂没民居无数。万历十九年(1591)泗州大水,州治水深三尺,"居民沉溺十九,浸及祖陵。而山阳复河决,江都、邵伯又因湖水下注,田庐浸伤",①总河潘季驯因治河不力被罢职,命工部尚书舒应龙总督河道。潘季驯离职前,极言新河不可开,支渠不当浚,黄河应复故道,并著《河防一览》,阐述其治河观点,"大旨在筑堤障河,束水归漕。筑堰障淮,逼淮注黄。以清刷浊,沙随水去,合则流急,急则荡涤而河深;分则流缓,缓则停滞而沙积",②并提出筑遥堤、缕堤、滚水坝诸措施以控水蓄泄,集中体现了其"束水攻沙"、"蓄清刷黄"的治水观点。后数年黄河又决山东单县黄堌口,明廷极力保泗州明祖陵,而如何控制鲁南黄河决水,防其漫淹运道,威胁苏北陵、漕,成为明政府迫在眉睫之事。黄堌口河决后,给事中杨廷兰、杨应文及直隶巡按御史佴祺皆主张开凿泇河③以通运

① 周魁一:《二十五史河渠志注释》,中国书店1990年版,第365页。
② (清)张廷玉:《明史》,岳麓书社1996年版,第1208页。
③ 泇河本为自然河道,分为东泇、西泇两河,《水经注疏》载"西泇河出峄县之君山,即在峄县界中,与东泇河合,遂南入宿迁境,今为运道,其流甚盛。而东泇河源出费县山中,或云出榜山,盖即今芙蓉湖,其流稍短"。

道,总理河漕刘东星采纳众人之议开凿泇河,"泇河界滕、峄间,通淮海,引漕甚径。万历初数遣官行视,尝凿韩庄,中辍,东星力主其役。初役百二十万,费才七万,所辟已十二三,而病不起",①《明史》亦载,"凿泇河,以地多沙石,工未就而东星病",②工程半途而止。万历三十二年(1604)总河侍郎李化龙开始大规模开凿泇河,"自直河至李家港二百六十余里,尽避黄河之险",③《两河清汇》载,"万历三十二年甲辰,总河都御史李化龙浚泇河,以李家港为泇所从入,议挑郯山前迤接刘同知所开新渠,覆核泇口以南浚黄泥湾及泥河之议,弃王市以下三十里之泇河,迤以王市取直向柳林直浦亭,西南至王庄、向黑墩、张北直、季家集,南至深处以避连旺、周柳四湖之险,再由隅头引水经骆马湖北岸至于宿迁县,以避黄河之险,通计挑河、建闸坝凡工费二十万八千八百两有奇",④《天下郡国利病书》亦称:"公遍行淮、徐、凤、泗间,历览周咨,得前河臣所开泇河遗迹,喟然曰:是所以避黄河、吕梁之险,而错之衽席者也,乃上书言开泇河便,即鸠工浚旧渠八十七里,新创八十二里,于是运艘通行无碍,迄今赖之"。⑤泇河配套工程尚未完工,李化龙丁忧离任,总河侍郎曹时聘继承其未竟之业,最终竣工。新开泇河,"起自夏镇,经徐州东北彭家口,迤于邳州东之直河口,凡二百六十余里,避黄河之险者三百余里",⑥漕船、商船不再经徐、邳借黄行运河段,"运道既尽趋泇,徐、邳人情不便,使客亦苦邮驿之遥。总河疏请专用泇以通运,兼用河以回空。言泇伏秋多沙淤,当如南旺例于寒冱暂塞以大修治,计以每年三月开泇坝,九月塞之。九月开吕坝,次年二月塞之",⑦既兼顾徐、邳百姓之便,又能挑浚河道,保障漕船顺利通行。泇河从初议至开通

---

① (清)傅泽洪:《行水金鉴》,商务印书馆1936年版,第579页。
② (清)张廷玉:《明史》,岳麓书社1996年版,第1215页。
③ (清)张廷玉:《明史》,岳麓书社1996年版,第1215页。
④ (明)薛凤祚:《两河清汇》卷3《运河》,清文渊阁四库全书本。
⑤ (清)顾炎武:《天下郡国利病书》,上海古籍出版社2012年版,第1627页。
⑥ (清)顾祖禹:《读史方舆纪要》卷29《南直十一·徐州》,清稿本。
⑦ (明)薛凤祚:《两河清汇》卷3《运河》,清文渊阁四库全书本。

历数十年,倾注了数任总河心血,曹时聘在叙泇河之功时称:"舒应龙创开韩家庄以泄湖水,而路始通。刘东星大开良城、侯家庄以试行运,而路渐广。李化龙上开李家港,凿都水石,下开直河口,挑田家庄,殚力经营,行运过半,而路始开"。① 泇河开通后,过往漕船、商船、民船无须再经徐州洪、吕梁洪,航运安全性大为提升,漕粮与商货运输量不断增长,促进了沿河台儿庄、窑湾、皂河等市镇的发展。

万历四十四年(1616)巡漕御史朱阶疏请修复山东运河沿线泉湖,其称永乐间工部尚书宋礼夺汶入海之路,灌人工河道以成漕河,复导沿线洙、泗、洸、沂诸河以辅之,众河虽多,但流程较远,漕河乏水。至南旺后,四分南下入淮,六分北上入卫,进一步分散水源,况且沿线诸河夏秋涨、冬春涸,如遇干旱,夏秋漕河也会无水。宋礼为保障漕河畅通,设置昭阳、南旺、马踏、蜀山、安山诸湖作为水柜,建斗门与漕河相通,"漕河水涨则潴其溢出者于湖,水消则决而注之漕。积泄有法,盗决有罪,故旱涝恃以无恐"。② 但岁久禁驰,湖浅可耕,昭阳湖一带土地被占作藩田,因此要求河臣清查湖田,修复水柜,通过工程措施筑堤坝、置斗门,广蓄水源,以备漕河所需。同年黄河决徐州狼矢沟,入泇河,出直河口,漕船迎溜行驶艰难,督漕侍郎陈荐开武河等口,泄水平溜,两年后,决口淤塞,河复故道。天启年间,黄淮多决于苏北徐州、淮安诸地,崇祯八年(1635)骆马湖淤阻,运道不畅,总河刘荣嗣开河于徐州、宿迁之间,引黄河注漕,"黄水迁徙,不可以漕,遂获罪"。③ 其后周鼎继任总河,专力治理泇河,"浚麦河支河,筑王母山前后坝、胜阳山东堤、马蹄厓十字河拦水坝,挑良城闸抵徐塘口六千余丈",④第二年泇河复通,周鼎又修高家堰、天妃闸等处堤坝与石工,去济宁南旺湖彭口沙礓⑤,浚刘吕庄至黄林庄 160 里河道,不过当时黄

① (清)张廷玉:《明史》,吉林人民出版社 1995 年版,第 1340 页。
② (清)张廷玉:《明史》,岳麓书社 1996 年版,第 1235 页。
③ (清)顾祖禹:《读史方舆纪要》卷 22《南直四·淮安府》,清稿本。
④ (清)张廷玉:《明史》,岳麓书社 1996 年版,第 1236 页。
⑤ 沙礓:指碎石子或板结的沙土。

淮涨溢,倒灌运河,周鼎因阻运削职,侍郎张国维继任。崇祯十四年(1641)张
国维称:济宁运道自枣林闸溯师家庄、仲家浅二闸,其间河道水源匮乏,需引泗
河通过鲁桥入运河以补给,每至秋季水涨之时,可资浮送船只,但泗河含沙较
多,水退沙积,利害参半。如将邹县诸泉引至仲家浅闸入运,可以消除沙淤之
患,又言:"南旺水本地脊,惟藉泰安、新泰、莱芜、宁阳、汶上、东平、平阴、肥城
八州县泉源,由汶入运,故运河得通。今东平、平阴、肥城淤沙中断",①需及时
进行疏浚,以使泉源顺利入运。后又上呈复安山湖水柜以济北闸、浚汶河上源
以济邳派、改道沂河以利邳宿、改挑白马湖等诸多治河之策,"当是时,河臣竭
力补苴,南河稍宁,北河数浅阻。而河南守臣壅黄河以灌贼,河大决开封,下流
日淤,河事益坏,未几而明亡矣",②掘黄河③以御李自成农民军的做法,不但
使黄河下游不断淤塞,而且河道散漫,为清初屡决山东运道埋下了隐患。

明后期黄河多决于苏北地区,黄淮两河与运河关系错综复杂,宿迁至淮安
借黄行运河段及高家堰工程成为苏北治河的关键,而山东地区运河工程主要
为修复南旺水柜、修缮泇河运道、治理淤塞等,其工程规模无法与苏北地区相
比。这一时期,因南阳新河、泇河的使用,山东运河基本与黄河脱离关系,受黄
河的威胁较小,治黄工程与明中前期相比已大幅度减少,同时天启、崇祯年间,
山东境内战乱不断、灾荒频繁,运河区域社会秩序混乱,如天启二年(1622)巨
野人徐鸿儒利用白莲教在山东郓城一带发动起义,攻占运河区域的滕县、峄
县、邹县,"攻夏镇,掠粮船四十余号,阻运河,还攻曲阜"④,崇祯十四年

---

① (清)张廷玉:《明史》,岳麓书社1996年版,第1237页。
② (清)张廷玉:《明史》,岳麓书社1996年版,第1237页。
③ 亦有史料认为黄河为李自成军所掘,如《明史》就有记载互相矛盾之处,除称黄河为河
南守臣所掘外,又称"贼决河灌开封,癸未城圮";《石匮书后集》卷62载"汴城洼下,濒大河,壮丽
而固,贼久攻不下,自成督战,左目中流矢镞,不得出,遂眇一目。大怒,乃筑长堤属河,决水灌之。
会大雨兼旬,河水泛滥,汴城百万户,悉没巨浸";其他《崇祯长编》、《祥符县志》均认为开封黄河
为李自成所掘。
④ (清)查继佐:《明书》,齐鲁书社2000年版,第2913页。

（1641）山东梁山李青山发动起义，"遣其党分据韩庄等八闸，运道为梗"，[1]"塞安山闸，凿河十里通梁山，驱漕舟，并系漕卒去，焚掠近临清"，[2]完全切断了运河交通。关于明末山东运河区域的情形，明人左懋第曾言："臣自鱼台至南阳，流寇杀戮，市村为墟。其他饥疫死者，尸积水涯，河为不流"。[3] 但当时明廷忙于与农民军、清军的军事作战，没有足够的精力、财力去治理黄河、运河，更无暇安抚百姓、赈济灾民，而河道的淤塞、水工设施的破坏，又致使清初黄河再次决口山东，给国家运道与沿岸区域社会造成了巨大危害。

第二节　清代山东运河主要河道工程

清代黄运关系依然异常复杂，山东地区的黄运形势也经历了较大的变化，相关河道工程也以黄运为中心展开，同时兼对卫河、南运河进行治理。清袭明制，京杭大运河山东段河道未发生大的改变，"清自康熙中靳辅开中河，避黄流之险，粮艘经行黄河不过数里，即入中河，于是百八十里之河漕遂废。若白漕之藉资白河，卫漕之导引卫水，闸漕、湖漕之分受山东、江南诸湖水，与明代无异。嘉庆之季，河流屡决，运道被淤，因而借黄济运……道光初试行海运，二十八年复因节省帮费，续运一次。迨咸丰朝，黄河北徙，中原多故，运道中梗。终清之世，海运遂以为常"，[4]可见山东运河主要以卫漕、闸漕为主，只不过明代所称的卫河，清代称南运河。

清廷对山东运河的治理，除对相关水工设施进行维护、修缮外，主要分为三个时期：顺治至雍正年间山东运河的治理主要以处理黄运关系为主，当时黄河屡决张秋及沙湾，漕船难行，大规模的河道工程基本集中于堵塞决口、疏通

---

① （清）张廷玉：《明史》，中华书局 2000 年版，第 4724 页。
② （明）李清：《三垣笔记》，中华书局 1982 年版，第 180 页。
③ （清）夏燮：《明通鉴》，岳麓书社 1999 年版，第 2424 页。
④ 赵尔巽：《清史稿》，吉林人民出版社 1995 年版，第 2581 页。

运道上,同时康熙年间施行引漳入卫工程,漳卫汇流,南运河水量增加,但洪患也随之而生。乾隆至道光朝随着南河、东河、北河的相对固定化,黄河虽偶决山东鲁南地区,但国家水工治理的核心区域已转移至苏北淮安清口附近,大量库帑也投入到南河治理中。咸丰至宣统朝形势发生变化,随着铜瓦厢决口,黄河夺山东大清河入海,黄河连年泛滥于山东境内,除冲断运河,阻碍交通外,还淹没农田、毁坏庐舍,造成大量民众流离失所,导致了严重的生态问题与社会问题。这一时期山东张秋运河已基本难以使用,清廷先后开凿八里庙运口、陶城埠运河以延续漕运,但借黄行运异常艰难,加之张秋至临清河段几乎完全被黄河淤为平地,漕粮运输量仅十数万石至数十万石,随着海运兴起、铁路修建,加之商品粮市场日益完善,漕粮开始大规模改折,传统漕运日薄西山。清末随着河东河道总督及所辖官员的裁撤,山东运河改由地方管理,因财力匮乏,更是疏于治理。随着黄运形势进一步复杂化,加之太平天国北伐、捻军起义、义和团运动及其他武装与清军在山东运河区域反复争夺,大量财力被用于军费,治河工作难以开展,只能小修小补,山东运河也随之而衰落。

一、清前期对山东黄运两河的治理

清代山东运河南北起止界限有着相对宽泛的概念,但大体范围为南起苏鲁交界的台儿庄,北至德州,据《山东运河图说》所载,"山东运河自江南下邳梁王城五里至黄林庄入峄县境,是为闸河之始",[①]河东河道总督栗毓美亦称:"山东运河南自台庄,北至临清,计程八百余里,因河水挟带泥沙,多有淤垫"。[②] 清人李大镛的《河务所闻集》则记载得较为准确,"山东运河南自江南邳州交界黄林庄起,北至直隶景州交界柘园镇止,计河程一千一百二十五里零一百八十步"。[③] 面对绵长的山东运道,清初通过堵塞决口、引洪下泄、疏浚淤

---

① (清)黄春畦:《山东运河图说》,国家图书馆藏清抄本。
② 章开沅主编:《清通鉴》,岳麓书社 2000 年版,第 603 页。
③ (清)李大镛:《河务所闻集》,中国水利工程学会 1937 年版,第 19 页。

塞、修复水工设施等措施以治理黄运水患,同时辅以引漳入卫,丰富临清至德州段水源,极力保障山东运河的通航。

　　明末清初,除自然决口外,人为因素导致的黄河泛滥也异常严重,战乱破坏及疏于修治,致使黄河决溢无常,《河防纪略》载,"归仁堤久不治,河挟沙侵洪泽湖,高堰之堤亦疏,闸不时闭,淮流常泄,诸塘废,潦无所潴。泗州苦水居民伺间决防,以邻为壑。及流贼围开封,决河灌城,中原大乱,南北岸无守者,小宋口、曹家寨皆溃,泛滥于曹、单、金乡、鱼台之间,自南阳湖入运河",①《清史稿》亦载,"自明崇祯末李自成决河灌汴梁,其后屡塞屡决。顺治元年夏,黄河自复故道,由开封经兰、仪、商、虞,迄曹、单、砀山、丰、沛、萧、徐州、灵璧、睢宁、邳、宿迁、桃源,东迄清河与淮合,历云梯关入海",②面对如此危局,清政府既要保障粮道通畅,以便军事征战,另一方面需要治河以安抚民生,于是任命内秘书院学士杨方兴为河道总督,驻济宁统筹黄运两河治理。顺治二年(1645)黄河先决河南考城,又决沛县王家园,后小宋口、曹家口全部冲决,济宁以南田地、庐舍一片汪洋,七月决山东曹县流通集,"一趋曹、单及南阳湖,一趋塔儿湾、魏家湾③,皆入运河,下游徐、邳、淮、扬皆溢"。④ 其后黄河又决汶上入蜀山湖,运道大淤,河道总督杨方兴筑通济闸上下、淮安、高邮、江都诸处堤防,以防黄河冲决,保障漕河。顺治七年(1650)黄河大决荆隆口,⑤"趋张秋城南,马星海、甜瓜口、沙湾、戴家庙迤西堤岸并决,水由大清河入海"⑥,"决封丘荆隆口,南溢单家寨,北溢朱源寨,溃张秋堤,趋沙湾,挟汶水由大清河东奔入海,南岸旋塞,河尽射北岸",⑦"黄流横决,冲城荡堤,如破浪

---

① (清)孙鼎臣:《河防纪略》卷1,清咸丰九年(1859)刊本。
② 赵尔巽:《清史稿》,吉林人民出版社1995年版,第2544页。
③ 此处魏家湾为今菏泽曹县魏湾镇,明清称魏家湾,位于曹县县西三十五里,非清平县魏家湾。
④ (清)孙鼎臣:《河防纪略》卷1,清咸丰九年(1859)刊本。
⑤ 即明代金龙口,位于今河南封丘县西南二十里。
⑥ 谭其骧主编:《清人文集地理类汇编》,浙江人民出版社1988年版,第8页。
⑦ (清)孙鼎臣:《河防纪略》卷1,清咸丰九年(1859)刊本。

之风,莫之或御"。① 河督杨方兴征大名、东昌及河南丁夫数万人治河,通过筑上游缕堤,遏黄河洪流来势,并筑小长堤,第二年大体堵塞决口。负责张秋段工程的则为北河工部分司主事阎廷谟、捕河通判方圣时,修治工程进行时,顺治九年(1652)黄河又大溢,复决沙湾,工役暂停,加之阎廷谟离任,直到顺治十三年(1656)荆隆口决口才彻底塞闭。顺治十年(1653)为保障漕河畅通,定"南旺、临清岁一小浚,间岁一大浚",②后逐渐形成固定的河道挑浚制度。后数年黄河又决封丘大王庙、邳州、祥符朱源寨、山阳姚家湾、阳武慕家楼、归仁堤、陈州郭家埠、虞城罗家口诸处,耗费了大量财力,其中仅大王庙一处就费银80万两。

顺治年间黄河频繁决口,与明末长期疏于治河、财力匮乏有密切关系,加之战乱破坏河道、堤防,导致黄河泛滥横溢,毁漕河,淹田庐,造成了巨大灾难。清初忙于统一战争,不能将全部精力投入治河当中,加之河政体系尚不完善,官员之间缺乏沟通、协调,不能彻底解决黄运矛盾,只能通过疏、堵等常规方式暂时缓和。

康熙朝随着河政管理体系逐渐完善,加之统治者重视治河,山东黄运两河工程逐渐增多,涉及河道疏浚、闸坝设置与修缮、引河开挖等诸方面。康熙元年(1661)黄河决口曹县北岸石香炉,"本年五月河水大涨,埽湾冲决,旋塞旋开,至十一月始得埽筑完固",③第二年又北筑重堤以护埽,南挑引河以泄洪,河患稍有平息。曹县石香炉决口之所以堵筑艰难,历时较长,是因为"从来埽湾河势溃决,紧溜奔刷,筑之功难于骤施,须待时而兴工。若轻举,鲜有不坏者。尔时方五月,彼中绅士、百姓力争抢筑,待决口合尖之时外门壅涨,内堤处处倾危,果从新坝溃决数十丈,众方信前言停工,然物料荡费已尽,直至冬月昼

① (清)霍叔瑾:《重修八里庙记》,顺治九年(1652)岁次壬辰立碑,碑刻位于河南省台前县八里庙村。
② (清)孙葆田:光绪《山东通志》卷126《运河考》,民国排印本。
③ (清)薛凤祚:《两河清汇》卷6《黄河》,清文渊阁四库全书本。

夜抢筑,始克完功",①曹县绅民治河心切,没有按照河工规律堵筑决口,导致埽坝溃决,工程延时。后数年黄河再决睢宁武官营、朱家营及杞县、祥符等地。康熙三年(1664)八月,张秋通判马光远、寿东主簿马之骧创筑沙湾小闸口以北拦水坝,以便旱季蓄水,雨季泄洪,以利运道。康熙五年(1666)漕运总督林起龙上言:"粮艘北行,处处阻闸阻浅,请饬河臣履勘安山、马踏诸湖,及各柜闸、子堤、斗门、堤岸及东平、汶上诸泉有无堵塞,务期浚泉清湖,以通运道",②要求河道官员对南旺枢纽诸水工设施及济运泉源、湖泊进行清查,以利济运。康熙九年(1670)黄河先后决于曹县牛市屯、单县谯楼寺,后筑塞。其后黄河屡决徐州、宿迁、萧县、桃源诸地,清廷通过挑挖淤塞、创建减水坝与滚水坝、修筑月堤等方式以卫苏北运河。康熙十九年(1680)修蜀山湖利运闸,二十二年(1683)建滕县修永闸,"所以节宣泉水,以济运者也"。③ 康熙二十三年(1685)修建南旺湖十字河斗门,以调控河湖水源,同时加筑湖堤以固堤防,第二年又开济宁杨家坝,泄水入天井闸,后复塞,"济宁绅衿、士民旋谋马场湖湖地肥美,尽皆估种,故杨家坝时常盗开。杨家坝一开而西湖之水涸也。今议必为严禁,如有盗开者,即以盗决河防论",④但在利益驱使下,湖田之主常贿赂管坝人员,导致杨家坝开塞无常。康熙六十年(1721)黄河决武陟詹家店、马营口、魏家口,大溜⑤北趋,注滑县、长垣、东明,夺运河,至张秋,由五空桥入盐河归海,导致张秋运道被冲,漕河梗塞。同年山东运河干涸,漕船无法通行,巡抚李树德请开彭口新河,称彭口一带有昭阳、微山诸湖,喷沙积于三洞桥内,屡开屡塞,阻滞漕船,应挑新河,避开喷沙,康熙帝回复:"运河全赖泉流,蓄微山湖济运,今山东多开稻田,截上流之泉灌溉,湖无所潴,官任之以为爱惜百姓,

---

①　(清)薛凤祚:《两河清汇》卷6《黄河》,清文渊阁四库全书本。
②　朱偰:《中国运河史料选辑》,江苏人民出版社2017年版,第138页。
③　(清)张伯行:《居济一得》卷1《滕县主簿》,清文渊阁四库全书本。
④　(清)张伯行:《居济一得》卷1《闭杨家坝》,清文渊阁四库全书本。
⑤　大溜:又称主溜、正溜,河心速度大的水流,这里指决口下泄的主要洪峰。

不知漕因此误,不究本源,徒事开浚,虽费百万金何益",①未允李树德请求,但派吏部尚书张鹏翮修分水口闸、建彭口南岸挑水坝、截北岸河嘴,引水入微山湖。康熙六十一年(1722)黄河复决河南武陟县马营口,"下灌张秋,奔注大清河……六月初四日夜沁水暴溢,冲塌秦家厂南北坝台边埽二十余丈,钉船帮大坝蛰陷四十余丈,抢筑将成,逾日复陷",②河道总督陈鹏年塞堵决口。

除治理黄河决运问题外,康熙年间还施行了引漳入卫工程。卫河临清至天津段清代称南运河,属国家漕运要道,"卫河之水发源于河南辉县之百门泉③,源远而流长,及至临清其流渐细,以故北河一带每遇天道亢旱,粮船不无浅阻",④明代曾导漳河入卫,但漳河迁徙不定,效果不显。康熙三十六年(1697)漳河突然改变北流入滏阳河路线,改从山东馆陶入卫河,"漳水骤至馆陶与卫河合,此后北流渐微"。⑤ 康熙四十五年(1706)济宁道张伯行上言:"请引漳自成安柏寺营通漳之新河,接馆陶之沙河,古所谓马颊河者,疏其淤塞,使畅流入卫",⑥但该建议当时并未施行。漳河由馆陶入卫符合国家漕运需求,此后清政府通过工程措施维持现状,防止漳河再次迁徙,康熙四十七年(1708)将流经邱县的漳河分支全部堵塞,导全漳入于馆陶卫河,"卫合淇、洹诸水仅成带川,益以二漳乃见浩瀚,双流交注所益岂在汶济下哉?"⑦两河交汇后,虽增加了运河水量,方便了船只航行,但夏秋水势暴涨,极易溃决,"全漳入馆陶,漳、卫合而势湍急,恩、德当冲受害,乃于德州哨马营、恩县四女寺建坝,开支河以杀其势",⑧通过分泄洪水,以防运河溃决。后漳河又屡次决口,康熙五十年(1711)为增加临清以北漕河水量,"复于馆陶筑堤以逼之,而邱县

① (清)孙鼎臣:《河防纪略》卷1,清咸丰九年(1859)刊本。
② (清)康基田:《河渠纪闻》卷17,清嘉庆霞荫堂刻本。
③ 卫河实发源于太行山山麓,流经河南、山东、河北,至天津入海河。
④ (清)张伯行:《居济一得》卷5《引漳入卫》,清文渊阁四库全书本。
⑤ 孟昭贵主编:《夏津县志古本集注》,天津人民出版社2001年版,第157页。
⑥ 赵尔巽:《清史稿》,吉林人民出版社1998年版,第2586页。
⑦ 孟昭贵主编:《夏津县志古本集注》,天津人民出版社2001年版,第157页。
⑧ 赵尔巽:《清史稿》,吉林人民出版社1998年版,第2586页。

之东支遂涸,上游日就湮废,惟故城以下行迹明显",①极力保障漳河于馆陶入卫,丰富南运河水源。

　　雍正元年(1723)河道总督齐苏勒、漕运总督张大有称山东蓄水济运,有南旺、马踏、蜀山、安山、马场、昭阳、独山、微山、郗山诸水柜,但历年既久,诸湖多被居民占种,导致湖面收缩,蓄水减少,应永禁侵占,设法蓄水。同时筑堰阻截独山湖水,遇运河水浅时,引湖水济运,另诸湖闸座启闭以时,使湖河两利。雍正四年(1726)内阁学士何国宗奉命勘视山东运道,称:"山东运河必赖湖水接济,请将安山湖开浚筑堤;南旺、马踏诸堤及关家坝俱加高培厚,建石闸以时启闭;其分水口两岸沙山下,各筑束水坝一;汶水南戴村坝应加修筑;建坎河石坝于汶水北;恩县四女寺应建挑坝一;砖平运河西岸修复进水关二,东岸建滚坝一;濮州沙河会赵王河处,旧有土坝引河,应修筑开浚,其河西州县,听民开通水道,汇入沙河,于运道民生,均有裨益;武城及恩县北岸,各挑引河一",②希望对山东运河相关工程进行统一整治。雍正五年(1727)山东巡抚塞楞额以梁山柳长河日渐淤塞,与运河之间有金钱岭相隔,为充分利用柳长河水源,于是开引河工程二,一从岭北注安山湖,一从岭南出闸口济运河。雍正九年(1731)东河河道总督田文镜称汶河济运,旧有玲珑、乱石、滚水三坝,如遇伏秋水涨,可由三坝泄入大清河,河中泥沙可由三坝缝隙中随水而出,自何国宗于三坝内增建石坝后,滴水不通,"既无尾闾泄水,又无罅隙通淤,致汶挟沙入运,淤积日高",③建议改坝为闸,建闸墩56座,中留水门55处,安设闸板以宣泄余水,同时筑小汶河春秋坝土堤。雍正十二年(1734)直隶总督李卫以直隶故城县与山东德州、武城相毗邻,为卫河东注转弯处,"向无堤埝,水涨漫溢",④于是采取以工代赈方式,劝谕当地百姓修建土埝,以固堤防。同年山东

---

①　(清)黎世序:《续行水金鉴》,商务印书馆1936年版,第1540页。

②　周魁一:《二十五史河渠志注释》,中国书店1990年版,第569页。

③　朱偰:《中国运河史料选辑》,江苏人民出版社2017年版,第154页。

④　周魁一:《二十五史河渠志注释》,中国书店1990年版,第571页。

巡抚岳浚以德州运河水势浩大,于运河东岸挑新河、建滚坝,两岸筑遥堤,开涵洞,以宣泄洪流。关于清代对南运河的治理,《河防纪略》亦载,"雍正初南运河堤屡增筑,水辄与堤平,八年、十一年患尤剧。山东巡抚岳浚与直隶总督李卫,河督顾琮、朱藻会勘山东,建减水闸于恩之四女寺、建滚水石坝于德之哨马营,直隶建沧之捷地闸,青之兴济闸,凿支河由老黄河诸处入海",①通过开挖减河,增置减水闸、滚水坝的方式以泄漳卫汇流洪水。

清代前期对山东运河的治理主要为对相关水工设施的维护、修缮以及协调黄运关系。清顺治时因黄河不断决口于曹县、鱼台、张秋、沙湾等地,严重威胁山东运道,清政府派员进行治理,尽量导黄南流。康熙初继续予以治理,随着大规模河道工程的进行,黄河从淮安入海的局势基本固定,苏北淮安清口成为了国家河工的重点,康熙末黄河虽偶决张秋运道,但影响不大。雍正朝开始对山东运河进行整体规划与关注,对沿河水柜、南旺分水工程相关设施、南运河减河及堤埝予以修缮,使山东运河基础设施得到提升,航运环境大为改善。

二、清中期山东运河河工建设

乾隆至道光朝为山东运河水工设施不断完善的阶段,这一时期黄河屡决河南阳武、武陟、荥阳、祥符、封丘、仪封、兰阳及苏北砀山、丰县、沛县、阜宁、铜山、桃源、睢宁、高堰等地,黄河对山东运河的威胁相对减弱。正如《新世说》所载,"治河总督当铜瓦厢河决以前,有南北二缺,驻山东济宁者事简费绌,远不如南督之繁剧也。南督驻江苏之清江浦,以有岁修费五六百万金,治河官吏常干没其十之九,骄奢淫佚,遂著称于道光时"。② 在河南、苏北黄运一线,国家屡兴大工,每年治河耗费数百万两白银,形成了岁修、抢修、另案、别案制度,而在山东主要对会通河、南运河相关闸坝设施进行修缮,对淤塞河道予以疏浚,完善减河、水柜、涵洞等泄水与进水设施。

---

① (清)孙鼎臣:《河防纪略》卷2,清咸丰九年(1859)刊本。
② (清)易宗夔:《新世说》,山西古籍出版社1997年版,第453页。

乾隆年间对山东运河进行了全面的整顿与治理。乾隆二年(1737)命工部侍郎赵殿最会同直隶、河道、漕运三总督及山东、河南两巡抚勘查山东运河,修戴庙、七级、柳林、新店、师庄、枣林、万年、顿庄各闸雁翅或面石,并修两岸斗门、涵洞,同时严禁占种马踏、蜀山、马场、微山湖面,"至卫水济运灌田,宜于馆陶、临清各立水则一,测验浅深,以时启闭",①协调灌溉、济运水源,平衡官民用水比例,稳定社会秩序。第二年,河东河道总督白钟山称:"卫河水势,惟在相机启闭。殿最前奏设馆陶、临清二水闸,可不必立。嗣雨水调匀,百泉各渠闸照旧官民分用,倘值水浅涩,即暂闭民渠以利漕运。或河水充畅,漕艘早过,官渠官闸亦酌量下板以灌民田"。② 白钟山之言虽考虑到官民用水利益的协调,但实际上卫河及所汇诸河全为季节性河流,夏秋最易暴涨,春冬浅涩,运河水少时牺牲民田以济运道,运河水大时又泄水入田以分洪流,实质为损害沿岸民众利益以保国家漕运,并不能完全做到公平与公正。同年修三教堂减水坝,建聊城裴家口涵洞2座,修筑房家口上下堤岸、马家闸土堤,"运河东岸博平县三教堂地方年久废弃之减坝浚通支河,俾水泄入马颊河,则下游之水有所归。白家洼坡水可以归运,西岸低田得免浸漫,至裴家口一带地多洼下,雨水汇集,疏泄无由,民田亦受患。三空桥适当对岸龙湾进水闸洞,聊阳坡水由此泄入与汶水合流,水势较大,即因三空桥旧址修建减水闸一座,仍挑通支河,使运河之水由闸入支河归徒骇河以杀其势,下游白家洼坡水归运亦无抵聚之患。其裴家口东南一带坡水就势添建涵洞,使由涵洞归入徒骇河。房家口建闸之,上下堤岸修补残缺,民运两利,此因势利导之机宜也",③又修自峄县台庄至临清板闸800里纤道,除方便纤夫拉船行运外,还可屏障濒河庐舍、田地。后军机大臣鄂尔泰奏称,旧时漳河一支自魏县老沙河经武城、景州、阜城入运归海,可挑浚沙河,分漳河入故道,"即于新挑河头下东流入卫处建闸,如卫水微弱,

---

① 任宝祯:《小清河史志辑存》,济南出版社2008年版,第15页。
② 周魁一:《二十五史河渠志注释》,中国书店1990年版,第573页。
③ (清)康基田:《河渠纪闻》卷20,清嘉庆霞荫堂刻本。

则启以济运,卫水足用,则闭闸使归故道。再于青县下酌建闸坝,临清以北运
道可免淤垫,青县以下田庐永无浸淹",①于是命直隶、山东两省勘查施工。乾
隆十六年(1751),"黄河决豫州,自阳武建瓴而下,出延津,逾长垣、东明,达齐
鲁寿张、东阿等郡,川渎来会,如马逸不止。秋七月二十日,水穿张秋之挂剑台
而东,由大清河入海。当冲者,城不没三版,民怔讼无措,号泣者相环,诸河官
色变而言哽"。② 兖沂道史抑堂筑南北堤 200 丈,并上书河道总督顾琮急塞阳
武决口,开新河,增 2 坝,遏水北行,最终治河成功。

乾隆二十二年(1757)因微山湖水泛溢,威胁运道民生,山东巡抚鹤年奏
称:"浚运河必先浚伊家河以泄积水,使久淹地亩渐次涸出,然后履勘估修,庶
工实费省",③于是开挖韩庄至台儿庄伊家河以泄水势,"上起微山湖,下至江
苏邳州黄林庄入运,共长六十九里,由是诸湖汇派无汛溢之虞,而有潴蓄之利
矣"。④ 伊家河开挖后,除排泄泇河南岸坡水外,同时还减轻了泇河淤塞及沿
岸水患。不过因规划不科学,伊家河入运口门处异常狭窄,致使微山湖泛溢下
泄泥沙经常淤塞运道,后数次疏浚、挑挖伊家河河道,但效果不佳。乾隆二十
四年(1759)运河水涨,漫德州、景州一带,运道淤阻,命巡漕给事中海明、河道
总督张师载、山东巡抚阿尔泰勘查直隶、山东运河,海明回奏:"漳、卫二河,伏
秋盛涨,宜旁加疏泄。自临清至恩县四女寺二百五十余里,河身盘曲,临清塔
湾东岸原有沙河一,即黄河遗迹,由清平、德州、高唐入马颊河归海。请开挑作
滚水石坝,使汶、卫合流,分泄水势。四女寺、哨马营两支河,原系旁泄汶、卫归
海之路,请将狭处展宽,以免下游德州等处冲溢",⑤试图通过开通临清旧淤沙
河,以分泄漳卫合流之水入海,减轻下游德州等处河道压力。第二年又以南旺

① 赵尔巽:《清史稿》,吉林人民出版社 1995 年版,第 2589 页。
② (清)袁枚:《史公张秋治河记》,《清人文集地理类汇编》,浙江人民出版社 1987 年版,第
686 页。
③ 张芳编著:《二十五史水利资料综汇》,中国三峡出版社 2007 年版,第 480 页。
④ (清)潘锡恩:嘉庆《大清一统志》卷165《山川》,四部丛刊续编景旧钞本。
⑤ 周魁一:《二十五史河渠志注释》,中国书店 1990 年版,第 574—575 页。

以北仅马踏一湖可济运道,水源匮乏,独山湖有金线闸,束水南流,于是移金线闸于柳林闸北,使独山湖水全部北注运河,以裕北流运道。乾隆二十七年(1762)因鱼台县辛庄桥北旧有泄水口二处,口门刷深,难以节制,经河道总督张师载奏请,建滚水坝一座,以控水源,同年"挑德州西方庵对岸引河,自魏家庄至新河头,长四十丈,建筑齐家庄挑溜埽坝,接筑清口东西坝,修李家务石闸"。① 第二年又用山东巡抚阿尔泰言,于临清运河逼近村庄处开挖引河五条,以分水势,减轻对沿岸民田、庐舍的冲击。

嘉庆元年(1796)六月二十九日,黄河决口丰汛六堡,冲运河佘家庄堤,黄水由丰县、沛县北注山东金乡、鱼台,漫入昭阳、微山诸湖,横穿运河,漫溢两岸,江苏山阳、清河亦被淹,直到冬季决口方塞,但不久河堤复蛰陷。嘉庆二年(1797)七月黄河决口曹县二十五堡,八年(1803)又决封丘衡家楼,"大溜奔注,东北由范县达张秋,穿运河,东趋盐河,经利津入海",②命兵部侍郎那彦宝、东河总督嵇承志前往堵筑。《直隶水利图说》亦载,"豫省衡家楼黄流漫溢,自山东张秋穿运东趋,幸水势旋即消落,未致北注,今衡工不日合龙",③决口最终于九年(1804)二月堵塞。嘉庆九年(1804)因山东运河浅涩难行,大加浚治,"又预蓄微山诸湖水为利运资,然自是以后,黄高于清,漕艘转资黄水浮送,淤沙日积,利一而害百矣",④借黄行运导致运河淤塞日益严重,埋下了诸多后患。嘉庆年间,黄河还屡决睢州、萧县、宿迁、郭家房、高堰、马港、邳州、仪封、兰阳、武陟诸处,国家治河的重心基本位于河南、苏北等地,耗费了巨额帑金,嘉庆帝曾言:"南河近年拨帑不下千万,较军营支用尤迫。军务有平定之日,河工无宁晏之期",⑤表达了对河工用度庞大的忧虑。而这一时期清廷对山东运河的关注不多,河道工程数量较少且规模不大。

① 赵尔巽:《清史稿》,吉林人民出版社 1998 年版,第 2590 页。
② 范县地方史志编纂委员会编:《范县志》,河南人民出版社 1993 年版,第 97 页。
③ (清)佚名:《直隶水利图说》第 2 册《南运河》,清钞本。
④ 赵尔巽:《清史稿》,吉林人民出版社 1995 年版,第 2591 页。
⑤ (清)孙鼎臣:《河防纪略》卷 4,清咸丰九年(1859)刊本。

道光年间苏北黄运形势日益严峻,黄河先后决于高堰、杨河厅十四堡、马棚湾、吴城诸地,国家耗费数千万两白银进行治理,其中仅堵塞祥符决口用银就达 600 余万两。道光中期河臣以治河费用不足,要求再次加价,"从前用银最多不过二三百万,最少七八十万,加价以后如果实用在工,则历年另案抢办埽坝及随时堵筑加培各工自宜减少,乃加价后是年另案工用至四百六十余万,十三年五百九十三万,十五年五百六十六万,十七年五百六十一万,其用银较少之年亦报销至三百六七十万。自十一年加价至二十一年,除大工外,另案工用银四千八百九十七万余两",①治河费用已成为清廷的巨大负担。相较于南河,山东运河道光朝投入较少,基本以水工设施修缮及蓄水、泄水工程为主。道光元年(1821)山东河湖水涨,戴村坝以北堤埝漫决 60 余丈,草工刷 30 余丈,山东巡抚姚祖同予以修治,三年(1823)又添筑戴村坝北官堤,置碎石坝四座。道光十八年(1838)山东运河浅阻,采纳河道总督栗毓美建议,"暂闭临清闸,于闸外添筑草坝九,节节擎蓄,于韩庄闸上朱姬庄以南筑拦河大坝一,俾上游各泉及运河南注之水,并拦入微山湖",②通过各种措施节水、蓄水,丰沛运道水源,保障船只顺利航行。第二年又因戴村坝卑矮,汶水多泄,不能多入运河,于是照旧制增高,以便拦蓄更多水源。道光二十年(1840)漕运总督朱澍称卫河不能下注,妨碍运道,清廷命河道总督文冲等勘查,其称:"卫河需水之际,正民田待溉之时。民以食为天,断不能视田禾之枯槁置之不问。嗣后如雨泽愆期,卫河水弱,船行稍迟,毋庸变通旧章。倘天时亢旱,粮船阻滞日久,是漕运尤重于民田,应暂闭民渠民闸,以利漕运",③可见在官方视野中漕运始终重于民生,百姓利益只能服从于国家大政,所谓的变通与平衡也只是冠冕堂皇的说辞。

乾隆至道光朝国家河工治理的中心在南河区域,特别是黄淮运交汇的清口

① (清)孙鼎臣:《河防纪略》卷 4,清咸丰九年(1859)刊本。
② 赵尔巽:《清史稿》,吉林人民出版社 1995 年版,第 2593 页。
③ 周魁一:《二十五史河渠志注释》,中国书店 1990 年版,第 581—582 页。

及高家堰大工频举,国家治河银两大部耗费于此。而属于东河的河南、山东两省,大型工程基本以堵塞河南境内黄河决口为主,黄河虽偶决山东,但次数不多。这一时期,清廷因山东运河受黄河影响较小,关注程度不如南河,只是对山东运河相关水工设施进一步修缮,强化对运道的管控,保障漕船顺利通行。

三、清后期山东黄运河工建设

咸丰至宣统朝为中国大运河趋向衰落的时期,随着黄河北徙、漕粮改折、铁路修建、海运频兴,国家对河工建设投入的经费不断减少,加之运河沿线为清后期战乱的集中区域,军费成为了国家库帑的主角。与清代中期河工以南河区域为主不同,咸丰五年(1855)黄河铜瓦厢决口张秋运道后,山东成为了黄患最严重的省份,黄河几乎无年不决,沿黄州县几乎无年不灾,加之河政官员的裁撤及中央与地方财政的匮乏,清廷虽欲施行大工,但无力进行,特别是清廷内部形成了以曾国藩、李鸿章、马新贻、曾国荃为势力的黄河北流派,主张维持黄河现状,从山东入海,而代表地方利益的山东巡抚丁宝桢、张曜主张恢复故道,从江苏淮安入海,两派相互攻讦,导致清廷无所适从,终因北流派势力强大,清末黄河从山东入海之势未变,而山东运河河工建设也逐渐由国家工程转变为山东本省负责,地方官员、士绅、民众在治理黄运中开始发挥更大作用。面对张秋运河梗阻、沿黄州县频繁受灾的情形,清廷曾开陶城埠①运道沟通黄河与旧运河,实行黄运联运,但水域复杂、行程艰难,加之张秋至临清河道不断淤垫,最终传统漕运逐渐退出了历史舞台,而山东运河也随之衰落,漕粮运输终止,仅临清以北至德州,济宁以南至枣庄有一定数量的商船、民船通行,其国家性、官方性基本消失不见。

(一)黄河铜瓦厢决口后的山东运河

早在明代时,铜瓦厢段河道就因地理、地势原因多次决口,为以后的大决

---

① 陶城埠:今聊城市阳谷县陶城铺村。

口埋下了隐患。崇祯元年(1628)浙江道御史范良彦就曾言:"河流自潼关入汴,延袤千里,开封以西多山,水行地中未甚为患。至铜瓦厢而东,尽皆平野,沮洳下湿,溃决不时"。①《治水筌蹄》亦载,"河南属河上源,地势南高北下,南岸多强,北岸多弱,夫水趋其所下而攻其所弱。近有倡南堤之议者,是逼河使北也。北不能胜,必攻河南之铜瓦厢,则径决张秋,攻武家坝,则径决鱼台,此覆辙也!"②可见明人即对黄河决铜瓦厢隐患异常担忧。

咸丰元年(1851)黄河除决丰北下汛三堡,"山东被淹,运河漫水,漕船改由湖陂行"③外,河东河道总督颜以燠亦称:"两岸埽坝处处着重,而以下北厅尤为险要,全河溜势侧注兰阳汛铜瓦厢并十四、六、七堡一带趋刷",④铜瓦厢已面临黄河巨大的冲击压力,随时可能崩溃。至咸丰三年(1853)时,形势更为严峻,"下北厅兰阳汛铜瓦厢上次抢险之处溜势下卸,又出奇险",⑤连绵不断的险情出现,预示着大决口的到来。咸丰五年(1855)六月黄河暴涨,"十余年来,从未见此异涨",⑥山东地区"东省山泉坡水,汇注河湖,微山湖水涨满,顶托黄流。以致拍岸盈堤,河身难以容纳",⑦上游来水汇注运河及沿线水柜,与黄水相抵牾,溃堤危险日甚一日。随着黄河水位的不断上涨,河防抢修难度日益增大,署河东河道总督蒋启扬上言称:"黄河水势异涨,下北厅铜瓦厢大溜下卸无工处所,堤工万分危险,现在竭力抢办……臣在河北道任数年,该工岁岁抢险,从未见水势如此异涨,亦未见下卸如此之速,目睹万分危险情形,心

① (清)傅泽洪:《行水金鉴》,商务印书馆1937年版,第635页。
② (明)万恭:《治水筌蹄》,水利电力出版社1985年版,第15页。
③ 朱偰:《中国运河史料选辑》,江苏人民出版社2017年版,第168页。
④ 《清代故宫档案》,咸丰元年闰八月十七日。
⑤ 《清代故宫档案》,咸丰三年七月二十三日。
⑥ 《军机处录副奏折》,档号:03-168-9343-10,出自贾国静《黄河铜瓦厢决口改道与晚清政局》,社会科学文献出版社2019年版,第17页。
⑦ 中国水利水电科学研究院水利史研究室编:《再续行水金鉴》,湖北人民出版社2004年版,第1119页。

胆俱裂",①呈无能为力之态。六月十八、十九日,蒋启扬率文武员弁奋力抢筑,"于黑夜泥淖之中,或加帮后戗,或札枕挡护,均各竭尽心力,无如水势复涨,所加之土不敌所涨之水。适值南风暴发,巨浪掀腾,直扑堤顶,兵夫不能站立,人力难施,以致于十九日漫溢过水",②河堤即将全面崩溃。六月二十日,"全行夺溜,下游正河业已断流,该处土性沙松,口门刷宽七八十丈……察看漫水,微向西趋,复折往东北下注"。③铜瓦厢决口除自然因素外,还与清政府长期错误治河有着密切关系,在保漕体系下,对黄河的治理基本以堵塞决口、修筑堤防为主,而对疏浚、导引不甚重视,长期漠视河道规律,导致泥沙大量淤垫,几乎与河岸齐平,一旦决口,泛滥成灾,漕河淤塞,百姓罹难。加之清中后期大量河工经费被河官用于奢靡享受,甚至人为制造决口,从中牟利,"国家岁糜巨帑以治河,然当时频年河决,皆官吏授意河工,掘成决口,以图报销保举耳,竭生民之膏血,以供贪官污吏之骄奢淫僭,天下安得不贫苦?"④当河道安澜时,"或久不溃决,则河员与书办及丁役,必从水急处私穿一小洞,不出一月必决矣。决则彼辈私欢,谓从此侵吞有路矣",⑤可见当时河政官场已经腐败不堪。正是长期错误治河与河政腐败的恶果,加之道光、咸丰两朝战乱不断,大量经费被用于军事开支,河工用度减少,河工设施败坏,最终导致了铜瓦厢大决口,即黄河第六次大改道。

铜瓦厢决口后,大溜趋西北,淹河南封丘、祥符,然后折向东北,冲兰考、仪封、考城及直隶长垣,自长垣分为两股,一股东入赵王河,经菏泽、郓城穿越运河,另一股至东明又分两股,一经曹州府与赵王河汇流穿张秋运河,另一股经

---

①　中国水利水电科学研究院水利史研究室编:《再续行水金鉴》,湖北人民出版社 2004 年版,第 1110—1111 页。

②　中国水利水电科学研究院水利史研究室编:《再续行水金鉴》,湖北人民出版社 2004 年版,第 1111 页。

③　中国水利水电科学研究院水利史研究室编:《再续行水金鉴》,湖北人民出版社 2004 年版,第 1111 页。

④　(清)小横香室主人:《清朝野史大观》,中央编译出版社 2009 年版,第 1238 页。

⑤　(清)欧阳昱:《见闻琐录》,岳麓书社 1986 年版,第 167 页。

濮州、范县也至张秋穿运,张秋成为黄河决运的关键点。《清史稿》载,"决兰阳铜瓦厢,夺溜由长垣、东明至张秋,穿运注大清河入海,正河断流",①"铜瓦厢河决,穿运而东,堤埝冲溃。时军事正棘,仅堵筑张秋以北两岸缺口,民埝残缺处,先作裹头护埽,黄流倒漾处筑坝收束,未遑他顾也"。②《山东通志》亦载,"是年河南兰阳汛铜瓦厢三堡决水,由直隶东明、长垣,山东濮州、范县,至张秋镇,穿运入大清河,由铁门关北肖神庙以下二河盖牡蛎嘴入海"。③ 决口给山东、河南、直隶沿河地区造成了巨大灾难,"泛滥所至一片汪洋,远近村落半露树梢,屋脊即渐有涸出者,亦俱稀泥嫩滩,人马不能驻足",④洪水所至,泽国弥望,仅山东就有曹州、濮州、范县、东平、汶上等二十余州县受灾,灾民不计其数。面对河患,咸丰帝除惩治负责河官外,称"下游居民罹此凶灾,流离失所,朕心实深悯恻。著桂良、崇恩、英桂赶紧派员筹款,前往确查,黄水经由之处,将被水灾黎,妥为抚恤,无令一夫失所",⑤其言冠冕堂皇,但又言:"当此军务未竣,帑项支绌,民间兵燹流离,已堪悯恻",⑥实为清廷经费匮乏,无法有效赈济灾民。铜瓦厢决口后,究竟是维持现状,还是恢复故道,清廷狐疑不定,有主张挽归江苏云梯关故道入海者,也有主张因势利导,从大清河入海者,清廷难以立即做出决断。后因经费匮乏,战乱频仍,曾国藩等重臣认为:"惟工程繁重,计挑河、修堤、塞决三项,需费至二三千万之多,阅时又非三四年不可,而东趋之溜能否挽之使南,兰仪决口能否堵合,仍无把握"。⑦ 后虽有丁宝桢等人力主复归故道,但直至光绪朝众臣仍认为,"堵筑铜瓦厢合龙大工为巨,修

---

① 赵尔巽:《清史稿》,吉林人民出版社 1995 年版,第 2562 页。
② 赵尔巽:《清史稿》,浙江古籍出版社 1998 年版,第 509 页。
③ 中国水利水电科学研究院水利史研究室编:《再续行水金鉴》,湖北人民出版社 2004 年版,第 1114 页。
④ 吴筼孙:《豫河志》卷 12《工程下之三》,民国十二年(1923)本。
⑤ 中国水利水电科学研究院水利史研究室编:《再续行水金鉴》,湖北人民出版社 2004 年版,第 1111 页。
⑥ 中国水利水电科学研究院水利史研究室编:《再续行水金鉴》,湖北人民出版社 2004 年版,第 1112 页。
⑦ (清)曾国藩:《曾国藩全集》,岳麓书社 2011 年版,第 476 页。

堤挖河次之,约共估需银二千二百万余两。今铜瓦厢情形与前迥乎不同,删除堵口巨款,专就修堤挖河计之,亦需银七百余万两,加以江苏约估工需银七百余万,两通共需银一千四百余万两。当此经费支绌,一时何能筹此巨万款银",①清廷财政已无法承担如此巨大工程,只能维持现状,放任黄河北趋。

铜瓦厢决口后,对山东运河及沿线区域社会产生了巨大而深远的影响。首先,黄河冲决张秋,导致漕河中断,运道不畅,南粮不能顺利北达,政治、经济交流受阻。丁宝桢曾言:"自咸丰五年黄河北决铜瓦厢,由张秋穿运入大清河,挟汶东趋,运道因致梗阻",②"是年河决河南铜瓦厢,冲山东运堤,由张秋东至安山,运河阻滞,值军务未平,改由海运,于是河运废弛十有余年"。③ 其次,黄河决运,导致山东区域水环境发生巨大变化。林修竹曾言:"自清咸丰五年黄河决于河南之铜瓦厢,入山东省,至东阿、寿张之间,横穿运河,夺大清河故道入海。于是山东运河分为南北两部,黄河以北曰'北运',黄河以南曰'南运',南运有各湖附丽,故又曰'南运湖河',汶不能逾黄而北,运河水系因之而紊,南病水多,北来水少。加以漕运罢,运工废,南旺、蜀山诸湖,或淤成平陆,或容量渐缩,潴水无所,泄水无路",④河湖水系较前发生明显变化。咸丰六年(1856)清人瞿元霖曾行经张秋,"决口自张秋城南至沙湾一带,大溜三,小者四五,自西而东奔腾激怒,望为巨浸,闸基断岸,错列其间,下游舟至皆须候风而行",⑤黄河中断运河,导致南北船只必须由黄入运,水域环境异常复杂,交通不畅。最后,山东沿河州县饱受黄患之苦,洪涝灾害频繁发生,农田、民生两受其害。当时运河沿线一片泽国,"鱼台一县被淹尤重,水及城堤,其次则济宁、滕县,又其次则峄县、金乡、嘉祥等县。其被淹村庄,自四五百及一

①　(清)曾国荃:《曾国荃集》,岳麓书社2008年版,第391页。
②　(清)丁宝桢:《丁文诚公奏稿》,贵州历史文献研究会2000年版,第375页。
③　中国水利水电科学研究院水利史研究室编:《再续行水金鉴》,湖北人民出版社2004年版,第905页。
④　林修竹:《山东南运湖河工程计划书》,山东运河工程局1924年版,第1页。
⑤　(清)瞿元霖:《苏常日记》,《历代日记丛钞》第58册,学苑出版社2006年版,第454页。

二百不等,有全被河湖倒漾之水冲没者……今自济宁以南至峄县境内,河湖一片,汪洋三百余里,八闸上下,水势尤为溜急"。①《山东运河工程计划》也载铜瓦厢决口后,"黄河以南则既失其利,复蒙其害,如东平灾区,如济、鱼两境缓征沉粮地,其尤著者焉",②水患致使东平、济宁、鱼台等地大量农田被淹。自漕运停后,运河"年久失修,航运之利遂失,而运河之在鲁省者,以黄河改道之故,运漕中梗,水系紊乱,蓄泄失宜,致沿运良田,悉被淹没,鲁西各县,水灾范围日益扩大,历年损失,难以数计",③"自咸丰五年,黄河改道山东以来,南河修费大省,山东受患独重。小民困苦颠连,几无生路",④造成沿河地区受灾严重,民众损失惨烈。

咸丰年间的黄河第六次大改道,对山东运河区域社会产生了深远影响。明清两朝多数时间中,在国家河政、漕运体系下的山东运河有着严密的管控程序,运河虽产生了一定的负面影响,但对促进市镇发展、商业交流、市场建构有着巨大的推动作用。黄河夺运后,河道水系随之紊乱,加之河政败坏、经费匮乏,大型工程数量锐减,运河交通作用大为减弱,而日趋复杂的黄运关系导致的弊端不断出现,再加上兵燹、灾荒的破坏,山东运河区域社会逐渐陷入混乱之中,各种生态、社会问题呈爆发态势。

(二)同治年间对山东黄运两河的治理

同治年间,国内社会秩序稍微稳定,但黄河决运的情况依然不断发生,清廷对山东境内的黄运两河进行了一定的治理。同治四年(1865)因运河中断10余年,漕粮多行海运,但海道时刻面临西方列强威胁,有不保之虞,加之"河

---

① 《军机处录副奏折》,档号:03-70-4180-26,出自贾国静《黄河铜瓦厢决口改道与晚清政局》,社会科学文献出版社 2019 年版,第,36 页。
② 林修竹:《山东南运湖河工程计划书》,山东运河工程局 1924 年版,第 1 页。
③ 建设总署土木工程专科学校编:《山东运河工程计划》,1933 年版,第 1 页。
④ 中国水利水电科学研究院水利史研究室编:《再续行水金鉴》,湖北人民出版社 2004 年版,第 2792 页。

运上利漕粮,下利商旅。沿河州县穷民赖以维持生计者无数。及停漕,失业者多,游民苦于生计,多从'发'从'捻'"。① 为安抚依河为生人群,稳定社会秩序,清廷试行江北河运,"于八里庙运口筑坝,并将临清以上各闸下板严闭,俾河水先期蓄存,庶可倒塘灌运"。② 八里庙距张秋镇约 8 里,筑坝用以协调黄运关系,避开张秋淤垫河道,同时疏浚张秋至临清 200 余里淤塞,利用卫河水倒灌,以补汶水被黄河截断乏水之患。但当时张秋河道已无法使用,黄河大溜已南移至八里庙,"张秋以南黄流穿运者十余道,南北宽五六十里,汪洋一片",③"黄河从西来,汗漫无际,溜走而北,对岸顶冲处,水及山麓……洲渚多,东西皆巨浸……见黄河大溜,半清半黄,惊雷激箭……数十里中皆成巨浸,其鱼之叹"。④ 由运河南来的漕船进入黄河后,须借黄行运,待黄河水涨时再进入张秋以北运河,水域环境极为复杂,不但久候黄河水涨,而且稍有不慎,即可能船毁人亡。

同治八年(1869)黄河决口河南兰阳,"漫水下注,运河堤埝残缺更甚。自张秋以北别无来源,历年惟借黄济运而已",⑤可见运道环境已大不如前。第二年江北漕船行至八里庙一带阻滞难行,只能雇民车通过陆路运至临清,再入卫河,路途遥远,车运艰难,漕运总督张之万请于黄河穿运处坚筑南北两堤,留运口作为漕船出入门户,并修筑草坝,船只不经过时,堵塞口门以免黄河倒灌,但张之万不久改任江苏巡抚。新任漕督张兆栋指出:"既筑堤束水留口门,又筑坝堵闭,恐过水稍滞,而上游一气奔注,新筑堤闸难当冲激。设夺运北趋,则东昌、临清及天津、河间淹没在所必至,北路卫河亦将废坏",⑥只有于郓城沮河一带遏黄东流,可保南路运道,同时于张秋、八里庙等处疏浚淤塞,使漕船北

① 姚汉源:《京杭运河史》,中国水利水电出版社 1998 年版,第 612 页。
② (清)曾国藩:《曾国藩全集》,岳麓书社 2011 年版,第 260 页。
③ 姚汉源:《京杭运河史》,中国水利水电出版社 1998 年版,第 612 页。
④ (清)翁同龢:《翁同龢日记》,中华书局 1989 年版,第 640 页。
⑤ 赵尔巽:《清史稿》,吉林人民出版社 1995 年版,第 2594 页。
⑥ 赵尔巽:《清史稿》,吉林人民出版社 1995 年版,第 2594 页。

上,比筑堤束水更为实际,得到了清廷批准。同治十年(1871)黄河再决于菏泽沮河东岸侯家林,冲决民堰,漫水东趋,水注南阳、昭阳等湖,郓城淹为泽国,"至漫水下注,郓、汶两境均属较重,嘉祥、济宁以次稍轻。近口门之数十里,皆系黄水",①"自侯林决,分溜南偏,建瓴直下,因是以冲南旺,侵任城,被巨、嘉,入南阳、微、蜀,诸湖填废水溢"。② 面对黄水随时再毁济宁以南运道的危险,东河总督苏廷魁称必须赶紧堵合决口,"口门现已刷宽八九十丈,口门既堵,而上下游一带民埝,均属卑薄难恃。应将郓城自沮河头至杨家营之东岸六十余里一律改筑官堤,派员防守,综计堵口筑堤,约需一百五十万金"。③ 至同治十一年(1872)在山东巡抚丁宝桢的主持下,"浚沮流新淤为河身,修上下民堰百二十余里捍之",④同时集济宁、东平、汶上、菏泽、金乡、鱼台等十五州县民众及河兵、营勇数万人施行堵口工程,耗银三十余万两后决口合龙,因金龙四大王显灵助工,丁宝桢奏请立庙于河岸,以报祀大王。

侯家林河决后,漕运总督苏凤文言:"安山以北,运河全赖汶水分流,至临清以北,始得卫水之助。今黄河横亘于中,挟汶东下,安山以北毫无来源,应于卫河入运及张秋清黄相接处各建一闸,蓄高卫水,使之南行,俟漕船过齐,即启临清新闸,仍放卫北流,以资浮送。并于张秋淤高处挑深丈余,安山以南亦一律挑浚,庶黄水未涨以前,运河既深,舟行自易",⑤主张引卫倒灌运河,蓄足临清至张秋河段水源,待漕船至临清后,再放卫北行。同时两江总督曾国藩也称须挑挖峄县等处淤阻,铲除近滩石堆,以利航运,"至黄水穿运处,渐徙而南,自安山至八里庙五十五里运堤,尽被黄水冲坏,而十里铺、姜家庄、道人桥均极淤浅,宜一面疏浚,一面于缺口排钉木桩,贯以巨索,俾船过有所依傍牵挽。此渡黄

① (清)丁宝桢:《丁文诚公奏稿》,贵州历史文献研究会2000年版,第276页。
② (清)丁宝桢:《侯家林大王庙记》,同治十一年三月。
③ 中国水利水电科学研究院水利史研究室编:《再续行水金鉴》,湖北人民出版社2004年版,第1353页。
④ (清)丁宝桢:《侯家林大王庙记》,同治十一年三月。
⑤ 周魁一:《二十五史河渠志注释》,中国书店1990年版,第583页。

时运道艰滞,宜预为筹办者。渡黄以后,自张秋至临清二百余里,河身有高下,须开挖相等,于黄涨未落时,闭闸蓄水,以免消耗,或就平水南闸以东筑挑坝,引黄入运",①针对此建议,清廷命河道总督、漕运总督与山东巡抚商讨。面对日益败坏的山东黄运形势,同治十一年(1872)东河总督乔松年请在张秋立闸,借黄济运,河南黄沁厅同知蒋作锦则建议导卫济运②,但均遭李鸿章反对,其称:"近世治河兼言利运,遂至两难,卒无长策。事穷则变,变则通。今沿海数千里,洋舶骈集,为千古以来创局,正不妨借海道转输,由沪解津,较为便速",③于是仅江安粮道漕粮每年约十万石仍由运河,其他全由海道运输。同治十二年(1873)直隶东明石庄户黄河大溢,下注山东境内,"巨野、济宁、嘉祥、鱼台、金乡等州县悉遭淹没。滕、峄滨湖民地与微山、独山、南阳诸湖连成一片,水面宽至数百里,多系黄色。江境丰、沛湖团地亩亦均淹浸,灾民四散。而自济宁至宿迁,运河南北两岸长堤,冲刷殆尽,大势不可收拾。皆石庄户口门大溜奔注之故",④石庄户决口导致民生沉沦,运道废弃,危害极大,丁宝桢历时四个月方将决口堵闭。

同治年间,黄河屡决山东运河,导致运道环境日益败坏,清廷虽力图通过堵塞黄河决口、疏浚运道、导卫济运、借黄行运等方式以保障漕粮运输,但面对经费日绌、黄水泛滥的局面,清廷有心无力,难以对山东运河进行全面的修缮与整治,不可能从根本上缓解黄运复杂局面,因此同治一朝漕粮基本以海运为主,运河作用日益衰微。

(三)光绪朝山东陶城埠运河的开凿及漕运衰落

光绪朝是中国传统漕运走向没落与衰败的时期,而山东陶城埠运河的开凿则为漕运的余晖。随着黄河决运局面的彻底形成,晚清政权无力将黄河恢

---

① 周魁一:《二十五史河渠志注释》,中国书店1990年版,第584页。
② 此处有误,蒋作锦于同治三年(1864)死于怀庆府任上,不可能于同治十一年(1872)提建议。
③ 周魁一:《二十五史河渠志注释》,中国书店1990年版,第585页。
④ (清)丁宝桢:《丁文诚公奏稿》,贵州历史文献研究会2000年版,第341页。

复故道,只能默认其从山东入海的现实。而黄河不断泛滥成灾,给山东沿河区域社会造成了巨大冲击,相关河工建设、灾荒赈济随着河政机构的裁撤及中央权力的削弱,逐渐改由地方社会负责。陶城埠运河自开凿至废弃历经二十余年,其间虽勉强行运,每年运粮十余万石,但因黄运关系复杂,漕船航行艰难,加之铁路、海运兴起,漕粮全部改折,运河遂彻底衰落。

光绪元年(1875)黄河大溜穿运河分为两股,"一股南注十里堡,一股北经八里庙。北溜渐弱难行,八里庙运口淤高,又于其内里许建石闸拦黄流。十里堡南运口对岸为姜庄,距八里庙北运口十二里。当时漕船往往由南溜下行,至史家桥转入北溜,至八里庙约行五十里"。① 光绪三年(1877)山东巡抚李元华奏治理山东运河上中下三策,并结合山东财力,拟采用中策,将北运河一律疏通,复还旧道,并修筑北闸,但正值年荒,打算以工代赈,用费三十余万两,议而无果。光绪四年(1878)拟挑姜庄至八里庙旧运道,并每年挑浚八里庙至临清河段,借黄济运。当年黄溜又至八里庙,筑埽坝排水,次年大溜复南,有议复河运者,两江总督沈葆桢上言:"有明而后,汲汲于河运,遂不得不致力于河防。运甫定章,河忽改道。河流不时迁徙,漕路亦随为转移,我朝因之……近年江北所雇船只,不及从前粮艘之半,然必俟黄流汛涨,竭千百勇夫之力以挽之,过数十船而淤复积。今日所淤,必甚于去日,而今朝所费,无益于明朝",②不支持恢复河运,认为与其虚耗金钱,不如继续实行海运。

光绪六年(1880)黄河决口孙家码头,黄河正溜趋寿张县十里堡,张秋运河南坝头外八里庙、沙湾一带淤为平地,漕船无路入运,八里庙运口无法使用。清廷命东昌府知府程绳武考察新的黄河入运处,经实地考察后,其称:"查史家桥下游之陶城埠地方南对史家桥,北至阿城闸,运河计程一十二里,地势平衍,无庐墓村庄,堪以开挖新河。将来漕船南来,由十里堡出闸入黄,顺流至陶城埠,径达阿城闸进口,该处为大清河众水汇归之区,船只一到即可启坝入运,

---

① 姚汉源:《京杭运河史》,中国水利水电出版社1998年版,第609页。
② 赵尔巽:《清史稿》,吉林人民出版社1995年版,第2596页。

既免由史家桥逆流推挽之难,亦可避八里庙一带浅阻之患,洵于运务大有裨益。核计河身挖长二千一百丈,拟挑面宽七丈,底宽三丈,南头口门挑深一丈四尺,北头口门挑深一丈二尺,估需银二万一千六百余两",①认为开挖陶城埠新河不但耗费较少,而且可以缩短漕船航行于黄河中的距离,避开淤塞河段,水源又可以得到保障,实为一举多得。光绪七年(1881)正月山东巡抚周恒祺奏称:"请将运口改在陶城埠,并开挖新河以达阿城闸,又以北运河淤浅,并饬属分别挑修"。② 与此同时,江宁布政使梁肇煌、署江安粮道德寿亦称江北漕粮运道艰阻,雇募船户赔累严重,视为畏途,回空漕船冻阻济宁,甚至年内都不能南归,"惟东境黄汛变迁靡定,张秋一带借黄济运,毫无把握;史家桥逆流上挽,险道重重,浅滩叠见;上届漕船节节起驳,层递灌塘套送,淤塞处所,随时集夫抢挑,百计经营,始得先后挽抵临清。东省新挑十字河现又淤垫,八里庙一带新起沙淤,船只无处停泊。拟将口门改在陶城埠,漕船到此顺流至阿城,即可直入运河",③指出无论是张秋、史家桥河段,还是八里庙运口均已不适使用,因此力促山东官员迅速赶工兴办陶城埠运道,并挑挖淤塞河段,以利漕运。

在诸多大臣建议下,清廷决定开辟陶城埠新河,具体工作由东昌府知府程绳武负责,"七年八里庙黄运口门下游之陶城埠开新河千二百丈,并挑阿城以北运河",④"复于施家桥下游之陶城埠另开新运河,挑河十二里抵阿城镇与旧运河通,七年正月经始,四月竣事",⑤仅用三个月即完成了开河工程。施工过程中屡生险情,"当工程吃紧之际,坝口屡现险工,势将冲漫,均赖河神显应,黄水到坝即消"。⑥ 山东巡抚周恒祺亦称:"当工程吃紧之际,正桃汛盛涨之

①　《申报》第 2842 号,光绪七年三月四日。
②　山东师范大学历史系中国近代史研究室选编:《清实录山东史料选》,齐鲁书社 1984 年版,第 1801 页。
③　(清)刘坤一:《刘坤一集》,岳麓书社 2018 年版,第 103 页。
④　(清)昆冈:光绪朝《钦定大清会典事例》卷 926《工部·水利》,清光绪二十五年(1899)刻本。
⑤　周竹生:民国《续修东阿县志》卷 2《河防》,民国二十三年(1934)铅印本。
⑥　《申报》第 3024 号,光绪七年八月十九日。

时,坝口屡出险工",①可见工程并非一帆风顺。根据清廷档案记载,"于陶城埠地方开挖新河十二里,长二千一百六十二丈,口宽七丈,底宽三丈,南头挑深一丈四尺,北头挑深一丈二尺,共出土十四万五百三十方,每方工价实银一钱三分四厘一毫六丝,共用银一万八千八百五十三两五钱四厘八毫",②"于口门处所修筑拦黄坝一道,长十三丈,宽三丈,高一丈。又镶做运口埽工长六十三丈,高厚二丈,共用工料银二千五百七十九两七钱一分七厘"。③加上修筑大堤、运口加挑、津贴涵洞、挑挖阳谷运河、挑挖聊城闸口、挑挖临清塘河、修理阿城诸闸,总计用银 51477 两。

陶城埠运河开挖后,江北漕粮运输并非一帆风顺,而是处处险阻,只能艰难维持。新河开成当年,"五月间船只抵口,候汛株守。至七月初间,黄水尚乏来源,旋于初九日初十日,陡长水四五尺,趁势启坝放船,新口较为宽畅。竟于酉戌亥子四时之间,即将五百余号重船,一律催趱进口",④《申报》亦载"入黄以后于洪涛急湍中复多浅阻,催挽维艰。迨抵陶城埠新运口,适长水消落,未能入运,停泊守候,几及五旬始见盛"。⑤漕船至陶城埠运口时,须候水涨而进,等待时间竟达两月之久,可见漕船通过运口之不易。其后黄河泥沙不断涌入新开运道,淤垫十分严重,挑挖疏浚工程量巨大,"山东运河自黄流北徙,受病日深。粮船由陶城堡以至临清,此二百里间年淤年高,堤防屡决",⑥"东省

---

①　中国水利水电科学研究院水利史研究室编:《再续行水金鉴》,湖北人民出版社 2004 年版,第 1654 页。

②　(清)周恒祺:《呈开挖陶城埠新河等工动用经费银数单》,档号:03-9592-024,光绪七年六月,中国第一历史档案馆藏。

③　(清)周恒祺:《呈开挖陶城埠新河等工动用经费银数单》,档号:03-9592-024,光绪七年六月,中国第一历史档案馆藏。

④　中国水利水电科学研究院水利史研究室编:《再续行水金鉴》,湖北人民出版社 2004 年版,第 1654 页。

⑤　《申报》第 3133 号,光绪七年十一月二十九日。

⑥　中国水利水电科学研究院水利史研究室编:《再续行水金鉴》,湖北人民出版社 2004 年版,第 1982 页。

十字河现又淤垫,陶城埠口门外淤滩沙埂,必须大加挑浚",①长期的淤垫,使运口内外高差悬殊,漕船通过异常艰难。光绪八年(1882)陶城埠口门内外再淤,除予以挑浚外,"并于两岸接堤临水处加筑埽坝以顺溜势,漕艘经临,但期黄水应时涨发,当可畅行无阻",②可见此时借黄行运完全依靠黄河水势涨落。光绪九年(1883)江北漕粮仍行河运,"东省南北两路运河淤沙工段均经饬属挑挖,并将陶城埠口门淤沙及埽坝各工一律择要挑挖,以资浮送",③恰逢该年汛期较早,黄水涨发,漕船顺利入运,较往年为速。光绪十年(1884)中法战争爆发,海运受阻,十一年(1885)仍行河运,"迨至十里铺新闸,测量清黄高下悬殊,御黄坝一经启放,涸可立待。守候月余黄汛始发,即渡黄挽抵陶城埠,察看黄水陆续增长,当即启坝进北运口。乃船甫进一百三十余号,水忽消落,遇浅不前,赶将阿城闸下板托水,一面逐船起剥轮挽,幸得大雨通宵达旦,水复渐长,而口门已被沙淤,又雇夫捞挖,竭三昼夜之力始将全帮挽入运河,赶抵临清灌送入卫",④可见漕船通过南北运口大费周折,历尽艰难,耗费了大量人力。不久有大臣恐海路被列强控制,议商江浙漕粮全经运河,但实际情况是,"北路运河自陶城埠口门起,至临清州二百余里水乏来源,历年借黄济运,殊费周章",⑤"陶城埠至临清一片乾河,借黄济运艰难情形人所共知",⑥全漕通行运河几无可能。其后李鸿章称运河南自清江浦至陶城埠,北自临清至天津,可以设法疏浚,但陶城埠至临清因黄河淤高,难以疏导,可试办阿城至临清铁路,"为南北大道枢纽,阿城、临清二处各造仓廒数所,以备筹米候运",⑦但阿城离黄河较近,"黄流迁徙无定,大汛时湍悍异常,将来铁路造成之后,能否不至冲

①　(清)左宗棠:《左宗棠全集》,岳麓书社 2014 年版,第 62 页。
②　《申报》第 3290 号,光绪八年五月十五日。
③　《申报》第 3655 号,光绪九年五月十三日。
④　《申报》第 4284 号,光绪十一年二月初五日。
⑤　《申报》第 4466 号,光绪十一年八月十一日。
⑥　《申报》第 4523 号,光绪十一年十月初九日。
⑦　王彦威等编:《清季外交史料》,湖南师范大学出版社 2015 年版,第 1238 页。

突,实无把握",①如遇黄河洪水,容易冲毁铁路,因此该建议没有实行。

光绪十二年(1886)陶城埠运口水消浅阻,漕船行进艰难。光绪十三年(1887)"十里铺、陶城铺口门外新淤均须分别大加挑浚",②同年东昌府知府程绳武挑挖淤沙,并建石闸,"陶城埠以下添开支河,计长四百余丈,业已完工,相距旧河口一百二十丈,两河汇流,中建石闸。石闸形势极为稳顺,今年漕船增添,渡黄入运必可迅速"。③ 八月适逢黄河决口郑州,山东黄运口门再淤,漕船不能南下,"向之借黄济运者,至是束手无策。旋将临口积淤疏挑,空船始得由黄入运",④可见此时山东运河借黄济运几乎已成内河继续使用的惟一手段。此后郑州决口未堵,下游断流,河运遂停。光绪十五年(1889)山东巡抚张曜称内河运输不能久停,请改海运漕粮二十万石由运河输送,得到了清廷批准,同年漕船由十里堡入黄河,因伏汛上涨,河流湍急,陶城埠大坝无法打开,加之东阿至临清河道因经费匮乏,几乎无法使用,只能命官员紧急挑挖河道,引水灌送漕船,拖往北运河,前往京通。光绪十六年(1981)黄河冲决陶城埠护运格堤,黄水灌入运河,河道淤垫日益严重。光绪十九年(1893)形势败坏已极,自陶城埠起至临清州卫河200余里堤埝残缺,卫水倒灌入运,加上黄沙淤垫,河身日淤日高。光绪二十年(1894)疏浚山东济宁、汶上、滕县、峄县、茌平、阳谷、东平等处运河,第二年又疏浚陶城埠至临清运河200余里。后侍读学士瑞洵、御史秦夔扬皆言停止江北漕运,都未被允许,命各属认真疏浚,照常运送江北漕粮。光绪二十四年(1898)正月,侍读学士恽毓鼎上言:"自咸丰六年⑤黄河北徙,窜截运渠,遂致中道淤梗。然寿张属之十里铺以南、临清以北,犹然舟楫通行。唯阳谷县属陶城埠起至临清州,期间二百里之河道,借济

---

① 中国史学会主编:《洋务运动》,上海人民出版社1961年版,第183页。
② 《申报》第5034号,光绪十三年四月初二日。
③ (清)张曜:《奏为陶城埠运河口各工情形事》,档号:04-01-01-0960-046,光绪十三年三月,中国第一历史档案馆藏。
④ 赵尔巽:《清史稿》,吉林人民出版社1995年版,第2597页。
⑤ 此处有误,实为咸丰五年(1855)。

于黄,即受淤于黄,旋浚旋淤,道途嗟困,劳民阻运,为患尤大",①他认为如频繁疏浚,劳费过大,不如创修铁路,利国利民。六月,"谕裁河东河道总督,所有旧管之山东运河著归山东巡抚就近兼管,以专责成",②河南黄河事务由河南巡抚兼管,但数月后因河事繁杂,"河道总督一缺,专司防汛修守事宜,非河南巡抚所能兼顾,著照旧设立。任道镕著仍回河东河道总督之任"。③

　　光绪二十六年(1900)八国联军占领北京,京仓被踞,仓储漕粮被劫,河运漕粮至德州,陆路送往山陕慈禧逃难处。第二年庆亲王奕劻、大学士李鸿章建议各省漕粮全改折色,"自是河运遂废,而运河水利亦由各省分筹矣"。④ 光绪二十八年(1902)河东河道总督锡良提议再裁东河总督一职,经政务处会同吏部、兵部商讨后决定:"黄河改道以来,直隶、山东两省修守工程久属督抚管理。锡良原奏所称漕米改折,运河无事,河臣仅司堤岸,抚臣足可兼顾等语,该河督身亲目击,自属确实可凭,所有河东河道总督一缺著即裁撤,一切事宜改归河南巡抚兼办"。⑤ 同年裁运粮官弁及道、厅、汛、闸等各管河官。其后光绪三十一年(1905)裁漕运总督,三十二年(1906)疏浚东昌至临清运河约 90 里,其余河段淤塞如平地,不与黄河相通。光绪三十三年(1907)修浚山东黄河以南至邳州黄林庄运河,挑挖淤浅之处,工长 21200 余丈,并挑挖汶河及堵筑汶河、泉河诸处缺口,修复汶上县何家坝。光绪三十四年(1907)裁革山东督粮道,山东运河官方性质彻底消失。

　　陶城埠运河的开凿是中国传统漕运最后的余晖,在黄河冲击、河道淤垫、新式交通工具出现等多重因素的冲击下,山东运河也日趋没落,"漕运既废,

---

　　① (清)恽毓鼎:《恽毓鼎澄斋奏稿》,浙江古籍出版社 2007 年版,第 13 页。
　　② (清)刘锦藻:《清朝续文献通考》,商务印书馆 1955 年版,第 8917 页。
　　③ 中国水利水电科学研究院水利史研究室编:《再续行水金鉴》,湖北人民出版社 2004 年版,第 2589—2590 页。
　　④ 赵尔巽:《清史稿》,吉林人民出版社 1995 年版,第 2597 页。
　　⑤ (清)刘锦藻:《清朝续文献通考》,商务印书馆 1955 年版,第 8917 页。

铁路贯通,此后运河兴替关乎全国微矣"。① 在国家河道治理体系中,山东运河的大型水利工程建设已较前大为减少,为保障运河通航的诸多疏浚、挑挖事宜也多由地方社会负责。特别是管河官员裁撤、漕粮改折后,山东境内黄运两河的管理与治理完全成为了区域社会之事,运河的国家属性几乎消失殆尽。清末黄河决运后,山东运河以黄河为界,分为南北两部分的局势基本确立,其虽对区域商业沟通、民间交流仍有一定作用,但因缺乏长期与稳定的管理与治理,运河的功能与作用已大为削弱。

第三节　明清山东运河主要水工设施

明清山东运河作为京杭大运河科技含量最高、水工设施数量最多的河段,几乎涵盖了所有运河水工类型。明人谢肇淛曾对山东运河水工设施种类进行了介绍,其称:"河之源其最微者莫若会通,黄水冲之则随而他奔,而漕不行,故坝以障其入;源微而支分则其流益少,而漕亦不行,故坝以障其出。流驶而不积则涸,故闭闸以须其盈;盈而启之,以次而进,漕乃可通。潦溢而不泄必溃,于是有减水闸;溢而减河以入湖,涸而放湖以入河,于是有水柜。柜者,蓄也,湖之别名也。而壅水为埭谓之堰,沙澥之处谓之浅,浅有铺,铺有夫,以时挑浚,此则卫河亦有之矣"。② 之所以出现诸多水工设施齐集山东运河的现象,这与山东运河的地理状况、水文特征、河政地位等因素密切相关的。首先,山东运河水源匮乏,几乎全部为人工开凿,加之运河与黄河关系复杂,所以需要大量的水工设施以节水、蓄水、排水、泄水。其次,京杭大运河最高点位于山东济宁汶上县南旺镇,南旺分水枢纽工程能否正常运转直接关系到整条运河是否能够贯通,因此与之配套的水工设施数量众多,形成了完整的运河水工系

---

① 李继章:光绪《济宁直隶州志拟稿》不分卷,民国十六年(1927)稿本。
② (明)谢肇淛:《北河纪》卷4《河防纪》,明万历刻本。

统。最后,明清两代河道总督驻山东济宁,大量河政机构与衙署遍布于临清、张秋、汶上、宁阳等地,对水工设施的建设与修缮非常重视,投入大量人力、物力、财力予以维护,极力保障山东运河的通航。

山东运河水工设施分布以临清卫河为界,临清至德州段明代称卫河,清代则称南运河,该河段由自然河道卫河疏浚、改造而成,季节性河流属性明显,夏秋极易涨水,形成洪峰,加之该河堤埝卑薄,河道淤沙较多,极易发生溃堤现象。特别是清康熙年间全漳入卫后,南运河水势大涨,毁运道、淹民田、荡庐舍,决口频率加快,因此四女寺、哨马营等减河的开挖,对于分泄洪流,保障运道及区域社会稳定发挥了重要作用。而临清至台儿庄运道为会通河,主要包括元代开挖的济州河、会通河及明代开挖的南阳新河、泇河,该河段长达近千里,主要为人工开凿,其水源依赖汶、泗两河及沿线湖泊、泉源供给,相关水工设施主要以节水、蓄水工程为主,闸座、堰坝、水柜数量众多,在京杭大运河水工设施中占有重要地位,充分体现了山东运河高超的科技水平。

一、明清临清至德州卫河(南运河)减河设施

明清两朝临清至德州段运河为卫河或南运河的一部分,其最初为自然河道,后加以人工改造,由东汉白沟、隋唐永济渠、宋金御河演变而来。据《河漕备考》载,"自临清至天津共九百五十里,系天然之河。汉曰屯氏河,隋曰永济渠,宋时黄河出入其间。金元以后曰卫河,亦曰御河"。① 该河实发源于太行山麓,但古籍中多记为河南辉县苏门山,"发源于河南辉县苏门山,名曰朔刀泉,径新乡等处,合洪、漳二水,逾馆陶至临清,合汶河之水,经德州,出天津直沽入海。板闸以东全赖此水济运……雨多,水即泛滥,破堤决岸为沧瀛患",② 板闸位于临清汶、卫交汇处,其北则为漳、卫合流之水,其南则为会通河。《漕运河道图考》亦载,"卫河即南运河也,源出河南卫辉府辉县之苏门山百门

---

① (清)朱鋐:《河漕备考》卷1《临清至天津漕河考》,清抄本。
② (清)朱鋐:《河漕备考》卷1《临清至天津漕河考》,清抄本。

泉……今卫河由浚县，经大名府东北流，与屯氏河相接，历山东东昌府馆陶县，漳河合焉，又东北流至临清州板闸，至德州柘园计长三百五十里"，①其中馆陶至临清段不属京杭大运河主航道，但明清两朝一直为河南漕粮及商货交流互通的重要通道，临清至德州段为京杭大运河卫河或南运河河段，南与会通河相通，北与直隶境内的卫河（南运河）相接。

临清至德州段运河作为海河水系的重要组成部分，具有自身特点。卫河水质较为清澈，水源稳定时适宜航运，但明清两代引漳入卫后，虽开拓了济运水源，但漳河多沙，不断淤塞河道，导致"卫河水大则倒灌临清闸内，以淤运道"，②"清源以北，漳、卫合流，注以溇沱，灌以瀛海，渺然巨浸，淫雨一至，千丈立溃，故河患患在水多"，③不但冲击了运河河堤，而且对周边区域社会造成了巨大危害。为减轻水患及保障河道水源的相对均衡，明清两朝通过开挖减河、设置弯道等措施以缓和卫河宽阔、淤沙较多不宜建闸的弊端。其中四女寺减河、哨马营减河的开挖属重要的水工举措，对于维持运道水源平衡、保障漕船航行起到了重要作用。

明清四女寺减河的形成与完善并非一蹴而就，而是经历了漫长的过程。明初永乐年间工部尚书宋礼疏浚会通河时曾引汶入卫，实现了汶卫两河的贯通，但卫河水大，汶河水小，有倒灌之虞，为排泄洪水，宋礼曾于临清以南魏家湾开挖减河，分运河多余之水入地势较低的土河（马颊河），"会通河至魏家湾与土河相连，宜于彼开二小河，以泄于土河，则虽遇水涨，下流卫河自然无漫衍之患"。④ 同时为防范德州段卫河水大决堤，也开挖减河，"明永乐十年开德州西北小河，其河自卫河岸东北至旧黄河一十三里，开通泄水以入旧黄河，至海丰县大沽入海，凡四百五十七里"，⑤此为四女寺减河之雏形。之所以在此开

① （清）蔡绍江：《漕运河道图考》之《卫河考》，清刻本。
② （清）朱鋐：《河漕备考》卷1《临清至天津漕河考》，清抄本。
③ （明）谢肇淛：《北河纪》之《序》，明万历刻本。
④ （清）傅泽洪：《行水金鉴》，商务印书馆1937年版，第1561页。
⑤ （清）朱鋐：《河漕备考》卷1《临清至天津漕河考》，清抄本。

挖减河,是因为卫河下游地处九河下梢,众流汇聚,极易泛滥成灾,"独是德州东岸既有此河,何不决之,使一杀其怒乎? 卫河之堤不比黄河,黄河北岸逼近闸河,其堤必不可轻动,卫河东岸已经近海,又斥卤荒区,何惮而不为也"。①德州减河开通后,因明前期漳河北决,合滏阳河北流,东流入卫之水渐微,减河发挥作用有限。弘治初年黄河决口于河南荆隆口,冲张秋运堤,户部侍郎白昂为泄水势,于德州城西四女寺运河东岸开减河,由旧黄河入海,并于河口设置石堰控制水势,按涨落启闭石堰,据《邦畿水利集说》载,"明弘治中,都御史白昂于德州之南四女寺凿里河至九龙口入老黄河归海",②减河"首起山东之四女寺镇,又东北下达鬲津河,入吴桥县南境,又东北下经宁津、盐山、庆云,复入山东海丰县境,达坝子口入海"。③ 四女寺减河开成后,发挥了重要作用,"四女寺减河为南运河第一泄水之区,实畿南两省农田水道安危所系,非寻常挑浚仅在一隅者可比"。④ 嘉靖十年(1531)巡按直隶御史詹宽称:"德州当卫、漳、滹沱下流,稍近鬲津,可更置闸以为减水区,请总理河臣相度",⑤当年工部郎中杨旦于四女寺建闸,减水入海,以泄洪流。四年后,闸座废毁严重,巡河御史曾翀言:"运河自临清而下,诸水合流,经千里始抵直沽,属大雨时行,百川灌河,水势冲决散漫不能禁,宜于瀛渤上游如沧州绝堤、兴济小堽湾、德州四女树⑥、景州泊头镇各修复减水闸,股引诸水,则其势分而不害",⑦得到了明廷批准。万历元年(1573)漳河北徙入滏阳河,馆陶入卫之流几绝,各闸逐渐废毁,恩县知县孙居相于四女寺建进水闸,用以沟通自然河道与运河,以泄余水入运,补充运道水源。

① (清)朱鋐:《河漕备考》卷1《临清至天津漕河考》,清抄本。
② (清)沈联芳:《邦畿水利集说》卷1《南北运减河》,清抄本。
③ (清)单晋和:《禀复道宪洪查勘四女寺减河工程并说贴估册各稿》卷1,清稿本。
④ (清)单晋和:《禀复道宪洪查勘四女寺减河工程并说贴估册各稿》卷1,清稿本。
⑤ (明)吴道南:《吴文恪公文集》卷8《闸坝》,明崇祯吴之京刻本。
⑥ 即四女寺。
⑦ (明)吴道南:《吴文恪公文集》卷8《闸坝》,明崇祯吴之京刻本。

清初四女寺减河几乎淤为平地,诸闸皆废,"四女寺进水闸所以泄民田之水入运河者也,今已废坏无存,闸内引河亦皆淤垫,故民田之水不能泄出,百姓每受淹没之患"。①康熙三十六年(1697)六月漳河改变自万历后百余年北行路线,"骤至馆陶与卫河合,此后北流渐微"。②康熙四十四年(1705)于四女寺建减水闸,三年后导全漳入馆陶,漳卫汇流,水势湍急,"恩、德当冲受害,乃于德州哨马营、恩县四女寺建坝,开支河以杀其势",③该年实为修复减水闸,并未建坝。直至雍正四年(1726)方改闸为滚水坝,《江北运程》载,"恩县有四女寺镇,古安乐镇也,在恩县城西北。东岸有滚水坝,亦减入老黄河",④后雍正五年(1727)、九年(1731)、十三年(1735)多次修治。乾隆二十六年(1761)运河道李清时除建张秋八里庙滚水坝外,还于临清闸南汶、卫交流处筑坝,并拓四女寺滚水坝,以增强运河蓄水与御洪能力。乾隆二十八年(1763)又将四女寺坝门及坝下减河拓宽至 24 丈,坝门增至 10 孔,以分减南运河区域积水。至光绪初年,四女寺减河几近淤平,光绪十三年(1887)于河头改坝为闸,"启闭以时,深资利赖,当时统计全河工程共长五万五千余丈,用过银十二万四千七百余两",⑤工程后,四女寺段河道二十余年未出险工,治理卓有成效。宣统二年(1910)伏秋大汛,"淫雨盛涨,水势奔腾,运河五百里内叠出险工,减河多淤,水势无由宣泄。当此之时,非仿照十三年定章办理不能使运河顺轨,畿南免昏垫之忧",⑥准备对减河实施疏浚、挑挖工程,但第二年清廷即灭亡,工程无果而终。

除四女寺减河外,哨马营减河也是南运河上重要的水工设施。哨马营减河位于今德州城西北闸子村附近运河右岸,其最早开挖时间有永乐十年

---

① (清)张伯行:《居济一得》卷 5《四女寺进水闸》,清康熙刻本。
② 孟昭贵主编:《夏津县志古本集注》,天津人民出版社 2001 年版,第 157 页。
③ 赵尔巽:《清史稿》,吉林人民出版社 1995 年版,第 2586 页。
④ (清)董恂:《江北运程》卷首《纲汇》,清咸丰十年(1860)刊本。
⑤ (清)单晋和:《禀复道宪洪查勘四女寺减河工程并说贴估册各稿》卷 1,清稿本。
⑥ (清)单晋和:《禀复道宪洪查勘四女寺减河工程并说贴估册各稿》卷 1,清稿本。

(1412)说与雍正十三年(1735)说,二说相差三百余年。《邦畿水利集说》载,"哨马营开于明永乐年间,国朝康熙四十四年,雍正五、九、十三等年均经修治,实于东、直大有裨益"。①《河渠纪闻》亦载,顺治九年(1652)漳河北徙,"于德州哨马营建滚坝,开河由钩盘达老黄河入海。又于恩县四女寺建水闸,沧州建捷地闸,青县建兴济闸,均开支河,使由老黄河等处东流归海",②可见至少在顺治九年(1652)之前哨马营减河就已存在。光绪十年(1884)直隶总督李鸿章曾在《议浚宣惠河折》中提到:"哨马营南运减河系明尚书宋礼所开,我朝雍正、乾隆年间两经大修,现在坝口已坍塌淤塞,仅存石片数十块,纵横水中不能细加测量,坝上淤土堆如山阜,高于水面二丈,坝下减河在德州境内者十八里,久成平陆",③除介绍哨马营减河此时已无法发挥作用外,还指出该河由明永乐工部尚书宋礼所开。持雍正年间说的则为《畿辅通志》、嘉庆《大清一统志》、《辛卯侍行记》、《方舆考证》等史料。如《畿辅通志》载雍正十三年(1735),"抚臣岳浚因奏请会同直隶督臣李卫、河臣顾琮、河东河臣朱藻公同会勘,于德州哨马营建筑滚水坝,开挑支河,以分卫河泛涨之水,由钩盘河达老黄河入海"。④ 嘉庆《大清一统志》也载,"十三年巡抚岳浚请于德州之北哨马营开浚支河,东行至曹村堤口入钩盘河,东北流,会老黄河入海,即于哨马营建滚水石坝,水涨则泄之归海"。⑤ 根据史料推测,哨马营减河最初可能开凿于明初,后不断淤废,雍正年间重新疏浚,所以才会出现史料记载的差异。

因哨马营减河淤塞严重,乾隆二年(1737)定减河照岁修之例,每年进行疏浚。乾隆十三年(1748)大学士高斌疏言:"应将德州哨马营滚水坝落低以消漳卫之盛涨,海丰之马颊河、聊城之徒骇河疏导以分运河之涨",⑥于是将坝

---

① (清)沈联芳:《邦畿水利集说》卷1《南北运减河》,清钞本。
② (清)康基田:《河渠纪闻》卷13,清嘉庆霞荫堂刻本。
③ 戴逸等主编:《李鸿章全集》,安徽教育出版社2008年版,第425页。
④ (清)黄彭年:《畿辅通志》,河北人民出版社1998年版,第439页。
⑤ (清)潘锡恩:嘉庆《大清一统志》卷162《济南府》,四部丛刊续编景旧钞本。
⑥ (清)官修:《清通典》卷5《食货》,清文渊阁四库全书本。

顶降低 2 尺,以分漫溢之水。其后因管理懈怠、治理散漫,减河淤积日甚一日,嘉庆末年时河身已淤为平地。道光四年(1824)山东巡抚琦善奏请重开哨马营减河,但工程最终未实施。光绪十年(1884)御史刘恩溥奏称:"运河之设有减河,因时启闭,所以旁杀水势,免致横流,法至善也。山东恩县境内之四女寺减河,引入德州境内。而德州境内又有哨马营减河,皆向东北流入直隶吴桥县境内之玉泉庄,合而为一淀,历经宁津、南皮、乐陵、盐山、庆云诸县界至山东海丰县老黄河口入海。往年此两减河每逢运河涨发则提闸泄之,以分其流,而运河不至漫溢。若运河水落则仍下板闭塞之,故数百年畿南州县从无水患"。①咸丰年间因疏于治理,减河淤平,于是借内帑十余万两开挖四女寺、哨马营减河,但德州小杨庄、老君堂民众不肯筑堤,治理工程举步维艰。此后一直至清末,哨马营减河久已湮废,难以发挥分泄卫河洪流的作用。

明清临清至德州运河上的四女寺、哨马营减河与南运河上的捷地、兴济、马厂等减河共同构成了南运河减河系统。这些减河开挖时间自明初至清末不等,对于分泄南运河洪水,保障运道及周边区域社会的稳定发挥了重要作用,但减河时刻面临淤塞之患,须不时挑挖,在明清政局稳定、库帑充裕时,减河挑挖工程频繁,功能能够正常发挥,而在国困民乏、政局动荡时,则会淤塞不通、废毁严重,因此四女寺、哨马营减河的衰落是与中国传统漕运的没落及清王朝的衰亡密切相关联的。

二、明清会通河主要水工设施

明清广义上的山东会通河一般指京杭大运河临清至台儿庄段,长度约600公里,其北为卫河(南运河),其南为泇运河,因该河闸座密布,又称闸河,同时须沿线泉源补给,亦称泉河。由于会通河几乎完全为人工开凿,沿线地势落差大、水源匮乏,加之附近区域降水不均衡,所以漕船航行困难,治理难度较

---

① (清)贺长龄:《清经世文续编》卷 92《工政五》,清光绪石印本。

大,水源几乎完全依赖水工设施予以调控。明清会通河上水工设施众多,但主要以闸、坝、水柜、堤埝为主,其中聊城段运河突出的水工特色为梯级船闸,船闸数量多且分布密集;泰安段以东平戴村坝、宁阳堽城坝为核心,通过截汶注南旺,分流南北,补充了运河水源;济宁段以南旺枢纽工程为中心,通过闸座串联北五湖、南四湖水柜,形成了全面的闸河系统;枣庄段运河处于苏鲁交界处,河道水源也主要依靠闸座调控。正是通过不同水工设施的密切配合、相互制衡,才保障了明清山东运河数百年的相对畅通。

(一)聊城段运河主要水工设施

聊城最早开挖的运河为隋代永济渠临清段,当时主要作为军粮运输通道,史料中未见关于水工设施的记载。元代开挖会通河后,运河由南往北经过今聊城阳谷、东昌府区、临清三地,长度约 200 里,设闸十余座,以调控水源,保障水位,明清两朝有所增置。聊城运河闸座按功能可分为节制闸、减水闸、积水闸三类,其中节制闸属山东运河最重要的闸座,位于主航道之中,用于节蓄水源、通行船只;减水闸多设于运河地势较低的东岸,用于排泄运河多余之水,维持主航道水位稳定;积水闸多建于运河地势相对较高的西岸,或与运河相连的自然河道、湖泊交接处,为运河补给水源。除按功能划分外,按材质可分为木闸、草土闸、砖闸、石闸、铁闸等,按运作可分为单闸、复闸等。闸座对聊城运河意义重大,"节宣水道全在乎闸,水有余则开闸以泄水,不足则闭闸以积水……亦有反而用之,水有余则闭闸以拒水,水不足则开闸以通者,大抵闸内清水资其留蓄,闸外浊水拒其倒灌"。① 正是不同类型闸座的综合使用,共同保障了山东运河的畅通与水源的相对充足。

明清聊城运河节制闸共有 19 座,其中临清有会通闸、临清闸、隘船闸、南板闸、新开上闸、戴湾闸等 6 闸;东昌府区有土桥闸、梁家乡闸、永通闸、通济桥

---

① (清)朱鋐:《河漕备考》卷 4《闸工考》,清抄本。

闸、李海务闸、周家店闸等 6 闸;阳谷有七级上下闸、阿城上下闸、荆门上下闸、陶城埠闸等 7 闸。诸闸中建于元代的有会通、临清、隘船、李海务、周家店、七级上下、阿城上下、荆门上下 11 闸,所建年代自至元三十年(1294)至大德六年(1302),延续时间为 8 年。明代所建南板、新开上、戴湾、土桥、梁家乡、永通、通济桥 7 闸,所建年代自永乐十五年(1417)至成化七年(1471),延续时间为 54 年。清代未在聊城运河主航道上设置新闸,只在清末光绪年间在陶城埠黄运交汇处置陶城埠船闸。从元至清之所以出现置闸数量逐渐减少的原因是由于前朝所建闸座,后朝基本沿用并修缮,河道闸座分布已经较为科学,没有必要再耗费资财修造新闸。当然也有大量闸座湮废而难以使用,"运道废闸甚多,至如前朝沉水底、匿泥中者,往往而有。锥而取之,不可胜穷焉"。① 聊城各闸建置时间并不统一,往往与河道状况、水源分布、河湖关系、地理地势、漕运政策等因素密切相关,如临清南板、新开二闸,"即现在所谓头闸、二闸,初名砖闸、板闸,后改石工,始易今名。二闸相去仅三百弓,明永乐十五年平江伯陈瑄创建"。② 通济桥闸,"在县治东三里,北至堂邑县梁家乡闸三十五里,永乐十五年建"。③ 永通闸又名新闸或辛闸,"永通闸,明永乐十六年建,在通济闸北十八里,闸下有月河一道"。④ 土桥闸,"在县治东北,北至清平县戴家湾闸四十八里,成化七年巡抚右副都御史翁世资建议而设",⑤具体负责土桥闸工程的则为山东按察佥事陈善,据丘浚《建土桥闸记》载,"土桥上下十数里间舟人叫嚣推挽,力殚声嘶,望而不可至,主漕计者病焉。时山东按察佥事陈善专理其境之运道,议于此建闸以积水济舟,屡言于上而弗见报。都宪翁世资巡抚山东,所至询民疾苦,善乃以状上公,具闻诸朝,天子可之。下其议于工部,仍命吏部设官如常制,公得请躬莅其处,区画事宜,俾君专其事,君计徒庸

---

① (明)万恭:《治水筌蹄》,水利电力出版社 1985 年版,第 90 页。

② 徐子尚:民国《临清县志》之《疆域》,民国二十三年(1934)铅印本。

③ (明)王琼:《漕河图志》卷 1《山东聊城县》,明弘治九年(1496)刻本。

④ (清)董恂:《江北运程》卷 13《提纲》,清咸丰十年(1860)刻本。

⑤ (明)王琼:《漕河图志》卷 1《山东堂邑县》,明弘治九年(1496)刻本。

致才用,授其属东昌府通判马璁等督工,即功于所谓土桥者,建石为新闸,凡其规制之广狭长短与夫疏水之渠,祠神之宇、莅事之署悉如常度"。① 其他梁家乡闸建于宣德四年(1429)、戴家湾闸建于成化元年(1465)、陶城埠闸建于光绪十三年(1887)。除节制闸外,聊城运河东西两岸还有大量积水闸、减水闸,其中积水闸有龙湾、土桥、西柳行、新开口、沙湾诸闸,减水闸有李家口、魏家湾、土城、中闸、老堤头、沙湾、潘官屯、观音嘴、裴家口、米家口、官窑口、方家口、耿家口诸闸。积水闸、减水闸对于聊城运河水源的供给、蓄积及多余洪流的排泄有着重要作用,保障了运河航道的稳定,便利了船只的通行,但此两种闸座往往因河道淤塞、水源多寡而废置无常,其使用时间不如节制闸长久。

聊城及山东运河闸座多为石闸,"有龙门,有雁翅,有龙骨,有燕尾"。② 石闸制作方法严格,程序复杂,以符合规制与耐久为准则,明潘季驯《河防一览》载建石闸法,"建闸节水,必择坚地开基。先挖固工塘,有水即车干,方下地钉桩,将桩头锯平弥缝,上用龙骨木地平板铺底,用灰麻捻过,方砌底石。仍于迎水用立石一行、拦门桩二行;跌水用立石二行、拦门桩八行。如地平板铺完,功过半矣",③其后再垒砌金门两面,铺海漫、雁翅,完成建闸工程。与明代相比,清代水工设施修造技术不断完善与进步,"勘估闸工,先定金门之方向,次合丈尺之阴阳,机宜之蓄泄。应分雁翅之长短有别,或上用钳口,下用束水,或左用挑水,右用兜水,或多估梭尖以杀势,俾宣泄之永赖。或长估由身而束水,使溜势之湍流,闸之上下三合土舌加工,闸之两旁打灰土必请例用大夯,工成八六四,果料估咸宜,修建如式,自必庆千年之磐石,奠万载之巩固矣"。④ 石闸各部称呼各不相同,"首为金门,金门者两旁坝台所形成之口门也,或曰龙门。金门两边坝台统称曰金刚墙,有两边金刚墙与矶心之别。两边金刚墙计分数

---

① (清)叶方恒:《山东全河备考》卷4下《人文志下》,清康熙十九年(1680)刻本。
② (清)孙承泽:《春明梦余录》,北京出版社2018年版,第970页。
③ (明)潘季驯:《河防一览》卷4《修守事宜》,明万历十九年(1591)刻本。
④ (清)李世禄:《修防琐志》,中国水利工程学会1937年版,第243页。

段,其中部直长一段谓之由身,由身两端左右斜张如八字形者曰雁翅,在迎水一面者曰上迎水雁翅,顺水一面者曰下分水雁翅。上下雁翅外端左右横亘与堤身或坝身平行者曰裹头,迎水一面者曰上裹头,顺水一面者曰下裹头,合由身、雁翅、裹头统言之曰两边金刚墙。介于两边金刚墙间之梭形坝台为矶心,其两边直长部分曰由身,上下两端三尖部分曰梭尖",①其他组成部分还有墙石、墙面石、裹石、背后砖、海漫石、万年枋、底石等,名目众多,修造程序异常繁琐。

聊城及山东运河置闸距离与沿河地理地势、水源丰匮有密切关系,"闸河水平,率数十里而置一闸;水峻,则一里或数里一闸焉"。② 而闸座能否正确运作更关系到全河安危,明清两代船闸启闭有相应的程序,并非船只随到随启,"启闭诸闸法,若潮信焉! 如启上闸,即闭下闸。启下闸,即闭上闸,节缩之道也。不然,将恐竭",③"闸之启闭,宜以水为则,水盈板而不启则溢,不及板而启则泄,视水而疏数焉可也"。④ 船只过闸须积累一定数量,以防走泄水源,"闸漕一里籍令舟满漕,可容九十艘……漕盈则水溢,且上闸之水不得直遂也,而善停蓄,水可逆灌上闸矣",⑤"凡开闸,粮船预满闸漕,以免水势从旁奔泄,如甘蔗置酒杯中,半杯可成满杯,下漕水可使逆流入上漕……打闸时,船皆衔尾,其间不能以尺,如前船拽过上闸口七分,即付运军为牵之,溜夫急回拽后船,循前船水漕而上,使后船毋与水头斗,闸夫省路一半,过船快利一倍"。⑥船只行至临清汶、卫交汇处时,为防止水势落差较大造成船只损坏、漕粮漂流,利用船闸施行以船治船法,"闸漕与河接,若河下而易倾,则萃漕船塞闸河之

---

① 中国营造学社编:《中国营造学社汇刊》第6卷第2期,中国营造学社1935年版,第52—53页。
② (明)万恭:《治水筌蹄》,水利电力出版社1985年版,第111页。
③ (明)万恭:《治水筌蹄》,水利电力出版社1985年版,第111页。
④ (明)万恭:《治水筌蹄》,水利电力出版社1985年版,第111页。
⑤ (明)万恭:《治水筌蹄》,水利电力出版社1985年版,第115页。
⑥ (明)万恭:《治水筌蹄》,水利电力出版社1985年版,第113页。

口数重,闸水为船所扼,不得急奔,则停洄即深,留一口牵而上,递相为塞,障而壅水也,名曰'船堤',是以船治船也"。① 清代时为增加相距较远的两闸之间河道水源,施行并塘制度,上闸积二塘或三塘水,下闸放一塘水,上下两闸消息传递由闸官派丁夫骑马携带会牌传达,如闸官收取过往官员、商人贿赂随意开启闸座,则予以惩治。

明清聊城段运河为闸河典型代表,其置闸数量之多、发挥作用之大、影响之深远在京杭大运河上都具有重要意义。其"梯级船闸"的伟大智慧不但体现了中国古代水工技术的创造性转化与创新性发展,而且船闸的设计、用料、施工、制作都有着严格的章程,体现了严谨求实、与时俱进、不断开拓的匠人精神。而船只过闸、待闸,也使大量人群、商货流通至沿线市镇,促进了当地工商业的发展及市场的繁荣。

（二）泰安东平、宁阳主要水工设施

泰安东平、宁阳两地的水工设施主要有戴村坝、堽城坝,两坝主要起着拦水、蓄水、分水作用,为滚水坝性质,"其底与岸平者为减坝,高于岸者为滚坝,滚之过水少,减之过水多,滚泄暴涨,减泄平漕,制虽不同,减则一也",②二坝分汶河水至南旺,增加南北分流水量,为南旺分水枢纽工程的重要组成部分。除两坝外,东平运道还有戴庙闸及安山湖,戴庙闸（又称戴家庙闸）为运河节制闸,而安山湖为北五湖水柜之一,起着蓄水、存水作用,为运河补给水源。

戴村坝位于大汶河上,分水至南旺济运,由石坝、灰土坝、窦公堤三部分组成,全长3里余,其中石坝又分滚水坝、玲珑坝、乱石坝三部,该坝形成历上百年时间,为京杭大运河山东段的畅通提供了重要保障。据民国《重修戴村坝碑》载,"汶水入东平境,经大清河入海。明永乐间重浚会通河,为遏汶南流,使趋南旺以济运,乃置城东六十里之戴村筑坝,以资调节,坝长四百三十二公

---

① （明）万恭:《治水筌蹄》,水利电力出版社1985年版,第109页。
② 嵇储申:《无锡嵇氏传芳集》,上海辞书出版社2012年版,第183页。

尺。分三部:曰玲珑、曰乱石、曰滚水。自明历清,恒视汶流向背之利否而重修之,无非为遏汶济运计也"。① 可见明初修建戴村坝的目的是利用汶河,以补南旺运河水源之不足。《山东全河备考》在山东闸坝建置事宜条下亦载,"戴村坝距东平州六十里,一名周李村,长五里十三步。汶水从陶泰而来,就盐河由博兴车淡入海。永乐九年宋尚书用老人白英计分水南旺,筑此坝横遏汶水南流,会通河始得济运,诚全河之屏障也",②《明纪》也称:"宋礼以会通之源必资汶水,用汶上老人白英策,筑堽城及戴村坝,横亘五里,遏汶流之南不入洸,北不归海"。③ 戴村坝建成后,发挥了巨大作用,"漕河有戴村,譬人身之有咽喉也,咽喉病则元气走泄,四肢莫得而运也",④但该坝不断遭受汶流冲击,不时损坏,明清两朝多次予以重修。天顺五年(1461)东平知州潘洪将坝增筑高厚,并上植柳树,使用了较长时间。但戴村坝为土坝,难以耐久,万历元年(1573)总河侍郎万恭因汶水决入盐河,"于其上垒石为滩,以防其溢"。⑤ 万历十六年(1588)又将土坝改为滚水石坝,据于慎行《常居敬筑坎河滚水石坝记》载,"永乐中尚书宋公开会通河,始筑土坝于坎河之西,谓之戴村坝,以遏其西流之道,而南出之汶上以入于运……历岁滋久,坝或圮坠,时以全流漫衍而西,夏秋伏发,南旺以北舟胶不行,则漕渠病。东原之田或苦羡溢,膏壤亩钟化为沮洳,则民亦病,是左涸漕渠,右荡平陆……计筑石坝长四十丈,高三尺,上博丈五尺,下益尺六之一,两翼之长视坝减五之二,厥高倍之,左右为土堤,丈之二百三十,东岸为石堤,厚一丈"。⑥ 万历二十一年(1593)汶河涨发,工部尚书舒应龙又于河口下开渠泄水,两旁筑石堰以防冲刷。为加强对戴村坝的看守,万历时潘季驯还建言:"此坝系全河屏障,先年设夫增土植柳,培护周

① 瞿庆复主编:《东平碑文集粹》,东平县政协文史资料委员会 2008 年编,第 270 页。
② (清)叶方恒:《山东全河备考》卷 2《河渠志下》,清康熙十九年(1680)刻本。
③ (清)陈鹤:《明纪》卷 9《成祖纪二》,清同治刻本。
④ 蔡泰彬:《明代漕河之整治与管理》,台北商务印书馆 1992 年版,第 145 页。
⑤ (清)顾炎武:《肇域志》卷 19,清钞本。
⑥ (清)叶方恒:《山东全河备考》卷 4 下《人文志下》,清康熙十九年(1680)刻本。

密,岁久防迟,以渐单薄,万一乘暇复归故道,不无可虑",①于是命东平、汶上两地管河官督促夫役培土植柳,以固堤坝。入清后,对戴村坝的维护、修缮更为重视,自雍正四年(1731)始,至清末宣统元年(1909)止,共八次对戴村坝进行大规模维修,以障汶入运,增益漕源。甚至直到今天,戴村坝对拦沙缓洪、调水蓄水、农业灌溉、生态调节依然发挥着巨大作用。

堽城坝位于泰安宁阳汶、洸二河分流处,"在古堽城,距宁阳县北三十里,元至正②间筑土坝以遏汶水入洸。明永乐中宋礼移置青川驿,成化中张盛改筑以石,当汶水,中一百二十丈,阔一丈七尺,为水门七,又于新堰凿河十里,南入于洸,谓之洸河。为闸者二,曰堽城闸,在堽城西北隅百步,元至元建。曰堽城新闸,距旧闸八里,在新堰上流,明成化中建,乃遏汶之要津也",③可见该坝最初为元代所建土坝,明成化间方改为石坝。成化六年(1470)宁阳管泉工部主事张盛见元代所筑堽城土坝残破不全,建言复为石砌,当时已准备齐全物料,不久张盛被召还回朝,工程半途而止。三年后巡抚山东左佥都御史牟俸至堽城,见张盛之成绩,于是保奏张盛毕其功,据商辂《张盛改筑堽城石坝记》载,"至则以堽城旧址河阔沙深,乃相西南八里许,其地两岸屹立,根连河中,坚石萦络,比旧址隘三之一,于此置堰事半功倍",④新坝施工于成化九年(1473)九月,工竣于十年(1474)十一月,历时一年余,耗资巨大,为修兖州金口坝数倍。堽城石坝修成后,虽分七座水门以泄汶流,"但其为石坝,系违背马之贞之告诫。事实上,自此坝建造后,堽河一带河床确实逐渐增高,且河决害漕"。⑤ 弘治十六年(1503)十二月巡抚山东都御史徐源奏言毁石坝,其称:"漕河地势济宁最高,必引受汶、泗上源以为接济,然上源要处莫如洸河,其口

---

① (明)潘季驯:《河防一览》卷3《河防险要》,清文渊阁四库全书本。
② 此处有误,元宪宗七年(1257)即于堽城筑土坝及斗门,遏汶南流入洸,至济宁合泗水,以济粮运。而至正为元代末世皇帝惠帝年号。
③ (清)叶方恒:《山东全河备考》卷2《河渠志下》,清康熙十九年(1680)刻本。
④ (清)叶方恒:《山东全河备考》卷4下《人文志下》,清康熙十九年(1680)刻本。
⑤ 蔡泰彬:《明代漕河之整治与管理》,台北商务印书馆1992年版,第152页。

在宁阳县堽城石濑①之上。元时于此治闸作堰，遏水入河，我朝因之。至成化间以土堰岁费桩草、丁夫，乃易以石，以为一劳永逸，殊不知元漕副马之贞勒言于石，以戒后人，切勿妄兴石坝，以遗大患。盖土堰之利，水小则遏水入洸，水大则严闭闸口，以防壅沙，听水径自坏堰西流，故虽岁一劳民，而洸河自通。自石堰一成，水遂横逆，石堰既坏，民田亦冲，洸河沙壅。虽有闸口，压不能启，汶水不复入洸河"，②于是建议挑浚洸口至济宁 130 里洸河淤沙，该议下工部商讨，认为难以施行。同年工部管泉主事张文渊支持徐源意见，"堽城石坝筑于成化之十三年，然非始于是年也。在昔有元毕辅国曾于堽城之左作斗门遏汶入洸矣。其后如马之贞作双虹门，马元公改作东大闸，皆有事于堽城者也……自宋公移分水于南旺，则遏汶之功全在戴村，而汶遂不通洸矣。议者徒以元人遗迹乃复事于堽城，移其坝于青川，改建以石，糜财疲力，置诸无用之地，未几坝亦随坏，盖未解宋公之意与元人所以设坝之由也"。③ 面对张文渊之议，明廷命工部右侍郎李燧会同诸管河官前往勘查，认为堽城石坝应保存，用于拦截淤沙及分水入洸，同时洸河运道不能挑深，否则洸水尽入济宁以南漕河，济宁至临清运道将面临水匮之忧。后正德十二年（1517）工部管泉主事朱寅于堽城坝增置二处分水口，加上其前所建，共九处分水口，分汶至南旺。至万历时，堽城坝损毁严重，万历二十一年（1593）总河舒应龙因汶水涨溢，重建堽城坝及闸座，导水入洸以分其流。万历二十五年（1597）汶河大水，冲决南岸石梁土堤，"今岁久南岸石梁皆倾，虽与运道无关，然有举无废，地方之责，且石俱在河，止需工而不需料，仍修筑以资利涉"，④于是工部主事胡瓒重筑 500 余丈土堤。入清后，康熙五十五年（1716）汶河水涨，决石梁、桑家等处土堤，为害宁阳、汶上诸县，三年后山东巡抚李树德对堽城坝予以加固，雍正七年（1729）

---

① 石濑：意为水为石激而形成的急流。
② （清）傅泽洪：《行水金鉴》，商务印书馆 1936 年版，第 1638 页。
③ （清）叶方恒：《山东全河备考》卷 2《河渠志下》，清康熙十九年（1680）刻本。
④ （清）叶方恒：《山东全河备考》卷 2《河渠志下》，清康熙十九年（1680）刻本。

又于坝西增加土堰一道,以固坝体,其后一直至清末因堽城坝对运道作用不大,废置无常。

　　除戴村、堽城二坝外,戴庙闸、安山湖也是东平运道的重要水工设施。戴庙闸位于东平县戴庙镇,据《行水金鉴》载,"戴庙闸一座,明嘉靖十六年建修,乾隆四年重修,金门口宽二丈二尺,墙高一丈八尺,计石十五层。戴庙闸下接石驳岸起埽工一段,长六十五丈,东岸五空桥一座,景泰五年建",①可见该闸建于明中期,配套设施有石驳岸、埽工、五空桥等。不过亦有建于景泰年间说,"戴家庙闸,在漕河北岸,景泰五年左佥都御史徐有贞建之以疏水势,弘治五年重修",②较嘉靖年间提前了八十余年。清咸丰五年(1855)黄河铜瓦厢决口后,戴庙闸逐渐淤废,"自清同光中黄水内灌,戴庙闸上下运河淤垫,十里堡运口永闭,黄运隔绝"。③民国《东平县志》也载江宁人吴邦安咸丰年间署戴庙闸闸官,"该处为河决顶冲,岁复荐,饥民多逃散,存者尤朝不保暮。邦安先襄事运河厅,故侨寓济宁,至是裹粮而往,捐资修近闸堤堰,以工代赈,赖以存活者甚众",④史料表彰了吴邦安的善举,但其作为戴庙闸闸官却常驻济宁,也说明此时该闸已几乎不起任何作用。另一水工设施安山湖形成于元代开挖会通河时,其时因"引汶绝济"导致安山脚下古济水与汶水交汇滞蓄,形成百余里的安山湖。但亦有史料认为其创建于永乐年间,《山东全河备考》载,"东平州西北湖一曰安山,即安民山,湖以此得名,在运河堤西岸,周围一百余里。永乐间宋礼、陈瑄经营漕河既成,建议设水柜以济漕渠,在汶上为南旺,在东平为安山,在济宁为马场,在沛县为昭阳,名曰四水柜。漕河水涨则减水入湖,水涸则放水入漕,各建闸坝以时启闭"。⑤弘治十三年(1500)通政司通政韩鼎勘查湖界四至,安山湖"东至马家湖,西至旧东河,南至安山,北至运河,其十里铺在

---

①　(清)黎世序:《续行水金鉴》,商务印书馆1937年版,第2928页。
②　(明)朱泰:万历《兖州府志》卷20《闸》,明万历刻本。
③　武同举:《淮系年表全编》之《淮系年表水道编》,民国十八年(1927)铅印本。
④　张志熙:民国《东平县志》卷9《宦绩》,民国二十五年(1936)铅印本。
⑤　(清)叶方恒:《山东全河备考》卷2上《河渠志上》,清康熙十九年(1680)刻本。

湖中界,自铺至安山湖广十五里。四围东自马家口,西至戴家庙,长二十二里六分,自戴家庙北至寿张集长二十四里三分,自寿张集东至赵家庄长二十四里七分,自赵家庄南至马家口长八里八分,周围共八十里四分,置立界牌,载植柳株"。① 其后湖地多被侵占,嘉靖六年(1527)管河官员不熟悉安山湖历史,"止于湖中心筑堤,周回仅十余里,号为水柜,湖之广益狭矣"。② 后明廷恢复湖面,万历时安山湖周长约73里。但因法令废弛,安山湖不断萎缩,《治河方略》称:"安山湖在东平州治西十五里,绕安民山下。旧制周围一百余里,自明中叶许民佃种,百里湖地尽为麦田。然其低洼之区自东北通湖闸起,历西北至天禄庄,转西南至王禹庄,又东南至青孤堆,复南北接通湖闸,周围三十八里,湖形尚存"。③ 至清康熙朝时安山湖一望平陆,几乎已无济运作用。《续行水金鉴》清晰地介绍了安山湖的历史变迁,"西岸安山湖一区,周围六十八里有奇。明永乐九年创筑圈堤,雍正十一年河南荆隆工漫溢,黄水淤垫,不能蓄水济运,乾隆六年分给贫民认垦升科",④可见明初已有湖,只是未有湖堤,永乐时创圈堤,同时设安济闸、似蛇沟闸二座,以便引湖水入运河,雍正四年(1726)重修二闸,同时创建通湖闸一座,宣泄运河异涨之水入湖,黄河漫溢后,湖泊逐渐淤垫,三闸废弃,湖地乾隆后逐渐开垦为耕地。咸丰五年(1855)黄河北徙,夺大清河入海,汶水不能越黄北上,积蓄于安山湖旧地,加之黄河倒灌,水面逐渐扩张,形成名为"积水洼"的湖泊,即今东平湖前身。

明清京杭运河虽流经泰安境内较短,但戴村坝、堽城坝、戴庙闸、安山湖对运河水源补给及运道畅通起到了重要作用。泰安水工设施的历史变迁与黄河决徙、运道变化等因素密切相关,堽城坝作用的减弱除因戴村坝修筑外,还与有明一代不了解汶河水沙规律,错误治河有很大关系,安山湖在清代中期的消

① (明)刘天和:《问水集》卷2《运河》,明刻本。
② (明)刘天和:《问水集》卷2《运河》,明刻本。
③ (清)靳辅:《治河方略》卷4《安山湖》,清刊本。
④ (清)黎世序:《续行水金鉴》,商务印书馆1937年版,第2928页。

失则是黄河冲击、民众垦殖、管理不善等多重因素导致的。而戴村坝、戴庙闸因与运河关系更为密切,政府管理程度较高,使用时间长达数百年之久,甚至直到今天戴村坝依然发挥着重要的生态、社会价值。

(三)济宁段运河主要水工设施

京杭大运河济宁段在山东运河中地位至关重要,明清两代不但驻有管河最高官员总理河道与河道总督,而且闸座、水柜、堰坝、堤埝等水工设施齐全,共同保障着运道的平稳运行。其中南旺分水枢纽作为京杭大运河上最具科技含量的工程之一,具有"引、蓄、分、排"等功能,形成了复杂完善的水工系统,被誉为"北方都江堰",而诸多水工科技的创新运用,为中国水利技术的发展积累了丰富的经验。

数量众多的闸座是济宁运河水工特色之一。济宁运河闸座建于元明清三代,其中仅节制闸就达 36 座之多,其他减水闸、积水闸更是不计其数,节制闸自北至南为寿张闸、安山闸、靳家口闸、袁家口闸、开河闸、十里闸、柳林闸、寺前铺闸、通济闸、济州上中下三闸、赵村闸、石佛闸、辛店闸、新闸、仲家浅闸、师庄闸、鲁桥闸、枣林闸、南阳闸、谷亭闸、八里湾闸、孟阳泊闸、湖陵城闸、利建闸、邢庄闸、珠梅闸、杨庄闸、夏镇闸、满家闸、西柳庄闸、马家桥闸、彭口闸、张阿闸、韩庄闸,其中建于元代者 17 座,明代者 17 座,清代者 2 座。如靳家口闸古属东平,今属梁山,多数史料载建于嘉靖四年(1525),但也有正德十二年(1517)、嘉靖二年(1523)说,《江北运程》载,"靳家口闸,正德十二年建,闸下有月河一道,在袁口闸北十八里",①万历《兖州府志》则称:"靳家口闸,在州北,南距袁家口十七里,嘉靖二年建"。② 十里闸又称南旺下闸或南旺北闸,柳林闸又称南旺上闸或南旺南闸,两闸位于今汶上县南旺镇,为南旺分水枢纽关键水工设施,"南旺上闸,即柳林闸,此为分水口南流第一闸……南旺下闸在

---

① (清)董恂:《江北运程》卷 15,清咸丰十年(1860)刻本。
② (明)朱泰:万历《兖州府志》卷 20《闸》,明万历刻本。

分水口之北,一名十里闸,乃分水口北流第一闸,漕船回空逆泝至此,踰分水口则逢顺流矣。两闸对峙,实南北全河之枢轴也",①两闸下各有长20里的月河一道,以便挑浚时漕船通过,有名为石口、界首的斗门两座,用以控制月河水势。两闸为工部管河郎中杨恭于成化六年(1470)所建,"成化年间郎中杨恭始于南旺之南约五里许建一闸,曰柳林闸。于北五里许建一闸,曰十里闸。此又杨恭为南北分流之水增一关键,非宋礼分水之初制也"。② 南北两闸相互配合,共同保障漕船通过南旺水脊,"南旺,脊水也。闭诸北闸则南流,闭诸南闸则北流,水如人意者,莫如汶。故命之左,则左灌济宁;命之右,则右灌临清",③"夏春运盛之时,正汶水微弱之候,南北分流之则不足,并流之则有余。特为番休之法:如运舸浅于济宁之间,则闭南旺北闸令汶尽南流灌茶城,逆舟屯于汶上之源,以待北决;如运舸浅于东昌之间,则闭南旺南闸令汶尽北流灌临清,此役汶全力者也"。④《豫东宣防录》亦记漕船通过南旺之法,"漕船浅于南则开柳林闸,浅于北则开十里闸,尾帮过济北上,则将柳林闸严闭,令全汶北注以浮送漕船,至今循行无改"。⑤ 明清两代对南旺两闸的维护非常重视,康熙、乾隆等朝多次重修。其他如八里湾闸与湖陵城闸建于宣德四年(1429);仲家浅闸建于宣德五年(1430);寺前铺闸建于正德元年(1506);庙道口闸建于嘉靖十五年(1536);利建闸建于嘉靖四十五年(1566);珠梅闸及邢庄闸与杨庄闸均建于隆庆元年(1567);通济闸建于万历十六年(1588);彭口闸建于乾隆二十四年(1759),"北距夏镇闸二十里,东岸进水有渐家口、旧彭口、新支河口、修永闸,西临微山、昭阳等湖"。⑥ 张阿闸建于嘉庆十九年(1814),"在彭口闸下二十三里,东岸进水有郗山北三里沟,西岸减水有郗山

① (清)董恂:《江北运程》卷17,清咸丰十年(1860)刻本。
② (清)白钟山:《豫东宣防录》卷4,清乾隆五年(1740)刻本。
③ (明)万恭:《治水筌蹄》,水利电力出版社1985年版,第109页。
④ (明)万恭:《治水筌蹄》,水利电力出版社1985年版,第109页。
⑤ (清)白钟山:《豫东宣防录》卷4,清乾隆五年(1740)刻本。
⑥ (清)王政:道光《滕县志》卷3《山川志》,清道光二十六年(1846)刻本。

南三里闸、马令闸、朱姬庄闸"。① 其余诸闸多建于明宣德间至隆庆年间,该时
间段也是明代山东运河相对畅通时期,所以国家对水工设施建设异常重视,投
入了大量人力、物力、财力以保障运河顺利通航。

　　明清京杭大运河济宁段沿线湖泊对于山东运河的水源补给起到了重要作
用,这些湖泊主要包括马踏、南旺、蜀山、马场北四湖②,微山、昭阳、独山、南阳
南四湖,其中北四湖目前已基本消失,南四湖明清两朝有位于苏鲁交界者,今
归山东统一管辖。山东运河沿线湖泊又称水柜或水壑,"伏秋盛涨则开闸引
水以入湖,冬春则闭闸蓄水以防旱,谓之水柜",③"山东蓄水济运,有南旺、马
踏、蜀山、安山、马场、昭阳、独山、微山、郗山等湖,水涨则引河入湖,涸则引湖
水入漕,随时收蓄,接应运河,古人名曰水柜",④而水壑则为"非有湖为之宣泄
则溃,故漕以西皆有水壑",⑤因水柜、水壑皆可蓄水,故亦可统称水柜。山东
运河水柜多建于明永乐年间疏浚会通河时,"宋礼筑坝戴村,夺二汶入海之
路,灌以成河……礼逆虑其不可恃,乃于沿河昭阳、南旺、马踏、蜀山、安山诸湖
设立斗门,名曰水柜。漕河水涨则潴其溢出者于湖,水消则决而注之湖。积泄
有法,盗决有罪,故旱涝恃以无恐",⑥通过制定相应的法令制度以保障水柜济
漕利运。山东运河水柜数量史料记载差异较大,其中《治水筌蹄》认为有八,
"一曰马场湖,隶济宁,周四十里有奇,俱水占,可柜不可田。二曰南旺湖,隶
汶上,周七十九里有奇,可田者三百七十四顷六十亩,可柜者一千六百七顷八
十亩。三曰蜀山湖,隶汶上,周长五十九里有奇,可田者一百七十二顷,可柜者
一千五百三十九顷五十亩。四曰马踏湖,隶汶上,隆庆元年均地踏丈,升科者
为官占,不经升科者为民占,可柜者无几,方稽核而未报也。五曰大昭阳湖,隶

① (清)王政:道光《滕县志》卷3《山川志》,清道光二十六年(1846)刻本。
② 包括东平安山湖,统称北五湖,安山湖前文已叙。
③ 刘天和:《问水集》卷2《运河》,明刻本。
④ 赵尔巽:《清史稿》,吉林人民出版社1995年版,第2586页。
⑤ (清)孙承泽:《春明梦余录》,北京出版社2018年版,第974页。
⑥ (清)张廷玉:《明史》,岳麓书社1996年版,第1235页。

沛县,原额五百顷,可田者三百九十顷,可柜者一百三顷。六曰小昭阳湖,隶沛县,原额二百一十八顷有奇,可田者一百八顷,可柜者一百一十顷。七曰安山湖,不可柜。八曰沙湾河,可柜。夫可柜者,湖高于河,不可柜者河高于湖",①可见隆庆年间沿运水柜并非全湖蓄水济运,其中部分湖地已被划为耕田,甚至某些湖泊大半水域已被占种。明中后期湖地被大量垦殖的情况已非常严重,"马踏、南旺、蜀山三湖,水所钟,而今堤岸湮废,且居民侵种过半,水柜之名徒拥虚器",②"漕艘全借于沟渠,而漕渠每资于水柜。五湖者,水之柜也。止因旧堤浸废,界地不明,民乘干旱越界私种,尽为禾黍之场"。③正德年间湖地屡为近湖民众盗种,嘉靖二十年(1541)因河道浅涩,"钦差兵部侍郎王以旗督治漕河,清查水柜,居民盗种之地悉夺还官,周围筑堤以严湖禁"。④虽一时法令森严,但法久废弛,侵占现象仍屡禁不止。至万历中后期,"及岁久禁驰,湖浅可耕,多为势豪所占,昭阳一湖已作藩田。比来山东半年不雨,泉欲断流,按图而索水柜,茫无知者",⑤可见此时水柜已无水可存,面积大为缩减。除湖地大量消失外,明中后期诸水柜淤塞日甚一日,据《漕运通志》载,"安山、南旺二湖原系济运水柜,历年淤淀,湖边渐成高阜之地",⑥《三台文献录》也称:"南旺、昭阳、安山诸湖皆居漕河之上,旧称水柜。今堤防俱废,或开浚非宜,久为黄河所塞,积水甚少",⑦水柜调控运道的功能大为减弱。

入清后,清政府为保障运河水源,严格禁止垦殖湖地,并设法恢复水柜面积。雍正元年(1723)漕运总督张大有奏称:"历年既久,昭阳、安山、南旺多为居民占种私垦。现除已成田不追外,余俟水落丈量,树立封界,永禁侵占,设法

① (明)万恭:《治水筌蹄》卷下,明万历张文奇重刻本。
② (明)胡瓒:《泉河史》卷4《河渠》,明万历刻清顺治增修本。
③ (清)薛凤祚:《两河清汇》卷3《运河》,清文渊阁四库全书本。
④ (明)杨宏、谢纯:《漕运通志》,方志出版社2006年版,第211页。
⑤ (清)张廷玉:《明史》,岳麓书社1996年版,第1235页。
⑥ (明)杨宏、谢纯:《漕运通志》,方志出版社2006年版,第210页。
⑦ (明)李时渐:《三台文献录》卷13《杂文》,明万历五年(1577)自刻本。

收蓄。至马踏、蜀山、马场、南阳诸湖,原有斗门闸座,加以土坝,可收蓄深广,备来年济运之资"。① 乾隆时清理水柜,"微山湖界滕、峄、徐、沛之中,周围百余里,凡郓城、嘉祥、巨野、鱼台、金乡、城武、曹州、定陶、寿张、曹、单各州县之水,皆南注之,兖、徐间一巨浸也",②"昭阳湖周围一百八十里,受金、单、曹、定等县坡水,下达微湖",③"独山湖周围一百九十六里,受济宁、邹、滕诸县山泉坡水,由隔堤水口入运河",④"南阳湖周围九里五分,受金、单、曹、武等县坡水入湖",⑤各湖面积差异较大。尽管中央政府屡下禁令,不得侵占湖地,但"水柜在明时已苦易淤,今固不免填塞矣",⑥乾隆时淤积已相当严重。咸丰五年(1855)黄河北徙夺大清河入海后,沿河水柜淤塞更甚,同治、光绪时,"凡黄水挟沙之流入河,俱驶入湖俱停,大清河虽能纳黄,其水力已不如清淮之迅,若纳于微、蜀、南阳诸湖,则旋入旋停,并运河淤成一片,一年以后水柜填塞,将无所容。且连湖二百里向收东来数百泉之水,因时蓄放以灌运河,近因浅阻泛滥,时形继以黄流,则淤垫更不可问"。⑦ 清末马踏、蜀山、南旺、马场诸湖或淤为平壤,或垦为耕地,或仅存潴水,与运河的关系已然不大,而微山、昭阳、南阳、独山四湖受黄河影响相对较小,连成一片,统称微山湖,一直延续至今。

除沿线闸座、水柜外,兖州金口坝对于增加山东运河水源也有着相当作用。金口坝位于今济宁市兖州区城东泗河上,是一座集济运、蓄水、防洪、灌溉为一体的综合性水工设施。金口坝历史悠久,北魏曾于泗水上作石门,后修桥堰,除方便商旅、民众通行外,还可灌溉、运输。隋开皇年间兖州刺史薛胄加固泗水桥堰,凿丰兖渠,利尽淮海,百姓称颂。元代开会通河后,建滚水石坝,

---

① 赵尔巽:《清史稿》,吉林人民出版社 1995 年版,第 2586—2587 页。
② (清)陆耀:《山东运河备览》卷 3《微山湖》,清乾隆四十一年(1776)刻本。
③ 《山东运河备览》卷 3《微山湖》,清乾隆四十一年(1776)刻本。
④ 《山东运河备览》卷 3《微山湖》,清乾隆四十一年(1776)刻本。
⑤ 《山东运河备览》卷 3《微山湖》,清乾隆四十一年(1776)刻本。
⑥ (清)姚鼐:《惜抱轩文集》,山东画报出版社 2004 年版,第 91 页。
⑦ (清)陈锦:《勤余文牍》卷 2《再上李中堂书》,清光绪四年(1878)刻本。

"金口坝在兖州府城东五里,元至元中为滚水石坝,引泗入运,即隋文帝时薛胄于泗、沂之交积石为堰,决令西注陂泽以溉良田者,延祐中疏为三洞以泄水势",①同时建金口闸,"金口闸在县治东五里北砂碓社,引沂、泗二水西流,以达于济宁,元至元中建,延祐四年重修"。② 明朝初年元代所建滚水石坝损毁,临时改建土坝,虽每年修缮,但屡建屡圮,成化七年(1471)工部主事张盛重新修筑,《漕运通志》载,"在兖城东五里许,障沂、泗二水入金口闸,西南达济宁会通河。成化七年时,主事张盛筑,盖永乐时已有之,缘筑以土,每秋夏之交波涛汹涌,坍圮无余,至是始易以石"。③ 新建石坝由巨石垒砌而成,上横石为桥,东西长 50 丈,下阔 3 丈 6 尺,上阔 2 丈 8 尺,工程中使用了石灰、铁锭、石炭、糯米等物料,异常坚固。石坝修成后,对于济运、分洪起到了重要作用,明人陆釴曾记山东沿运诸坝,"戴村坝以分汶水出龙王庙口入运河,堽城坝以分汶水入洸河④出济宁,金口坝以分泗水入洸河出济宁,水利主事工廨驻宁阳",⑤《治水筌蹄》亦载,"沂、泗之水经兖州府自北而南,由金口坝南出鲁桥,其流颇顺。故古建金口坝以遏南奔,特分一派由黑风口西流穿兖州,出天井闸,其流颇细,余浚黑风,由兖州至济宁深广可舟。而固金口,西趋者盛,则南奔者微,多济运道,商舶直达兖府"。⑥ 张盛修金口坝八十余年后,嘉靖三十七年(1558)对金口坝重新进行修缮,除将坝体加高 1 尺 7 寸外,同时疏浚府河深广,以便泗水畅流,经此次治理后,"是岁水由河渠行,不为害田,乃有秋,而泗水之出数倍于昔,舟楫利焉"。⑦ 万历年间,工部都水主事胡瓒分守南旺分司并兼督泉闸,"泗水所注,瓒修金口坝遏之。造舟汶上,为桥于宁阳,民不病

---

① (清)傅泽洪:《行水金鉴》卷 148《运河水》,清文渊阁四库全书本。
② (明)王琼:《漕河图志》卷 2《山东滋阳县》,明弘治九年(1496)刻本。
③ (明)杨宏、谢纯:《漕运通志》,方志出版社 2006 年版,第 35 页。
④ 此处应为"洸河",下同。
⑤ (明)陆釴:《病逸漫记》不分卷,明钞本。
⑥ (明)万恭:《治水筌蹄》卷下,明万历张文奇重刊本。
⑦ (清)陆耀:《山东运河备览》卷 5《运河厅河道下》,清乾隆四十一年(1776)刻本。

涉"。①入清后,仍对泗水不断进行治理,对金口坝予以修治,乾隆二十九年(1764)河东河道总督李宏称:"泗河会合诸泉,收入独山湖,仅济南运。应请于兖州府金口坝截筑土堰,俾达马场湖,俾济宁上下河道并资其益",②通过增加附属水工设施以扩充济运水源。其后道光等朝曾屡修金口坝,以保泗水分水济运及灌溉沿岸农田,直到今天,金口坝仍是泗河上重要的水工设施,对周边自然环境、社会环境发挥着重要影响。

明清济宁段运河水工设施众多,水柜、闸坝、堤堰种类齐全,对于保障运道畅通及南旺分水枢纽工程的正常运转起到了巨大作用。济宁运河的显著特色是不同水工设施相互配合、综合使用,运作协调度高,需要不同管河人员长期沟通与交流。而数百年间对相关水工设施的维护与修缮,对于实现山东运河乃至整个京杭大运河的畅通意义重大,同时也为后世留下了宝贵的水工遗产及丰富的水利科技。

(四)枣庄段运河主要水工设施

枣庄段运河水工设施的设置主要始于泇河开通后,而开凿泇河的目的是为避开苏北丰、沛黄河泛滥区及徐州洪、吕梁洪二处借黄行运险段。该处运河水工设施主要以闸座为主,用以调控水源,解决地势落差较大问题,其闸由北至南分别为德胜闸、六里石闸、张庄闸、万年闸、丁庙闸、顿庄闸、侯迁闸、台庄闸(台儿庄闸)。诸闸多建于明万历开泇河时,只有六里石闸建于清雍正二年(1724),诸闸相互配合,"微山湖接济运河之不足,首严启闭,自韩庄以下德胜、六里、张庄、万年、丁庙、顿庄、侯迁至台庄,地势以次递降,虽有湖口及山泉坡水济运,而建瓴直泻,必有闸以束水势,水小下板收蓄不泄,为运计也。水大闸不下板,开月河以放水",③"台庄以上八闸,微山湖水小宜下板严闭,水大则

---

① (清)张廷玉:《明史》,岳麓书社1996年版,第3270年。
② 张芳编著:《二十五史水利资料综汇》,中国三峡出版社2007年版,第499页。
③ (清)董恂:《江北运程》卷24《提纲》,清咸丰十年(1860)刻本。

泄之,月河皆宜挑挖深宽",①通过严格诸闸启闭程序及挑浚月河以保障漕船顺利北上及南下。

　　明万历三十二年(1604)泇河开成,"自夏镇李家港起,至邳州直河口出止,计长二百六十里,内平地创开河渠八十二里四分,展浚旧河八十七里五分,筑堤二十七里,建闸七座",②清雍正年间又增置一座。其中台庄闸为泇河八闸之首,为南来漕船入山东境第一闸,"邳州其上历台庄、顿庄、韩庄等八闸,九十三里至朱姬庄,皆峄境也",③"台庄闸,明万历三十二年建,东距黄林庄五里,北岸进水有巫山泉口,闸官一员,闸夫三十名",④该闸金门宽 2 丈 2 尺,两岸由身各长 2 丈 3 尺,东岸上雁翅斜长 7 丈 3 尺,下雁翅斜长 7 丈 2 尺,西岸上雁翅斜长 7 丈 3 尺,下雁翅斜长 7 丈 1 尺,两岸共长 33 丈 5 尺,砌石 23 层,高 2 丈 7 尺 6 寸。关于船只过闸顺序,《夏镇漕渠志略》载,"东去夏镇闸七十里为韩庄闸,南通利国监,北通沙沟厂,民居辐辏,亦一阜区也。又东二十里为德胜闸,又十二里为张庄闸,又六里为顿庄闸,又十二里为侯迁闸,又八里为台庄闸",⑤各闸距自 6 里至 20 里不等,"八闸河道自韩至台计程八十三里半,河底及两岸多石子,岸少黏土,犁橛颇枘,凿河盖凿山麓而成",⑥可见当初泇河工程之不易。其他侯迁闸,"明万历三十一年建,在台庄闸西十五里,闸下有月河一道,闸务归并台庄闸",⑦该闸金门宽 2 丈 2 尺,两岸由身各长 2 丈 1 尺 6 寸,东岸上雁翅斜长 6 丈 8 尺 9 寸,下雁翅斜长 8 丈 4 尺 4 寸,西岸上雁翅斜长 8 丈 3 尺,下雁翅斜长 9 丈 5 尺 3 寸,两岸共长 37 丈 4 尺 8 寸,砌石 19 层,高 2 丈 2 尺 8 寸。顿庄闸,"明万历三十一年建,在侯迁闸西十二里,闸下有月

①　(清)董恂:《江北运程》卷 24《提纲》,清咸丰十年(1860)刻本。
②　(明)王在晋:《通漕类编》卷 5《河渠》,明万历刻本。
③　(明)陆化熙:《目营小辑》卷 3《山东》,明刻本。
④　(清)董恂:《江北运程》卷 24《提纲》,清咸丰十年(1860)刻本。
⑤　(清)狄敬:《夏镇漕渠志略》卷上《闸座》,清顺治刻康熙中增修本。
⑥　(清)董恂:《江北运程》卷 24《提纲》,清咸丰十年(1860)刻本。
⑦　(清)董恂:《江北运程》卷 24《提纲》,清咸丰十年(1860)刻本。

河一道,北岸进水有大泛口"。① 其他丁庙闸、万年闸、张庄闸、德胜闸也均建
于明万历三十一年(1603)至万历三十二年(1604)之间,只有六里石闸建于清
代,据《豫东宣防录》载"六里石闸系雍正二年新建,在德胜、张庄二闸之间,缘
德胜闸至张庄闸一十二里,河直水溜,难以停蓄水势,因于两闸适中之地,添建
此闸蓄水济运。又恐三闸相去甚近,河溜湍急,山水暴涨宣泄不及,此闸较德
胜、张庄二闸低矮六尺,水小则收束济运,水大则漫闸而行",②是清代对明代
泇河水工设施的进一步完善。

入清后对枣庄段运河闸座进行了多次修缮。清朝初年,负责闸座日常维
修的州县各有定制,其中德胜闸由鱼台、单县修建,张庄闸由邹县、滕县修建,
万年闸由郯城、滕县修建,丁庙闸由费县、曲阜修建,顿庄闸北岸由沂州修建,
南岸由峄县修建,侯迁闸由东平、宁阳修建,台庄闸由邹县修建。康熙年间多
次重修枣庄运河闸座,康熙四十七年(1708)修丁庙、顿庄、台庄等闸,第二年
又修德胜等闸。乾隆三年(1738),河东河道总督白钟山称:"东省运河水无来
源,全赖闸座层层关束,收蓄水势,以济漕运……查看戴庙、七级、柳林、新店、
师庄、枣林、万年、顿庄等闸内有雁翅渐蛰,或面石裂缝",③要求予以修缮。乾
隆三十三年(1768)河东河道总督吴嗣爵疏言:"泇河厅属丁庙、六里等闸,运
河厅属南旺坝分水口、对岸口,捕河厅属荆门闸、戴村坝及临清以北之民埝,南
旺以南之官堤,请分别修治",④通过对沿河闸、坝、堤、埝的综合整理,以利漕
河航运。嘉庆时又"抢修德胜闸上,因地势窄狭,纤夫托足维艰,镶修防风埽
工一段,长三十丈,宽一丈,高八尺,每年镶修。抢修德胜闸下,因地势窄狭,纤
夫托足维艰,镶修防风埽工一段,长四十二丈八尺,宽一丈,高一丈,每年镶

---

① （清）董恂:《江北运程》卷24《提纲》,清咸丰十年(1860)刻本。
② （清）白钟山:《豫东宣防录》卷4《乾隆三年》,清乾隆五年(1740)刻本。
③ （清）白钟山:《豫东宣防录》卷4《乾隆三年》,清乾隆五年(1740)刻本。
④ 杨士骧、孙葆田:民国《山东通志》卷74《国朝宦绩》,民国七年(1918)铅印本。

修",①同时修张庄、万年、台庄诸闸纤道埽工,以利牵挽。道光十九年(1839)十月拆修台庄闸,咸丰、同治、光绪、宣统年间随着黄河北徙、漕粮改折、战乱频繁,关于闸座维修的相关记载不见诸于史料。

枣庄段运河诸闸修置时间较聊城、泰安、济宁等地运河闸座为晚,基本设置于迦河开通时,但其工程原理与会通河其他闸座类似,即通过诸闸的相互配合,解决水源不足及地势高下悬殊等问题。枣庄运河诸闸对于保障迦河的顺利通航起到了巨大作用,促进了南北之间政治、经济、文化的沟通与交流,刺激了台儿庄等市镇的崛起,甚至直到今天依然是京杭大运河上的重要水工设施之一。

---

① (清)黎世序:《续行水金鉴》卷130《运河水》,清道光十二年(1832)刻本。

第三章 明清山东运河河政管理体系

元代开凿山东济州河、会通河后,即于张秋镇置都水分监,掌山东河渠、闸坝之政,对会通河水道进行治理与整顿,并协调沿河州县官员,强化对运河的管理。明永乐初疏浚故元会通河后,开始逐步强化对山东运河的管控,不断派遣官员治理河道、堵塞黄河决口、修置水工设施,但在成化前,山东河政官员的设置属于无常制、无常员,没有形成固定的河道管理制度,往往河漕有事中央即派各部衙门官员前往处置,同时命地方官员予以配合,这一时期管河官员往往级别较高,涉及侯伯勋爵、尚书、侍郎等,"漕河经始官无定员,明初或以工部尚书、侍郎,侯伯、都督提督。运河自济宁分南北界,或差左右通政少卿,或都水司属分理,又差监察御史、锦衣卫千百户等官巡视,其运河闸泉或以御史、或以郎中、或以河南按察司官管理"。① 这种临时派遣,非常制的河政运作方式,充分显示了明前期河政管理的混乱,导致了河无专管、事无专办、政无专人等问题。成化年间设置总理河道驻济宁,都水分司驻张秋后,山东运河河政管理体系开始逐步建立并完善,"惟总督河道大臣则兼理南北直隶、河南、山东等处黄河,自成化、弘治间始,或以工部,或以都御史驻扎济宁州"。② 其后山东管河官虽多有反复,但总体呈现稳定化、系统化的趋势,形成了总部、差巡、监司、分司、丞卒等既相对独立,同时又相互配合的河政管理系统。明代山东

---

① (清)陆耀:《山东运河备览》卷2《职官表》,清乾隆四十一年(1776)刻本。
② (清)陆耀:《山东运河备览》卷2《职官表》,清乾隆四十一年(1776)刻本。

运河的总部官有漕运总兵、总理河道、总督河道、总理河漕等名号,但明中后期基本以总理河道为主;差巡官则为巡察河道之官,有巡视、巡按、会勘、相度、建议、协治、董役诸官;监司则分布政司参政、布政司参议、按察司副使、按察司佥事等;分司官则有宁阳工部分司、南旺工部分司、北河工部分司、夏镇工部分司、临清工部营缮分司、沽头工部分司等,是由中央工部派遣到地方的管河、管闸、管泉官员;丞卒则为闸坝官、管河指挥等。除此之外,地方府州县主官除处理本地政务外,还兼有管理本地河道的责任,并专设管河兵巡道、管河同知、管河通判、管河县丞、管河主簿、管河典史诸官,处置辖境河道事务,负责河防抢险、夫役征派、物料采购诸事,同时运河流经区域的卫所军队,也对守境河道有相应的看护之责,承担一定的防守、巡视任务。

入清后,山东运河管理制度进一步完善,除东河河道总督驻济宁,掌管山东、河南黄运两河事务外,下辖河标营、管河道、管河厅、管河汛等,具体负责沿运州县河道修防、抢险工作,其中管河厅在其中起着承上启下,统筹配合的功能,其承担事务最为繁杂,具体分为运河、上河、下河、捕河、泇河、泉河6厅,分驻济宁州、东昌府、武城县、张秋镇、夏镇、济宁州等地,每厅置管河同知、管河州判、管河州同、管河县丞、管河主簿、闸官若干人。而清代山东运河共设管河官员数量为东河河道总督一员、管河道一员、管河同知二员、管河通判四员、管河州同二员、管河州判三员、管河县丞四员、管河主簿十一员、管河巡检一员、闸官二十八员、管河守备一员、管河把总二员、分防九员。除此之外,清初沿袭明代工部分司管河、管泉、管闸制度,在各水工要地设置工部分司衙门,负责辖区河政管理,康熙十五年(1676)裁撤工部分司,事务归济宁道、东兖道管理,后统归济宁道管理,"于是南自黄林庄,北至桑园驿一千二百里之运道有专责矣。济宁道原设于明隆庆年间,谓之管河兵巡道,其责实专于运道而兼职兵巡,有防御济宁之责,设标兵二百名,由来旧矣",[1]康熙十七年(1678)改济宁

---

① (清)叶方恒:《山东全河备考》卷3《职官志上》,清康熙十九年(1680)刻本。

道为分巡济宁河道,凡山东黄运事务均由其管理,后又改称通省河道,乾隆元年(1736)又加兵备衔,全称山东通省管河兵备道,这标志着清代管河道、管河厅制度已代替明代工部分司制度。清朝末年,随着黄河决运及河政日益败坏,东河河道总督及所辖官员被裁撤,山东黄运河务改由山东巡抚及地方官员管理,这预示着明清山东运河管理体制的转型与变革,也显示了传统漕运的衰落及运河国家属性的削弱。

明清时期,从层级结构上看,山东运河管河官可以分为中央下派官员与地方管河官员;从管河官员类型上看,可以分为文职管河官与武职管河官。不同的管理类型尽管存在级别、结构上的差异,有相对独立的运转模式,但同时又存在交流、配合的情况,属于漕运国策下河政系统的重要组成部分。明清两朝数百年间,山东运河河政体系的形成并非一蹴而就,而是经历了反复、曲折的过程,但总体趋向于系统化,不同的管河机构、管河官员均发挥了相应的作用,特别是在王朝统治强化、运河畅通、制度严谨时期,管河效率较高,河政事务处理及时,保障了漕粮按时抵达京城,增强了帝国统治的物质基础。但在河政腐败、吏治废弛、王朝没落阶段,河政官场形成了巨大的贪渎集团,每年巨额白银被用于奢靡享乐与利益分成,成为了侵蚀国家财政的蠹虫,导致了王朝的灭亡与运河的衰落。

第一节　明代山东运河河政管理体系

元代开凿会通河后,虽在张秋镇设都水分监管理河道与工程,但终元一代以海运为主,会通河因河道浅狭、水源匮乏,漕船行驶艰难,所以运输量有限,元廷对内河管理也不甚重视,未形成完整的河政管理体系。永乐初年工部尚书宋礼疏浚会通河后,随着漕运量的不断增加,海运、陆运皆罢,专重运河,但明初无论是河道工程建设、河决堵塞、河防巡视均为临时派遣官员前往,并未形成固定的制度与章程,从而导致了一系列弊端出现,河险屡现、河务废弛。针对这种局面,明政府从成化年间开始逐渐强化河政建设,通过设置总理河道、管河分司等官员与机构强化对山东运河的控制,但此时设官也为废置无常,处于河政建设的反复阶段。弘治年间刘大夏治河后,山东管河系统逐渐稳定,无论是中央下派的工部分司,还是地方管河官员,基本都各有专责与固定衙署,河政事务处理效率不断提高,不同部门之间相互配合,彼此合作,对河道予以挑挖、闸坝予以修治、水柜予以看护、泉源予以开拓,保障了山东运河长期的畅通。天启、崇祯年间,战乱频繁、灾荒不断,运河淤塞日益严重,管河官员难以在河政建设、河防管理中发挥作用,基本处于一种混乱无序的状态。

一、明前期山东运河管理的无定制与无定员

明初定都南京,全国水利事务由工部下辖的都水清吏司掌管,"工部四司之一,掌理川泽、陂池、水利之事,修筑道路、津梁,备造舟车,织造布帛、制作卷契、画一量衡之器"。① 此时山东会通河因元末战乱淤塞不通,但同时明廷需向北部边防运粮,因此偶派官员对会通河进行治理,但并未形成正式的管理制度与常设机构,如洪武四年(1371)六月,东平府通判黄哲协同工部官员治理河漕,其称:"工部主事仇公,中书宣郎欢公,奉旨按行黄河,北环梁山,逆折至巨野、曹、濮,达盟津,发民疏浚浅壅,俾通粮漕。余亦承乏,今领东平之役,诸公皆会梁山",②主要利用会通河局部河段以连通黄河,向北方运粮,表明这一时期明王朝对山东运河不甚重视,目的只为暂时利用。

永乐初年因会通河未浚,漕粮多海运,二年(1404)"命平江伯陈瑄充总兵官,都督宣信副之,帅舟师海运江西粮百万石至直沽以给北京,岁为常"。③ 永乐九年(1411)工部尚书宋礼、都督周长疏浚山东会通河后,命刑部侍郎樊敬

① 张政烺:《中国古代职官大辞典》,河南人民出版社1990年版,第833页。
② (清)钱谦益:《列朝诗集》之《甲集》卷21《河浑浑》,清顺治九年(1652)刻本。
③ (明)陈建:《皇明从信录》卷13《成祖文皇帝癸未》,明末刻本。

领兵十万镇守济宁,但并未设置专门管河官,每遇河防有事,多临时派遣人员前往治理,如永乐十年(1412)命工部侍郎蔺芳经理德州良店驿东南土河,开支河并置闸,十二年(1414)"命工部尚书及都督各一员疏浚运河",①十四年(1416)于谷亭、孟阳泊、鲁桥、金沟、沽头等处置闸官,临清设坝官。随着陆运、海运皆罢,永乐十五年(1417)命伯爵一员充总兵官,创行漕事,"是时漕即兼河",②首任漕运总兵官为平江伯陈瑄,集漕政、河政大权于一身。同时又命,"都督陈恭、侍郎蔺芳,继又命尚书刘观、新宁伯谭清、襄城伯李隆等往来提督,员外郎夏济、主事刘文勇等分理。后又命侍郎张信提督,监察御史、锦衣卫千百户等官往来巡视,后悉召还",③可见此时管河官员的派遣具有很大的随意性,基本为事完归京,不会对河道进行长期管理。永乐十六年(1418)命工部主事顾大奇驻宁阳,设宁阳工部分司,掌管泉源济运诸事。永乐十九年(1421)遣工部郎中赵泰塞东昌河决,同年"命泰宁侯、镇远侯、遂安伯分理济宁闸座及徐州洪、吕梁洪、通州等处河道。后徐州洪差御史王钜,继差郎中杨琔等;吕梁洪差大理寺右少卿徐仪,继差河南按察司副使荣华,继又差刑部郎中王溥掌其事。其后,二洪及济宁闸河各差工部主事一员掌治,临清闸则令提督卫河提举司兼理,皆三年更代"。④ 河政管理开始由无定职、无定员、无定制转为专人管理,但此时河政固定职官及衙署尚未正式建立。

宣德元年(1426)以山东参政副使管理会通河闸座,同时设济宁管闸工部主事,除管理济宁闸务外,还提督徂徕山泉源,该时期为山东地方官与中央下派工部官共同管河时期,但不久工部主事罢黜。宣德三年(1428)命左都御史刘观巡视北京至南京河道,第二年又派工部尚书黄福出督漕河,并遣山东布政使司官员专理河道,实为山东省官员管河,而中央遣官监督与巡视。正统元年

---

① (清)陆耀:《山东运河备览》卷2《职官表》,清乾隆四十一年(1776)刻本。
② (清)陆耀:《山东运河备览》卷2《职官表》,清乾隆四十一年(1776)刻本。
③ (明)王琼:《漕河图志》,水利电力出版社1990年版,第170页。
④ (明)王琼:《漕河图志》,水利电力出版社1990年版,第170页。

（1436）于山东张秋及徐州洪、吕梁洪置工部官二员掌管河道，第二年又置巡视河道部属官六员，并命工部侍郎郑辰治济宁以南河道，副都御史贾谅治济宁以北河道，都督王瑜、武兴往来提督，居中协调。

正统三年（1438）命山东副使袁文提督济宁等处河道，兴水利以通航运，并增置东昌府通判一员，专理东昌河道。正统四年（1439）裁工部宁阳分司，管泉主事归部。正统五年（1440）漕运总兵官武兴奏："河南金龙口黄河并泰黄、凤池等口水势接济张秋、徐州运河，原有工部主事辛泰提督。山东徂徕等处泉源，接济济宁运河，原有郎中史鉴提督，近俱裁革。缘前系紧要去处，合令河南布、按二司各委堂上官一员，山东令管河参政孙子良、副使袁文华管理"，①可见工部管河官裁革后，山东张秋运道、泉源处于无专官管辖状态，因此命山东地方官管理，说明此时工部官在山东运河的管辖权削弱，地方管河权增强，正统九年（1444）复置宁阳工部分司，并裁临清坝官。

土木堡之变后，明英宗被俘，景泰帝继位，景泰元年（1450）命都御史提督河道，第二年又命都察院左佥都御史王竑出任总督漕运，兼治运河，全称为"总督漕运兼提督军务巡抚凤阳等处兼管河道"，②此为明代总漕之设，《明史》载，"至景泰二年，因漕运不继，始命副都御史③王竑总督，因兼巡抚淮、扬、庐、凤四府，徐、和、滁三州，治淮安"，④《漕河图志》亦记："命都察院左佥都御史王竑总督漕运，与总兵官、参将同理其事，自通州至扬州水利有当蓄泄者，督所司行之"，⑤同年裁巡河御史二员，以巡盐御史兼理巡河事，并令山东临河州县各设官一员管理辖境河道。景泰六年（1455）命都察院右佥都御史陈恭提督济宁至仪真、瓜洲河道。天顺元年（1457）招还总督漕运王竑，"上以河道既有工部委官及御史掌其事，特命漕运总兵官、都督同知徐恭专理漕运之事，而

① （明）杨宏、谢纯：《漕运通志》，方志出版社2006年版，第115页。
② （清）张廷玉：《明史》，吉林人民出版社2005年版，第1134页。
③ 此处《明史》记载有误，应为左佥都御史。
④ （清）张廷玉：《明史》，吉林人民出版社2005年版，第1134页。
⑤ （明）王琼：《漕河图志》，水利电力出版社1990年版，第171页。

徐恭力陈欲尊平江伯故事,兼理河道。事下工部议,以为:漕运之与河道事实相宜,须令徐恭兼理河道,有与本部委官相干之事,令所在官司抄案转行",①由漕运总兵、工部官员共同掌管河道,漕运总兵兼管河漕,权力较大,同年经定襄伯郭登提议,裁撤沙湾与临清工部巡河主事。天顺二年(1458),"以河南道副使一员整理济宁以北河道",②《肇域志》也载,"设御史一员、副使一员,整理南北河漕",③可见中央下派的御史及各省副使具有管河权。

明洪武至天顺年间,山东运河并未形成固定的河道管理制度,官员派遣具有很大的随意性,既有朝廷勋爵、工部诸官,也有漕运总兵、山东及河南副使,呈现比较混乱、无序的状态,漕河有事,皇帝即遣官前往,事罢归部或回省,因管河时间较短,所以不可能建构起稳定的河政体系,各项规章未有定制,地方州县管河官也废置无常,不能有效管理本地河务之事。

二、明代中央下派的管河官员

自成化年间开始,明代运河河政管理制度逐渐完善,山东管河体系也趋向正规。随着管河权收归工部,驻山东济宁的总督河道都御史(简称总理河道或总河)成为了掌管黄运河务的最高官员,而山东境内的河道、泉源、闸坝、水柜由工部下派的郎中或主事管理,统一受总理河道节制,而地方州县管河官亦受总理河道、工部属官统辖,形成了总理河道、工部管河官、地方管河官三位一体的管河体制。当然,明代中央下派山东的工部管河官并非同一时期所置,而是与河道、漕运等因素的变化密切相关,体现了漕为国策的政治举措,而有明一代中央驻地方管河官的废置亦掺杂了不同利益集团的博弈,属不同力量制衡结果在河政上的具体体现。

---

① (明)王琼:《漕河图志》,水利电力出版社1990年版,第171页。
② (明)谢肇淛:《北河纪》卷5《河臣纪》,明万历刻本。
③ (清)顾炎武:《肇域志》,上海古籍出版社2011年版,第1302页。

（一）驻山东济宁的总理河道官

成化初年山东管河官仍无定制,成化六年(1470)工部侍郎李颙修筑武清县决口,奏称通州至天津应设专官管辖,于是遣工部郎中陆铺前往掌理,"后因总督漕运都御史陈濂奏,河道自临清以北,悉隶于铺"。① 同年因河道浅涩,粮船受阻,明廷遣户部尚书薛远、工部右侍郎乔毅相继往治,监察御史丁川上言:"河道广阔,非一二年间人力可为,宜专设大臣一员,久任其事",②经工部商讨后,认为"运河洪、闸有本部郎中一员、主事八员、巡河御史二员。河南黑洋山有参议一员、张秋河道有金事一员,兖州府同知一员管泉,及各府皆有通判一员管河,立法已密。今若专设总理大臣,凡事听其节制,地远难遍,必致误事",③因此不同意再专设全河主官。其后大臣纷纷建言河道应置主官,统筹全局,协调各地工部官,太监韦焕亦上言称:"近年以来,河道旧规日以废弛。滩沙壅涩,不加挑浚;泉源漫伏,不加搜涤;湖泊占为田园,铺舍废为荒落;人夫虚设,树井皆枯;运船遇浅,动经旬日,转雇盘剥,财殚力耗",④于是成化七年(1471)分治漕河,"自通州至德州,郎中陆铺主之;德州至沙河,副使陈善主之;沛县至仪真、瓜洲,郎中郭升主之",⑤"复命刑部左侍郎王恕总理……王恕总之,主事分理洪闸如故。提督淮安至仪真河道主事及巡河御史奏罢不用",⑥王恕为明代首任总理河道,"总河侍郎之设,自恕始也。时黄河不为患,恕专力漕河而已"。⑦ 两年后王恕改任南京户部左侍郎,"自后不设总理之官。然遇黄河变迁,漕渠浅阻,事连各省重大者,辄命大臣往治,事竣还京",⑧可见

① (明)王琼:《漕河图志》,水利电力出版社1990年版,第171页。
② (明)王琼:《漕河图志》,水利电力出版社1990年版,第171页。
③ (明)王琼:《漕河图志》,水利电力出版社1990年版,第171—172页。
④ 李国祥、杨昶主编:《明实录类纂经济史料卷》,武汉出版社1993年版,第858页。
⑤ (明)王琼:《漕河图志》,水利电力出版社1990年版,第171页。
⑥ (明)王琼:《漕河图志》,水利电力出版社1990年版,第171—172页。
⑦ (清)张廷玉:《明史》,吉林人民出版社2005年版,第1291页。
⑧ (明)王琼:《漕河图志》,水利电力出版社1990年版,第172页。

此时总河并非常设官职,甚至在很长时期内均为临时派遣。

有明一代,总理河道又称总督河道,全称总理河道都御史或总督河道都御史,其有着明确的职责,明宪宗所颁予首任总河王恕敕谕称:"朕惟京师粮储,仰给东南漕运。自平江伯陈瑄经理河道之后,管河者多不得人,旧规日以废弛,粮船阻浅,转输延迟,若非委任责成,岂不有误国计? 今分官管理一带河道,特命尔总理其事。尔宜往来巡视,严督各官并一带军卫有司人等,用心整理,闸坝损坏者修之,河道淤塞者浚之,湖泊务谨堤防,泉源毋令浅涩,沿河浅铺、树井及一应河道事宜,但系平江伯旧规者,一一修复,不许诸人侵占阻滞。凡有便宜方略可举行者,悉听尔斟酌施行。一应官员人等敢有违误者,或量情惩治,或具奏拿问",①可见总河设立的背景为漕河不畅,弊端重重,设立目的是协调管河诸官,统筹全局,对沿线河道、湖泊、泉源、闸坝进行整顿,恢复永乐、宣德时期漕运盛况。王恕任总理河道后,"浚高邮、邵伯诸湖,修雷公、上下句城、陈工四塘水闸",②做了大量治河工作。但王恕任总河时间并不长,"旋改南京户部左侍郎",③实际在任约两年,在如此短的时间内,不可能对全河进行全面整顿与治理。此后三十年间治河者多临时派遣,事罢归京,直到正德年间方成定制。

明代总理河道成为定职的时间为正德年间,《古今图书集成》载,"总理河道兼提督军务军门,开府济宁州,先是明永乐十八年遣行军司马樊敬提兵十万镇守济宁。正德以后始遣尚书、都御史等官奉敕行事,统辖直隶各省,专理河漕"。④ 但不同史料记载有所差异,分别有正德初年说、正德中期说两种观点⑤,造成这种情况的原因与正德年间河政混乱、河患频繁及总理河道由无常

---

① 李国祥、杨昶主编:《明实录类纂经济史料卷》,武汉出版社1993年版,第859页。

② (清)张廷玉:《明史》,吉林人民出版社1995年版,第3249页。

③ (清)张廷玉:《明史》,吉林人民出版社1995年版,第3249页。

④ (清)陈梦雷:《古今图书集成》卷237《兖州府兵制考》,清光绪二十年(1894)石印本。

⑤ 南开大学张艳芳《明代总理河道考》(《齐鲁学刊》2008年第3期)一文认为明代总河成为定制有正德四年(1509)、正德十年(1515)、正德十一年(1516)三个时间点。

规到定制转化过程的复杂性有关。持正德初年说的史料为《国朝列卿记》《明实录》《明史》,"惟总督河道大臣则兼理南北直隶、河南、山东等处黄河,亦以黄河之利害与运河关也。总督之名自成化、弘治间始,或以工部侍郎或以都御史,至正德四年以来定为额员,专命宪臣提督,常于济宁驻扎,凡漕河事悉听掌官区处,他官不得侵越,凡所征桩草并折征银钱备河道之用者,毋得以别事擅支",①万历十六年(1588)四月直隶巡按御史乔璧星因河道冲决,奏请恢复河道管理旧章,其称:"永乐九年分设部司督理,或命部院大臣往视,事已辄罢。正德四年,乃议专设宪臣为总理,河南之开封、归德,山东之曹、濮、临、沂,北直之大名、天津,南直之淮、扬、徐、颍,咸属节制,建牙如督抚,重河防也",②"总理河漕兼提督军务一员,永乐九年遣尚书治河,自后间遣侍郎、都御史。成化后,始称总督河道,正德四年定设都御史。嘉靖二十年以都御史加工部职衔,提督河南、山东、直隶河道,隆庆四年加提督军务,万历五年改总理河漕兼提督军务,八年革"。③ 除正德四年(1509)说外,还有正德十一年(1516)说,《南河全考》载,"正德十一年始专设总理,以工部侍郎兼都御史,或左右副都御史兼侍郎兼军务,其沿河分理河务则有工部郎中三人,北河张秋一人,中河吕梁一,南河高邮一,又通惠员外一人。主事五人,一临清、一南旺、一夏镇、一徐州、一清江浦"。④ 总理河道自正德年间正式设置后,其间虽有反复,但直到崇祯十七年(1644)仍置有工部右侍郎总理河道一职,总河官职延续时间长达一百余年,充分体现了这一职位的重要性。现据相关资料,将明代总理河道任职人员、任职时间列表如下:

---

① (明)雷礼:《国朝列卿记》,台北文海出版社 1984 年版,第 660 页。
② 《明神宗实录》卷 197,万历十六年四月甲寅条。
③ (清)张廷玉:《明史》,吉林人民出版社 1995 年版,第 1135 页。
④ (明)朱国盛、徐标:《南河全考》卷下《河官考》,明天启刻崇祯增修本。

表 3-1 明代历任总理河道一览表①

姓名	任职时间
王恕	成化七年(1471)—成化九年(1473)
杜谦	成化十八年(1482)
白昂	弘治三年(1490)—弘治四年(1491)
陈政	弘治五年(1492)
刘大夏	弘治五年(1492)—弘治八年(1495)
崔岩	正德四年—正德五年(1509—1510)
李堂	正德四年(1509)—正德六年(1511)
刘恺	正德七年(1512)—正德九年(1514)
赵璜	正德十一年(1516)—正德十二年(1517)
龚宏	正德十二年(1517)—正德十六年(1521)
李瓒	嘉靖元年(1522)—嘉靖三年(1524)
章拯	嘉靖三年(1524)—嘉靖六年(1527)
盛应期	嘉靖七年(1527)
潘希曾	嘉靖八年(1529)—嘉靖十年(1531)
李绯	嘉靖十年(1531)—嘉靖十二年(1533)
朱裳	嘉靖十二年(1533)—嘉靖十三年(1534)、嘉靖十八年(1539)
刘天和	嘉靖十四年(1535)
甘为霖	嘉靖十四年(1535)
于湛	嘉靖十六年(1537)—嘉靖十七年(1538)
胡缵宗	嘉靖十八年(1539)
郭持平	嘉靖十八年(1539)—嘉靖二十二年(1543)
周用	嘉靖二十三年(1544)
韩邦奇	嘉靖二十四年(1545)
于湛	嘉靖二十四年(1545)—嘉靖二十五年(1546)
詹瀚	嘉靖二十六年(1547)
方纯	嘉靖二十七年(1548)—嘉靖二十八年(1549)
何鳌	嘉靖二十九年(1550)

---

① 本表由著者根据吴廷燮《明督抚年表》编制,同时参考其他资料对讹误有所订正。

姓名	任职时间
汪宗元	嘉靖二十九年(1550)—嘉靖三十年(1551)
连矿	嘉靖三十一年(1552)
曾钧	嘉靖三十一年(1552)—嘉靖三十四年(1555)
胡植	嘉靖三十四年(1555)—嘉靖三十五年(1556)、嘉靖四十年(1561)
孙应奎	嘉靖三十五年(1556)—嘉靖三十六年(1557)
王学益	嘉靖三十六年(1557)
王廷	嘉靖三十六年(1557)—嘉靖三十九年(1560)
林应亮	嘉靖三十九年(1560)
孙植	嘉靖四十年(1561)
王士翘	嘉靖四十一年(1562)—嘉靖四十二年(1563)
吴桂芳	嘉靖四十二年(1563)、万历五年(1577)—万历六年(1578)
陈尧	嘉靖四十三年(1564)—嘉靖四十四年(1565)
潘季驯	嘉靖四十四年(1565)—嘉靖四十五年(1566)、隆庆四年(1570)—隆庆五年(1571)、万历六年(1578)—万历八年(1580)、万历十六年(1588)—万历十九年(1591)
朱衡	嘉靖四十五年(1566)—隆庆二年(1568)
翁大立	隆庆二年(1568)—隆庆四年(1570)
陈大宝	隆庆四年(1570)
万恭	隆庆六年(1572)—万历二年(1574)
傅希挚	万历二年(1574)—万历五年(1577)、万历十一年(1583)
李世达	万历五年(1577)、万历十一年(1583)—万历十二年(1584)
凌云翼	万历八年(1580)—万历十一年(1583)
王廷瞻	万历十二年(1584)—万历十三年(1585)
杨俊民	万历十三年(1585)—万历十四年(1586)
杨一魁	万历十四年(1586)—万历十六年(1588)、万历二十三年(1595)—万历二十六年(1598)
舒应龙	万历二十年(1592)—万历二十二年(1594)
刘东星	万历二十六年(1598)—万历二十九年(1601)
李颐	万历二十九年(1601)—万历三十年(1602)
曾如春	万历三十一年(1603)
李化龙	万历三十一年(1603)—万历三十二年(1604)

姓名	任职时间
曹时聘	万历三十二年(1604)—万历三十七年(1609)
刘士忠	万历三十八年(1610)—万历四十一年(1613)
胡桂芳	万历四十二年(1614)—万历四十三年(1615)
王佐	万历四十五年(1617)—万历四十八年(1620)
陈道亨	天启元年(1621)—天启二年(1622)
房壮丽	天启二年(1622)—天启四年(1624)
朱光祚	天启四年(1624)—天启五年(1625)、崇祯四年(1631)—崇祯六年(1633)
南居益	天启五年(1625)
李从心	天启五年(1625)—天启七年(1627)
张九德	天启七年(1627)—崇祯元年(1628)
李若星	崇祯元年(1628)—崇祯三年(1630)
刘荣嗣	崇祯六年(1633)—崇祯八年(1635)
周鼎	崇祯八年(1635)—崇祯十二年(1639)
张国维	崇祯十三年(1640)—崇祯十五年(1642)
黄希宪	崇祯十六年(1643)—崇祯十七年(1644)

从上表可以看出,明代共历七十位总河,其任职时间一般为一年,多者为三年,任职时间普遍较短,较有作为的潘季驯四次出任总河,分别是二年、二年、三年、四年,总计十一年,对黄河、运河、淮河进行了较为全面的整顿与治理。而明末总理河道主要精力放在了镇压农民起义与平息战乱上,对河道的管理、治理普遍较少,难以发挥统筹全河的作用。明代总河自正德年间正式设置,其过程并非一帆风顺,而是经历了数次挫折与反复。如首任总河王恕改职后,其后十余年未设总河一职。万历初年又发生了总漕、总河因政治派系不同与治河理念差异的冲突,其时总河万恭、总漕王宗沐彼此不睦,经常在朝堂之上发生激烈的争执与辩论,甚至连内阁首辅张居正都不得不进行调解,据《张太岳集》载,"夫河、漕皆朝廷所轸念者也,二公皆朝廷所委任者也,河政举漕运乃通,漕运通河功斯显,譬之左右手皆以卫腹心者也。同舟而遇风,橹师见

帆之将坠,释其橹而为之正帆,帆者不以为侵官,橹师亦未尝有德色,但欲舟行而已",①试图以漕、河利害相关,相互依赖之事劝和万恭、王宗沐二人,使他们认识到要以国家大局为重,放弃个人恩怨,统筹合作,全力治河与理漕。但劝和显然没有起到应有的作用,甚至影响到了后继者,万历五年(1577)总河傅希挚、总漕吴桂芳又因桃源县崔镇黄河决口是由老黄河入海,还是束水归漕问题发生矛盾,两人互不相让,视若仇雠,首辅张居正力图缓和两人关系,分别写信劝和,后张居正扶持同属改革派的总漕吴桂芳,先将总河傅希挚调任陕西巡抚,又将继任总河仅三个月的李世达改为他职,由吴桂芳总揽河、漕,但总漕一人兼理河务,事繁务杂,难以分身,"在河南、山东、北直者,以巡抚兼领之。责分而官无专督,故修浚之功,怠于无事,急于临渴,河患日深"。② 河道事务长期得不到及时处理,河防问题频繁出现,河政不设专官导致的弊端日益严重。万历十六年(1588)再次河、漕分治,由潘季驯任总河、舒应龙任总漕。不过好景不长,八年后,万历二十四年(1596)再次发生了河、漕之争,总河杨一魁、总漕褚鈇因河决山东单县黄堌口是塞决、还是济运矛盾频出,杨一魁以治河可守护明祖陵为尚方宝剑,导致褚鈇去职,漕务无人管理。后御史马从聘、杨光训、周孔教纷纷建言河、漕应统一,于是两年后总河尚书杨一魁兼理漕务,不过四年后因河、漕事务一人难以兼顾,再次分治。

明代之所以频繁发生总河、总漕之间的矛盾与纷争,反复河、漕分置与合并,除因二者官品相当,在管辖区域、权力分配上存在重叠与交叉外,还与朝廷策略、政治派系、个人性格等因素相关。首先,明代统治者意识到河政、漕政关系王朝兴衰,如总漕、总河权力过大则可能危及朝廷,不能长期由一人执掌,所以分置二人相互制约与平衡,其固然有河漕事务繁杂,一人难以兼理的意图,但根本目的是削弱二者的权力,以便于中央政府操控。其次,明代党争不断,有以辅臣为首分派别者、有以籍贯分派别者、有以政治理念分派别者,大臣之

① (明)张居正:《张太岳集》,中国书店2019年版,第109页。
② 《明神宗实录》卷197,万历十六年四月甲寅条。

间各种矛盾与冲突不断,甚至直接影响到基层官员的站位,导致国力损于内耗,大局毁于党争。最后,总河、总漕多系进士出身,官高位显,清高、孤傲、执拗者颇多,所以遇有分歧,往往固执己见、不肯妥协,导致明代总河、总漕矛盾屡屡出现。

有明一代数十位总河中,也不乏有作为者,"嘉靖以来,河渐北徙,济宁以下多淤,而刘天和之修复鲁桥,朱衡之开通南阳,潘季驯之浚刷崔镇,河道赖之",①这些能臣干吏对漕运畅通、河道安澜、社会安危起到了重要作用,后世对他们评价较高。如嘉靖朝总河盛应期,"应期刚果廉干,负气屹屹,不肯下人,体貌严重,家居肃如官府,而遇宗族故旧咸有恩礼",②《明实录》亦称盛应期:"有胆智,遇事敢为,自为司属时,即以才干闻。然刚褊自,遂与物多忤,故虽所至有绩效,而殊不理于口。留城新河之浚,实漕道永利,应期创议而挠于浮言,功无成而败,盖首事之难如此!",③对盛应期的人格、治河成绩进行了客观的评价。另一嘉靖时总河刘天和治水卓有成效,《明实录》称:"天和宇度弘亮,有泛应才,凡所扬历,去后必有遗迹,余泽为人所称述者,至于治水防边,功能尤著,在河道,尝手制乘沙量水等器",④可见刘天和精于治水工具的研制及治河方法的创新。万历朝潘季驯曾四次出任总河,所采取的"束水攻沙"策略意义尤大,影响了后世的黄河、运河治理,万历首辅张居正称其:"比闻黄浦已塞,堤工渐竣。自南来者,皆极称工坚费省。数年沮洳,一旦膏壤,公之功不在禹下矣",⑤对潘季驯治河成绩进行了高度赞扬。《明史》亦对潘季驯评价颇高,"季驯凡四奉治河命,前后二十七年,习知地形险易。增筑设防,置官建闸,下及木石桩埽,总理纤悉,积劳成病"。⑥ 另一总河李化龙定辽东、平播州、

---

① 《明神宗实录》卷197,万历十六年四月甲寅条。
② (清)潘柽章:《松陵文献》卷5《人物志五》,清康熙三十二(1693)年潘耒刻本。
③ 《明世宗实录》卷188,嘉靖十五年六月丙午条。
④ 《明世宗实录》卷306,嘉靖二十四年十二月甲寅条。
⑤ (明)张居正:《张太岳集》,中国书店2019年版,第233—234页。
⑥ (清)张廷玉:《明史》,岳麓书社1996年版,第3264页。

开泇河,名重当时,"开河之功,为漕渠永利"。① 而最终完成泇河工程的总河曹时聘也尽心河务,光绪《获鹿县志》称其:"曹公设施奏议,诚先后治河者之宗也,厥功伟哉"。② 正是这些致力于河防、河政、河工事务管理者的努力与付出,才使黄运两河保持了相对的安澜,维系了国家漕运的正常运转。

明代于济宁设置总理河道衙署,对于提升山东的政治地位,强化对山东运河的管理,都有着相当大的意义。当然明代总河的设置与延续并非一劳永逸,甚至多次被裁革与合并,但总河这一职务在明代相当长的时间中保持了相对的独立,为后世河政体系的完善提供了借鉴,而刘天和、潘季驯、曹时聘等总河留下的治河著作与治河经验,更是中国水利史上宝贵的财富,甚至直到今天还影响着黄河治理与水利建设。

(二) 驻山东沿河要地的工部官员

明代山东会通河为京杭大运河核心河段,该段河道几乎完全为人工开凿,沿线地势落差大、水源匮乏、河道浅涩。为解决水源难题,明政府在京杭运河最高点南旺镇置分水枢纽工程,并辅以诸多的闸坝、堤堰、水柜等水工设施,科技含量高、运转难度大。为更好的管控山东运河,明政府不但命总理河道驻济宁,而且设置北河工部分司、临清工部营缮分司、宁阳工部分司、南旺工部分司、济宁工部分司、夏镇工部分司管理山东运河沿线河道、泉源、水柜、闸座等。据雍正《山东通志》载,"工部分司凡四,一督临清州砖厂,永乐间设。一管泉分司,驻扎宁阳,专督疏浚泉源,成化间设。一南河都水分司,初驻夏镇,后驻济宁州,成化间设,专管河道闸坝,隆庆三年裁南河分司,归并宁阳分司带管。一北河都水分司,驻张秋镇,成化间设",③其中除临清分司为兼职管河外,其他分司均置工部郎中或主事专职管河,其级别为正五品或正六品,为中央工部

---

① (明)李化龙:《平播全书》,大众文艺出版社 2008 年版,第 537 页。
② (清)俞锡纲:光绪《获鹿县志》卷 12《人物志》,清光绪七年(1882)刻本。
③ (明)陆钶:嘉靖《山东通志》卷 25 之 1《职官志》,明嘉靖十二年刻本。

派驻河工要地的河政官员,起着承上启下的功能,一方面向总理河道及工部汇报河防情况,另一方面率领属下及地方管河官员从事河道修防、闸坝修缮、物料采购、夫役征派等工作。

北河工部分司又称北河都水司,驻山东张秋镇,主官三年一差,据《北河纪》载,"北河都水司公署在东阿、阳谷、寿张三县交界之交,其地曰张秋。宋真宗时名景德镇,元设都水分监于此,国朝弘治七年河决张秋,都御史刘大夏等塞之,因更镇名曰安平,公署在河之西南",①可见张秋自古即为河政要地。工部分司衙门始建时间不详,但嘉靖十四年(1535)、嘉靖四十四年(1565)、万历四十一年(1613)多次重修,形成了包括坊表、土地祠、大门、仪门、大堂、东西廊房、幕厅、厨房、东楼、小轩、客厅、耳房、工部书院在内的大型建筑群。北河工部分司主官设置于成化十三年(1477),首任官员为工部郎中杨恭,后其升通政司右通政,但仍掌北河事务,"命通政驻扎张秋,掌卫河、会通河漕政,北至天津,南至鱼台一带,凡泉湖、闸坝、堤浅之事皆隶焉"。②杨恭离任后,仍有多位官员以通政司通政身份管河,如张缙、韩鼎等,其后"已改都水司郎中,奉敕行事,凡沿河有司及管河文武官员悉听节制",③自此工部管河郎中常驻张秋镇。北河工部分司事务繁杂,"例工部郎中兼理河道、驿传、捕盗、夫役之事",④除从事管河工作外,对驿站、治安诸事也有兼责。万历年间,明神宗给予北河郎中谢肇淛的敕书更详细地说明了该职务的繁剧,"命尔管理静海县以北而南抵济宁一带河道,往来提督所属军卫有司掌印管河并闸坝等项官员人等,及时挑浚淤浅,导引泉源,修筑堤岸,务使河道疏通,粮运无阻。其应出办桩草等项钱粮俱要查照原额数目,依期征完收贮官库,以备应用。出纳之际,仍要稽查明白,毋容所司别项支用。其各该管河官员务令常行巡视,不许

① (明)谢肇淛:《北河纪》卷5《河臣纪》,明万历刻本。
② (明)谢肇淛:《北河纪》卷5《河臣纪》,明万历刻本。
③ (明)谢肇淛:《北河纪》卷5《河臣纪》,明万历刻本。
④ (明)王琼:《漕河图志》,水利电力出版社1990年版,第172页。

营求别差,亦不许别衙门违例差遣。但遇水涨冲决堤岸,各照地方及时修理,如或工程浩大,人力不敷,量起附近军民相兼用工,事毕即行放回",①同时对文武违纪官员有参奏之责,"若该管地方军卫有司官员人等敢有徇私作弊,卖放夫役,侵欺桩草钱粮,及轻忽河务,不服调度,并闸溜浅铺等夫工食不与征给,致误漕运者,轻则量情责罚,重则拿问如律。干碍文职五品以上并军职参奏处置,事体重大及事干漕运并抚按巡河等衙门亦要公同会议,具奏定夺",②可见北河郎中权重事繁。北河郎中属下官员众多,南旺工部主事、临清工部员外郎、济宁兵备道副使、东昌兵备河道副使、天津兵备河道参政及兖州、东昌、河间等府管河同知、通判及下辖州县管河判官、典史、闸官均归其管辖,甚至连军卫管河指挥、百户也由其节制。

北河工部分司设置后,强化了中央政府对济宁至天津河道的管理,提高了河防修治效率,但其发展演变也并非一帆风顺。弘治元年(1488)南京守备太监蒋琮奏言:"河道设官太多,冗滥为弊,乞尽取回,令巡抚、巡按、提督额设之官修举其事",③吏部回复称河道系重务,难以废革,于是只罢沽头闸工部主事及济宁以南河道管河人员,令巡盐御史兼理,而北河分司保留。弘治八年(1495)塞张秋河决后,改张秋为安平镇,太监李兴、平江伯陈锐、都御史刘大夏奏称:"济宁以北南旺、开河一带,河道最为要害,而安平镇地方土脉疏恶,新筑决口尤须视守。今济宁至通州一千八百余里,责于一人难于周通,乞分河道为三段,分官提督",④于是将原属北河分司、南河分司管辖之地分为三部,德州至沙河隶通政张缙、沙河至仪真及瓜洲隶郎中王琼,通州至德州隶郎中李惟聪。弘治十七年(1504)监察御史何天衢以节约资财为名,要求裁革管河冗官,工部覆称:"先年安平镇冲决,始则甚微,本处官司互相推调,遂成大患。

<hr/>

① (明)谢肇淛:《北河纪》卷5《河臣纪》,明万历刻本。
② (明)谢肇淛:《北河纪》卷5《河臣纪》,明万历刻本。
③ (明)王琼:《漕河图志》,水利电力出版社1990年版,第173页。
④ (明)王琼:《漕河图志》,水利电力出版社1990年版,第173页。

朝廷特遣大臣修筑,动费万计,终年不已。今天衢所言固节财省费之意,但管河郎中比别项官不同,专选主事止是分管洪闸,其余湖渠、坝堰、堤岸,决口或溢或涸,与夫桩草之征需,官夫之代替,至如蓄少泄余,兴利除害,专管督理尚恐有失,设若革去,万一如先年冲决及今年干旱舟楫阻滞,谁任其责?"①于是未从何天衢建议。隆庆元年(1567)南阳新河开成后,原有河道布局打乱,总理河道朱衡恐南、北河分司若不分责,会耽误河事,于是以济宁宋家口为界,"自宋家口以南至白洋浅属南河郎中督理,宋家口以北属北河郎中督理,各州县掌印、管河等官悉听察举,其沽头分司移建夏村",②沿河闸坝、浅铺亦归郎中管理,南北郎中各司其职。崇祯二年(1629)总理河道李若星又以东平、汶上交界的靳家口为界,将山东运河分南北两部分别由南旺分司、北河分司管辖,"南自邢家庄起,北至靳家口止,则南旺分司所辖;北自静海县起,南至靳家口止,则北河分司所辖",③此举固然有分担北河分司所管河道过于绵长,压力过大的问题,但同时也导致所管河段的重叠与权力的交叉。崇祯九年(1638)将南旺分司所管河段再归北河分司,事权统一,"今南自南阳,北抵静海,沿河延袤一千四百里则皆北河分司事也",④不过此时战乱频繁、社会动荡,北河分司管河权有名无实,已难以发挥统筹协调、全面整顿河道的作用了。不过北河分司这一机构自明代成化年间设置,对山东运河的管理、治理发挥了重要作用,清初仍被保留,直到康熙年间方被裁撤。

　　临清分司最早设置于明正德年间,"其临清闸座则正德间设都水司主事一员管理",⑤由工部派遣主事一员驻临清掌理河道、闸座事务,嘉靖初年罢临清工部管河主事,其事务由临清工部营缮清吏司员外郎或主事带管,"正德间

① 《明孝宗实录》卷212,弘治十七年五月丁巳条。
② (清)傅泽洪:《行水金鉴》,商务印书馆1936年版,第1710页。
③ (明)王家彦:《王忠端公文集》卷3《疏》,清顺治十六年(1659)刻本。
④ (明)王家彦:《王忠端公文集》卷3《疏》,清顺治十六年(1659)刻本。
⑤ (明)谢肇淛:《北河纪》卷5《河臣纪》,明万历刻本。

专差主事一员管理临清闸座,嘉靖七年裁以闸务归并临清工部营缮员外"。①临清营缮分司员外郎由北河分司统辖,全称为"钦差管理砖厂兼管临清闸座工部营缮司员外郎一员,驻临清,三年一差",②其衙署位于"旧城外西南隅,又有北河工部行署在新城中洲……止存营缮分司在中洲,为大门、为仪门、为大堂,堂左为门子房,右为书吏房,左前为宾馆,为空明馆,中为后堂",③万历年间曾两次重修。据乾隆《临清直隶州志》载临清工部营缮分司主要负责烧造贡砖,"国家凡有营建,恒需砖。临清以帆樯之集而以砖附之,设工部营缮司员外郎于其地,督征砖价,分窑成造,输之京师",④《天工开物》亦载,"皇居所用砖,其大者厂在临清,工部分司主之。初名色有副砖、券砖、平身砖、望板砖、斧刃砖、方砖之类,后革去半。运至京师,每漕舫搭四十块,民舟半之",⑤用以北京皇城、陵墓及长城的修造。除掌贡砖烧制外,临清营缮分司还兼有河道管理之责,负责河道疏浚、挑挖及相关水工设施的修缮、维护工作。有明一代,临清分司主官历数十任,其中不乏廉干勤勉者,如弘治都水司主事钱仁夫分司临清,"领卫河提举司兼理漕渠、闸事,闸夫额三百人,多河滨游堕,未久多逃逸,仁夫移于州,金乡之有丁力者,时按其存亡,由是皆服役。会省冗官,仁夫兼理砖厂,出纳勤慎",⑥不但勤于政务,而且对漕河弊政进行了革除。同时期另一人王惠,"官工部分司临清,兴利除弊,州人称之",⑦得到了当地百姓称颂。万历时工部分司员外郎何应奇,"性不徇人,政能剔蠹,司砖司闸而遇事皆有规条,任怨任劳而一心惟知法纪",⑧被总理河道潘季驯高度评价。当然临清营缮分司的主要职责为管理砖厂,管河只为兼职,临清主要河务事宜由临清地方

---

① (清)张度:乾隆《临清直隶州志》卷6上《秩官志》,清乾隆五十年(1785)刻本。
② (明)谢肇淛:《北河纪》卷5《河臣纪》,明万历刻本。
③ (清)叶方恒:《山东全河备考》卷3上《公署建置》,清康熙十九年(1680)刻本。
④ (清)张度:乾隆《临清直隶州志》卷首《旧序》,清乾隆五十年(1785)刻本。
⑤ (明)宋应星:《天工开物》,四川美术出版社2018年版,第97页。
⑥ (明)冯汝弼:嘉靖《常熟县志》卷7《邑人志》,明嘉靖刻本。
⑦ (清)杨泰亨:光绪《慈溪县志》卷27《列传四》,清光绪二十五年(1899)刻本。
⑧ (明)潘季驯:《河防一览》卷12《甄别司道疏》,清文渊阁四库全书本。

管河官及北河分司负责。

宁阳分司、济宁分司、南旺分司主官为工部主事,受北河分司工部郎中管辖,三分司之间关系密切,在有明一代经历了较大的变化。最早设置者为宁阳分司,永乐十六年(1418)由平江伯陈瑄提议置于宁阳,主要管理堽城坝及祖徕山诸处泉源,正统四年(1439)裁撤,数年后复设,主官为工部主事,又称宁阳管泉主事,三年一差。正德三年(1508)再裁,由济宁分司带管泉源,四年后复设。宁阳分司初无衙署,借其他官员衙署暂驻,天顺年间方置。据《全河备考》载,"宁阳分司在按察司右,明天顺间建,成化八年主事张盛修。前为屏、为门、为仪门,成化十五年主事徐源建。中为涤源堂,后为养正堂、为中堂、为寝堂,东西为皂吏棚,中堂之前为西书房,寝之前为东西厢,又东为厨库房,又东西为厕,由东书房而前为更房,又前为介如亭,为闻喜堂,又前为宾馆,馆之前为东泉亭,仪门之西为皂吏房,门外东西为官吏房。东泉亭弘治十年主事王子成建"。①《东泉志》亦载,"正厅三间,后堂五间,东西厢房六间,书房三间,厨房二间,东泉亭。正厅三间,东西房四间,门楼一座",②形成了房屋数十间的建筑群。宁阳管泉主事主要负责疏浚沿运泉源,以利漕河,弘治十八年(1505),"以济宁运道最为要害,但闸官及吏职任卑微,往来官豪得以擅自开闭,走泄水利,阻滞运舟。欲令宁阳管泉主事每年粮运盛行之时,至南旺暂住,严督官夫以时启闭,从之",③于是"以宁阳管泉主事兼摄南旺闸务"。④ 除宁阳分司外,济宁分司设于宣德年间,遣郎中一员提督济宁河道,成化初年又设都水司主事一员驻济宁,掌闸坝之政,衙署位于济宁州南门外,始建于成化五年(1469),有大门、仪门、直宿房、兼济堂、书办房、文卷房、饮水堂、书房、寝楼、东西厢房、莲池、皂吏房、厨房、官吏房、听差房、客厅、钟鼓楼、转漕要会坊、

① (清)叶方恒:《山东全河备考》卷3上《公署建置》,清康熙十九年(1680)刻本。
② (明)王宠:《东泉志》卷1《都水分司》,明正德五年(1510)刻本。
③ 《明武宗实录》卷2,弘治十八年六月丙寅条。
④ (清)张度:乾隆《临清直隶州志》卷6上《秩官志》,清乾隆五十年(1785)刻本。

国赋通津坊、司空行署坊等建筑,弘治六年(1495)主事蔡錬又建君子轩,嘉靖二年(1523)主事杨抚又建一卷亭,形成了规模庞大的建筑群。南旺分司主事始设于正德元年(1506),①三年一代,其衙署"在运河西岸,分水龙王庙右东向,正德十一年主事朱寅建。前为坊、为门、为仪门,中为汇源堂,东西为文卷房,又东为书史廨,后为朝宗堂,堂之左为厢、为厨,最后为澄望楼",②另有左右厢房、书房、厨房、来鹤亭、止轩亭、莲亭、静思轩、清风堂等建筑。宁阳、南旺、济宁三司合并于隆庆三年(1569),"罢遣济宁主事,而三分司之政俱属宁阳",③并将宁阳分司迁往济宁,"遂以都水主事一员管理泉源兼管闸座,改称南旺分司"。④ 隆庆、万历、天启、崇祯等朝南旺分司管理济宁泉闸及河道、水柜修防事,如万历时南旺分司主事萧雍、王元命督同兖州府同知陈昌言、东平州知州徐铭、汶上县知县刘汉书、济宁卫指挥文栋、济宁州知州程子洛,"筑完蜀山湖旧堤,自冯家坝东起至苏鲁桥止,长三千五百一十丈,根阔二丈五尺,顶阔七尺五寸,高七尺五寸。外又填完苏家等十一处水口,各长一丈四五尺,阔二丈、三丈二三尺,深七八尺、一丈不等。建完坎河口滚水石坝一座,连雁翅长六十二丈八尺,坝面阔一丈五尺,底阔一丈八尺,高三尺",⑤同时砌建冯家滚水石坝,沿岸载柳4400余株以护堤防。

夏镇分司的前身为沽头分司,《读史方舆纪要》载,"分司旧驻南沽头,有沽头城,在县东南十五里,嘉靖二十二年筑,四十四年圮于水。隆庆二年新河成,始移筑夏镇,在新河西岸,寻筑城,为戍守处"。⑥ 沽头分司位于沛县东南,最早始建于成化年间,明廷任命工部主事一员管理沽头闸至沛县一带河道、工程及水工设施。但沽头分司位于地势低洼之处,经常遭受黄河洪水侵袭,于嘉

① 《北河纪》卷5《河臣纪》载"正德十四年专差主事一员驻扎南旺"。
② (清)叶方恒:《山东全河备考》卷3上《公署建置》,清康熙十九年(1680)刻本。
③ (明)谢肇淛:《北河纪》卷5《河臣纪》,明万历刻本。
④ (清)张度:乾隆《临清直隶州志》卷6上《秩官志》,清乾隆五十年(1785)刻本。
⑤ (明)潘季驯:《河防一览》卷11《山东工程》,明万历十九年(1591)刻本。
⑥ (清)顾祖禹:《读史方舆纪要》卷19《南直一》,清稿本。

154

靖四十四年（1565）衙署毁于水。南阳新河开成后，移分司于滕、沛交界处地势较高的夏村，工部主事杨信于万历十五年（1587）筑城，"所筑土垣南北西三面，东藉居民为城"，①由此夏镇由一小村落逐渐发展为运河沿线著名的政治中心、商埠与码头。夏镇分司衙署建于隆庆初年，"在会景门西南向，隆庆二年主事陈楠建，为大门、为仪门、为大堂，后为穿堂，又后为中堂。大堂东为宾馆，西为书房，中堂后为宅、为寝堂、为寝楼，堂之东西为厢、为内书房、为厨，缭以周垣。大门东西为'北饷通津，南漕巨镇'坊，坊之外为官厅"。②夏镇分司虽设置较早，但直到万历十四年（1586）方给分司关防印信，作为发号施令凭证。夏镇分司所辖地域广阔，自珠梅闸至黄家运渠河道及梁境、镇口和丁家集缕堤均归其管辖，长度约150里，洳河开通后，管辖范围延长至300余里。夏镇分司所辖官员包括沛县管河主簿、滕县管河主簿、徐州管河判官、淮安府管河同知、兖州府洳河通判等诸多官员，其中管河同知正五品、管河通判正六品，"使官仍主事，则品秩未崇，敕谕未颁，则事权不重"，③不便节制诸官，于是万历三十五年（1607）升主事为郎中，"先是夏镇分司皆给批苫事，至是总河以所官责任加重，事权尚轻，题准主事茅国缙升郎中，颁给敕谕，比照中河事例一体行事"。④

除工部分司官驻山东运河外，还有一定数量的中央下派官员负责巡视或监管山东河道，如明初曾于临清、沙湾置巡河主事二员，天顺元年（1457）裁革。另有都察院派出的巡河御史，除沿河巡视外，还参与河道疏浚、闸坝修缮、催儹漕船等事务。但总体来看，明代山东运河河道管理、工程设施建设、水柜及泉源浚治、物料采购、夫役征派主要由各分司主官率地方管河官员负责，正是由于上百年间工部官员的不懈努力，才实现了山东运河的相对畅通，保障了

①　（清）狄敬：《夏镇漕渠志》卷上《漕政志》，清康熙刻本。
②　（清）叶方恒：《山东全河备考》卷3上《公署建置》，清康熙十九年（1680）刻本。
③　《明神宗实录》卷432，万历三十五年四月戊申条。
④　（清）狄敬：《夏镇漕渠志》卷上《漕政志》，清康熙刻本。

漕粮的顺利入京,维系了王朝的统治。

三、明代山东地方管河官员

明代山东地方管河官员大体可以分为两类,一类为文职管河官,包括巡抚都御史、按察司副使、按察司佥事、布政司参政、东昌兵备道、济宁兵备道及参议、知府、知州、知县、管河同知、管河通判、管河判官、管河主簿、闸官等,武职官员则包括各卫所管河指挥、千户、百户等。如果从兼职与专职角度上划分,兼职管河者一般为省、府、州、县主官,主要负责处理辖区政务,事务繁杂,管河只为诸事之一,而专职管河官则为带"管河"字样的官员,主要负责辖境河道的管理、治理及巡视工作,基本不承担其他事务。

(一)山东运河文职管河官

明代重文轻武,山东运河管河事务主要由文官负责、武官协助。作为一省的主要官员,山东巡抚、布政司、按察司皆有管河之责,其中明前期未设专职管河官时其责尤重。早在宣德朝时,山东巡抚就需每年入京汇报黄河、运河事务,景泰年间黄河屡决山东张秋、沙湾运道,山东巡抚洪英从事了大量的治河工作。成化时山东抚、按官管河权力进一步增强,"其河南、山东二省巡抚都御史则玺书所载,河道为重务,分二省各设按察司副使一员专理河道,山东者则以曹濮兵备带管",①"凡遇河患,事连各省重大者,辄命大臣督同各省巡抚官治之,事竣还京",②充分体现了明前期河政未备时山东地方官员在河道管理中的参与权之大。弘治七年(1494)孝宗皇帝给予平江伯陈锐、都御史刘大夏治理张秋决河的敕书中称:"天下之水黄河为大,国家之计漕运为重。即今河决张秋,有防运道,先命都御史刘大夏往治之,未见成功。兹命尔等前去总督修理,尔等至彼会同大夏相与讲究,次第施行,仍会各该巡抚、巡按并管河官

---

① (清)傅泽洪:《行水金鉴》,商务印书馆1937年版,第2394页。
② (明)潘季驯:《潘季驯集》,浙江古籍出版社2018年版,第542页。

自河南上流及山东、直隶河患所经之处逐一躬亲踏勘,从长计议,何处应疏导以杀其势,何处应补修以防其决,何处应筑塞以制其横溃,何处应浚深以收其泛滥",①可见中央派遣的官员需与各省抚按官商讨治河之策。其他如山东布政使司参政、参议、金事及按察司副使在明前期河道管理与治理中也承担了很大责任,正统年间山东参政孙子良、副使袁文华就曾管理山东河漕。景泰二年(1451)二月,"敕山东左参政王聪、按察司金事王琬督工,浚沙湾运河,以河决水浅故也",②一年后"山东参议刘整、金事王琬塞沙湾决河,久绩弗成,人多逃逸,为都御史王竑所劾,诏宥其罪,随尚书石璞立功自效"。③ 其后,徐有贞治山东决河,山东参议陈云鹏、金事陈澜、同知张方因追随徐有贞治河有功,被赐于绢、钞若干。成化时山东按察司副使陈善以擅长治水而闻名于世,"以石既坚且久,令下人乐从之凡役于官者,悉听民陈采石以纳,不五载沿堤垒石鳞次,以里计之,张秋东岸十二里有奇,南旺湖西岸八十里有奇,凡窊者培之高,浅者浚之深,塞者疏之通,沙河达临清植柳数百万,盘根环堤,浓阴蔽路,自是河不为患",④对保障河道安澜与运道畅通作出了重要贡献。明中期后随着河政制度的不断完善,山东抚、按官员参与管河、治河事务逐渐减少,但遇河务紧急时,仍有兼管之责,如万历七年(1579)议准,"山东、河南、南北直隶各巡抚衔内添'兼管河道'四字,给与专敕"。⑤

除巡抚、按察使司、布政使司官员外,分巡东昌兵备河道副使、济宁兵备道副使也为管河文官。二者为山东巡抚属官,一般由省按察司副使或金事充任,主要负责辖区军队兵马、钱粮、屯田及地方治安等,同时受总理河道节制。济宁、东昌、临清三地均属运河咽喉,为著名的河政中心、商业名埠、军事重地,南北客货云集、人口众多,所以驻有卫所军队守卫,兵备道除具有约束诸军职能

---

① (清)吴怡:道光《东阿县志》卷16《艺文志二》,清道光九年(1829)刊本。
② (清)林芃:康熙《张秋志》卷3《河渠志二·河工》,清康熙九年(1670)刻本。
③ (清)林芃:康熙《张秋志》卷3《河渠志二·河工》,清康熙九年(1670)刻本。
④ (清)林芃:康熙《张秋志》卷9《艺文志一》,清康熙九年(1670)刻本。
⑤ (清)傅泽洪:《行水金鉴》卷165《官司》,清文渊阁四库全书本。

外,还对当地河道有一定的兼管之责。东昌兵备河道副使简称东昌兵备道,因常驻临清,故亦称临清兵备道,其衙署位于临清州治西南。据《古今图书集成·东昌府兵制考》载,"临清兵备道,分署临清,成化二十三年置以按察司副使或佥事一员,奉敕整饬兵备,兼管河道、屯田,诸军卫有司皆属节制,已改称分巡东昌府,兵备如故。其在府境领州县十四:州曰临清、曰高唐县、曰聊城、曰堂邑、曰莘县、曰博平、曰茌平、曰清平、曰冠县、曰丘县、曰馆陶、曰恩县、曰夏津、曰武城。卫三,曰平山、曰东昌、曰临清。巡检司四,曰南馆陶巡检司、曰裴家圈巡检司、曰魏家湾巡检司、曰夹马营巡检司",①乾隆《夏津县志》亦载,"明成化二十三年设临清兵备道,兼管河道、屯田,诸军卫有司皆受节制,已改称分巡东昌府兵备",②康熙《临清州志》也称:"按察司副使,凡诸所要害出使贰一人提兵莅之,曰兵备。明成化甲辰始设,问理刑名、操练人马,协同抚按控制一方",③临清兵备道管辖地域范围广阔,事务繁杂,管河只为兼职。济宁兵备道副使简称济宁兵备道,"驻扎济宁,专管河、盐,兼济宁州宁阳、鱼台、汶上三县,并济宁一卫兵备,仍分巡",④后因事务繁杂,只管河道、兵事,不再管理盐务。万历《兖州府志》载,"钦差管河道兼管济宁兵备道,先是嘉靖间因漕河淤塞,添设管河道副使一员,兼管盐法,驻扎济宁州,隆庆六年该提督军门兵部左侍郎万查得管河道,裁去盐法,政务稍简,相应加兵备衔,兼管兵务,以沿河一带卫州县题请河道兼管总辖施行",⑤可知济宁兵备道初为专职管河道,后兼管军务。万历朝时济宁兵备副使张朝瑞兼治河,"时有议凿性义岭通漕渠者,朝瑞谓地险非便,忤督河大臣意,杜门求去,遂改浙江",⑥当时总理河道舒

① (清)陈梦雷:《古今图书集成》卷255《东昌府部汇考七·东昌府兵制考》,清光绪二十年(1894)石印本。
② (清)方学成:乾隆《夏津县志》卷2《武备》,清乾隆六年(1741)刻本。
③ (清)于睿明:康熙《临清州志》卷1《职官》,清康熙十三年(1681)刻本。
④ (清)陈梦雷:《古今图书集成》卷601《监司部汇考》,清光绪二十年(1894)石印本。
⑤ (明)朱泰:万历《兖州府志》卷32《武卫部》,明万历刻本。
⑥ (清)陈梦雷:《古今图书集成》卷800《政事部·名臣列传》,清光绪二十年(1894)石印本。

应龙欲在兖州、徐州之界的性义岭开漕渠通泇河,而兵备道张朝瑞持反对意见,可见在河道开凿上,兵备道有相应的议事权。另一人梅淳任济宁兵备副使时恰逢黄河溃韩庄漕渠,"淳疏筑有功,蒙赉金帛,加正治卿,实升云南左布政",①因治河有功而升从二品。

因运河流经地方社会,因此道、府、州、县主官除负责辖境民事、刑事事务外,对运河也有兼管之责。明代总河潘季驯曾言:"正德十一年始专设总理河道,驻扎济宁,而南北直隶、河南、山东皆为统辖之地。地非不广,势非不尊,然延袤五六千里之间,足不及遍,目不及观,形胜要害,东西南北,俱若梦寐,岂能遥制?至于伏秋暴涨之时,呼吸变态,猝遇冲击,势若燃眉。州县管河官白之于府,府白之道,道白之总理。总理下之道,道下之府,府下之州县,往返已一月矣",②从中可知地方道、府、州、县主官有向上级报告河防事务的责任。万历《兖州府志》载,"知州掌教养州民之事,同知、判官为之贰,凡诸州务,上视府下视县,以月计上府,以岁计上省,以三岁之计上吏部,同知清军匠或兼巡捕判官,督粮、管马、捕盗、治农、管河分职任事而领于知州",③《南河成案》亦称:"至沿河知府、州县虽非专管河工,例有防守之责,每遇河工抢险、拨夫、运料,厅营呼应不灵,俱责成该府州县一体办理,是以定例,遇有失事,将疏防专管、兼管之道府州县、厅营一并议处",④沿河地方官员对于河防事务有连带责任。《两河清汇》则对明末清初山东地方管河官员管理河段进行了全面介绍,"临清州知州、管河州判所属潘家桥等浅凡十一,河道东岸自夏津县西岸清河县界下杙铺起,南至清平县界潘家桥止,长四十里。卫河西岸至馆陶县尖铺止,长六十里",⑤其他清平县、博平县、堂邑县、聊城县、阳谷县、东阿县、寿张县、东平州、汶上县、嘉祥县、巨野县、济宁州、鱼台县、滕县、峄县知县或知州均

① （清）祝元敏:康熙《当涂县志》卷20《人物》,清康熙四十六年(1707)增修本。
② （明）潘季驯:《潘季驯集》,浙江古籍出版社2018年版,第542页。
③ （明）朱泰:万历《兖州府志》卷22《公署》,明万历刻本。
④ （清）官修:《南河成案》卷17,清刻本。
⑤ （清）薛凤祚:《两河清汇》卷3《运河》,清文渊阁四库全书本。

有所辖河段,负责协调本境管河判官、管河主簿处理河道事务。

山东运河沿线数量最多,且主要发挥管河作用的为专职管河官,包括管河同知、管河通判、管河判官、管河主簿、管河典史、闸官等。按官员品级,正五品的管河同知为地方最高专职管河官,在一府中职衔仅次于知府,"兖州府同知一员,驻济宁州,鱼台以北至于汶上河道隶之,兼管泉源"。① 除管理运河同知外,另有兖州府黄河同知一员,驻曹县,"曹州、定陶、城武、金乡、曹、单等县河务隶之",②主要负责黄河修防诸事。其次为正六品的各府管河通判,有兖州府捕河通判一员驻张秋镇,负责东平州以北至阳谷县河道,兼掌张秋城池。兖州府泇河通判一员,掌管南阳镇以南至黄林庄河道,先驻夏镇,后驻台庄、峄县万家驿,再移戚城。东昌府管河通判一员,"驻府城,聊城以北至德州河道隶之"。③ 再次为从七品的各州管河判官,济宁州管河判官管理河道南接鱼台县界牌浅起,北接济宁卫五里浅止,共68里,辖天井、在城、赵村、石佛、新店、仲家浅、师家庄、鲁桥诸闸闸官,"弘治初年添置主事停罢,沿河闸座每闸设闸官一员,以司启闭之事,两闸相近者,以一官兼之"。④ 东平州管河判官所管河道南接汶上县靳家口起,北接寿张县戴家庙止,共30里,下辖戴家庙、安山、靳家三闸闸官。临清州管河判官一员,"汶河北岸东自潘家桥起,西北至板桥止,二十三里。南岸东自赵家口起,西北至板桥止,二十三里。卫河东岸自板桥起,北接夏津赵货郎口止,三十四里。西岸南自板桥起,北接清河二哥营止,三十一里",⑤下辖新开上闸、南板闸,两闸由一闸官管理。德州管河判官一员,所管河道东岸南接恩县新开口铺起,北接德州卫张家口铺止,长53里,西岸南接德州卫南阳务铺起,北接德州左卫郑家口铺止,共15里半。最后数量最多的为各县管河主簿、管河典史及闸官,其中主簿为正九品,而典史、闸官未入

---

① (明)谢肇淛:《北河纪》卷5《河臣纪》,明万历刻本。
② (清)叶方恒:《山东全河备考》卷3《职制志上》,清康熙十九年(1680)刻本。
③ (清)叶方恒:《山东全河备考》卷3《职制志上》,清康熙十九年(1680)刻本。
④ (明)王琼:《漕河图志》,水利电力出版社1990年版,第174页。
⑤ (明)谢肇淛:《北河纪》卷5《河臣纪》,明万历刻本。

流。峄县管河主簿一员,所管泇河河道"上自滕县界吴家桥起,下至江南邳州黄林庄止,长一百一十里",①下辖韩庄、夏镇、德胜、张庄、万年、丁庙、顿庄、侯迁、台庄②诸闸闸官。滕县管河主簿一员,所管河道南接峄县吴家桥起,北接沛县辛庄桥止,长50里,属境未置闸。鱼台县管河主簿一员,所管河道南接沛县珠梅闸起,北接济宁南阳闸止,共80里,下辖南阳、邢庄二闸闸官。巨野县管河主簿一员,"河道北自嘉祥县寺前铺,南至济宁卫交界止,长二十五里",③属境未置闸。嘉祥县管河主簿所管河道北自汶上县孙村界起,南至巨野县长沟界止,长16里。聊城县管河主簿一员,"河道北自堂邑县吕家湾起,南至兖州府阳谷县官窑口止,长六十五里",④下辖永通、通济桥、周家店三闸闸官,其中通济桥闸由周家店闸闸官兼管。阳谷县管河主簿所管河道自聊城县南界官窑口起,南至东阿县北界北湾铺止,长65里,下辖七级上下闸闸官、阿城上下闸闸官、荆门上下闸闸官。另东阿县管河主簿、寿张县管河主簿、汶上县管河主簿、清平县管河主簿、堂邑县管河主簿、博平县管河典史、夏津县管河主簿、馆陶县管河主簿、武城县管河主簿、恩县管河主簿各有所管河段,下辖或有闸官,或有浅铺,多少不一。

明代文职管河官在山东运河管理中占主导地位,特别是专职管河官上承本省巡抚、知府、知州、知县,下通闸夫、溜夫、浅铺夫、桥夫、湖夫、堡夫,起着承上启下的作用。同时专职管河官还与北河郎中及各分司主事、员外郎关系密切,能够协调府州县主官与工部官员之间的关系,以防沟通不畅贻误河务。总之,明代专职管河官是沿河区域社会河防抢修、夫役征派、物料采购、工程施建的主要管理者与实施者,他们的决策与实践会直接影响到河道能否保持畅通,漕船能否顺利北达,因此在国家河政体系中占有重要地位。

---

① (清)薛凤祚:《两河清汇》卷3《运河》,清文渊阁四库全书本。
② 台庄闸由侯迁闸闸官带管。
③ (清)薛凤祚:《两河清汇》卷3《运河》,清文渊阁四库全书本。
④ (清)薛凤祚:《两河清汇》卷3《运河》,清文渊阁四库全书本。

(二) 山东运河武职管河官

明代山东运河沿线的武职管河官员为卫所军管河指挥、千户、百户,山东运河沿线的卫所军主要负责运送漕粮、屯田及守护驻地,但同时也承担守卫所在区域河道、治安巡防诸事。

山东沿河卫所对驻地河道也有兼管之责,卫所指挥、经历、千户、百户往往带有管河字样。如济宁卫管河指挥一员,"河道南接济宁五里浅起,北接巨野火头湾止,共二十五里"①;东平守御千户所管河百户一员,"河道南接东平冯家庄起,北接东平安山铺止,共七里"②;平山卫管河经历一员,"河道止西岸一面,南接聊城龙湾铺起,北接东昌卫冷铺止,共三里。其东昌卫河道南自真武庙起,北至粮厂止,共九十一丈,并无铺舍"③;德州卫管河指挥一员,"河道东岸南接恩县回龙庙铺起,北接吴桥降民屯止,共八十四里。西岸南接故城范家圈起,北接景州罗家口止,共一百二十七里"④;德州左卫管河指挥一员,"河道东岸南接德州耿家湾起,北接德州四里屯止,共三里。西岸南接德州蔡张城起,北接德州卫四里屯止,共一里半。又有四铺在清平县地方,县河官带管"。⑤ 在管河诸卫所官员中,都指挥使正三品、百户正六品、经历从七品,均受总理河道、兵备道节制,负责辖区运河的管理、巡视工作。不过总体来看,与地方专职管河官相比,卫所军所管河道距离普遍较短,除德州卫超过100里外,其他基本为20里、7里、3里等,甚至仅有几十丈者,可见很多州县卫所军管河多流于形式,其最主要的职能为运送漕粮、屯田及驻防,管河仅为兼职。

明代山东运河沿线武职官员虽有管河之责,但多为兼职,主要负责河道巡视、城市驻防等,较少参与河防抢修、工程建设、水工修缮等事务。明代中后

---

① (明)谢肇淛:《北河纪》卷5《河臣纪》,明万历刻本。
② (明)谢肇淛:《北河纪》卷5《河臣纪》,明万历刻本。
③ (明)谢肇淛:《北河纪》卷5《河臣纪》,明万历刻本。
④ (明)谢肇淛:《北河纪》卷5《河臣纪》,明万历刻本。
⑤ (明)谢肇淛:《北河纪》卷5《河臣纪》,明万历刻本。

期,随着河政管理体系的完善及地方专职管河官员的设置,武职官员管河更多的为保障运河区域的社会治安秩序,具体的工程建设工作不会过多参与,其管辖权的象征意义大于实际意义。当然这种情况的出现与明王朝重文轻武的国家策略也有密切关系,如同级别甚至高一级别的管河武官往往要听从于文官的节制,体现了国家以文制武,力图将运河管辖权牢牢掌控于文官集团之手,以便实现运道畅通与漕粮供给。

第二节　清代山东运河河政管理体系

清代运河河政管理制度既有借鉴明代之处,同时又有自身的特色。明中后期,建立了相对完善的河政系统,形成中央工部、总理河道、工部分司与地方抚按、道府州县、专职管河文官、兼职管河武官相结合的多层次河政结构体系,运作程序较为完善,不同官员各司其职又相互配合。清朝立国后,继续定都北京,对江南漕粮的需求有增无减,加之清初战乱未息,军需迫切,因此基本全面借鉴明代管河制度,设河道总督、工部分司诸官管理山东运河,不过随着社会秩序的稳定,清代管河制逐渐趋向完善,并逐渐有了自身的特色。首先,满汉官员共同参与管河为显著特点之一,清代担任过管理山东、河南两省黄河与运河的东河河道总督者,既有满官,也有汉官,体现了清廷两者皆用,相互制约与平衡的目的。其次,实现了河道总督的分治,明代总河管理数千里河道,事务繁杂,遇有河防险情往往难以兼顾,清代针对这种困境,将河道一分为三,设河东河道总督驻济宁、江南河道总督驻淮安、直隶河道总督驻天津,分别对黄河、运河、淮河、永定河、子牙河等河道进行管理,做到了职有专责,事有所任,明确了不同官员的职能。再次,康熙年间裁革撤工部分司管河,形成了道、厅、营、汛管河体系,地方管河制度更为完善,其中管河厅在其中最为重要,起着承上启下的作用,山东形成了下河厅、上河厅、捕河厅、运河厅、泉河厅、泇河厅6厅,由管河同知或通判处理所辖区域河务,工部管河职权缩小。最后,与明代相比,清代武职官员管河权力有所增强,无论是河道总督属下河标营,还是各镇总兵、游击、守备、千总、把总均有一定的管河权,参与管河事务范围明显高于明代武职官员。

尽管清代山东运河建立了系统的河政体系,形成了不同层级、不同结构的管河部门与人员,但清代属漕运兴盛与衰落并存的时期,因此河政变革亦是如此,呈现一种马鞍形的发展态势,即清代前期管河效率较高,运河相对通畅,治河官员较有作为,开辟中运河,治理高家堰,取得了相当大的成果。但随着吏治腐败,河政官员的奢靡现象愈加严重,特别是嘉庆、道光两朝,黄河频繁决口,国家每年耗费数百万两白银治河,成为了国家财政的巨大负担,但河银并非全部用于工程建设,而是多数被河政系统中的大量蠹虫所瓜分,河防险情日甚一日,运河淤塞不断严重。清末同治、光绪年间,随着运道中断、漕粮改折、海运兴起、铁路修建,包括东河总督在内的山东管河官员全部被裁撤,河务归山东本省管理,而传统漕运也随之衰落。

一、驻山东济宁的河东河道总督

清代河道总督又称河督、河台、河帅,一般为从一品或正二品大员,其级别差异往往与其所加职衔有密切关系,是掌管河务的主要官员。在河督分治前,清代河道总督本由一人担任,其发展变化与清初的社会政局、河道状况等因素密切相关。明末清初河道失修、战乱未平,一方面军队需粮孔亟,另一方面黄河频繁冲击运河,因此设置管河专官成为了清政府首要之务。顺治元年(1644)即置河道总督一员,驻山东济宁,"设管河道分理,南北部司定地分驻协理,按河道总督专设自是始,统摄河道漕渠之政令,以平水土,通朝贡,漕天下利运,率以重臣主之,权尊而责亦重",①首任河道总督为内秘书院学士杨方兴,下辖济宁道驻济宁、兖东道驻张秋、工部督厂分司驻临清、北河分司驻张

---

① (清)康基田:《河渠纪闻》卷13,清嘉庆霞荫堂刻本。

秋、济宁分司驻济宁、夏镇分司驻夏镇,另有淮徐道、海防道、开归道等管黄河、淮河、海塘诸工程。杨方兴就任河道总督后,黄河连续决口于考城流通口、荆隆朱源寨、封丘大王庙,杨方兴勤于河务,不断堵塞决口,疏通淤阻,但即便如此勤勉,仍多次遭给事中、直隶总督弹劾,以一人之力而难以施治全河的弊端逐渐显现,分段管理、各司其职成为了河政发展趋势。

　　康熙十六年(1677)随着苏北黄、淮、运三河形势日益紧张,远驻济宁的河道总督鞭长莫及,为便于治理苏北河务,河督衙署迁往淮安清江浦。但济宁亦属全河中枢,"盖济为南北要衢,水陆交会之地,人最杂,事最繁,号称难治",①如无河督坐镇,也不能统筹山东河务全局,康熙二十七年(1688)河督王新命再迁济宁。数年后,河督靳辅再移清江浦,河督驻地的反复变化体现了河政管理与治河中心的不确定性,淮安河务紧急即迁清江浦,山东黄运两河遇险即回济宁,河督一人南北奔波千余里,疲于奔命,不但耽误了河务,而且不利于河政体系的稳定与人员的调度,正如清初官员毕振姬所言:"河臣任其事,首尾千里,以一淮、一漕、一河从于身,不能兼顾,必有受若直,怠若事者,河臣未及查参耳",②甚至出现了侵冒河银大案,负责工程官员肆意分肥,因此将河督分治,强化其权力与职能成为了必要。

表3-2　清初未分治前历任河道总督一览表③

姓名	任职时间
杨方兴	顺治元年(1644)—顺治十四年(1657)
朱之锡	顺治十四年(1657)—康熙五年(1666)
杨茂勋	顺治十六年(1659)—顺治十七年(1660)、康熙五年(1666)—康熙八年(1669)
苗澄	顺治十七年(1660)

①　(清)胡德琳:乾隆《济宁直隶州志》卷1《建置》,清乾隆四十三年(1778)刻本。
②　山右历史文化研究院编:《南游记外三种》,上海古籍出版社2016年版,第434页。
③　本表由著者根据钱实甫《清代职官年表》制作而成。

姓名	任职时间
卢崇峻	康熙五年(1666)
罗多	康熙八年(1669)—康熙十年(1671)
王光裕	康熙十年(1671)—康熙十六年(1677)、康熙三十一年(1692)
靳辅	康熙十六年(1677)—康熙二十七年(1688)
王新命	康熙二十七年(1688)—康熙三十一年(1692)
于成龙	康熙三十一年(1692)—康熙三十四年(1695)、康熙三十七年(1698)—康熙三十九年(1700)
董安国	康熙三十四年(1695)—康熙三十七年(1698)
张鹏翮	康熙三十九年(1700)—康熙四十七年(1708)
赵世显	康熙四十七年(1708)—康熙六十年(1721)
陈鹏年	康熙六十年(1721)—雍正元年(1723)
齐苏勒	雍正元年(1723)—雍正六年(1728)

清代河督未分治前共历十五任河道总督,任职年限最长者为杨方兴的14年,体现了清初河制初创,对明制虽有借鉴,但尚未完全建立符合自身统治特点的河政体系,加之黄河、运河治理需要长期性与稳定性,因此任职较长。任职最短的为苗澄、卢崇峻,仅有1年,其他赵世显13年、靳辅11年、朱之锡9年、张鹏翮8年、王光裕7年、于成龙5年、齐苏勒5年、杨茂勋4年、王新命4年、董安国3年、陈鹏年2年、罗多2年,河道总督任职年限较明代为长,体现了清初河督这一官职的相对稳定性。在诸河督中,不乏有身体力行、鞠躬尽瘁者,《清史稿》称:"明代治河诸臣,推潘季驯为最,盖借黄以济运,又借淮以刷黄,固非束水攻沙不可也。方兴、之锡皆守其成法,而辅尤以是底绩。辅八疏以浚下流为第一,节费不得已而议减水。成龙主治海口,及躬其任,仍不废减水策。鹏翮承上指,大通口工成,入海道始畅,然终不能用辅初议,大举浚治"。① 其中靳辅成绩最著,他开中河、移运口、浚清口,使运河航运条件大为

---

① 赵尔巽:《清史稿》,吉林人民出版社1995年版,第7978页。

改善,"从前三十余载黄河不为大患者,实赖原任河臣靳辅之力,迄今小民犹食其福",①其他齐苏勒、张鹏翮、于成龙治河也皆有所成就。

雍正初年,为协调山东、河南、江南三省河道事务,设副总河于济宁,管理山东、河南河务,总河仍驻淮安,两督并立,相互配合与制约。雍正七年(1729)、八年(1730)再分直隶、河东、江南三河,各设河督分驻天津、济宁、淮安,乾隆年间裁直隶河道总督,河务归直隶总督兼理,正如《户部漕运全书》所载,"旧制设总督一员,兼管直隶、山东、河南、江南等处河道。雍正七年分山东河南河道总督一员、江南河道总督一员,雍正八年又增设直隶河道总督一员,乾隆三年裁去,归并直隶总督管理",②乾隆《临清直隶州志》亦称:"国朝河道总督总理黄运两河事务,驻扎济宁州。雍正元年特设河南山东河道副总河,七年分设南北二总河,北总河仍驻济宁总理黄运,并设副总河驻扎河南仪封县"。③驻扎济宁的河东河道总督亦称东河河道总督,其衙署称"总督河道部院衙门"、"总督河院署",位于济宁州治东,"正堂六楹,前抱厦如堂数,后为穿廊。后堂六楹,匾曰'禹思堂'。左为掾房,右为茶房,后为部院宅。左为帝咨楼,曲周刘荣嗣建,三韩杨方兴改为雅歌楼。又东为后乐圃,南乐李从心有记,钟秀杨方兴有记。西为射圃,原系儒学射圃,广宁卢崇峻改入署内。堂前为东西皂隶房,仪门六楹,凡三门,东为寅宾馆、衙神庙,西为土地祠。大门四楹,凡三门,吹鼓亭二座。东西坊,东曰'砥柱中原',西曰'转漕上国'。西辕门内道厅、旗鼓厅。东辕门外,中军厅、巡捕厅"④,为规模庞大的建筑群。

雍正年间尽管河道总督分职,分别掌管不同省份与河段,但东河总督仍然职事繁杂,据担任过该职的林则徐称:"惟思河工修防要务,关系运道民生最为重大,河臣总揽全局,筹度机宜,必须明晓工程,胸有把握,始能厘工剔弊,化

---

① (清)陈忠倚:《清经世文三编》卷66《工政六·治河》,清光绪石印本。
② (清)福趾:《户部漕运全书》卷21《督运职掌》,清光绪刻本。
③ (清)张度:乾隆《临清直隶州志》卷6上《秩官志》,清乾隆五十年(1785)刻本。
④ (清)廖有恒:康熙《济宁州志》卷1《公署》,清康熙十二年(1673)刻本。

险为平,而道、将、厅、营皆得听其调度,非分司防守之员事有禀承者可比"①。为统筹管辖山东、河南黄运两河,东河总督下辖文职、武职两套管河机构,其中山东运河文职官员有,"山东运河道一人,同知二人,通判六人,州同二人,州判三人,县丞五人,主簿十三人,巡检二人,闸官二十九人"②,《大清会典》亦载"山东、河南河道总督一人,掌黄河南下、汶水分流、运河蓄泄及支河、湖港疏浚,堤防之事。所属山东运河道一人,辖运河、沂郯海赣同知二人,泇河、捕河、上河、下河、泉河通判五人,二十八汛州同、州判各三人,县丞十人,主簿十有二人。分理泉河州同知二人,府经历三人,县丞六人,巡检一人,四十八闸闸官三十一人"③,不同史料中之所以记载人数有所差异,是因为府州县管河官员数目往往随河道状况、漕运局势予以调整,所以差异较大。武职管河官员则为总督下辖的河标营,"河道总督标旗鼓守备一人,分中左右三营,中营设副将以下将领八人,左右二营各设游击以下将领八人,兵共三千名,专资防河护运"④,分驻袁家口、南阳闸、戴家庙、济宁州等运河要地。东河河道总督自雍正七年(1729)设置,至光绪二十八年(1902)裁撤,共历 173 年,82 位总督,现将各总督姓名、任职时间列表如下:

表 3-3　清代历任河东河道总督一览表⑤

尹继善	雍正七年(1729)(署)
孔继珣	雍正七年(1729)
嵇曾筠	雍正七年(1729)—雍正八年(1730)(副总河)
田文镜	雍正八年(1730)(副总河)
沈廷玉	雍正八年(1730)—雍正九年(1731)(副总河)
朱藻	雍正九年(1731)(副总河)

---

① 林则徐全集编辑委员会:《林则徐全集》,海峡文艺出版社 2002 年版,第 45 页。
② (清)张廷玉:《清文献通考》卷 85《职官考》,清文渊阁四库全书本。
③ (清)官修:《大清会典》卷 74《工部》,清文渊阁四库全书本。
④ (清)张廷玉:《清文献通考》卷 184《兵考》,清文渊阁四库全书本。
⑤ 本表由著者根据钱实甫《清代职官年表》制作而成。

孙国玺	雍正九年(1731)—雍正十二年(1734)(副总河)
白钟山	雍正十二年(1734)—乾隆七年(1742)(副总河)、乾隆十九年(1754)—乾隆二十二年(1757)
徐湛恩	乾隆七年(1742)
完颜伟	乾隆七年(1742)—乾隆十三年(1748)
刘勷	乾隆十三年(1748)(署)
顾琮	乾隆十三年(1748)—乾隆十九年(1754)
张师载	乾隆二十二年(1757)—乾隆二十八年(1763)
叶存仁	乾隆二十八年(1763)—乾隆二十九年(1764)
李宏	乾隆二十九年(1764)—乾隆三十年(1765)
李清时	乾隆三十年(1765)—乾隆三十二年(1767)
嵇璜	乾隆三十二年(1767)—乾隆三十四年(1769)
吴嗣爵	乾隆三十四年(1769)—乾隆三十六年(1771)
姚立德	乾隆三十六年(1771)—乾隆四十四年(1779)
袁守侗	乾隆四十四年(1779)
陈辉祖	乾隆四十四年(1779)—乾隆四十五年(1780)
李奉翰	乾隆四十五年(1780)—乾隆四十六年(1781)、乾隆五十四年(1789)—嘉庆二年(1797)
国泰	乾隆四十五年(1780)(兼署)
韩鑅	乾隆四十六年(1781)—乾隆四十七年(1782)
何裕城	乾隆四十七年(1782)(署)—乾隆四十八年(1783)
蓝第锡	乾隆四十八年(1783)(署)—乾隆五十四年(1789)
康基田	嘉庆二年(1797)
司马騊	嘉庆二年(1797)—嘉庆三年(1798)
吴璥	嘉庆三年(1798)(署)—嘉庆五年(1800)、嘉庆十一年(1806)—嘉庆十三年(1808)、嘉庆十九年(1814)—嘉庆二十年(1815)、嘉庆二十五年(1820)(署)
王秉韬	嘉庆五年(1800)—嘉庆七年(1802)
嵇承志	嘉庆七年(1802)(署)—嘉庆九年(1804)
徐端	嘉庆九年(1804)(署)
李亨特	嘉庆九年(1804)—嘉庆十一年(1806)、嘉庆十五年(1810)—嘉庆十八年(1813)
马慧裕	嘉庆十三年(1808)—嘉庆十四年(1809)
陈凤翔	嘉庆十四年(1809)—嘉庆十五年(1810)

吉纶	嘉庆十五年(1801)(署)
戴均元	嘉庆十八年(1813)—嘉庆十九年(1814)
李鸿宾	嘉庆二十年(1815)、嘉庆二十四年(1819)
李逢亨	嘉庆二十年(1815)(兼)—嘉庆二十一年(1816)
叶观潮	嘉庆二十一年(1816)—嘉庆二十四年(1819)、嘉庆二十四年(1819)—嘉庆二十五年(1820)
张文浩	嘉庆二十五年(1820)—道光元年(1821)
姚祖同	道光元年(1821)(兼署)
琦善	道光元年(1821)(兼署)
严烺	道光元年(1821)—道光四年(1824)、道光六年(1826)—道光十一年(1831)
张井	道光四年(1824)—道光六年(1826)
林则徐	道光十一年(1831)—道光十二年(1832)
吴邦庆	道光十二年(1832)—道光十五年(1835)
栗毓美	道光十五年(1835)—道光二十年(1840)
牛鉴	道光二十年(1840)(兼署)
文冲	道光二十年(1840)—道光二十一年(1841)
朱襄	道光二十一年(1841)—道光二十二年(1842)
王鼎	道光二十一年(1841)(署)
慧成	道光二十二年(1842)—道光二十三年(1843)、咸丰二年(1852)
钟祥	道光二十三年(1843)—道光二十九年(1849)
徐泽醇	道光二十九年(1849)(兼署)
颜以燠	道光二十九年(1849)(署)—咸丰二年(1852)
陆应谷	咸丰二年(1852)(兼署)
福济	咸丰二年(1852)—咸丰三年(1853)
长臻	咸丰三年(1853)—咸丰五年(1855)
李钧	咸丰五年(1855)—咸丰九年(1859)
蒋启敭	咸丰五年(1855)(署)
黄赞汤	咸丰九年(1859)—同治元年(1862)
英桀	同治元年(1862)(署)
谭廷襄	同治元年(1862)—同治三年(1864)
郑敦谨	同治三年(1864)—同治四年(1865)
张之万	同治四年(1865)—同治五年(1866)

苏廷魁	同治五年(1866)—同治十年(1871)
乔松年	同治十年(1871)—光绪元年(1875)
曾国荃	光绪元年(1875)—光绪二年(1876)
李鹤年	光绪二年(1876)—光绪七年(1881)、光绪十三年(1887)(署)—光绪十四年(1888)
勒方锜	光绪七年(1881)
梅启照	光绪七年(1881)—光绪九年(1883)
庆裕	光绪九年(1883)
成孚	光绪九年(1883)—光绪十三年(1887)
吴大澂	光绪十四年(1888)(署)—光绪十六年(1890)
倪文蔚	光绪十六年(1890)(署)
许振祎	光绪十六年(1890)—光绪二十一年(1895)
裕宽	光绪十九年(1893)(署)
刘树堂	光绪二十一年(1895)(兼署)—光绪二十二年(1896)
任道镕	光绪二十二年(1896)—光绪二十七年(1901)
裕长	光绪二十六年(1900)(署)
锡良	光绪二十七年(1901)—光绪二十八年(1902)

相比于清初河道总督任职时间较长,分治后河督任职时间明显缩短。如东河总督任职时间最长者为白钟山,两次任期共计 11 年,其他河督多为 1 至 2 年,甚至存在一年中 3 次更换总督的情况。这种现象的出现,一方面说明雍正至清末河防局势变化多端,河督治理不善即会被更换或罢职,如姚立德、李特亨、叶观潮、文冲都曾因治河不力被革职或戴罪立功,另一方面也体现了清代河政官员任职时间的长短往往受多重因素的影响,其稳定性较差。

清代历任河东河道总督多为进士、举人出身,间有监生、荫生、贡生、笔帖式出身者,因教育水平不同、能力差异较大,所以良莠不齐,评价褒贬不一。如治河尽心尽力者有嵇曾筠、白钟山、姚立德、林则徐等人。乾隆皇帝曾有《赐大学士嵇曾筠》七言律诗一首:"海疆三载耀台星,沙涨金堤渎协灵。此日黄扉资赞化,昔年绛帐忆谈经。旌扬浙水行来远,路指燕山望里青。料想微疴应早复,丹诚平格享遐龄",①既对嵇曾筠治水功绩进行了赞扬,又希望其身体早日康复。当嵇曾筠去世后,乾隆帝又言:"大学士嵇曾筠才品优长,老成练达。久任河道总督,茂著勤劳。继膺浙督之命经理海塘工程……嗣闻病剧,遣太医驰往疗治,不意溘逝,深为伤悼",②加赠少保,谥文敏,并入祀浙江贤良祠,建庙永享烟祀。另一河督白钟山治河十余年,不但著有《豫东宣防录》《南河宣防录》等治河名作,而且主持了德州哨马营滚水坝修造、漳河入卫处建闸、孙家集增修大坝等工程,乾隆帝称其:"治河以卫民,表里本相因。况萃一身钜,其廑万姓辛。宁当营供奉,匪为事游巡。立位官须业,名言昔可循",③对白钟山予以勉励,希望其尽心治河,毋忘君国。清代中期后,河督多尸位素餐,导致河政混乱不堪,河险频出,在这种情况下林则徐就任河东河道总督,道光帝对林则徐寄有厚望,"林则徐非河员出身,正可厘剔弊端,毋庸徇隐。该河督惟当不避嫌怨,破除情面,督率所属,于修防要务悉心请求,亲历查勘,务合机宜,以副重寄",④"一切勉力为之,务除河工积习,统归诚实,方合任用尽职之道,朕有厚望于汝也。慎勉毋忽!……当今外任官员,清慎自矢者固有其人,而官官相护之恶习牢不可拔,此皆系自顾身家之辈,因循苟且,尸禄保身,甚属可恶",⑤希望林则徐尽去河政弊端,祛除官场陋习,重整河务。林则徐就任河东河道总督后,尽心治河,不但挑挖运道、测量水柜尺寸、防护黄河大堤、遴选治河能员,而且查勘物料、估修闸座、盘验河库钱粮,事无巨细均事必躬亲,连道光帝都赞称:"向来河工查验料垛,从未有如此认真者,揆天理人情,深刻慨也!"⑥对林则徐办事认真的态度予以高度评价。但在当时吏治腐化,贪官蔽野的情况下,单纯妄想依靠一两名清官廉吏扭转河政腐坏的局面,是不可能,

---

① (清)国史馆辑:《满汉名臣传》,黑龙江人民出版社1991年版,第2148页。
② (清)国史馆辑:《满汉名臣传》,黑龙江人民出版社1991年版,第2148页。
③ 李洵等校点:《钦定八旗通志》,吉林文史出版社2002年版,第51页。
④ 林则徐全集编辑委员会编:《林则徐全集奏折卷》,海峡文艺出版社2002年版,第47页。
⑤ 林则徐全集编辑委员会编:《林则徐全集奏折卷》,海峡文艺出版社2002年版,第49页。
⑥ 林则徐全集编辑委员会编:《林则徐全集奏折卷》,海峡文艺出版社2002年版,第74页。

也是不现实的。清末《申报》载，"从前河工百弊丛集，在工人役以岁修之费不足沾润也，往往以出险工为幸。盖既经报工，则勘估动逾百万，及至帑项已拨，真赏归工者不过数万耳，其余多竟饱私囊。故动工之处商贾云集成市，河工员弁豪华竞尚，既不惜浪掷金钱，兵役则又有老虎洞名目，亦复纵情挥霍，以天下之民力供河工之漏卮，积弊莫追，其害何穷"，①晚清思想家郑观应也称："河工一项，乃国家之漏卮，而官场之利薮也"，②可见河政官场贪腐已成普遍现象。

清末同治、光绪年间，因黄河北徙、河政废弛，加之漕粮改折，河东河道总督一职屡议裁撤。自咸丰五年(1855)黄河铜瓦厢改道后，东河总督基本常驻河南，修治黄河河工，"铜瓦厢决口后，防河事繁，则常驻河南行台，霜清后仍回山东料理"。③ 咸丰十年(1860)江南河道总督裁撤，其后冯桂芬、刘其年、僧格林沁等人屡提裁东河总督之议。同治二年(1863)谕内阁："河东河道总督一缺兼辖两省黄运河工，关系非轻，未敢率议裁撤，俟详加体察再行奏请。惟南岸所属四厅、北岸所属三厅河道均已干涸，各厅员一无所事，均可裁撤等语，所有山东所属之曹河、曹单二厅，著山东巡抚酌量办理"，④于是河南黄河 5 厅，山东黄河 2 厅均予以裁撤，东河总督仅辖剩余河南 8 厅与山东运河 6 厅。此后山东黄运两河河务基本由山东巡抚管理，东河总督无所事事，同治十三年(1874)东河总督乔松年自请裁撤其职，称："河决铜瓦厢之后，河南黄河工裁去五厅，山东黄河工全行裁汰，是黄河工惟有河南现在之七厅。其运河工惟以捕河所属，自戴庙至张秋镇一段为最要。因彼时河臣驻于豫省，捕河运道遂改归山东抚臣，就近派员，随同运河道办理，循为成案，是运河之事，亦大减于昔年矣……若将河南河工交河南抚臣兼办，山东河工交山东抚臣兼办，于事理极

①　《申报》第 267 号，清同治十年(1872)二月十六日。
②　(清)郑观应:《郑观应集》,上海人民出版社 1982 年版,第 142 页。
③　(清)沈传义:光绪《祥符县志》卷6《河渠志》,清光绪二十四年(1898)刻本。
④　《清穆宗实录》卷 55,同治二年正月己未条。

为允协,不致有鞭长莫及之虑",①建议裁撤河东河道总督一缺,实质意欲摆脱河南、山东黄河泛滥难以治理的局面,以便从中脱身。光绪初年东河总督曾国荃试图重建山东河防体系,但无果而终。后浙江道监察御史吴寿龄指出黄河险工主要在山东,事务繁重但经费匮乏,要求裁革东河总督,将经费移于山东河段,但被清廷否决。光绪十一年(1885)翰林院侍讲学士恽彦彬奏称东河总督无所事事,河政官员上下分肥,侵吞河银以入私囊,后太常寺卿徐致祥主张移河东总督由河南至山东,管理山东黄河诸事,但均被工部否决。光绪二十四年(1898)维新派岑春煊提议裁撤东河总督衙门,山东河工由山东巡抚兼理,河南河务由河南巡抚兼理,同年学者皮锡瑞亦称:"本朝既定海内,裁总督过半,犹有督抚同城者,乃当时因有事,裁汰未尽耳。河督不治河、粮道不运粮,皆冗官可裁"。② 在听取诸官建议后,光绪帝谕内阁:"现在东河在山东境内者,已隶山东巡抚管理,只河南河工由河督专办,今昔情形确有不同,所有督抚同城之湖北、广东、云南三省巡抚并东河总督,著一并裁撤。其湖北、广东、云南三省均著以总督兼管巡抚事,东河总督应办事宜即归并河南巡抚兼办"。③维新变法失败后,慈禧命照旧设立东河总督,任道镕回任,光绪二十七年(1901)最后一任东河总督锡良自请裁革,第二年正式批准废除东河总督一职,同时东河总督所辖山东运河道、同知、通判、佐贰杂职、夫役、河标营陆续裁撤,清代河政体系由此瓦解,据《清史稿》载,"光绪二十四年,省东河河道总督,寻复置。二十八年又省,河务无专官矣"。④

河东河道总督驻济宁长达170余年之久,对山东、河南黄运两河的防治作出了重要贡献,不但堵塞了大量决口,兴修了相当数量的水利工程,而且对减

① 中国水利水电科学研究院水利史研究室编:《再续行水金鉴》,湖北人民出版社2004年版,第1444页。

② (清)皮锡瑞:《师伏堂日记》,清皮氏手稿本。

③ 《清德宗实录》卷424,光绪二十四年七月乙丑条。

④ 赵尔巽:《清史稿》,吉林人民出版社1995年版,第2277页。

轻水患危害,保障两岸民田庐舍也有一定的意义。同时大量河工衙署在山东的设置,一方面提高了山东的政治优势,增强了其在国家管辖中的地位,同时吸引了大量的仕宦、商贾、民众前往山东沿运市镇聚集、游历,活跃了当地市场,扩大了商业的交流与沟通,刺激了沿河地区经济的发展与商业的繁荣。

二、工部管河分司的延续与裁撤

清初继承明代工部分司管河制度,"通惠河分司一人驻扎通州,北河分司一人驻扎张秋,南旺分司一人驻扎济宁州,夏镇分司一人驻扎夏镇,中河分司一人驻扎吕梁洪,南河分司一人驻扎高邮州,卫河分司一人驻扎辉县,分管所属境内岁修、抢修等事"。① 其中山东境内有临清分司、北河分司、南旺分司、夏镇分司,驻沿河要地,管理辖区河、闸、泉诸事。临清分司仍明制,顺治初设,由临清砖厂工部营缮清吏司员外郎兼管闸座事务,顺治十八年(1661)裁临清工部营缮分司,闸务归并北河分司兼管,民国《山东通志》载,"工部督厂分司,驻临清州,顺治间设,十八年裁"。②《河渠纪闻》亦记,"又裁临清分司并归北河管理"。③ 临清分司裁革原因是由于清代继续定都北京,都城格局已定,大规模的营建工程减少,贡砖需求量不如明代,临清分司基本无事,已无存在必要。临清分司裁撤后,砖务"以山东巡抚领之,监办官为东昌府同知,承办官为临清州知州,分管官为临清州吏目、税课局大使、临清仓大使、夏津县巡检、清平县巡检",④乾隆年间宫廷用砖进一步减少,砖务专归临清州办理。清初北河分司仍驻张秋镇,或派郎中,或派主事,三年一代,初为汉司官一员,康熙九年(1670)添置满官一员,笔帖式二员,后裁笔帖式,康熙十七年(1678)"裁北河分司,分归济宁、天津二道管理,又裁中河、南河分司,分归淮扬、淮徐二道

① (清)官修:《大清会典则例》卷130《工部·河工一》,清文渊阁四库全书本。
② 民国山东通志编辑委员会:民国《山东通志》卷50《职官》,民国七年(1918)铅印本。
③ (清)康基田:《河渠纪闻》卷13,清嘉庆霞荫堂刻本。
④ (清)张度:乾隆《临清直隶州志》卷9《关榷四下·附临砖》,清乾隆五十年(1790)刻本。

管理",①康熙《吴江县续志》亦载,"自分司裁革,河道、闸泉并济宁道管理",②由此延续一百余年的北河分司结束了其历史使命。

清初仍置南旺、夏镇二分司,分驻济宁、夏镇,管理河道、泉源、闸座、水柜诸事,顺治时差汉司官前往管理,三年更代,康熙初再遣满司官前往,与汉司官相互配合与牵制。康熙十五年(1676)经河道总督王光裕题请:"裁南旺、夏镇二分司,将南旺事归并济宁道,夏镇所管江南沛县河道、闸座归并淮徐道,山东滕、峄二县河道、闸座归并东兖道"。③ 两年后,又经河道总督靳辅要求,"将东兖所管滕、峄二县河道、闸座及张秋郎中所管亦归济宁道,于是南自黄林庄,北至桑园驿一千二百里之运道以济宁道为专责"。④ 济宁道所管河道范围与明代北河分司大体类似,其职始于明隆庆年间所置管河兵巡道,康熙初裁,康熙九年(1670)复设,专管山东通省河道,十五年(1676)并管泉务,十七年(1678)再管南北闸务,称分巡济宁河道,"凡黄运之在山东者,悉归统辖,五十九年改为兖宁道。雍正九年改为曹东道,十一年裁去兼辖地方,改为管河兵备道,专管河务"。⑤ 自康熙后,山东管河工部分司官员全部裁撤,相关事务由济宁管河道管理。

清代工部分司管河时间较短,其中临清营缮分司存在17年,北河分司存在34年,南旺、夏镇二分司存在32年。尽管分司管河时间不长,但依然有相应的管辖范围、功能职责等方面的要求与章程,其存在时期内对清初山东运河区域社会秩序的稳定及河道的治理起到了一定作用。

临清工部营缮分司存在时间最短,主要以兼管临清闸务为主,史料记载不多。北河分司部差三年一代,驻扎张秋镇,"本司所辖河道北自直隶河间府静

① (清)官修:《大清会典则例》卷130《工部·河工一》,清文渊阁四库全书本。
② (清)金福曾:光绪《吴江县续志》卷34《艺文三》,清光绪五年(1879)刻本。
③ 徐子尚:民国《临清县志》之《秩官志》,民国二十三年(1934)铅印本。
④ 徐子尚:民国《临清县志》之《秩官志》,民国二十三年(1934)铅印本。
⑤ 徐子尚:民国《临清县志》之《秩官志》,民国二十三年(1934)铅印本。

海县稍直口起,南至山东兖州府鱼台县邢庄闸止,长一千八百二十里一百八十步",①据康熙九年(1670)赐予管理北河工部员外郎傅当阿、工部主事祁文友敕书载,"兹命尔等管理北河等处河道事务,驻扎张秋,约束衙门官吏、胥役,使恪遵法纪,毋致作弊生方,所辖北河自静海以南,直抵济宁,并经常往来巡历河道、闸座、堤坝,遇有浅淤、冲浚、修筑、防守事宜,务要著实举行,其应办等项钱粮察照额数如期征收、出纳、稽核,毋容所司挪移别项,毋使奸胥勒索短少,俱与地方官照例估办,督率所属各官常专料理,不许营求别差,各衙门亦不许违工程浩大额设钱粮,不敷中报河道总督,附近丁民赴工事毕即行放遣,不许耽延时日",②同时对地方军卫有司、官员误漕、闸坝维修都有管辖之权,三年任满回吏部考核,考核优异者升迁,贪渎者治罪。北河分司所掌修守事宜,"所辖闸河例有大挑、小挑之役,每至岁杪,回空过尽,筑坝绝流,正月初旬动工,二月中旬报完,今改定二月初一日开堤",③其挑挖疏浚有着相应日期,不能耽误漕船北上与回空。

南旺分司部差三年一代,驻扎汶上县南旺镇,"本司所属有泉十七州县,除干枯七泉,不能济运四泉外,实在泉四百二十三处,泉、坝夫四百七十六名,又蒙阴县觅雇夫十六名",④"南旺分司所辖泉源,每于大挑、小挑之后,巡勘诸泉,使其通流,直达汶、泗诸河,入漕济运。南旺、安山二湖每遇山水涨发,开通各口斗门,一以杀水势,保全运堤,一以撒泥沙免淀河腹。蜀山、马踏二湖每遇大小挑之时,将汶河筑坝绝流,使水分入两湖,督夫挑浚,仍开汶河南北通流,又将月河口堵塞,遇天旱水微,南北相机开放,接济运舟",⑤同时对马场湖、昭阳湖、独山湖水源节宣与斗门启闭皆有管辖之权。

① (清)薛凤祚:《两河清汇》卷2《运河》,清文渊阁四库全书本。
② (清)林芃:康熙《张秋志》卷9《艺文志一》,清康熙九年(1670)刻本。
③ (清)薛凤祚:《两河清汇》卷1《运河》,清文渊阁四库全书本。
④ (清)薛凤祚:《两河清汇》卷2《运河》,清文渊阁四库全书本。
⑤ (清)薛凤祚:《两河清汇》卷1《运河》,清文渊阁四库全书本。

　　夏镇分司部差三年一代,驻扎夏镇,"本司所属除黄河外,运河、泇河自山东鱼台县王家口起为直隶沛县河道,至山东滕县刘昌庄为山东峄县界,又自吴家桥起至江南邳州界黄庄止,共二百零八里",①"夏镇分司所辖峄县中有彭口、朱姬要害,每小挑当年,大挑间年,邳州、泇河八闸更有大泛口等处要害,其内高亢之处,砂礓淤泥疏凿不易,额例一年小挑,三年大挑",②另微山湖、赤山湖、吕孟湖、张庄湖、昭阳湖蓄水济运,彭口十字河放水射沙,韩庄闸启板济运,募夫挑挖皆属夏镇分司管辖。

　　工部分司管河制度在清初发挥了重要作用,保障了河道的畅通,为初期的军事征伐、国家统一、京城供给作出了巨大贡献。分司管河虽然时间较短,但为其后道、厅、营、汛河政制度的确立奠定了基础,而分司管河时期设置的各项制度、章程也并非全部被废除,而是多数被继承与完善,继续发挥维护国家漕运的功能与作用。

三、清代山东地方管河官员

　　清代山东运河管河官依然分为文、武两类,文职包括兼职管河官与专职管河官,如山东巡抚、沿河道员、知府、知州、知县属兼职管河官,管河道员、管河同知、管河通判、管河判官、管河州同、管河县丞、管河主簿、闸官属专职管河官。武职管河官则包括河标营及各地卫所驻军中的游击、守备、千总、百总诸官,对辖区河道有一定的管理权与巡视权。

(一) 文职管河官员

　　清代山东运河文职管河官分为兼职、专职两类。其中兼职官员涉及巡抚、道员及沿河府、州、县主官,作为封疆大吏及地方行政事务的处理者,管河并非这类官员的主要工作,但其对辖境河道有着统筹兼顾的职责,须督促属下专职

---

① (清)薛凤祚:《两河清汇》卷2《运河》,清文渊阁四库全书本。
② (清)薛凤祚:《两河清汇》卷2《运河》,清文渊阁四库全书本。

管河官尽心河务,保障河道安澜与漕运畅通。而专职管河官涉及山东运河道、管河厅同知或通判、各州管河判官或州同、各县管河县丞或主簿、各闸闸官等,负责河道修浚、工程建设、水利设施修缮、夫役征派、物料购买等具体的河务工作。

1. 兼职管河官

首先,山东巡抚作为一省最高官员,对省内河道具有兼管之责,通省兼职、专职管河官均归其管辖。如雍正、乾隆时人何煟以州同效力河工,后任淮扬道、山东运河道、按察使、布政使,乾隆三十六年(1771)升山东巡抚,"兼管河道,老成练达,诚笃恪勤,体国爱民,实心经理",①后加授总督,升兵部尚书,参与平定山东王伦之乱。清后期,随着黄河泛滥于山东境内,河东河道总督怠于河务,山东巡抚承担起了治河重任。同治、光绪时山东巡抚丁宝桢多次治理黄河水患,同治十年(1871)黄河决口郓城侯家林,丁宝桢亲临工地,指导堵口工程,历两月而工成。同治十三年(1874)受东明县石庄户决口影响,菏泽贾庄亦决,丁宝桢通过实地勘查,制定堵口计划,"檄行沿河各州县分筑长堤一百八十余里,而于菏邑贾庄决口躬督官属役夫,始自十二月杪兴工,至明年为光绪元年三月初旬工竣,遂建金龙四大王庙、栗大王庙于贾庄大坝之南,并立碑纪事。是役也,河堤占地五百一十二亩有奇,河流塌陷地五百九十九顷八十六亩五分,又续报新塌十六顷五十九亩二分,庙基占地三十四亩六分。而菏邑堤工通计三千八百有六丈,趾阔十丈,顶宽三丈,高一丈四尺,长二十一里二十六丈,格堤二道,东长三百丈,西长四百五十丈"。② 光绪二十五年(1899)清廷命户部筹款培修山东黄河堤埝,疏通海口,山东巡抚毓贤奏陈治河三事,光绪帝下旨称:"此次筹办工程,均在山东境内,毓贤以巡抚兼管河工,责无旁贷。即著督饬上中下三游总办,切实经理,无得滥用一人,虚糜一物,总期河患日纾,

---

① (清)成瓘:道光《济南府志》卷37《国朝宦迹五》,清道光二十年(1840)刻本。

② (清)叶道源:光绪《新修菏泽县志》卷3《山水》,清光绪十一年(1885)刻本。

以澹沉灾而拯昏垫",①对毓贤治河提出了要求,并颇有期望。光绪三十年
(1904)山东巡抚周馥因河工专员不敷所用,"将沿河两岸之菏泽、郓城、范县、
阳谷、寿张、濮州、东平、东阿、平阴、肥城、长清、齐河、历城、章丘、济阳、齐东、
青城、蒲台、惠民、滨州、利津、沾化等二十二州县一律改为兼河之缺,各州县始
有管河之责",②通过完善山东黄河沿线河政体系,以便加强河防管理与治理。

其次,山东运河沿线道员也有兼管河务之责。兼职管河道员包括分巡东
昌道、分守济东道、分巡东兖道、兖沂曹济道,其品级均为正四品。分巡东昌道
的前身即明代的临清兵备道(东昌兵备河道副使),"东昌道即临清道,顺治初
设,康熙六年裁"。③ 据《北河续纪》载,"钦差分巡东昌道兼临清屯田、马政、
河道、水利,驻扎临清州",④东昌府、兖州府及所属州县、卫所河道事务俱归东
昌道管理。分守济东道,初驻省城济南,后移德州,后再回济南,据乾隆《历城
县志》载,"济东道在布政司大门内,督粮道东,康熙十二年建",⑤"分守济东
道署,在府治东,故巡按察院署也,后为总督署,又改为提督署,康熙三十七年
改为济东道署"。⑥ 济东道一职在济南、德州之间经历了较大的变化,康熙九
年(1670)济东道由济南移驻德州,但康熙十八年(1679)再回济南,而督粮道
署由济南移德州。据雍正《山东通志》载,"分守济东道一员,驻济南府,参议
衔,兼理通省驿传,按旧本武德道,康熙六年裁,九年复设,改为济东道,辖济
南、东昌二府,初驻德州,十二年移驻济南府,今兼辖武定、泰安等处",⑦"济东
道一员,兼管济南、东昌二府属河道,并直隶广平府属清河县、河间府属故城县

① 王廷彦:民国《利津县续志》卷4《河渠图第三》,民国二十四年(1935)铅印本。
② 刘璟:民国《济阳县志》卷5《水利志》,民国二十三年(1934)铅印本。
③ 民国山东通志编辑委员会:民国《山东通志》卷50《职官志第四》,民国七年(1918)铅印本。
④ (清)阎廷谟:《北河续纪》之《目录》,清顺治九年(1652)刻本。
⑤ (清)胡德琳:乾隆《历城县志》卷10《建置考一》,清乾隆三十八年(1773)刻本。
⑥ (清)成瓘:道光《济南府志》卷9《公廨》,清道光二十年(1840)刻本。
⑦ (清)岳浚:雍正《山东通志》卷25之2《职官二》,清文渊阁四库全书本。

河道堤工"。① 乾隆十三年(1748)济东道兼理通省驿传、水利事务,辖东昌、济南、武定、泰安四府及高唐、东平、濮州三直隶州,又称济东泰道或济东泰武道,乾隆四十一年(1752)再辖临清直隶州,称济东泰武临道,兼管所辖区域河道、水利事务,一直延续至清末。

分巡东兖道,又称沂州道或兖东道,顺治初年设,驻沂州,负责整饬沂州诸处兵备,监理马政、粮饷,管理兖州府属沂州、郯城、费县、邹县、滕县、峄县、宁阳、曲阜、泗水诸州县及部分卫所,康熙六年(1667)裁撤,数年后复置,仍驻沂州,"东兖道一员,兼管东昌、兖州二府属河道,并江南徐州属沛县河道堤工",②康熙五十三年(1714)再次裁撤。兖沂曹济道又称分巡兖莒沂道,始设于雍正九年(1791),驻兖州府,下辖兖州府、莒州直隶州、沂州直隶州,后再辖曹州直隶州,称兖沂曹道,"驻兖州府,本朝雍正九年始设兖莒沂道,辖兖州一府,沂、莒二州,十二年改沂州为府,莒州隶焉,又兼辖曹州府,今改衔为分巡兖沂曹道"。③ 乾隆朝时加按察司副使及兵备衔,并增辖济宁直隶州,称分巡兖沂曹济兼管水利黄河兵备道员,简称兖沂曹济道,统筹管理辖区黄河及水利事务。光绪二十八年(1902)移驻济宁,署在州治东,由总督河院署改建,因此时河东河道总督及所辖河员全部裁撤,山东运河事务由兖沂曹济道兼管。宣统元年(1909)经山东巡抚孙宝琦奏请,兖沂曹济道专管山东运河工程,两年后随着清政府灭亡,该职也随之消失。

最后,运河沿线府、州、县主官对辖境运河亦有相应的管理责任。府州县官为地方行政主官,主要负责辖区民政、刑事事务,其下属虽有专职管河官,但本人对区域河道事务仍具有相当责任。如东昌府知府一员,"兼管东昌上河通判属聊城、堂邑、博平、清平、临清、馆陶六州县,下河通判属恩县、夏津、武城

① (清)傅泽洪:《行水金鉴》卷168《官司》,清雍正三年(1725)刻本。
② (清)傅泽洪:《行水金鉴》卷168《官司》,清雍正三年(1725)刻本。
③ (清)陈顾:乾隆《兖州府志》卷12《职官志》,清乾隆二十五年(1760)刻本。

三县运河河道堤工"，①另本府所属诸县知县兼管本县运河工程。济南府知府一员兼管德州运河工程，德州知州一员兼管本州运河工程，所辖恩县、夏津县、武城县知县兼管本县运河工程。兖州府知府一员，"兼管张秋通判属阳谷、东平、东阿、寿张四州县运河，同知属汶上、巨野、嘉祥、济宁、鱼台五州县，泇河通判属滕、峄二县并江南沛县，黄河同知属曹、单二县，沂郯海赣同知属郯城县河道工程"，②下属运河沿线各知州、知县均兼管本县运河工程。另所辖兖州府黄河同知一员，专管曹县、单县黄河堤工，曹县、单县知县兼管本县黄河工程，曹县管河县丞、单县管河主簿专管本县黄河工程。

清代山东运河区域的兼职管河官一般为本省或所辖道、府、州、县的行政主官，这些官员并非专管运河、黄河工程，只是对黄运两河事务起着统筹兼顾的作用，负责管辖、协调、监督本区域的专职管河官，督促其专注河务，保障河防维护、水工建设、物料调配、漕船过闸等事务的顺利进行。尽管为兼职管河，但地方行政主官对于河道事务的投入程度，会直接影响到河防体系的建构及区域社会的商业交通、农田水利诸事，在其中也起着重要影响。

2. 专职管河官

所谓专职管河官，是指专门管理河道、水利事务的河政官员。清代山东运河区域的专职管河官包括河东河道总督、山东运河道、运河同知或通判，以及管河州同、判官，各县管河县丞、主簿及闸官等。这些专职管河官是清代山东运河主要的管理者，也是相关工程的具体施建者，在河道管理中起着主导作用。

清代山东运河道是除河东河道总督外最高级别的管河官员，其名称经历了多次变化。顺治元年（1644）设济宁道一员，驻济宁州，康熙六年（1667）以裁官减费为名革济宁道，九年（1670）复置，专管山东通省河道，后又称分巡济

---

① （清）傅泽洪:《行水金鉴》卷168《官司》，清雍正三年（1725）刻本。
② （清）张鹏翮:《治河全书》卷13《官制》，清钞本。

宁河道,其后随着南旺、夏镇、北河三工部分司裁撤,河务、闸座、泉源多半归济宁道管理,其管辖范围与职权大为增强,南自黄林庄,北至桑园驿1200余里运道均归济宁道节制,"夫济宁道有分巡之专责,庶务孔多,且驻扎济宁,去临清、张秋甚远,二处所有河道、闸座鞭长不及,殊难照瞭周到,且州县泉、闸数百处,常恐其湮塞不能济运,漕艘每有浅阻之虞,济宁一道任诚重矣",①可见济宁道事务繁杂,责任重大。康熙五十三年(1714)裁东兖道归并济宁道,改衔为兖宁道,"又将济宁、东兖二道并为兖宁道,所属河道、闸座、泉源归于一道,管辖较前任尤重焉"。② 雍正十一年(1733)为减轻济宁道管河负担,将曹州河务归兖沂道管理,东平河务归济东道管理,济宁道改称分巡全省运河兵备道,又称山东管河道,"专管济南、兖州、东昌三府属黄运二河河堤、闸座、泉源"。③乾隆五年(1740),经河东河道总督白钟山建议,"改山东管河道为运河道,专司蓄泄疏浚闸坝事,仍管河库",④称山东运河道。光绪二十八年(1902)作为河东河道总督属官,山东运河道与东河总督一并裁撤,河务诸事由兖沂曹济道兼管。

　　清代山东最主要的河政部门为河厅,其主官为管河同知或通判,下辖各州县管河州同、管河县丞、管河主簿、闸官等。山东河厅共分上河厅、下河厅、捕河厅、运河厅、泉河厅、泇河厅6厅,分别管理辖区河道事务。上河厅管河通判简称上河通判,驻东昌府,"专管东昌府属聊城、堂邑、博平、清平、临清、馆陶六州县并东昌卫及平山卫运河闸座堤河工程",⑤下辖聊城县管河主簿、周家店闸闸官、通济闸闸官、永通闸闸官、平山卫管河千总、堂邑县管河主簿、梁家乡闸闸官、博平县管河县丞、清平县管河主簿、戴家湾闸闸官、德州左卫管河千总、临清州管河州判、砖板闸闸官、馆陶县管河主簿等专职管河、管闸官员。据

---

① （清）傅泽洪:《行水金鉴》卷168《官司》,清雍正三年(1725)刻本。
② （清）傅泽洪:《行水金鉴》卷168《官司》,清雍正三年(1725)刻本。
③ （清）傅泽洪:《行水金鉴》卷168《官司》,清雍正三年(1725)刻本。
④ 赵尔巽:《清史稿》,吉林人民出版社1995年版,第2589—2590页。
⑤ （清）傅泽洪:《行水金鉴》卷168《官司》,清雍正三年(1725)刻本。

《山东运河备览》载,"东昌府管河通判原管德州等十余州县、卫河道,计六百余里。康熙二十一年总河靳文襄公始请添设下河通判一员,分辖德州一州、二卫、恩县、夏津、武城,直隶之清河、故城八州县卫河河道,驻扎武城县,而以原设之通判改为上河通判",①可见康熙二十一年(1682)始分上河通判、下河通判,其时上河通判"犹兼管聊城等十四州县粮务,当收漕监兑之时,正挑挖运河之候,彼此兼顾难以分身",②于是乾隆六年(1741)经河道总督白钟山建议,上河通判专管河道,其粮务分归清军水利同知管理。下河通判为下河厅主官,"专管济南府属德州、德州卫,东昌府属恩县、夏津、武城,直隶广平府属清河,河间府属故城六州县卫运河工程",③所辖山东省内专职管河官员有德州管河州同、德州卫管河千总、恩县管河主簿、夏津县管河主簿、武城县管河县丞、甲马营巡检等。

　　捕河厅驻扎张秋镇,又称张秋河厅,"其地当黄河荆隆口下泄之冲,前明屡受淹浸……考明弘治年间设立河厅,嘉靖中兼管曹州、曹县、定陶、单县、嘉祥、巨野、城武、金乡、平阴、郓城捕务,因有捕河之衔,今既别设粮捕通判,而河厅仍沿旧号"。④ 清代设张秋捕河通判一员,"专管东平、阳谷、东阿、寿张各州县所运河闸座工程",⑤下辖阳谷县管河主簿、七级闸闸官、阿城闸闸官、荆门闸闸官、寿张县管河县丞、寿东管河主簿、东平州管河州判、戴家庙闸闸官、安山闸闸官、靳家口闸闸官、东平所管河千总等专职管河官。运河厅主官为兖州府运河同知,"专管汶上、巨野、嘉祥、济宁、鱼台各州县、卫所河道、闸座、泉源工程",⑥下辖汶上县管河主簿、袁家口闸闸官、开河闸闸官、南旺闸闸官、巨嘉管河主簿、通济闸闸官、济宁卫管河千总、济宁州州判、天井闸闸官、在城闸闸

① (清)陆耀:《山东运河备览》卷7《上河厅河道》,清乾隆四十年(1775)刻本。
② (清)陆耀:《山东运河备览》卷7《上河厅河道》,清乾隆四十年(1775)刻本。
③ (清)傅泽洪:《行水金鉴》卷168《官司》,清雍正三年(1725)刻本。
④ (清)陆耀:《山东运河备览》卷6《捕河厅河道》,清乾隆四十年(1775)刻本。
⑤ (清)傅泽洪:《行水金鉴》卷168《官司》,清雍正三年(1725)刻本。
⑥ (清)傅泽洪:《行水金鉴》卷168《官司》,清雍正三年(1725)刻本。

官、赵村闸闸官、石佛闸闸官、新店闸闸官、仲家浅闸闸官、枣林闸闸官、鱼台县管河主簿、南阳闸闸官等专职管河、管闸官员。运河厅在山东诸厅中地位最为重要，"运河同知所辖，踞山东全省运河之上流，其水则汶、泗、沂、洸，其潴泄则蜀山、南旺、马踏、马场、南阳、独山、昭阳诸湖，而署在济宁，又为河帅、监司治所，号称繁剧"，①不但所管水利工程众多，且与河督、监司同居一城，人事关系极为复杂。

泉河厅设置于雍正四年（1726），因兖州府运河同知兼管闸座、泉源，事务繁杂而难以周全，故增设专职管泉通判，"山东漕渠名有五水济运，实则专赖汶、泗，其泉源散布于十七州县，分隶兖、泰二府，非有专员浚治，难以畅利通流。明永乐时原设管泉分司于宁阳，管河分司于济宁，后裁宁阳分司归并济宁。国朝康熙十四年又裁济宁分司，以运河同知兼管。至雍正四年方以内阁学士何公国宗言，增设管泉通判一员，顾幅员方数百里，而泉在山沟、泥穴之中，或聚数十泉于跬步之间，或发一二泉百十里之外，一人耳目未能周遍，因有管泉佐杂十二员，督率泉夫分地疏浚，法已尽善"，②《江北运程》亦载，"兖州府管泉通判一员，国朝雍正四年设，经管兖、泰、沂、济三府一州属十七州县，共计泉四百八十四处，责成州同、县丞、经历、主簿、巡检等管泉汛官十二员分地经理，共泉夫七百七十六名"，③下辖东平州州同、济宁州州同、汶上县县丞、滕县县丞、峄县县丞、邹县县丞、泰安县县丞、泰安府经历、沂州府经历、宁阳县主簿、新泰县巡检等官员。管泉通判事务繁杂，须不时率领属员疏浚泉源，"每年于十月水落之后严饬管泉通判协同管泉各官逐一察勘，遇有淤浅，募夫疏浚，凡浚山泉之河深五尺者，上口阔三尺，底阔一尺以为定式"，④但泉源多分布于地方，地方官员的罢黜、惩治之权不归管泉通判管理，往往导致呼应不灵、

①　（清）陆耀：《山东运河备览》卷4《运河厅河道》，清乾隆四十年（1775）刻本。
②　（清）金福曾：光绪《吴江县续志》卷34《书目三》，清光绪五年（1879）刻本。
③　（清）董恂：《江北运程》卷17《提纲》，清咸丰十年（1860）刻本。
④　（清）官修：《大清会典则例》卷133《工部》，清文渊阁四库全书本。

推诿扯皮等现象的出现,导致泉源淤塞严重。泇河厅主官初为泇河通判,"山东运河由江南下邳梁王城至黄林庄入山东峄县境,为兖州府泇河通判所辖,其地当漕运入境首程,事务颇繁,兼以微山一湖潴泄事宜,经理不易",①乾隆三十九年(1774)经东河总督姚立德题请,改设泇河同知,由正六品升为正五品,同时将驻郯城的沂河同知改为通判。泇河同知"专管滕、峄二县并江南沛县运河、闸座工程",②下辖滕县管河主簿、峄县管河县丞、韩家庄闸闸官、万年闸闸官、顿庄闸闸官、台庄闸闸官等专职管河、管闸官员。

清代山东运河专职管河官是保障运道畅通的主体,无论是河道的疏浚、水工的建设,还是水柜的蓄泄、泉源的维护,亦或是夫役征派、物料采购,都由专职管河官负责,这一群体连通了河道总督、地方行政主官与基层管河人员、河防夫役之间的关系,在其中起着协调、沟通、交流的作用。在清代近三百年间,专职管河官的设置,完善了山东运河河政管理体系,实现了从工部分司制向河厅制的顺利转变,强化了中央与地方在管河事务上的互动,在一定程度上减轻了清廷在河务上的负担与压力。

(二)管河武职官员

清代山东运河武职管河官员较明代为多,但主要分为四类:第一类为河东河道总督亲兵的河标营,又称河督标,设中军副将一员管中营、左营、右营,其中中营由从二品副将亲管,左营由正三品参将管辖,右营由从三品游击管辖。三营下辖都司、守备、千总、把总、外委千总、外委把总若干名,分防运河各汛地。第二类属河东河道总督亲军外所辖河营,包括山东运河营,设守备一员管辖,下设协备、千总、把总、经制外委等官,分驻济宁、临清、东平、南阳镇诸运河要地。另有济宁城守营,主官为都司,驻州城,负责城池守护及部分河道巡防。第三类为各镇总兵,如兖州镇所辖台庄营、沙沟营,曹州镇所辖临清协营、德州

---

① (清)陆耀:《山东运河备览》卷3《泇河厅河道》,清乾隆四十年(1775)刻本。
② (清)傅泽洪:《行水金鉴》卷168《官司》,清雍正三年(1725)刻本。

营、东昌营、寿张营、梁山营等,诸镇对辖区河汛均有管理之责。第四类为运河沿线卫所,德州卫、东昌卫、平山卫、东平所、济宁卫皆有经管河段,不时巡视,以保障河防安全。

清代河道总督所辖河标营驻防区域有明确规定,据嘉庆《大清一统志》载,"副将中营兼中军,驻济宁州,兼辖通汛河道。参将左营驻济宁州,兼辖通汛河道,乾隆四十八年改游击。游击右营驻东平州安山汛,兼辖本营通汛河道。都司中营驻袁家口。守备二员,左营驻鱼台县南阳汛,右营驻东平州戴庙汛。千总六员,中二员分防汶上县南旺张八、老口二汛,左二员分防鱼台县徐家堡、济宁州石佛闸二汛,右二员分防东平州安山、寿张县张秋二汛。把总十二员,中四员分防大长沟、开河、靳家口河西,靳家口河东四汛,左四员分防马家堡、鲁桥堡、邢庄、利建闸四汛,右四员分防东平州十里铺、王仲口、沙湾、壮猷台四汛。经制外委九员,每营三员,额外外委五员,中二、左一、右二",①各官各司其职,负责所辖河道巡视、抢险事务。运河营守备驻济宁州,旧为黄运河营守备,乾隆四十七年(1782)改设协备驻临清州。有千总二员,一防济宁北汛,一防泇河汛,"把总二员,一防捕河汛,一防下河汛。经制外委三员,分防鱼台南阳镇、东平戴村坝、聊城各汛"。②另有黄河营协备二员,分防曹县、单县黄河。济宁城守营都司驻济宁州,设守备、千总、把总诸官,负责守城及分防天井汛,并巡视济宁州附近漕河。

清代山东各镇驻军及卫所驻军对于沿线河道也有管辖之责。兖州镇总兵官驻兖州府,兼督催漕运,"中右二营,游击中营,都司右营,守备二员。千总四员,二驻本营,二分防肥城、界河二汛。把总六员,一驻本营,五分防汶上、泗水、滋阳、外汛曲阜、邹县各汛,旧设七员,嘉庆二十二年拨宁阳一员,归曹州镇辖。经制外委八员,中四员三驻本营,一防宁阳汛,嘉庆二十二年改把总。右

---

① (清)潘锡恩:嘉庆《大清一统志》卷161《武职官》,四部丛刊续编景旧钞本。
② (清)潘锡恩:嘉庆《大清一统志》卷161《武职官》,四部丛刊续编景旧钞本。

四员,二驻本营,二分防邹县、嘉祥二汛,额设外委十一员,中五右六",①另辖
台庄营参将一员,驻台庄,下辖守备、千总二员,分防丁庙闸汛、德胜闸汛。辖
沙沟营都司一员,驻滕县,辖把总、经制外委二员,驻本营与鱼台汛。曹州镇总
兵官驻曹州府,设中、右二营,"旧置参将,隶兖州镇辖,嘉庆二十二年改设,并
置游击以下官。游击中营,都司右营,守备二员。千总四员,俱驻本营,旧设二
员,嘉庆二十一年增一员,二十二年又增一员。把总九员,六驻本营,三分防濮
州、范县、孟家海各汛,旧设六员,嘉庆二十一年增一员,二十二年又增二员。
经制外委六员,三驻本营,三分防定陶、观城、朝城各汛",②下辖临清协副将驻
临清州,所辖千总、把总分防邱县汛、新城河汛、馆陶汛、武城汛、夏津汛;下辖
德州营参将驻德州,所辖守备、千总、把总分防陵县、临邑、恩县、四女寺、柘园
镇、刘智庙、德平诸汛。除此之外还辖东昌营参将、高唐营游击、寿张营游击、
梁山营都司、巨野营守备诸官,分别管辖境内运河、黄河事务。清代山东运河
沿线卫所除运粮、屯田外,对河道也有管理之责。东昌府驻有平山卫、东昌卫,
"东昌卫守备一员兼管收并平山卫运河工程,平山卫管河千总一员专管本卫
河道,浅夫七名半"。③德州驻有德州卫、德州左卫两卫所,"德州卫守备一员,
兼管本卫并收并左卫所河道",④"德州左卫管河千总二员,专管本卫河道,浅
夫五十名。左卫管河千总一员,专管本卫北河,浅夫十名"。⑤东平所有管河
千总二员,专管本所运河工程,夫20名。济宁卫守备一员,兼管本卫运河工
程,所辖管河千总二员,"专管本卫运河工程,浅铺、闸河夫六十五名"。⑥

清代山东运河武职管河官数量众多,无论是河东河道总督所辖河标营、运
河营、城守营,还是各镇驻军、卫所驻军,均对辖区河道及相关工程有兼管、专

① (清)潘锡恩:嘉庆《大清一统志》卷161《武职官》,四部丛刊续编景旧钞本。
② (清)潘锡恩:嘉庆《大清一统志》卷161《武职官》,四部丛刊续编景旧钞本。
③ (清)傅泽洪:《行水金鉴》卷168《官司》,清雍正三年(1725)刻本。
④ (清)傅泽洪:《行水金鉴》卷168《官司》,清雍正三年(1725)刻本。
⑤ (清)傅泽洪:《行水金鉴》卷168《官司》,清雍正三年(1725)刻本。
⑥ (清)傅泽洪:《行水金鉴》卷168《官司》,清雍正三年(1725)刻本。

管之责,从而形成了地方管河文、武两套系统,二者既相对独立,同时在河防事务上又相互配合,最大程度上保障了河道的安澜与沿河社会秩序的稳定。当然相对文职专业管河官的稳定性,武职管河官更多为辅助性质,其工作主要以河道巡视、河防抢险为主,河道日常及常规事务仍由专职管河文官主导。

第四章　明清山东运河河工夫役

　　所谓河工夫役,是指专门从事河道工程的劳役人员。明清两朝,山东运河的开挖、疏浚、水工设施修缮、水源保持均需要相应的劳役人员,这些人员包括浅铺夫、泉夫、闸夫、溜夫、湖夫、坝夫、桥夫、堡夫、军夫、堤夫、塘夫、挑港夫、河兵等,"漕河夫役,在闸者曰闸夫,以掌启闭;溜夫,以挽船上下;在坝者,曰坝夫,以车挽船过坝;在浅铺者,曰浅夫,以巡视堤岸、树木,招呼运船,使不胶于滩沙,或遇修堤浚河,聚而役之,又禁捕盗贼;泉夫,以浚泉;湖夫,以守湖;塘夫,以守塘;又有捞沙夫,调用无定;挑港夫,征用有时,若计工重大,则发附近军民助役,事毕释之。定役夫,自通州至仪真瓜洲,凡四万七千四百人",①《泉河史》亦载,"水衡吏曰:治河徒役非一,其守津者为闸夫、桥夫,以时启闭,溜夫以助导挽。浅夫列铺居之,使习浅阻,招呼运卒不胶于沙,若巡视堤岸、树木,捕盗贼,传置邮亦其职也。泉夫浚泉、湖夫治湖,又有司厂之夫、护堤之夫、防坝之夫、辟沙之夫,各有分地。如遇大兴,聚有用之,事毕则释,通计隶于尺籍者岁不下四千余人"。② 在诸夫役中,对山东运河影响最大、数量最多的为浅夫、泉夫、闸夫、溜夫,这些人员因与运河关系密切,且有相应的管理人员与

---

　　① (明)王琼:《漕河图志》,水利电力出版社1990年版,第133页。
　　② (明)胡瓒:《泉河史》卷10《夫役志》,明万历二十七年(1599)刻清顺治四年(1647)增修本。

管理机构,所以形成了较为固定的河工组织,其来源、征派、管理均有着相应的规章,并且其分布区域、功能作用与山东运河河道形势、漕运状况、沿线地理地势等因素密切相关。

明清两朝山东运河夫役可以分为两类,一类为相对固定的河工组织夫役,即常设夫役或额设夫役,如浅夫、泉夫、闸夫等。在明代这类夫役主要从沿河州县佥派,其数量有着相应的规定,由河道衙门或地方官府安排从事相应的河道工作。之所以从沿河民众中佥派,一方面便于当地官府管理,可以加强对夫役的控制,另一方面往返方便,在从事河防工作的同时,可以就近照顾家庭,"免其徭役牧养之事,使专事于此,付管河官督领,役小则量数起之役,大则举户皆行,非近运河之人皆休放使力农亩,如此将远者得安生业,近者甘事河道",①国家通过一定的赋役减免措施吸引沿河民众从事河防劳动。明末清初因受战乱影响,山东运河河道废坏,大量夫役遭到裁革,后随着经济的恢复及漕运的稳定,"凡河道、泉闸、堤坝关系漕运,各设夫役以备修浚",②重新建立起了系统的河工组织。不过与明代有所差异,清初因夫役佥派困难重重,沿河民众多逃役、避役,因此逐渐改佥派制为雇募制,其工食银两从河道库或地方州县库存银中支付,"黄运两河各有额设夫役以供修浚,而各夫工食每岁每名或十二两,或十两八钱,或七两二钱,或五六两不等,其坐支于河库者,详明批给",③夫役收入较明代有所增加,提高了其积极性。与此同时,为强化河防控制,康熙年间还设立河兵制度,与夫役共同防河,"设立河兵,专供力役。按程计里,每汛分派修防,各在本营境内,桃伏秋汛不时巡查,遇有险要,竭力抢护,以保无虞。至霜降后,水势渐落,量拨堤园刈草,其巡堤、递送之兵,常川往来,从不外拨",④通过河兵与夫役相互配合,密切合作,保障河防安全。乾隆年间

---

① 《明英宗实录》卷251,景泰六年三月己巳条。
② (清)傅泽洪:《行水金鉴》卷172《夫役》,清文渊阁四库全书本。
③ (清)薛凤祚:《两河清汇》卷1《运河》,清文渊阁四库全书本。
④ (清)傅泽洪:《行水金鉴》,商务印书馆1937年版,第2530页。

山东运河常设夫役达 3000 余名,如遇大挑、小挑,再从沿河附近州县雇募夫役,集中劳作,工毕即回。咸丰五年(1855)铜瓦厢决口后,山东运河航运功能大为减弱,仅存河兵 400 名,各类常设夫役 2700 余名,光绪后期河东河道总督及所属河官裁撤,山东运河夫役也随之裁革,部分回归农业生产,部分从事手工业与服务业,部分成为无业者。另一类为临时性夫役,如遇大工,像开凿运河、决口抢筑、临时抢险、运道疏浚、河道挑挖诸事,当常设夫役不足时,则会临时征用或募集附近百姓上工。特别是在明中前期疏浚会通河、开凿南阳新河及多次堵塞黄河决口时,往往征用数郡百姓赴工,其人数达数万人至十数万人不等,如附近郡县人员不够,甚至从数百里外调拨,用人规模非常庞大,这种临时性夫役虽非常设,但往往出现于大型河工现场,其河道的开凿、决口的堵塞对国家漕运、沿线区域社会影响深远。

明清山东运河夫役宏观上由河道官员、地方官府统筹管理,而微观上则为老人、小甲、闸官负责制,其中泉夫、浅夫两类河工夫役由老人或小甲负责,老人并非老迈之人,而是基层河工夫役的带头人或管理者,一般由地方官府从民间拣选,"必于临近乡民中选精勤守法者充役,如此庶防守俱各得人",①而小甲属明代里甲制度的一种服役形式,后逐渐与河工联系起来,一般一小甲管理 10 名左右夫役。无论是老人或是小甲均为河工组织的最基层管理人员。而闸夫、溜夫由闸官负责,掌闸座启闭及船只过闸。与老人、小甲明显不同,闸官的官方性质更为浓厚,属明清河政体系中的管理人员,其任用、考核由河道衙门或地方官府掌管,而闸夫"若诸闸之启闭、支篙、执靠、打火者是也……溜夫,若河洪之拽溜、牵洪,诸闸之绞关、执缆者是也",②其来源主要从沿河民众中选取。

明清山东运河夫役组织种类齐全、人数众多,其设置往往与河道状况、水工分布、地理地势、漕运政策等因素密切相关,是连通运河与区域社会最直接

---

① (清)傅泽洪:《行水金鉴》,商务印书馆 1937 年版,第 477 页。
② (明)万恭:《治水筌蹄》,水利电力出版社 1985 年版,第 103 页。

的人群与媒介,对于保障运河水源、船只过闸、河道畅通发挥了重要作用,不同类型的夫役既相对独立,有着明确的分工,同时在某些工程时又互相交流与合作,"分工与互惠存在于若干个体之间,并在个体、群体、族群之间发挥着协调关系、合作共赢的作用"。① 作为来源于基层社会,且服务于运河的人员,山东运河夫役经历了由徭役制向雇募集的转变,体现了经济杠杆在国家与社会中的作用逐渐增强,一方面这种变化解放了沿河民众,能够使其安心于农业生产,另一方面雇募制可以收集社会闲散人员,供给其衣食,有利于稳定区域社会秩序。

第一节　明代山东运河河工夫役

明代山东运河夫役数量众多,涉及河、湖、泉、坝、闸、桥等,其设置人员数额往往与夫役制度、河道位置、水工设施地位、漕运政策等因素密切相关。明初运河方浚,因河政体制尚不健全,河工夫役多以徭役的形式派行于沿河各州县,"差役编设曰徭夫,库银召雇曰募夫,郡县借派曰白夫",②给民众带来了巨大压力,"沿河夫役,出之农家,彻骨矣!"③其时官府派征夫役具有很大的随意性,严重耽误了百姓正常的农业生产,加之报酬低微,其所入甚至难以保障基本生活。随着沿河夫役大量逃亡及避役、代役现象的出现,明政府逐渐改徭役制为募夫制,通过金钱的力量吸引民众参与河工建设,"三代之下,力役之征,莫善于雇役"。④ 特别嘉靖至万历年间推行一条鞭法后,州县田赋、徭役、杂项合并而征银两,"总徭役之银而输之官,官析焉,某给某,某雇某,而民不知也,

---

① 张兆林:《分工与互惠:中国民间艺术生产的协作实践——基于聊城木版年画内部生产关系考察》,《民族艺术》2022 年第 1 期。
② (明)万恭:《治水筌蹄》,水利电力出版社 1985 年版,第 58 页。
③ (明)万恭:《治水筌蹄》,水利电力出版社 1985 年版,第 58 页。
④ (明)万恭:《治水筌蹄》,水利电力出版社 1985 年版,第 57 页。

命曰差条鞭",①政治与经济杠杆在河工建设中的作用逐渐增强,运河夫役也逐渐改由官府募集,不过徭役制仍占一定比例。随着河工夫役人员数量的不断增加,形成了浅夫、泉夫、闸夫、溜夫、桥夫、湖夫、堤夫、修坝夫等名目,其人员数量、分布区域、功能作用不尽相同,既相对独立,又相互配合,共同保障山东运河的畅通。

明代山东运河之所以夫役类型丰富、人员数量庞大,是由山东运河的政治地位、河道形势决定的。首先,山东运河位于京杭大运河中段,北接冀津,南通江淮,为京师屏障,政治地位较高。明代总理河道居济宁总揽全河,张秋、临清、德州、聊城等地设置了大量的河道、漕运、钞关、仓储衙门,服务于这些衙署的劳役人员数量众多,从而形成了种类齐全、名目繁杂的夫役组织。其次,明代山东运河几乎完全为人工开凿,长达1200余里,占京杭大运河总长度的三分之一,加之该段河道地势起伏较大,水源匮乏,分布有大量的水工设施,所以需要相当多的河工夫役看守、维护,"凡一岁中岁修闸座、堤岸、淤浅、泉源,物料、丁夫,并皆书之,疏以闻"。② 最后,山东运河水源补给途径众多,既有汶、泗诸水,又有沿河湖泊、泉源,甚至某些时期需要引漳入卫、借黄行运,因此导致河道环境极为复杂,维护艰难,所以需要不同夫役人员管理诸多水工设施,以保障运道畅通。

明代山东运河夫役大体分为两类,即常设夫役与临时夫役,其中浅夫、泉夫、闸夫等为常设夫役,人员数量较多,职事相对固定,对于沿河水工设施的维护、河道的畅通起到了重要作用。另一类为临时性夫役,如遇运河开凿、防洪抢险等重大工程及河道疏浚、挑挖诸事,会从沿河州县征派、雇募民众从事河防劳动,工程期间或可以免除部分徭役,或供给银钱、食物,通过一定的补偿以交换民众的体力付出,当然这类夫役并非固定,其人员数目、从事工作具有很

---

① (明)万恭:《治水筌蹄》,水利电力出版社1985年版,第62页。
② (明)万恭:《治水筌蹄》,水利电力出版社1985年版,第61页。

大的随机性,往往与河道状况密切相关。某些临时性的夫役征派会对河防产生重大影响,如明初疏浚会通河、明中期开凿南阳新河、迦河,都属临时性工程,夫役除来自沿河郡县外,甚至有来自于本省较远区域或省外地区,这些大型工程对后世影响深远,某些疏浚、开挖的河段一直沿用至今,而开河过程中民众艰苦卓绝、勇于创新、敢于担当的精神永远值得后人学习。

一、明代山东运河常设夫役

明代山东运河常设夫役以浅夫、泉夫、闸夫为主,在河工组织中占主导地位,人员最多,责任最重,除此之外,还有一定数量的溜夫、捞浅夫、桥夫、坝夫、湖夫等,这些常设夫役较为固定,从事某项专业性工作,相对独立,但如遇较大的工程,也会相互协作,彼此配合。常设夫役属国家河防体系中的人员,基本从沿河州县百姓中征召或雇募,其收入来自于官库或地方存银。常设夫役由河政官员、地方官府宏观管理,具体则由老人、小甲、闸官负责,长期从事某种较为专业的工作,这些人员对于保障水源稳定、工程运转、河道畅通起到了重要作用。

(一)运河浅夫

浅夫又名浅铺夫、捞浅夫、守口夫等,分为民浅夫、军浅夫两类,因山东运河水源匮乏,水流缓慢,泥沙随之沉淀,容易造成河道淤塞,阻碍漕船,所以沿河各处设有浅铺,每浅"正房三间,火房二间,牌楼一座,井亭一座",①并置放旗鼓、河防器具等。每浅铺设老人、小甲、浅夫数量不等,"沙澥之处谓之浅,浅有铺,铺有夫,以时挑浚",②负责河道疏浚、捞挖泥沙诸事,闲暇时还需置办桩木、草束等,以备防河抢险之用。除此之外,浅夫还负责浅铺附近河道的其

---

① (明)杨宏、谢纯:《漕运通志》,方志出版社 2006 年版,第 36 页。
② (明)谢肇淛:《北河纪》卷 4《河防纪》,清文渊阁四库全书本。

他事务,"凡漕河内毋得遗弃尸骸,浅铺夫巡视掩埋,违者罪之",①对河道清理也有兼责。

　　明永乐年间疏浚故元会通河后,命平江伯陈瑄任漕运总兵官,他开清江浦与白塔河、浚济宁至徐州河道、置闸节水,为明代运河的畅通作出了巨大贡献。除此之外,他还因运河某些河段泥沙淤阻,"凡漕路浅处立有铺,中置浅夫,候船至则预指示之,且障水防风火,供运官之起坐而便于提督,于是舟经滩浅无复留碍",②"自潞抵淮计程二千六百里有奇,设浅铺七百余所,置守卒导引。沿岸植柳、浚井,以便夏日行者"。③ 陈瑄后,明廷于运河沿线遍置浅铺,每5里置一铺,每铺设浅夫 10 名左右,其夫来源于沿河州县,据万历《兖州府志》载,"浅夫为本地捞浅而设也",④《通漕类编》亦记:"漕河一带,自仪真至北通州,俱有额设浅铺、浅夫,每年沿河兵备及管河郎中、主事备细清查,照额编补,不时查点,责令专在地方筑堤、疏浅、拽船,事完照例采办桩草,违者参究",⑤其人员数额有相应规定,随时增减,同时受管河官员监督,并通过奖惩措施予以约束。

　　浅铺一经设置后,并非固定不变,而是随着河道形势随时调整,有新置者,有裁革者,变化不一。据明代工部郎中、总督漕运王琼《漕河图志》所载,明中期前山东运河、黄河沿线共有浅铺 277 处,老人、小甲、浅夫、捞浅夫计 5000 余人。至万历初期,山东闸河沿线计有浅铺 197 处,其中民浅 188 处,设老人 188名管理,军浅 9 处,由军卫管理。明代山东运河浅铺一般置于容易淤塞的河段,不同州县因河道距离长短不一、泥沙淤积状况不同,所以其浅铺数额、浅夫数量差别较大。

---

① (明)谢肇淛:《北河纪》卷 6《河政纪》,清文渊阁四库全书本。
② (明)杨宏、谢纯:《漕运通志》,方志出版社 2006 年版,第 36 页。
③ (明)杨宏、谢纯:《漕运通志》,方志出版社 2006 年版,第 300 页。
④ (明)朱泰:万历《兖州府志》卷 20《漕河》,明万历刻本。
⑤ (明)王在晋:《通漕类编》卷 5《河渠》,明万历刻本。

　　山东运河最北端的德州为卫河河道,卫河日常水流平缓,淤浅处较多,所以须置浅铺以捞沙清淤,德州在漕河东岸,"东岸北自德州卫张家河口起,南至恩县四女树止,内除德州左卫小西门堤岸外,长四十二里。西岸北自德州左卫界郑家口起,南至德州卫界杨乌屯止,长二十里,境内有黄河故道",①有浅铺6所,分别为下八里屯浅、四里屯浅、耿家湾浅、刘皮口浅、蔡张成口浅、上八里堂浅,每铺老人1名,夫11名,共浅夫66名。德州卫位于德州西,所管河道东岸自吴桥县界降民屯起,南至德州界下八里堂浅止,内除吴桥县堤岸外,长63里,西岸北自景州界罗家口起,南至故城县界方迁止,内除德州、故城、吴桥堤岸外,长154里,有浅铺8所,分别为高官厂浅、四里屯浅、杨乌屯浅、降民屯浅、五里庄浅、圆窝口浅、泊皮口浅、张家湾浅,每铺小甲1名,夫9名,共80名。德州左卫在德州城内,所管河道东岸北自德州界四里屯起,南至小西门止,长3里,西岸北至德州卫界四里屯起,南至德州刘皮口止,长1里,初有浅铺2所,为郑家口浅、小西门浅,后增加至6浅,每铺小甲1名,夫9名,共60名。恩县"在漕河之东南五十里,该管河东岸东北自德州界四女树起,西南至武城县白马庙止,长七十里",②沿线有新开、回龙庙、滕家口、高师姑、白马庙5浅,每铺老人1名,夫10名,共夫50名。武城县在漕河东一里,"东岸北自恩县界白马庙起,南至夏津县界桑园口止,长一百四十四里,西岸北自故城县界郑家口起,南至夏津县界王家庄止,长一百一十四里",③沿岸置有王家口、孟家庄、小流口、北钓口、南钓口、西关口、初家道口、周家道口、刘家道口、方迁口、陈家桥、何家堤口、陈家林、高家圈、大还河口、耿家林口、湾头口、大龙头口、白家圈口、白龙口、吕家道口、徐家道口、侯家道口、商家道口、桑园口26浅,每铺老人1名,夫10名,共夫260名,之所以在武城县一地置浅铺20余所,是因为该县河道东西两岸逾250余里,河道绵长,浅滩较多,船只航行至

①　(明)王琼:《漕河图志》,水利电力出版社1990年版,第25页。
②　(明)王琼:《漕河图志》,水利电力出版社1990年版,第27页。
③　(明)王琼:《漕河图志》,水利电力出版社1990年版,第27页。

此,常有阻滞,所以多设浅铺以浚河道。夏津县位于漕河东四十里,"东岸北自武城县界桑园口,南至临清州界赵货郎口止,长四十六里。西岸北自武城县界刘家道口起,南至清河县界渡口驿止,长七里",①境内有黄河口、大口子、小口子、郝家圈、草庙儿、新开口、裴家圈、赵货郎口 8 浅,每浅老人 1 名,夫 10 名,共夫 80 名。

东昌府馆陶县卫河段有浅铺 12 处,分别为迁堤儿浅、秤钩湾浅、小码头浅、南馆陶浅、安靖浅、黄花台浅、计家浅、窝儿头浅、北码头浅、滩上浅、马拦厂浅、尖塚儿浅,浅夫数目不详。临清州初为县,明成化年间升州,"在汶河之北一里,卫河之东六里,二水至此合流,北入于海。本州该管卫河,东岸北自夏津县赵货郎口起,南至板闸口止,长三十四里。西岸北自清河县界二哥营起,南至板闸口止,长三十一里。该管汶河,北岸西自板闸口起,东至清平县界潘家桥浅止,长二十里。南岸西自板闸口起,东至清平县界赵家口止,长二十三里",②有浅铺 11 处,为下伏柳圈浅、上伏柳圈浅、丁家码头浅、上口厂浅、北土门浅、破闸浅、潘家屯浅、陈家庄浅、沙湾浅、潘家桥浅等,每铺老人 1 名,夫 10 名,共夫 110 名,另有捞浅夫 90 名。清平县位于漕河东岸,"东岸北自临清州界潘官屯起,南至博平县界减水闸止,内除德州左卫、博平县堤岸外,长三十九里。西岸北自临清州界潘家桥起,南至堂邑县界涵谷洞止,内除德州左卫、博平县堤岸外,长三十三里",③有潘家桥、张家口、左家桥、李家口、丁家口、赵家口、戴家湾、十里井、魏家湾 9 浅,每铺老人 1 名,夫 10 名,共夫 90 名,另有捞浅夫 200 名。堂邑县位于漕河西南三十里,所管河道西岸北自清平县界魏家湾起,南至聊城县界吕家湾止,长 30 里,有涵谷洞、新开口、土桥、中闸口、马家湾、北梁家乡、南梁家乡 7 浅,每铺老人 1 名,夫 10 名,共夫 70 名,另有捞浅夫 200 名,其中多处浅铺位于船闸附近,如土桥闸、梁家乡闸附近均置浅,是因船

① (明)王琼:《漕河图志》,水利电力出版社 1990 年版,第 28 页。
② (明)王琼:《漕河图志》,水利电力出版社 1990 年版,第 29 页。
③ (明)王琼:《漕河图志》,水利电力出版社 1990 年版,第 30 页。

闸上下游河道淤塞较为严重,不便船只通行,置浅铺设夫役与闸官、闸夫、溜夫相互配合,疏浚河道,以催赶船只过闸。博平县位于漕河东四十五里,所管河道东岸北自清平县界十里井起,南至聊城县界梭堤儿止,内除清平县堤岸外,长 37 里。西岸北自清平县界丁家口起,南至清平县界魏家湾止,长 40 里,有朱家湾、减水闸、老堤头、袁家湾、朱官屯、梭堤 6 浅,每铺老人 1 名,夫 10 名,共夫 60 名,另有捞浅夫 250 名。聊城县位于漕河西三里,"东昌府在焉,该管河东岸北至博平县界梭堤儿,长三十里。西岸北自堂邑县界南梁家乡,内除东昌卫堤岸外,长二十九里,南至阳谷县界官窑口,长三十五里",①有北坝口、徐家口、柳行口、房家口、吕家湾、龙湾儿、宋家口、破闸口、林家口、于家口、周家店、北坝口、稍张闸、柳行口、白庙儿、双堤儿、裴家口、方家口、李家口、米家口、耿家口、蔡家口、官窑口 23 浅,每铺老人 1 名,夫 10 人,共夫 230 名,另有捞浅夫 200 名。聊城县所辖河道不到百里却有浅铺 20 余处,是因为该县河道水源极为匮乏,泥沙不断淤垫,虽设置大量船闸以节水、蓄水,但仍不能保持河道畅通,所以通过置浅清淤方式以改善这一状况。东昌府还辖平山、东昌二卫所,军卫也辖一定河道与浅铺,其中平山卫在东昌府治东南,所管河岸北自崇武水驿起,南至聊城县界龙湾儿止,长 5 里,所辖第一、第二、第三、第四、第五 5 处浅铺。东昌卫在府治东,原为武昌护卫,宣德年间调往东昌府,改名东昌卫,所管河岸北自兑军厂起,南至通济桥闸止,长 93 丈,因河道短促,未置浅铺。

兖州府阳谷县位于漕河西五十里,"该管河岸,北自聊城县界官窑口起,南至东阿县界荆门上闸止,长四十里。黄河西南自开封府祥符县金龙口来,至本县南入漕河,淤塞不常",②有官窑口、摆渡口、刘家口、何家口西岸、馆驿湾西岸、汉河口、秦家口、张家道口、何家口东岸、馆驿湾东岸 10 浅,每浅老人 1 名,夫 10 名,共夫 100 名,另有捞浅夫 500 名。东阿县位于漕河东六十里,"该

---

① (明)王琼:《漕河图志》,水利电力出版社 1990 年版,第 32 页。
② (明)王琼:《漕河图志》,水利电力出版社 1990 年版,第 34 页。

管河岸北自阳谷县界荆门上闸起,南至寿张县界沙湾止,长二十里",①有新添、北湾、中渡口、挂剑、北浮桥、安家口、南浮桥、沙湾 8 浅,每铺老人 1 名,夫 10 名,共夫 80 名,另有捞浅夫 120 名。寿张县位于运河西三十里,北自东阿县界沙湾浅起,南至东平州界戴家庙止,长 20 里,有沙湾、张家庄、戴洋屯、李家口、戴家庙下 5 浅,每铺老人 1 名,夫 10 名,共夫 50 名,另有捞浅夫 100 名。东平州位于漕河东北十五里,"该管河岸北至寿张县界戴家庙,长三十里。南至汶上县界靳家口,内除东平千户所堤岸外,长二十三里",②有戴家庙上、沙孤堆、邢家庄、苏家庄、谭家庄、安山下、积水湖、冯家庄、王忠口、刘家庄、李家庄、栗家庄、靳家口 13 浅,每铺老人 1 名,夫 10 名,共夫 130 名,另有捞浅夫 200 名。东平守御千户所在东平治东南,所管河岸北自东平州界安山浅起,南至东平州界冯家庄止,长 20 里,有安山上、韩家口、张家口、刘家口 4 浅,每铺小甲 1 名,夫 10 名,共夫 40 名。

汶上县在漕河东北三十五里,"该管河岸北自东平州界靳家口起,南至嘉祥县界界首止,长七十二里。汶水自本县东北来,至鹅河口南北分流,是为漕河",③有靳家口、步家口、张八老口、关家口、袁家口、刘家口、开河、坎河、田家口、鹅河口、南旺、柳堤、石口、界首 14 浅,每铺老人 1 名,夫 10 名,共夫 140 名,另有捞浅夫 550 名。嘉祥县在漕河西二十五里,"该管河岸北自汶上县界界首起,南至巨野县界大长沟止,长十八里,原系济宁左卫管,景泰元年调左卫于临清,嘉祥代之,堤岸用石修砌一十里",④有孙村、寺前、十字河、大长沟 4 浅,每铺老人 1 名,夫 10 名,共夫 40 名,另有捞浅夫 180 名。巨野县在漕河西八十里,"该管河岸北自嘉祥县界大长沟起,南至济宁卫界火头湾浅止,长二

---

① (明)王琼:《漕河图志》,水利电力出版社 1990 年版,第 35 页。
② (明)王琼:《漕河图志》,水利电力出版社 1990 年版,第 36 页。
③ (明)王琼:《漕河图志》,水利电力出版社 1990 年版,第 37 页。
④ (明)王琼:《漕河图志》,水利电力出版社 1990 年版,第 38 页。

十五里"，①有小长沟、黄沙湾、白嘴儿、梁家口、火头湾 5 浅，每铺老人 1 名，夫 10 名，共夫 50 名，另有捞浅夫 350 名。济宁卫在济宁州东南，所管河岸西自巨野县界火头湾起，东至济宁州槐疙疸止，长 25 里，有曹井桥、耐牢坡、安居、十里、五里 5 浅，每铺小甲 1 名，夫 9 名，合计共 50 名，另有捞沙夫 200 名，均为金乡县人。济宁州在漕河北岸，"该管河岸西自济宁卫界五里浅起，南至鱼台县界界牌浅止，东岸内除邹县堤岸三里外，长六十八里。洸、泗、沂三水自本州东北来，合流至城南天井闸，东合汶水南流，是为漕河"，②有赵村、杨湾、石佛、花家、新店、新闸、仲家庄、师家庄上、师家庄下、鲁桥、枣林、砚瓦沟 12 浅，每铺老人 1 名，夫 10 名，共夫 120 名。除此之外，济宁州还有永通闸河浅铺 15 处，每铺老人 1 名，夫 10 名，共夫 150 名，另有捞浅夫 500 名，其中济宁州 250 名，城武县 200 名，滕县 50 名。邹县位于漕河东北七十里，所管河道东岸北自济宁州界师家庄下浅起，南至济宁州界鲁桥闸止，长 3 里，有土塬 1 浅，浅夫 10 名。鱼台县在漕河西南二十里，所管河岸北自济宁州界界牌浅起，南至沛县界沙河止，长 54 里，有界牌、北林圈、南阳闸上、南阳闸下、大塌场口、小塌场口、摆渡口、马沟、大龙湾、小龙湾、谷亭闸上、谷亭店上、谷亭店下、谷亭闸下、八里湾、三柳树、坝子头、孟阳泊闸上、孟阳泊闸下、徐家林、张家林 21 浅，每铺老人 1 名，夫 10 名，共夫 210 名。

　　万历年间，因南阳新河、泇河的开凿及水域环境的变化，沿河各地浅铺数量有所增减。其中德州卫由 8 浅增至 10 浅，德州左卫由 2 浅增至 4 浅，恩县由 5 浅增至 7 浅，恩县由 5 浅增至 7 浅，武城县由 26 浅减至 25 浅，夏津县由 8 浅减为 6 浅，临清州由 20 浅减为 19 浅，清平县由 9 浅增至 14 浅，平山卫由 5 浅变为无浅，东昌卫由无浅增为 2 浅，东平州由 13 浅增至 17 浅，济宁卫由 5 浅变为无浅，济宁州由 12 浅增至 17 浅。新开避黄运道南阳新河、泇河增浅

①　（明）王琼：《漕河图志》，水利电力出版社 1990 年版，第 39 页。
②　（明）王琼：《漕河图志》，水利电力出版社 1990 年版，第 40 页。

52 处,其中滕县河段有西万渡口、彭口、三里沟、张阿村、朱姬庄 5 浅;峄县河段有刘家口、葛墟店、张窝 3 浅;韩庄闸至德胜闸之间河道有闸下塘、公馆嘴、马头以下、三调湾、广福庄、叠路口 6 浅,另有水口一道;德胜闸至张庄闸之间河道有"闸下浅、八里沟浅、吉心洲浅、中张庄浅、样工头浅,水口四道"①;张庄闸至万年闸之间河道有闸口、枣庄、张家林 3 浅;万年闸至丁庙闸之间河道,有牛山泉水口、上月河、闸下、花石厂、万年仓、龙王口 6 浅;丁庙闸至顿庄闸河道有摆渡口、陈家沟、磨盘嘴、周家桥、贾家庄西沟口、周家口、上月河坝、闸口、三棵树 9 浅;顿庄闸至侯迁闸之间河道有月河上下、马家沟、孙胜庄、大泛口、王家庄、真沟口 6 浅;侯迁闸至台庄闸之间河道有闸上塌发埃、花山沟、侯家湾、兴福院、龙王庙、阎家庄 6 浅;台庄闸至黄林庄之间河道有摆渡口、本闸上、闸下塘转湾 3 浅。

明代山东运河浅夫收入由地方州县财库供给,其年收入一般在 12 两白银以下,多数在 3 至 6 两之间,不过明代劳役尚未完全白银化,除工资收入外,还会享受免除其他杂役的恩惠。嘉靖时夏津县有浅夫 80 人,"本县河道,人各银三两,合银二百四十两",②由夏津本县供给,武城县有运河浅铺夫 150 名,每名银 4 两,共 600 两。万历年间,汶上县停役捞浅夫 152 名,每名年收入 6 两白银,共节省白银 912 两,南旺上下闸溜夫停役 45 名,每名 6 两,共省银 270 两,"浅铺停役夫二十六名,每名六两,共银一百五十六两;泉夫停役一十四名,每名六两,共银八十里两;坝夫停役,戴村坝六十六名,每名一两六钱,共银一百五十两六钱",③可见在诸夫役中,溜夫、捞浅夫、浅铺夫、泉夫工作量较大,年收入较高,而坝夫工作量较小,收入较低。滋阳县设金口坝坝夫 10 名,本县坝夫可以不应役,每名征银 3 两,共银 30 两,所征银两用于雇募夫役看坝,后改力差,"泉夫十名,每名征银三两,共银三十两,今改力差。浅夫洸河

---

① (清)狄敬:《夏镇漕渠志略》,书目文献出版社 1997 年版,第 45 页。
② (明)易时中:嘉靖《夏津县志》卷 2《民役》,明嘉靖刻本。
③ (明)栗可仕:万历《汶上县志》卷 4《政纪志》,清康熙五十六年(1717)补刻本。

二十七名,济河七名,每名征银四两,共银一百三十六两,今改力差",①夫役经历了由徭役制向雇募制,再改力差的转变。据明谢肇淛《北河纪》载,寿张县浅夫46名,每名每年工食12两,阳谷县浅夫244名,每名每年工食12两,其他沿河州县浅夫收入也基本在12两左右,该数额为日常饮食与工资收入之和。

明代山东运河沿线浅铺数量众多,无论是卫河、会通河、南阳新河、泇河均置浅设夫,以浚运道而贮物料,保障河道畅通与漕船顺利前行。作为运河上规模最大的河工群体之一,浅铺不仅是河工组织,也是社会组织,其人员来源于附近州县,与河道及区域社会均有着密切的关系,无论是明前期的徭役征派,还是其后的雇募制度,既体现了国家河政部门、地方官员对基层河工劳役人员的控制与管辖,也反映了沿河民众依河为存,赖河为生的生计考量,是国家漕运政策、经济调控、民众意愿的综合结果。

(二) 运河泉夫

早在元代开挖山东会通河时,就已利用泉源济运,"元人引山东之泉悉入汶河"。② 明代进一步开发山东泉源,引泉数量不断增长,因此明清山东运河又称泉河、泉漕。山东运河水源匮乏,除赖沿线诸河、湖泊接济外,东平、滋阳、宁阳、泰安、新泰、肥城、邹县、曲阜、莱芜、泗水、沂水、蒙阴、滕县、峄县等运河区域州县山泉也为运河的通航作出了重要贡献,"闸河无源,非真无源也! 盖合徂徕诸山二百八十泉者,尺疏而丈导之,合则流,散则否,有似于无源耳,故闸河之水,以深三尺为制",③明陈仁锡《无梦园遗集》亦载,"东省漕运咽喉,昔有老人点其地,远近三百余泉,漕大利",④提到明初白英老人点泉之事,认

---

① (明)朱泰:万历《兖州府志》卷26《民役》,明万历刻本。
② (明)万恭:《治水筌蹄》卷上,明万历张文奇重刊本。
③ (明)万恭:《治水筌蹄》,水利电力出版社1985年版,第70页。
④ (明)陈仁锡:《无梦园遗集》卷7《贺吴荆翁老年伯寿序》,明崇祯八年(1635)刻本。

为泉源对漕运有着重要价值。明代对山东诸泉的管理非常重视,不但于宁阳置工部管泉分司予以管理、治理,而且设兖州府管泉同知及诸州县佐贰官负责辖境泉事,具体的劳役事务则由老人、小甲率诸泉夫处置。明初山东诸泉由老人负责,称"泉老",后因老人管泉弊端重重,"管泉官老又不皆奉公守法之人,又被挟持因循",①于是又施行老人、小甲并行制,每夫111名编立总甲1名,小甲10名,1小甲管夫10名,对所在地泉源管理与浚治。

明代济运泉源在不同时期数量有所差异,有新浚者,亦有湮废者。据王琼《漕河图志》载明前期山东计有泉源163处,"诸泉出于兖州、济南、青州三府境内,不能独达于漕河,入汶、入泗、入沂",②诸泉与运河并不贯通,甚至距离遥远,需由泉夫导引至附近河流,然后汇入运河。其中兖州府有泉93处,东平州独山、安圈、铁钩嘴、席桥、吴家、坎河、张胡郎、王老沟、芭头山9泉入于汶河;汶上县龙斗、朴当山2泉入于汶河,滋阳县阙党、城西新、负瑕、东白、蒋谞、城东新6泉入于汶河;邹县柳青、江村、鳝眼3泉入于泗河;曲阜县迳泉、车辋泉、双泉、茶泉、柳青泉、两观下泉、新泉、濯缨泉、曲水咏归泉、潺声泉、温泉、连珠泉、青泥泉、埠下泉、横沟泉、新安泉、南新泉、东柳庄泉18处泉源入于沂、泗二河;泗水县泉林、卞庄、潘波、吴家、黄荫、鲍村、杜家、蒋家、东岩石缝、赵家、龟阴、曹家、岳陵、黄沟、珍珠、石河、壁沟、柘沟、西岩石缝、卢城、大玉、小玉、三角湾23泉入于泗河;滕县计有18泉,其中荆沟、绞沟、赵沟、辛庄桥、南豹突、北豹突6泉汇于昭阳湖,玉花、三山、玉灌、南石桥、北蒋沟5泉入薛河,出金沟口闸、黄沟、百塚河、三家沟、黄家、龙湾、温水、魏庄7泉合流,全部至徐州留城小河入运河;峄县许池、许有、温水3泉合流,至徐州留城小河入运河;宁阳龙鱼泉、龙港沟泉、张家泉、暖泉、蛇眼泉、金马庄泉、故城泉、朴当山泉、鲁姑泉、柳青泉10处泉源全部入于汶河;平阴县柳沟1泉入于汶河。济南府所属泉65处,其中泰安州下张沟跑、滔湾、报恩、柳林胡家、双村马黄沟、水磨、曲沟

---

① (明)胡瓒:《泉河史》卷10《夫役志》,齐鲁书社1997年版,第631页。
② (明)王琼:《漕河图志》,水利电力出版社1990年版,第78页。

清、西张铁佛寺、栗林周家、埇峪顺河、新店鲤鱼沟、埇峪北滚、新店板桥沟、羊舍、羊舍斜沟、西南张家、柴城东西二柳、山阴水泊、宫里浊河、南村龙湾、下村木头湾、力里力沟、侯村上、朔蒋沟、马蹄沟、臭、良辅龙堂、龙谢、旧县马儿沟、南村梁家、黄前谷家、皂泥、范家沟、天封34泉全部入于汶河;新泰县南师家、五峰、北鲍、南陈、西都、古河、刘社、零查、和庄、公家庄、孙村、崖头、张家、西周14泉俱入汶河;肥城咸水、董家、藏家、吴家、王家庄、清、新开藏家7泉全入汶河;莱芜县郭郎、牛王、湖眼、莲花池、鹏山、小龙湾、乌江、半壁店、镇里、王家沟10泉俱入汶河。青州府有泉5处,俱在蒙阴县,分别为伏牛峪泉、泉河泉、顺德泉、鲁家泉、官桥泉,全入沂河。由上可知,诸泉以入泗河为主,汶河次之,沂河最少,这与山东运河补给水源主要以汶、泗为主是完全符合的。明中期嘉靖年间,山东各州县泉源数量基本未有变化,"其泉百七十余,会于泗水而分流于漕渠,有水部郎一人以掌之",①其中泗水县30泉、邹县9泉、蒙阴4泉、曲阜18泉、东平9泉、汶上2泉、滋阳5泉、沂水10泉、宁阳12泉、泰安32泉、平阴1泉、新泰14泉、肥城6泉、莱芜10泉、滕县3泉、峄县2泉,计167泉,与明前期相比仅增加4泉。《明会典》载明后期万历年间东平州泉14,旧9新5;汶上县泉3,旧2新1;平阴县旧泉1;滋阳县泉8,旧4新4;邹县泉12,旧8新4;曲阜泉20,旧17新3;泗水县泉53,旧30新23;滕县泉18,旧15新3;峄县泉5,旧3新2;宁阳县旧泉12;鱼台县泉14,旧5新9;济宁州旧泉3;泰安州泉38,旧35新3;新泰县泉14,旧12新2;肥城县泉9,旧5新4;莱芜县泉16,旧11,新5,总计山东有泉240处,较明代中前期增加70余处,其原因为随着南阳新河、泇河的开凿,需开辟新泉以补运道,增加运河水量。

　　泉源作为山东运河水源重要保障之一,"闸河北自临清,南至境山,绵长七百余里,只恃泉流接济",②"湖泉之水导引蓄泄皆以济漕,为运道所关。徐沛、山东在运河东者储泉以益河之不足,曰水柜……山东新旧各泉可引济漕者

---

① (明)陆钺:嘉靖《山东通志》卷13《漕河》,明嘉靖刻本。
② (明)万恭:《治水筌蹄》卷下,明万历张文奇重刊本。

派分为五:入汶者为分水派;入泗、沂、济及天井闸漕河者为天井派;入白马河及南阳、枣林、鲁桥闸河者为鲁桥派;入南阳新河者为新河派,即沙河派;入邳州河者为邳州派"。① 明廷对于泉源的开发、疏浚、维护非常重视,设泉老、小甲、泉夫予以管理与治理,泉夫"为浚泉资运而设也",②"额设泉夫挑浚渠道,栽种柳株,使无枯竭、阻塞,以济运道,原系通力合作,如一泉阻塞,则众夫齐集应役,互相帮助"。③ 据统计,嘉靖、隆庆年间山东运河沿线"济、东、兖三府编金浅铺夫及捞浅夫五千二百一十九名,泉夫一千七百八十九名,共约该工食银八万四千九十六两。闸夫一千九百十五名,溜夫二千一百七十二名,桥、堤、坝夫共一千五百八十三名,共约该工食银五万九千四百两",④嘉靖《山东通志》亦载,"泉夫二千一百六十六人,济南府九百一十三人,兖州府一千二百五十三人"。⑤ 而具体到不同州县,泉夫人数也有所不同,据王琼《漕河图志》卷3《漕河夫数》载,明前期东平州管泉老人2名,夫72名;滋阳县管泉老人2名,夫30名;邹县管泉老人5名,夫120名;曲阜县管泉老人1名,夫31名;泗水县管泉老人9名,夫195名;滕县管泉老人15名,夫550名;峄县管泉老人3名,夫60名;宁阳县管泉老人6名,夫187名;泰安州管泉老人14名,夫237名;新泰县管泉老人14名,夫224名;肥城县管泉老人3名,夫61名;莱芜县管泉老人10名,夫215名;沂水县管泉老人10名,夫500名;蒙阴县管泉老人4名,夫150名。明中期后,沿线州县管泉老人、泉夫数目有所变化,《东泉志》载汶上县管泉老人2名,夫70名;东平州管泉老人2名,夫72名;平阴县管泉老人1名,夫5名;肥城县管泉老人1名,夫51名;泰安州管泉老人13名,夫301名;莱芜县管泉老人10名,夫250名;新泰县管泉老人11名,夫190名;泗水县管泉老人8名,夫168名;曲阜县管泉老人5名,夫75名;邹县管泉老人5

① (明)申时行:《大明会典》卷197《运道二》,明万历内府刻本。
② (明)朱泰:万历《兖州府志》卷20《漕河》,明万历刻本。
③ (清)傅泽洪:《行水金鉴》卷172《夫役》,清文渊阁四库全书本。
④ (明)洪朝选:《洪芳洲先生归田稿》之《奏疏》,明刻本。
⑤ (明)陆釴:嘉靖《山东通志》卷8《户口》,明嘉靖刻本。

名,夫115名;滕县管泉老人9名,夫299名;峄县管泉老人3名,夫63名;鱼台县管泉老人5名,夫81名;滋阳县管泉老人1名,夫10名;宁阳县管泉老人6名,夫187名,另蒙阴县、沂水县各有数泉,夫数不载。嘉靖后期,各地泉源一般由老人一名统领数名小甲,每小甲再督率数名泉夫浚治泉源,万历四年(1576)又革除老人管泉,置泉官负责泉事,其组织结构为州县官下辖管泉判官、管泉县丞,判官与县丞下设泉官,泉官督领小甲,小甲率泉夫整理泉务,老人在管泉中的地位急剧下降。

　　明代山东运河沿线泉夫收入主要由地方州县财库支给,因经济发展水平不同,所以其收入也有所区别。嘉靖年间莱芜县有泉夫225名,"每名银二两",①可能还会免除一定的赋役予以补偿。隆庆年间,经总理河道翁大立提议,泉夫大规模裁革,"峄县泉夫五十四名,鱼台县泉夫四十三名,俱全革;滕县泉夫二百二名,革去一百八十四名;邹县泉夫一百二十八名,革去七十八名;济宁州泉夫二十二名,革去十二名;汶上县泉夫三十六名,革去十六名;东平州泉夫六十五名,革去三十五名;滋阳县泉夫二十六名,革去十名;泗水县泉夫一百五十七名,革去五十七名;曲阜县泉夫六十七名,革去二十七名;宁阳县泉夫一百六十九名,革去九十名;平阴县泉夫十名,革去四名。以上裁革泉夫俱编入银差,每名征银三两",②泉夫数目大幅减少,所革泉夫纳银代役,其后"自泉夫裁而挑浚无人,泉为之壅矣"。③ 万历年间汶上县剩余泉夫22名,"每名十二两,桩草二钱四分,共银二百六十九两二钱八分",④其收入有较大幅度提高。同时期邹县有泉夫31名,"每名工食银十二两,桩草银二钱四分,共银三百七十九两四钱四分",⑤其工食银数额与汶上县同。

　　明代山东泉夫的设置具有其必然性,正是因为水源匮乏、河道浅涩的现

---

①　(明)陈甘雨:嘉靖《莱芜县志》卷3《徭役》,明嘉靖刻本。
②　(明)朱泰:万历《兖州府志》卷20《漕河》,明万历刻本。
③　(清)陆耀:《山东运河备览》卷12《名论下》,清乾隆四十一年(1776)切问斋刻本。
④　(明)栗可仕:万历《汶上县志》卷4《政纪志》,清康熙五十六年(1717)补刻本。
⑤　(明)胡继先:万历《邹志》卷1《力差》,明万历三十九年(1611)刻本。

状，所以通过设置泉夫疏浚泉源、导引入漕，实现了山东运河的畅通。而工部分司主事、管泉同知、管泉判官、管泉县丞、老人、小甲这一管理体系的设置及泉夫主要来源于沿河州县的现实，对于加强泉夫的控制，督促其忠于职守、尽心泉事起到了一定的作用。而隆庆、万历年间对泉夫的大规模裁革，一方面有节省府库银两的考虑，另一方面与人浮于事、效率低下、河弊日甚等因素也有密切关系。

（三）运河闸夫与溜夫

明代山东运河水源匮乏，漕船须借助闸座蓄水前行，因此又称"闸河"。山东运河闸座数量众多，闸的启闭、船只过闸、闸下清淤、闸座维护都需要相应的人员，故设置了大量的闸夫、溜夫以保障船闸正常运作。这些夫役由管河县丞、管河主簿及闸官率领，常年驻扎于闸座附近，他们来源于近河州县，通过徭役或雇募方式应役，其收入由所在地州县或附近州县提供。闸夫作为基层河工夫役，数量较大，对于保障明代山东运河的通航发挥了重要作用。

明代山东运河号称闸河，但闸座主要集中于聊城、济宁、枣庄三地，德州、泰安闸座数量较少，这种情况的出现与河道状况、水域环境等因素密切相关。临清至德州运河为卫河，河道宽阔，沿岸土质疏松，不宜建闸，加之水源相对丰沛，因此水工设施主要以减河、堤坝为主，而临清至枣庄会通河几乎完全为人工开凿，不但水源匮乏，而且河道狭窄，需要建设大量闸座以节蓄水源，保障船只通行，所以闸夫也随之而生。闸夫在元代开凿会通河设闸时就已出现，明代数量有了大幅增长。明代山东共有闸夫、溜夫3943人，"兖州府三千五百九十四人，东昌府三百四十九人"，①而具体到各州县则差异较大。据《漕河图志》记载，明前期临清闸有闸夫30名，其中本州10名，馆陶县10名，冠县5名，丘县5名；临清会通闸闸夫30名；临清南板闸闸夫40名，本州13名，丘县14

---

① （明）陆钶：嘉靖《山东通志》卷8《户口·民役附》，明嘉靖刻本。

名,馆陶县13名,溜夫115名,全为丘县人;临清新开上闸,闸夫40名,本州12名,冠县12名,夏津县16名,溜夫75名,全为冠县人。清平县戴家湾闸闸夫30名。堂邑县土桥闸闸夫30名,本县16名,博平县13名,清平县1名;清平县梁家乡闸闸夫30名,本县17名,博平县9名,清平县4名。聊城县通济桥闸闸夫30名;李海务闸闸夫30名;周家店闸闸夫30名,本县25名,朝城县5名。阳谷县七级上下二闸,每闸闸夫20名;阿城上下二闸,每闸闸夫20名;荆门上闸闸夫20名,月河修坝夫50名,俱东阿县人;荆门下闸闸夫20名,本县人,月河修坝夫50名,俱寿张县人。汶上县开河闸闸夫30名,南旺上下二闸共夫40名。济宁州分水闸闸夫4名;天井闸闸夫30名,本州人,溜夫150名,济宁卫军余;在城闸闸夫30名,本州27名,郓城县3名,溜夫300名,郓城县140名,巨野县160名;赵村闸闸夫30名,本州22名,嘉祥县8名,溜夫150名,巨野县70名,嘉祥县80名;石佛闸闸夫30名,本州12名,滕县18名,溜夫150名,本州80名,滕县70名;新店闸闸夫30名,本州12名,城武县10名,溜夫150名,城武县95名,滕县55名;新闸闸夫30名,本州5名,金乡县25名,溜夫150名,金乡县100名,滕县50名;仲家浅闸闸夫30名,本州人,溜夫150名,金乡县100名,滕县50名;师家庄闸闸夫30名,本州3名,邹县29名,溜夫150名,俱邹县人;鲁桥闸闸夫30名,溜夫150名,俱单县人;枣林闸闸夫30名,溜夫150名,俱单县人;上新闸闸夫30名,俱本州人,溜夫100名,城武县30名,巨野县70名;中新闸闸夫30名,本州20名,郓城县10名,溜夫100名,俱本州人;下新闸闸夫30名,溜夫100名,俱本州人;官村闸、吴泰闸每闸闸夫4名;永通闸、永通上闸,每闸闸夫20名;广运闸闸夫20名,本州人,溜夫100名,滋阳县38名,滕县62名。滋阳县金口闸、土娄闸、杏林闸,每闸闸夫20名。宁阳县堽城闸闸夫20名。鱼台县南阳闸闸夫30名,单县人,溜夫150名,本县人;谷亭闸闸夫30名,溜夫170名,俱本县人;八里湾闸闸夫30名,溜夫150名,俱本县人;孟阳泊闸闸夫30名,溜夫150名,俱本县人;杨城湖小闸闸夫10名,本县5名,滕县5名。邹县堠里闸闸夫10名。各州县因闸座数量不同,其闸夫数额差异较大,如济宁州多达 19 闸,有闸夫 462 名,溜夫 1700 名,而清平县、宁阳县、邹县仅各有 1 闸,闸夫自 4 名至 30 名不等。

明代中期随着南阳新河、伽河的开凿,新建大量闸座,并增置闸夫。据《明会典》、《泉河史》、《山东运河备考》载,南阳新河利建闸闸夫 30 名,其中鱼台县 3 名,曹州 27 名,溜夫 151 名,后折征 75 名,溜夫可以不应役,通过纳银代役,现存 76 名;夏镇闸闸夫 40 名,每名岁食银 10 两 8 钱,共银 432 两,江南丰县支给;杨庄闸闸夫 30 名,每名岁食银 10 两 8 钱,共银 324 两,江南砀山县支给;珠梅闸闸夫 30 名,每名岁食银 10 两 8 钱,共银 324 两,江南萧县支给;邢庄闸闸夫 24 名,内鱼台县 5 名,每名岁食银 10 两 8 钱,共银 54 两,曹州 19 名,每名岁食银 10 两 8 钱,共银 205 两 2 钱。万历年间伽河开凿后,沿河共置 8 闸,明代史料未记闸夫数额,据康熙《峄县志》所载,韩庄闸闸夫 30 名,食兖州府库河道银;德胜闸闸夫 30 名,本县 4 名,食本县编银,单县 4 名,食单县编银,滕县 22 名,食兖州府库河道银;张庄闸闸夫 30 名,食兖州府库河道银;万年闸闸夫 30 名,本县 6 名,食本县编银,单县 4 名,食单县编银,滕县管河主簿下额设坝夫改为闸夫 20 名,食兖州府库河道银;丁庙闸闸夫 30 名,本县 7 名,食本县编银,滕县 4 名,食滕县编银,单县 5 名,食单县编银,定陶 4 名,食定陶编银,余 10 名食兖州府库河道银;顿庄闸闸夫 30 名,食兖州府库河道银;侯迁闸闸夫 30 名,食兖州府库河道银;台庄闸闸夫 30 名,食兖州府库河道银。

闸夫社会地位低下,国家虽规定其专职启闭闸座,却往往遭受运粮军卫、过往官员的包揽、占用。为保障闸夫尽心闸事,惩治过往不法运军、官员,明廷规定“凡运河一带用强包揽闸夫、溜夫二名之上,捞浅铺夫三名之上俱问罪。旗军发边卫,民并军丁人等发附近各充军,揽当一名,不曾用强生事者,问罪枷号一个月发落”。[①] 而闸官占用闸夫的情况更为普遍,如济宁州在城闸、赵村闸、石佛闸、师家庄闸、鲁桥闸诸闸闸官就占用闸夫为跟班、写字、看厅、巡树诸

---

① (明)申时行:《大明会典》卷 172《刑部十四》,明万历内府刻本。

事,不从事闸座事务。针对闸夫过多,占役严重的现实,隆庆时总理河道朱衡上疏要求裁革冗余闸夫,"改凿新渠舍卑就高,因之远避黄流,而地形平衍,泉源密迩,异时旧河之陡驶今皆无之,是以自杨庄闸迄新店闸俱不事启闭,舟楫日行可百余里,即徐州至济宁度不过三四日止耳,而济宁以北旧渠之水亦遂停蓄不竭,故闸官与各夫徒株守河滨,无所事事"。① 万历年间再次裁革闸夫、泉夫,"运河夫役,在各泉闸,原额颇多,后或议裁革,或改停役,或改折征,沿革不常",②其中利建闸闸夫30名,革28名;南阳闸闸夫30名,革24名;枣林闸闸夫30名,革26名;鲁桥闸闸夫30名,革20名;仲家浅闸闸夫30名,革20名;新闸闸夫30名,革20名,以上裁革闸夫全行改编银差,每名征银6两,而诸闸中除利建闸、新店闸、石佛闸、赵村闸、在城闸、新闸、寺前铺闸、南旺上下闸存留部分溜夫外,兖州府其他闸座溜夫全部裁革。③

明代山东运河闸夫、溜夫数量众多,其工作具有一定的专业性,对于闸座启闭、漕船牵挽起到了巨大作用,保障了漕粮按时入京。同时闸夫、溜夫基本来源于沿河地区,或本县,或附近州县,采取徭役或雇募的方式征召,每闸闸夫数额基本在30名左右,后期大量裁革,数目锐减。作为常设夫役,闸夫、溜夫的直接管理者为闸官,驻守区域为闸座附近,从事与闸相关的工作。

(四)其他常设夫役

除浅铺夫、泉夫、闸夫、溜夫等数量较多的夫役外,明代山东运河沿线还有修坝夫、守口夫、堤夫、湖夫、桥夫等常设夫役,各自从事相应事务。据《漕河图志》卷3《漕河夫数》载,恩县有沙湾修堤大户夫75名,武城县有沙湾修堤守口大户夫25名;荆门上下闸修坝夫各50名;戴村修坝夫150名;济宁州大南

---

① (明)朱衡:《裁冗费以便民疏》,《明经世文编》卷297《朱司空奏疏》,明崇祯平露堂刻本。

② (明)申时行:《大明会典》,上海古籍出版社2002年版,第361页。

③ (明)朱泰:万历《兖州府志》卷20《漕河》,明万历刻本。

门等桥 5 座,每桥桥夫 10 名;滋阳县沙湾守口大户夫 15 名;宁阳县堁城坝修坝夫本县 200 名,泰安州 400 名。另曹县、单县黄河流经区域亦有堤夫,看护堤防,有险情即报告管河官员,随时抢护,"黄河千里若带,堤铺千里若星,力役者守,非便也。今近堤之民,各居铺而代之守,远堤之民,各输值而续之食。役者庐其庐,食其食,长子孙焉。鸡犬相闻,彼非守堤也,自守其居也。役者永利其利,征者永乐其业",①以近河民众守堤不但避免了长途奔波之苦,而且守堤即守家,大大增强了其工作的积极性。

明代山东运河坝夫、守口夫、堤夫主要分布在建有堤坝工程的区域。据嘉靖《山东通志》载,"坝夫三百七十人,泰安、宁阳、东阿、阳谷二十人,滋阳、滕、泗水十人,东平一百二十人,汶上一百四十人",②"守口夫二百六十九人,兖州府一百八十九人,东昌府八十人",③主要集中于东昌、兖州二府。不过各州县坝夫、守口夫实际数目远超上述记载,其中嘉靖年间鱼台县就有守口夫 250 人,济宁州守口夫 500 人,巨野县守口夫 250 人,嘉祥县守口夫 180 人,汶上县守口夫 550 人,东平州守口夫 200 人,戴村坝修坝夫 300 人,寿张县守口夫 100 人,张秋镇守口夫 120 人,阳谷县守口夫 500 人,修坝夫 300 人,聊城县守口夫 200 人,博平县守口夫 250 人,堂邑县守口夫 200 人,清平县守口夫 200 人,临清州守口夫 90 人,夏津县守口夫 6 人,武城县守口夫 25 人,恩县守口夫 75 人,其总数已达 4296 名,超过额定数目近七倍。堤夫为巡视、看护堤防而置,金乡县有堤夫 52 名,单县堤夫 217 名,城武县堤夫 335 名,曹县堤夫 415 名,定陶县堤夫 70 名,郓城县堤夫 20 名,各县堤夫或看守运河,或防守黄河,责任重大。桥夫、湖夫也为明代山东运河区域常设夫役,目的是看护桥梁、水柜,以利运道与行旅。济宁大南门桥有桥夫 10 名,西草桥桥夫 10 名,日常看守桥梁,遇有损坏予以维修。山东运河沿线湖泊对调蓄运河水源大有裨益,号称

① (明)万恭:《治水筌蹄》,水利电力出版社 1985 年版,第 57 页。
② (明)陆釴:嘉靖《山东通志》卷 8《户口·民役附》,明嘉靖刻本。
③ (明)陆釴:嘉靖《山东通志》卷 8《户口·民役附》,明嘉靖刻本。

"水柜",因此设湖夫以守湖,湖夫由湖老率领,巡视、修治湖堤,疏浚湖中淤泥,防范盗决湖堤、垦殖湖田事件的发生。《泉河史》载,汶上县设管湖老人 1 名,湖夫 30 名,滕县湖夫 30 名,"坡夫同后并革,而湖夫之存者止于浅铺夫内拨",①不再予以专设。

各夫役因工作强度不同,其收入也有所差异。如万历年间滕县坝夫、守口夫,"欢城坝夫二名,每名三两,共银六两,每名实打讨银六两。守口夫,翟家口、杨家口、杜家口、李家口各二名,每名二两,共银十六两,每名实打讨银四两。坝夫,金口坝十二名,每名二两,共银二十四两,解夫贮库"。② 金乡、单县、城武、曹县等地看守运河、黄河堤夫,每人每年额定 3 两白银,实发 6 两。济宁大南门桥、西草桥有桥夫 20 名,"每名二两,共银四十两,每名打讨银十两,其停役济宁大南门桥八名。西草桥、济安桥、小南门马驿桥各二名,每名五钱,共银八两"。③ 隆庆、万历时期大量革除役夫,改编银差。山东运河沿线渡夫、桥夫、坝夫、守口夫裁减数额较大,"寿张县渡夫四名革去二名,滋阳县坝夫二十名革去十名,东平州坝夫四十名革去二十名,汶上县坝夫四十名革去二十名,以上裁革桥坝等夫俱改编银差,每名征银三两"。④ 万历年间邹县停役协济金口坝夫 8 名,每名工食银 2 两 6 钱,共银 20 两 8 钱。汶上县停役戴村坝夫 66 名,每名 1 两 6 钱,共银 105 两 6 钱,"守口夫停役十名,每名一两,共银十两"。⑤

明代山东运河诸夫役的设置,有着特定的目的,即保障运道畅通,漕船顺利航行。这些夫役专业性较强,其工作既相对独立,但彼此之间也有一定联系,受河道衙门、地方官员的调度与节制。因其主要来源于运河沿线州县,所以其与运河区域社会之间的联系较为密切,其设置、裁革往往是国家漕运政

① (明)胡瓚:《泉河史》卷 10《夫役志》,明万历刻清顺治增修本。
② (明)朱泰:万历《兖州府志》卷 26《民役》,明万历刻本。
③ (明)朱泰:万历《兖州府志》卷 26《民役》,明万历刻本。
④ (明)朱泰:万历《兖州府志》卷 20《漕河》,明万历刻本。
⑤ (明)栗可仕:万历《汶上县志》卷 4《政纪志》,清康熙五十六年(1717)补刻本。

策、河防形势变化的直接体现,而他们所从事的具体而细微的工作,是维持国家漕运运转、运河持续发挥作用的重要动力。

二、明代山东运河临时夫役

除常设夫役外,明清时期每有大型河道工程,如运河开凿、疏浚、水工建设时,也会征召大量民众从事河工劳动。明初洪武年间,针对国家初建,工程频举的现实,对民夫征发区域、征募原则有相应规定,"凡各处闸坝、陂池,引水可灌田亩,以利农民者,务要时常整理疏浚。如有河水横流泛溢,损坏房屋、田地、禾稼者,须要设法堤防止遏。或所司承秉,或人民告诉,即便定本奏闻。若隶各布政司者,照会各司,直隶者,札付各府州,或差官直抵处所踏勘丈尺阔狭,度量用工多寡,若本处人民足完其事,就便差遣。倘有不敷,著令临近县分添助人力。务在农隙之时兴工,毋妨民业。如水患急于害民,其功可卒成者,随时修筑以御其患",①以就近起夫、临县协派、不妨农产为原则。明初山东会通河疏浚及黄河堵口工程所征夫役以徭役形式派发,国家工程所具备的强制性色彩较为浓厚,民众不但来自于沿河州县与本省较远区域,甚至连临省都有协作之责。这种强制性的河工服务方式具有其优势,即可以短期内通过政令聚集起大量劳役人员,增加工程参与者,形成较为庞大的劳动现场。但同时其弊端也非常明显,所征民众积极性不高,国家虽免除其部分赋役,但与民众的劳动付出不成正比,还耽误了正常农产,因此明中期后夫役逃亡、避役现象非常严重。万历时开始改变夫役形式,"国计民生能久待否,河工大举,往往起派省直,丁夫一旦改为雇募,于民便矣",②通过雇募计银的方式聚集社会闲散劳动力,一方面可以增加这部分民众的收入,维持其生计,稳定社会秩序,另外还可以提高夫役的积极性,强化工程效率。万历朝时大量河工建设就往往采用徭役、雇募两种方式,如泇河开凿及运河一系列疏浚工程都基本如此,总理

---

① (明)申时行:《大明会典》卷199《工部十九》,明万历内府刻本。
② (明)高捷:《漕黄要览》卷1,明万历刻本。

河道潘季驯曾言："河工募夫计土论方者，筑堤广一丈，厚一尺为四工，每工给银四分，计日者每日给银三分，徭夫日给银一分"，①完全雇募者只给银两不免赋役，徭夫既给数额较少的银，同时免除部分赋役。

首先，明初永乐年间疏浚山东会通河，涉及地域广泛，工程量巨大，动用数郡民力以兴河工。永乐九年（1411）工部尚书宋礼征发山东济南、兖州、青州、东昌四府丁夫 15 万名疏浚故元会通河，另有登州、莱州二府愿赴工者 15000 人助之，夫役总人数达到了 165000 人，可见工程规模之庞大。关于疏浚会通河的经过，诸多史料进行了记载，《皇明通纪集要》载，"二月命工部尚书宋礼等发山东丁夫开浚会通河，会通河故元运河也"，②《皇明名臣经济录》亦载，"九年以济宁州同知潘叔正言，命工部尚书宋礼、都督周长等发山东丁夫十六万五千浚元会通河，自济宁至临清三百八十五里"，③《山左笔谈》称："命宋司空礼发山东丁夫十六万浚元会通河，济宁至临清三百八十里以漕，然犹海陆兼运"，④其征用夫役数目略有减少。不过有些史料则载丁夫并非仅来自于山东，《明史》称："凡发山东及徐州、应天、镇江民三十万，蠲租一百一十万石有奇"，⑤雍正《河南通志》则更为详细，"九年命开会通河，发山东及徐州、应天、镇江民三十万，蠲租一百十万二千石有奇，二十旬而河成"，⑥丁夫来自山东、南直隶两省，人数为 30 万，通过豁免租赋的方式以征集民力，来源地域、人员数量更广泛与庞大。

其次，明代黄河多次决口山东，威胁运道、民生，明廷多次征发大量丁夫进行堵筑。景泰四年（1453）为治沙湾决河，"命都御史徐有贞役夫五万八千治

---

① （明）潘季驯：《两河经略》卷 2《勘估两河工程乞赐早请钱粮以便兴举疏》，清文渊阁四库全书本。
② （明）陈建：《皇明通纪集要》卷 14《辛卯·永乐九年》，明崇祯刻本。
③ （明）黄训：《皇明名臣经济录》卷 9《户部二》，明嘉靖二十八年（1549）刻本。
④ （明）黄淳耀：《山左笔谈》不分卷，清学海类编本。
⑤ （清）张廷玉：《明史》，岳麓书社 1996 年版，第 2256 页。
⑥ （清）田文镜：雍正《河南通志》卷 59《人物三·河南府》，清文渊阁四库全书本。

之,十有八月工成",①"是役也,凡用人工聚而间役者四万五千有奇,分而常役者万三千有奇",②参与人员分常役、间役两种,堵口工程同时在河南、山东两省进行,合计夫役达 9 万余人。弘治二年(1489)黄河决河南金龙口,"东北趋运河,命户部侍郎白昂役夫二十五万治之,三月工成",③三年后黄河复决金龙口,溃黄陵岗堤,趋张秋,治之无功。弘治六年(1493)命右副都御史刘大夏役夫 10 余万人治张秋决河,"今欲浚旧河以杀上流之势,塞决河以防下流之患,修筑岸堤,增广闸座。已集河南丁夫八万人,山东丁夫五万人,凤阳、大名两府丁夫二万人,随地兴工,分官督役",④动用夫役 15 万人,历时两年方完工。正德四年(1509)黄河决口山东曹县、单县,由沛县飞云桥入运河,嘉靖七年(1528)沛县庙道口运河淤塞,命右都御史盛应期前往治理,"役夫九万八千,开新河,用工四月余停止"。⑤ 正德十三年(1518)冬黄河南徙,济宁鲁桥下至徐沛运河淤,"上命臣天和役夫十四万有奇疏浚之,始于十四年正月中旬,迄工于是年四月初旬",⑥堵口、疏浚工程一般在漕运停止的冬季进行,尽量减少对河道的妨碍。

再次,明代开凿南阳新河、泇河时,因工程量巨大,动用夫役繁多。嘉靖初司空胡世宁因黄河决沛县,倡议开凿新河,"今日之事开运道最急,治河次之,运道之塞,河流致之也。使运道不假于河,则亦易防其塞矣。计莫若于昭阳湖东岸滕、沛、鱼台、邹县界择土坚无石之地,另开一河,南接留城,北接沙河口,就取其土厚筑西岸为湖之东堤以防河流之漫入,山水之漫出,而隔出昭阳湖在外以为河流漫散之区"。⑦ 总理河道盛应期认为胡世宁之议可行,于是役使丁

---

① (明)刘天和:《问水集》,中国水利工程学会 1936 年版,第 135 页。
② (明)王琼:《漕河图志》,水利电力出版社 1990 年版,第 235 页。
③ (明)刘天和:《问水集》,中国水利工程学会 1936 年版,第 135 页。
④ 《明孝宗实录》卷 72,弘治六年二月丁巳条。
⑤ (明)刘天和:《问水集》,中国水利工程学会 1936 年版,第 135 页。
⑥ (明)刘天和:《问水集》,中国水利工程学会 1936 年版,第 135—136 页。
⑦ (清)狄敬:《夏镇漕渠志》,书目文献出版社 1997 年版,第 27 页。

夫98000人开凿新渠,因诸臣反对中途而废,《大明会典》亦载,"命官发丁夫数万于昭阳湖东,北起汪家口,南抵留城口,改凿新河以避黄河冲塞之患,寻以灾异罢役"。[①] 嘉靖四十四年(1565)再次循嘉靖初河道旧迹开河,"起留城至境山浚复旧河五十三里,凡役夫九万一千有奇,八阅月而成",[②]是为南阳新河,又名夏镇新河或漕运新渠。万历年间为使山东运河彻底避开黄河侵扰,又开泇河运道,"泇河之役亦一大役也,创议于翁大立,再议于傅希挚,小试于舒应龙,再举于刘东星,告成于李化龙,引申于曹时聘,其间屡兴屡罢",[③]因泇河开凿历三十余年,关于其使用夫役数量未见于史料,但从"泇河之役,凿山掘石,其工最艰"[④]及"泇河之役,费累巨万"[⑤]的记载来看,其用夫当不在少数。

最后,不定期的运河疏浚、闸坝建设等工程也会动用一定的夫役。宣德四年(1429)因济宁以北河道淤塞120余里,"自长沟至枣林淤塞,计用十二万人疏浚,半月可成",[⑥]所用夫役来自于山东近河州县,甚至部分运木军丁也一并参与河道疏浚。《兖州金口堰记》载成化七年(1471)工部都水司主事张盛重修金口坝,"夫匠二千五百有奇,皆在公之人,赏劳钱数万缗,食米千石",[⑦]所用工匠、夫役应为徭役形式,但同时也给予部分银米作为补贴,以提高夫役的积极性。万历三十三年(1605)山东运河大挑,总理河道曹时聘称所募各州县夫役漫无统纪,"不得不借力于有司,议派山东募夫十万,河南六万,江北四万,听各司道剂量均派,掌印官亲押赴工,督催开浚,其库狱、城池另委佐贰官看守",[⑧]可见参与河道工程并非百姓心甘情愿,只能由州县官分别摊派,强制

---

① (明)申时行:《大明会典》卷196《工部十六·南阳新河》,明万历内府刻本。
② (明)申时行:《大明会典》卷196《工部十六·南阳新河》,明万历内府刻本。
③ (清)董恂:《江北运程》卷23《提纲》,清咸丰十年(1860)刻本。
④ (明)曹时聘:《泇河善后事宜疏》,《明经世文编》卷432《曹侍郎奏疏》,明崇祯平露堂刻本。
⑤ (清)傅泽洪:《行水金鉴》卷127《运河水》,清文渊阁四库全书本。
⑥ (清)张廷玉:《明史》,吉林人民出版社1995年版,第2861页。
⑦ (明)王琼:《漕河图志》,水利电力出版社1990年版,第264页。
⑧ (清)傅泽洪:《行水金鉴》,商务印书馆1937年版,第615页。

性色彩较为浓厚。

明代山东运河临时夫役并未具体划分种类,但往往动用人数众多,达数万至数十万人不等,其用工规模庞大,对运河区域社会影响深远。无论是明初疏浚会通河,还是明中期开凿南阳新河、泇河,其丁夫主要来源于沿河州县,以就近为原则,同时用工时长以数月为主,不会长期将夫役束缚于工地,以免耽误正常农产及疲民误工,夫役报酬由明中前期的免除赋役逐渐改为雇募、免役并行,通过多样化的回报方式吸引民众参与河工建设。明代河工夫役的征派或雇募对于解决贫民生计、减少社会不安定因素具有重要作用,但也出现了放富差贫、占役、误农、逃役等弊端,同时不间断的征夫于沿河州县,"漕河夫役,山东独当其冲,编签特为繁重。比年以来,财力俱敝。大约年年原额均徭编银四万九百余两,该夫役一万四千二百余名,约计雇役该银一十三万四千六百余两。若如往年河道有事之时,又须召募应役,工食银两,无从措置",①对区域社会正常秩序也产生了扰乱。

第二节　清代山东运河河工夫役

清代山东运河夫役制度基本继承明代,"凡河道泉闸、堤坝,关系漕运,各设夫役以备修浚",②通过置夫以护漕河,保障漕船顺利北上。康熙年间曾大量裁革山东运河夫役,以节约国家资财,其中泉夫、渡夫几乎全部裁革,其夫役总数由5000余名减至3000名左右,数额减少了近一半。其后随着河道事务的繁杂及漕粮运输数额逐渐稳定,夫役数额又有所增加,恢复至4500名左右。据《行水金鉴》载清代运河夫役种类有,"厂夫、堡夫、溜夫、堤夫、泉夫、闸夫、浅夫、铺夫,或食条编,或食河银",③"山东有黄、运河徭夫,分汛供役,遇有险

---

① （清）薛熙:《明文在》,吉林人民出版社1998年版,第179页。
② （清）傅泽洪:《行水金鉴》,商务印书馆1937年版,第2486页。
③ （清）傅泽洪:《行水金鉴》卷46《河水》,清文渊阁四库全书本。

要,调集抢护,又有浅、溜、桥、闸、坝、渡等夫,各以其事供役,又于有泉之十七州县额设泉夫,岁以春夏秋三季在本境浚泉、栽柳,冬季调赴运河,均令浚浅",①可见清代运河夫役既有其独立性,各司其职,同时也须从事其他河道事务。清代山东沿河州县因河道形势、水工设施种类差异,各设夫役数十至数百名不等,日常从事本职工作,河务紧急时相互配合,全力维持河道畅通。

清代山东运河夫役亦分常设与临时两类,常设夫役包括浅夫、闸夫、泉夫、溜夫、渡夫、堤夫、桥夫、坝夫、堡夫、河兵,其中浅夫疏浚河道泥沙、闸夫启闭闸座、泉夫维护泉源、渡夫看守渡口、堤夫守护堤防、桥夫启闭桥梁或挑挖河道、坝夫看护堰坝、堡夫巡守堤防、河兵抢护河道,额设夫役数量在不同时期差异较大,其功能与作用因河政策略、河防形势会有所变化。临时夫役又分岁修夫役与大工夫役,岁修为每年固定的河道疏浚、挑挖及水工设施维护、修缮等工程,大工则为决口堵筑、运道开凿等大型工程。清代额设夫役有固定收入,"黄运两河各有额设夫役以供修浚,而各夫工食每岁每名或十二两,或十两八钱,或七两二钱,或五六两不等",②根据工种类型与劳动强度差异收入有所不同,但基本以保障其生活为原则,而临时夫役或金派,或雇募,收入并不固定,"运河长夫工食,均系力作穷夫,计口授食之资"。③总体来看,清前期临时夫役多为金派,具有较大的强制性,中后期雇募比例不断增大,具有了一定的市场化色彩,经济因素在其中的影响逐渐增强。

清代山东运河夫役是山东河工建设、运河畅通的主导力量,其夫役来源、管理方式、报酬待遇与明代既有一脉相承之处,同时在数百年的历史变革中,也有自身的时代特色。清代山东河工夫役制度的形成并非一蹴而就,其制定、修改、完善与当时的政治局势、河防现状、赋役制度调整等因素密切相关,体现

---

① (清)官修:《清文献通考》卷21《职役考》,清文渊阁四库全书本。
② (清)薛凤祚:《两河清汇》卷1《运河》,清文渊阁四库全书本。
③ 中国水利水电科学研究院水利史研究室编:《再续行水金鉴》,湖北人民出版社2004年版,第1559页。

了清代漕运的历史变革。

一、清代山东运河常设夫役

清代山东运河常设夫役,基本以浅夫、闸夫、泉夫、溜夫为主,兼有堤夫、徭夫、桥夫、渡夫、河兵,不同夫役从事的工作差异较大,但基本上以服务于黄运两河河道、水利工程设施为主,这些夫役来源于沿河不同州县,从初期的"按田起夫"的佥派,逐渐转为雇募为主,以经济利益吸引更多人群参与到河工建设之中。常设夫役作为明清两代延续数百年的夫役形式之一,又称额设夫役,其总体额数、各州县数目虽因增加、裁减会有所变化与浮动,但基本保持相对稳定,其所从事的工作具有不可替代性,即便某些时间段因国库紧张与弊端会予以取消,但很快复置。山东运河夫役相对于京杭大运河其他地区的夫役,具有闸河特色,其水工设施的管理与维护、河道疏浚与挑挖、泉源开发与管控均与山东运河沿线的地理地势、河道布局、经济状况、民众生活密切相关,区域性特征较为明显。

山东运河常设夫役数量在诸多史料中均有记载,不同夫役其分布区域、人数差异较大。泉夫为浚治泉源而设,清代山东运河对泉源、汶泗诸河依赖较为严重,"济运也,其由汶入运者二百四十四泉,由泗、沂、白马河归鲁桥入运者一百二十八泉,由洸、府二河归马场湖济运者二十一泉,径由独山、蜀山二湖济运者四十六泉,别为一湖入运者三十九泉,其等差则以莱芜、泰安、泗水、峄县之泉为极盛,新泰、东平、汶上、鱼台、滕县次之,肥城、邹县、曲阜、济宁又次之,蒙阴、宁阳微矣,滋阳、平阴又微之极者",①泉源总数达478泉之多,数量远超明代。为管理泉源,清代山东运河沿线州县泉夫数额各不相同,往往与本区域泉源数量有关,其收入也与该州县经济状况及劳动强度关系密切,其中"东平州泉源三十八处,原设泉坝夫七十八名,每名岁食银十两一钱六分三厘八毫,共银七百九十二两七分七钱八厘二毫"②;平阴县泉源2处,泉夫每名岁食银

---

① (清)黄春圃:《山东运河图说》,国家图书馆藏清抄本。
② (清)傅泽洪:《行水金鉴》卷172《夫役》,清文渊阁四库全书本。

12 两,高于东平州,10 名泉夫合计 120 两;汶上县泉源 7 处,泉坝夫 43 名,每名岁食银 11 两 6 钱 4 分,共银 500 两 5 钱 2 分;滋阳县泉源 14 处,原设泉坝夫 29 名,每名岁食银 12 两,共银 348 两;宁阳县泉源 15 处,"原设泉夫九十三名,每名岁食银九两五钱四分八厘,共银八百八十七两八钱八分,堽城坝坝夫一名,岁食银三两"①;曲阜县泉源 28 处,原设泉夫 26 名,每名岁食银 11 两 8 钱 6 分,共银 308 两 4 钱;泗水县泉源 79 处,原设泉夫 60 名,每名岁食银 11 两 8 钱 8 分,共银 712 两 9 钱 2 分;邹县泉源 15 处,原设泉夫 24 名,每名岁食银 12 两,共银 288 两;滕县泉源 31 处,原设泉夫 29 名,每名岁食银 9 两 8 钱 7 分 3 厘,共银 286 两 3 钱 2 分;峄县泉源 10 处,原设泉夫 5 名,每名岁食银 9 两 7 钱 8 毫,共银 48 两 5 钱 4 厘;鱼台县泉源 20 处,原设泉夫 11 名,每名岁食银 12 两,共银 132 两;济宁州泉源 4 处,原设泉夫 9 名,每名岁食银 10 两 9 钱 7 分 3 厘,共银 98 两 7 钱 6 分,以上州县为兖州府属,泉夫最高工食银为 12 两,最低为 9 两余,相差约 3 两。泰安州泉源 65 处,原设泉夫 121 名,每名岁食银 9 两 5 钱 1 分 6 厘,共银 1151 两 5 钱 5 分;莱芜县泉源 46 处,原设泉夫 90 名,每名岁食银 18 两 3 分 8 厘 5 毫,共银 1065 两 4 钱 8 分;新泰县泉源 36 处,原设泉夫 75 名,每名岁食银 11 两 8 钱 5 分 6 厘,共银 889 两 2 钱;肥城县泉源 13 处,原设泉夫 35 名,每名岁食银 12 两,共银 420 两,以上州县属济南府,其中莱芜县泉夫工食银最高达 18 两余,最低为泰安州的 9 两余,相差较大。青州府蒙阴县泉源 4 处,"原设泉夫十六名,役食向例该县设措,不动正项"。② 康熙十五年(1676)除蒙阴县外,其他州县泉夫工食银两全裁,导致"夫役涣散,挑渠、栽柳诸务废弛",③"各泉无人挖浚,堵塞堪虞",④只能"查勘

---

① (清)傅泽洪:《行水金鉴》卷 172《夫役》,清文渊阁四库全书本。
② (清)傅泽洪:《行水金鉴》卷 172《夫役》,清文渊阁四库全书本。
③ (清)傅泽洪:《行水金鉴》卷 172《夫役》,清文渊阁四库全书本。
④ 山东省鱼台县地方史志办公室校注:《鱼台县志》,中州古籍出版社 1991 年版,第 343 页。

诸泉,各州县设法民夫挑浚",①但州县民夫漫不经心,每多草率,导致泉源多淤,济运功能大为减弱。于是管河、管泉诸官商讨,"工食既裁,势不得不于泉源左右就近起夫,而近泉之民只能自应其地之役,若源长河远,原额夫数力不能赡者,岂能令别泉之民裹粮以襄厥事,于是量泉之大小,度渠之远近,添设民夫,免其杂差,用酬劳苦,除东平、平阴、宁阳、鱼台、肥城各州县仍照旧额,泰安、莱芜二州县未奉裁食之先已经添设义夫",②其他滋阳县添夫 8 名、曲阜县添夫 16 名、泗水县添夫 29 名、邹县添夫 28 名、滕县添夫 23 名、峄县添夫 2名、济宁州添夫 8 名、新泰县添夫 75 名、汶上县添夫 20 名。为提高新设夫役劳动积极性,"东平、滋阳、邹县、鱼台、济宁、宁阳、新泰、平阴、肥城、汶上各州县,每夫议免地五顷杂差,泗水、峄县每夫议免地四顷杂差,曲阜县每夫议免地三顷杂差,泰安、莱芜每夫议免地二顷杂差,各设老人、总甲、小甲董率稽查,泉源得以无恙",③此时所设夫役并非专职管泉,只为临时佥派附近民众充任,所以其薪酬并非银两,而是免除部分杂差,因此参与制定该政策的官员也称:"此虽一时权宜之术,而于漕运未必无小补云,然以言乎经久可垂之策,则惟复额夫以专其责"。④ 清雍正年间陆续恢复各州县泉夫,并于雍正四年(1726)设兖州府泉河通判一员,"经管兖、泰、沂、济三府一州属十七州县,共计泉四百八十四处,责同州同、县丞、经历、主簿、巡检等管泉汛官十二员分地经理,共泉夫七百七十六名",⑤同时定泉夫收入,"自雍正十三年为始,每名岁给银十两",⑥其中东平州 70 名,济宁、鱼台两州县 29 名,汶上县 43 名,滕县 40 名,峄县 20 名,滋阳县 36 名,邹县 30 名,泰安县 121 名,莱芜、肥城、平阴 135 名,宁阳、曲阜、泗水 161 名,新泰县 75 名,"以上共泉夫七百七十六名,原额每名

① (清)傅泽洪:《行水金鉴》卷 172《夫役》,清文渊阁四库全书本。
② (清)傅泽洪:《行水金鉴》卷 172《夫役》,清文渊阁四库全书本。
③ (清)傅泽洪:《行水金鉴》,商务印书馆 1937 年版,第 2505 页。
④ (清)傅泽洪:《行水金鉴》,商务印书馆 1937 年版,第 2505 页。
⑤ (清)董恂:《江北运程》卷 17,清咸丰十年(1860)刻本。
⑥ (清)昆冈:《钦定大清会典事例》(光绪朝)卷 903《工部·河工》,续修四库全书本。

岁支工食银十两,内临河之东平、汶上、济宁、鱼台、滕、峄等六州县泉夫离河近便,冬月各自赴工协挑运河,工食全支"。① 嘉庆十五年(1810)定除戴村坝泉夫8名照旧岁支工食银10两外,其余挑河泉夫每名增银2两,共支岁食银12两,收入有所增加。而平阴、滋阳、宁阳、曲阜、泗水、邹县、泰安、莱芜、新泰、肥城、蒙阴等十一州县离河较远,不需要参加疏浚河道工作,每名岁扣银6两,发交临河汶上、东平、济宁、嘉祥、东阿州县代募挑河夫役,从而使不同州县泉夫收入差距进一步加大。

　　清代闸夫也为山东运河沿线重要夫役之一,对闸座启闭、漕船过闸有着重要作用。清代山东运河沿线各州县闸夫数目及待遇由南至北分别为,"台庄闸闸夫三十名,每名岁食银九两八钱三分七毫六丝九忽二微,共银二百九十两九钱二分三厘七丝六忽,额编峄县支给",②其他侯迁闸闸夫30名,每名岁食银9两8钱3分7毫6丝9忽2微,共银294两9钱2分3厘7丝6忽,峄县支给;顿庄闸闸夫30名,每名岁食银9两8钱余,共银294两9钱余,峄县支给;丁庙闸闸夫30名,内峄县额编10名,每名岁食银9两8钱余,共银98两3钱余,额编滕县20名,每名岁食银10两8钱,共银216两;万年闸闸夫30名,每名岁食银10两8钱,共银324两,滕县支给;张庄闸闸夫30名,每名岁食银9两8钱余,共银294两9钱余,峄县支给;德胜闸闸夫30名,每名岁食银10两8钱,共银324两,峄县支给;韩庄闸闸夫30名,每名岁食银9两8钱余,共银294两9钱余,峄县支给;夏镇闸闸夫40名,每名岁食银10两8钱,共银432两,江南省丰县支给。其他杨庄闸闸夫30名、珠梅闸闸夫30名、邢庄闸闸夫24名、利建闸闸夫27名、南阳闸闸夫32名、枣林闸闸夫24名、鲁桥闸闸夫25名、师家庄闸闸夫25名、仲家浅闸闸夫24名、新闸闸夫25名、新店闸闸夫25名、赵村闸闸夫25名、在城闸闸夫25名、天井闸闸夫25名、通济桥闸闸夫28名、寺前铺闸闸夫26名、南旺上闸闸夫18名、南旺下闸闸夫18名、袁口

　　① (清)董恂:《江北运程》卷17,清咸丰十年(1860)刻本。
　　② (清)傅泽洪:《行水金鉴》卷171《夫役》,清文渊阁四库全书本。

闸闸夫 26 名、安山闸闸夫 28 名、戴庙闸闸夫 28 名、荆门上下二闸闸夫 47 名、阿城上下二闸闸夫 47 名、七级上下二闸闸夫 47 名、周家店闸闸夫 28 名、李海务闸闸夫 28 名、永通闸闸夫 28 名、梁家乡闸闸夫 28 名、土桥闸闸夫 28 名、戴家湾闸闸夫 28 名、临清新开与南板二闸闸夫 77 名。各州县闸夫数目并非固定不变,康熙十五年(1676)裁撤部分,剩余闸夫年收入基本在 9 至 12 两之间,由本州县,或邻近州县支给。雍正七年(1729)因闸夫工作量较大,事务繁杂,较其他夫役更为艰辛,"将浅、溜、军、桥、磘、坝等夫,每名岁给工食银一十二两,量给器具钱八钱。闸夫启闭辛勤,每名岁给工食银一十四两四钱,量给器具银八钱",①除闸夫收入增加外,其他夫役收入也有一定增长,有助于提高夫役积极性。另外当闸夫、溜夫、泉夫参与其他工作,如疏浚河道时,会有帮贴工钱,"闸夫、溜夫每名贴钱一十六千,泉夫、募夫每名贴钱五千",②帮贴甚至有时比额设工食银更为丰厚。

　　浅夫,即浅铺夫,亦含捞浅夫,在清代山东运河夫役中也占有重要地位,浅夫为看守河道,疏浚淤塞而设,同时兼有其他杂务。据《行水金鉴》载,"济宁州河道原设浅夫二百四十六名,额银二千九百五十二两,康熙十五年奉裁一半,现存夫一百二十三名,内额编本州八十七名,每名岁食银十二两,共银一千四十两。金乡县协济十名五分,每名岁食银十二两,共银一百二十六两。郓城县协济二十名五分,每名岁食银十二两,共银二百四十六两。城武县协济五名,每名岁食银十二两,共银六十两",③浅夫除来源于本州外,其他各县也有协济之责。其他济宁卫河道原设浅夫 70 名,康熙十五年(1676)裁撤后剩余 39 名,由单县、金乡、曹县、巨野、定陶、曹州诸州县协济;巨野县河道原设浅夫 166 名,裁撤后剩 83 名,"每名岁食银九两六钱二厘九毫,共银七百九十八两

①　(清)嵇曾筠:《防河奏议》,上海古籍出版社 2002 年版,第 64 页。
②　(清)王政:道光《滕县志》卷4《赋役志》,清道光二十六年(1846)刻本。
③　(清)傅泽洪:《行水金鉴》卷 171《夫役》,清文渊阁四库全书本。

二钱六分一厘,额编本县支给"①;嘉祥县原设浅夫 97 名,裁后余 48 名,本县 13 名,郓城县协济 9 名,巨野县协济 12 名,曹州协济 4 名;汶上县原设浅夫 304 名,额银 3525 两 6 钱,裁后余 152 名,每名岁食银 11 两 5 钱 9 分 7 厘,共银 1762 两 8 钱,本县支给;东平州河道原设浅铺夫 156 名,裁后余 78 名,每名岁食银 10 两 1 钱 6 分 7 厘,共银 793 两 8 分 9 厘,本州支给;东平千户所河道原设军夫 40 名,由卫所军充任,裁后剩 20 名,每名岁食银 12 两,共银 240 两,东平所支给。其他州县康熙年间裁革后剩余夫数分别为,寿张县浅夫 27 名 7 分,原有渡夫 2 名,"额银六两六钱,康熙十七年奉文全裁"②;东阿县浅夫 58 名 5 分;阳谷县浅铺夫 121 名 5 分;聊城县浅铺夫及溜夫 97 名,"内额编本县三十三名,每名岁食银十一两二钱九分,共银三百五钱七分。冠县协济九名五分,每名岁食银十两四钱七分七厘,共银九十九两五钱四分。濮州协济四十七名五分,每名岁食银十两四钱六分五厘,共银四百九十七两八分七厘。莘县协济七名,每名岁食银十两一钱五分七厘,共银七十一两一钱"③;平山卫捞浅夫 7 名 5 分;堂邑县浅铺夫 43 名,其中冠县协济 16 名;博平县浅铺夫 40 名 5 分;清平县浅铺夫 47 名;临清州浅铺夫 74 名,"每名岁食银十两六钱六分三厘,共银七百八十九两一钱二分,额编本州支给"④;馆陶县浅铺夫 30 名 5 分;夏津县浅铺夫 25 名 5 分;武城县浅铺夫 73 名;恩县浅铺夫 26 名 5 分;德州浅铺夫 29 名 5 分;德州卫河道捞浅夫 50 名,其中德州卫左所 17 名 5 分,中所 13 名,前所 19 名,由军丁充任;德州左卫河道捞浅夫 30 名,其中左所 10 名 2 分半,右所 12 名 2 分半,中所 7 名 5 分。山东运河浅铺夫、捞浅夫其收入基本在 7 两至 12 两之间,清初夫数较多,康熙初裁革后,约剩原额一半。

除泉夫、闸夫、浅夫外,清代山东运河区域还有一定数量的桥夫、坝夫、鑐

---

① (清)傅泽洪:《行水金鉴》卷 171《夫役》,清文渊阁四库全书本。
② (清)傅泽洪:《行水金鉴》卷 171《夫役》,清文渊阁四库全书本。
③ (清)傅泽洪:《行水金鉴》卷 171《夫役》,清文渊阁四库全书本。
④ (清)傅泽洪:《行水金鉴》卷 171《夫役》,清文渊阁四库全书本。

夫、堤夫等。桥夫为专门管理、修缮、看护桥梁而设,同时兼有疏浚桥梁附近河道之责,济宁有南门草桥桥夫 23 名,"内额编金乡县一名,岁食银十两八钱;额编郓城县一名,岁食银十两八钱;额编单县二名,每名岁食银十两八钱,共银二十一两六钱;额编曹县十九名,原额工食银二百二两五钱,康熙十五年奉裁一半,每名岁食银五两四钱,共银一百零二两六钱"①;临清州有桥夫 18 名,"每名岁食银六两,共银一百八两,额编临清州支给"②;德州河道有桥夫 2 名,"每名岁食银六两,共银一十二两,俱额编本州支给"。③ 坝夫为看守堤坝而设、运河徭夫为浚修河道而置,"滕县河道共设坝夫一百五十三名,每名岁食银十两八钱,共银一千六百五十二两四钱,额编本县支给。峄县河道原设徭夫二百三十一名,额银二千四百九十两八钱,康熙十五年奉裁一半,现存夫一百一十五名五分,每名岁食银十两八钱,共银一千二百四十七两四钱,额编本县支给"。④ 堤夫为看护堤防而设,"山东河道浅深不一,而汶河冲发、淤塞为多,各项夫役俱不可缺。查兖州府属如汶上、巨野、嘉祥、济宁、鱼台、南阳、利建等处原额设捞浅、浅铺、堤夫名数不等",⑤"每堤夫二名在堤修盖堡房,春月在堤两旁栽种柳株,夏秋水发昼夜在堤防守修补,探报水汛涨落,冬月办纳课程",⑥其中邢庄闸除有闸夫 27 名外,还有堤夫 3 名,溜夫 23 名;曹县设有协济堤夫,协济鱼台县南阳闸堤夫 3 名,利建闸堤夫 1 名,共 4 名,工食银 52 两8 分。⑦

除运河常设夫役外,山东曹州、曹县、定陶、单县、金乡、城武还设有黄河徭夫、铺夫、堡夫。明代及清代中前期黄河自河南开封、兰考入山东境内,历曹

① (清)傅泽洪:《行水金鉴》卷 171《夫役》,清文渊阁四库全书本。
② (清)傅泽洪:《行水金鉴》卷 171《夫役》,清文渊阁四库全书本。
③ (清)傅泽洪:《行水金鉴》卷 171《夫役》,清文渊阁四库全书本。
④ (清)傅泽洪:《行水金鉴》卷 171《夫役》,清文渊阁四库全书本。
⑤ (清)颜希深:乾隆《泰安府志》卷 24《艺文五》,清乾隆二十五年(1760)刻本。
⑥ (清)薛凤祚:《两河清汇》卷 1《运河》,台北商务印书馆 1986 年版,第 357 页。
⑦ (清)陈嗣良:光绪《曹县志》卷 3《赋役》,清光绪十年(1884)刻本。

县、单县诸州县入安徽砀山、萧县,再入江苏丰县、沛县,因此山东沿黄州县设置夫役以防河险,咸丰五年(1855)铜瓦厢决口后,曹县等地黄河成为故道。据《行水金鉴》载,"曹州黄河徭夫一百二十六名,每名岁食银十二两,共银一千五百一十二两。曹县黄河徭夫三百六十四名,每名岁食银十二两,共银四千三百六十八两,铺夫一百四十五名,除冲决铺夫三十九名,止存一百零六名,每名岁食银四两一钱四分,共银四百三十八两八钱四分。定陶县黄河徭夫八十名,每名岁食银十二两,共银九百六十两。单县黄河徭夫三百二十一名,每名岁食银十二两,共银三千八百五十二两,铺夫三十九名,每名岁食银七两,共银二百七十三两。金乡县黄河徭夫一百八十四名,每名岁食银十二两,共银二千二百零八两。城武县黄河徭夫二百三十三名,每名岁食银十二两,共银二千七百九十六两,铺夫二名,每名岁食银七两,共银十四两"[1],徭夫、铺夫数额之所以在不同州县差异较大,与本区域黄河长度、治理难易等因素密切相关。雍正八年(1730)于黄河、运河两岸设守堤堡夫,"堡设夫二,住堤巡守,远近互为声援"[2],其中曹县黄河上自河南仪封县界起,下至单县界瞧龙寺止,长160里,除设县丞、主簿、巡检、千总各一员管河外,还"额设堡房七十八座,堡夫九十名"[3],并委派江南河兵驻守曹县,"其堡夫责令调去河兵教习桩埽事宜,如遇兵丁缺出,挑选补额,至二三年后堡夫娴习,即可充作河兵,将江南之兵掣回,其官兵俸饷在山东藩库支给"[4],以江南河兵教授山东黄河堡夫防河、守河、制埽经验,以固河防。

与明代不同,清代除沿线各卫所置军夫理河外,还专设河兵,"于夫堡二座之间添设兵堡一处,派兵二名常川居住,并将堤顶土牛、子埝、柳株等项责成分驻之员兼管,如兵丁懈怠,即令文员究报,堡夫旷误,亦令武弁详革"[5],以强

① (清)叶方恒:《山东全河备考》卷3《职制志》,清康熙十九年(1680)刻本。
② 赵尔巽:《清史稿》,吉林人民出版社1995年版,第2588页。
③ (清)岳浚:雍正《山东通志》卷18《曹单堤防》,清文渊阁四库全书本。
④ (清)周尚质:乾隆《曹州府志》卷6《堤工》,清乾隆二十一年(1756)刻本。
⑤ 《清高宗实录》卷1299,乾隆四十年二月乙酉条。

化对河道堤防的管理。河兵最早于清初设于江南地区,但当时人数较少,不成规模,康熙年间靳辅任河道总督后,认识到兵丁治河较民夫更具组织性、纪律性与严密性,更便于河道官员的管理与调遣,于是设河兵与夫役一起治河。雍正三年(1725)因夫役制弊端重重,其中多有包揽充任,旷工逃逸者多,开始增加河兵比例,"山东运河紧要,照河南之例,于江南额设河兵内选二百名安插险要地方。其江南河兵缺,即于滨河佣夫内,选其熟练河务者顶补",①开始于山东运河沿线设置河兵。随着河兵制的确立,"河工岁夫,始出金派,后改征银召募,至裁夫设兵,乃役法之变耳",②但实际情况是山东运河虽设河兵,但常设民夫仍占主体。山东境内所设河兵主要防守黄运两河,其职责除巡视河防、植树办料外,还对修防堵河、催漕治运、治安维持具有较大责任。乾隆年间,山东运河厅、捕河厅、泇河厅共有河兵 400 名,"内战兵八十名,守兵三百二十名,战兵食银二十两六钱四分,守兵食银十四两六钱四分,在于司库地丁银内支给"。③ 东阿县有挂剑浅、新添浅、沙湾浅等 8 浅,原设浅夫 58 名 5 分,雍正五年(1727)改河兵 22 名④,滕县浅铺额设坝夫 141 名 5 分,雍正五年(1727)改河兵 60 名⑤,其他沿河州县也改夫役为河兵,数额不等。清中后期随着河政日益败坏、河防形势日加险峻,河兵作用不断削弱,突出表现为人浮于事、怠于河防、在工牟利等,"引河偷减工程,合龙不固,皆由河营弁兵不肯实力认真,希冀迁延时日,借肥私囊",⑥甚至有偷掘河道、卖放物料者。咸丰五年(1855)黄河铜瓦厢决口后,山东运河、黄河修防工程基本全靠民夫维持,河兵作用微乎其微,至清末裁撤。

---

① (清)官修:《钦定大清会典则例》,上海古籍出版社 1987 年版,第 150 页。

② (清)王庆云:《石渠余纪》,北京古籍出版社 1985 年版,第 28 页。

③ (清)陆耀:《山东运河备览》卷 9《挑河事宜》,清乾隆四十一年(1776)切问斋刻本。

④ (清)李贤书:道光《东阿县志》卷 3《山水》,道光九年(1829)刊本。

⑤ (清)王政:道光《滕县志》卷 3《漕渠·堤坝》,清道光二十六年(1846)刻本。

⑥ 黄河水利委员会档案馆编:《道光汴梁水灾》,黄河水利委员会档案馆 2000 年版,第 78 页。

清代山东运河常设夫役制度对明代既有借鉴之处,同时又有所创新,突出体现为河兵体制的设置。清初山东运河额定夫役基本采取雇募形式,康熙朝有所反复,但很快复归雇募,这充分体现了经济与市场在国家河工中的地位与作用日加提升。常设夫役工作较为固定,专业性较强,主要负责本职事务,但在大型河道工程举行时,也会前往助役,每年劳动时间较长,基本没有停歇。从总体来看,清代山东运河常设夫役的收入是不断提高的,由额定工食、帮贴小钱、器具费等部分组成,国家希望通过多种方式提升夫役积极性,保障河道畅通。

二、清代山东运河临时夫役

清代山东运河临时夫役主要有大工夫役、岁修夫役两种,其中大工夫役为大型河道工程时所征用或雇募的夫役,如堵塞黄河、运河决口往往动用民工数千至数万人,单靠额设夫役远远不够,因此须从临河州县获取大量劳动力。除此之外,山东运河亦有岁修工程,如河道挑挖、疏浚等,也会动用部分民夫,称岁修夫役。临时夫役清初多为金派或征用,以免除部分徭役、杂差、赋税作为补偿,其后为提高夫役积极性,开始以银代替差赋,"虽大工金派,而实与召募同",①银在临时夫役报酬中的地位不断上升,康熙年间临时夫役雇募制开始推广,并在沿河州县盛行开来,山东河道亦是如此,"改金派为雇募,按亩输钱,官征官雇,以省民累,通饬临河州县一体遵行",②雍正、乾隆年间山东黄运两河大工、岁修工程丁夫来源基本全为雇募,"自乾隆四十一年,丁役摊入地亩,向之奔走河干者,皆得尽力阡陌。而额夫有数目,仰食于官,永不扰及闾阎",③不但保障了沿河百姓正常的农产,而且使大量无业者尽入河工队伍,加强了国家的管理与控制,稳定了地方社会秩序。

---

① (清)王庆云:《石渠余纪》,北京古籍出版社1985年版,第27页。
② (清)王政:道光《滕县志》卷4《赋役志》,清道光二十六年(1846)刻本。
③ (清)周凤鸣:光绪《峄县志》卷12《漕渠》,清光绪三十年(1904)刻本。

清代黄河频繁决口山东,尤以清初及后期最为剧烈,每兴大工,往往数万或十数万夫役云集,"河工需用人夫或堵筑决口,工程浩大,事须速竣,故不得不派之附近州县,然其事不常有,其大工、抢险与开挖引河,即系附近居民,又皆按日给银",①可见大工夫役基本来自沿河州县,按雇募制给予报酬。大工夫役由河东河道总督或山东巡抚率领,从事堵口、浚河工程,其工程时限一般在百日以内,以不耽误正常农产为准则。清代黄河对山东运道的冲击异常严重,其原因在于黄河经青海、四川、甘肃、宁夏、内蒙古、陕西、山西等省时沿线多为山谷,"经行山间,不能为大患。一出龙门,至荥阳以东,地皆平衍,惟赖堤防为之限,而治之者往往违水之性,逆水之势,以与水争地,甚且因缘为利,致溃决时闻,劳费无等,患有不可胜言者",②对河南、山东沿河民生、社会造成了巨大而深远的影响。顺治九年(1652)黄河决口河南封丘大王庙,洪水趋东昌,决张秋运堤,入于海,导致漕路中断,运河乏水,河道总督杨方兴"发丁夫数万治之,旋筑旋决",③给事中许作梅及御史杨世学、陈斐皆主张勘九河故道,导河北流入海,杨方兴认为清口诸地须借黄济运,如黄河北流则会导致漕运受阻,于是从河南封丘丁家寨凿渠引流,以杀水势。咸丰五年(1855)铜瓦厢决口后,山东黄河泛滥冲溢,屡兴大工,动用民力更繁,同治十一年(1872)山东巡抚丁宝桢堵郓城侯家林决口后,在《侯家林大王庙记》中称:"黄河自宋南徙,北流遂绝……余始莅山左,黄流已由濮、范就沙河,经张秋挟汶入济,以归于海。其穿运才数里耳,沙河旋淤。大溜南移,自雒及沮,数年间戴庙、安山运渠六十里皆为黄所夺,而沮河东岸,适当上游之冲者,郓城侯家林口门所由决也。"④ 侯家林堵口工程动用了大量民力,"集济宁、东平、汶上、菏泽、金乡、鱼台、定陶、城武、郓、巨、濮、范、曹、单、观城各州县民力,负土束薪,手胼足胝,

<hr>

① (清)陈法:《河干问答》不分卷,民国十三年(1924)贵阳文通书局铅印《黔南丛书》本。
② 赵尔巽:《清史稿》,吉林人民出版社1995年版,第2544页。
③ 赵尔巽:《清史稿》,第2545页。
④ (清)丁宝桢:《侯家林大王庙记》,同治十一年(1872)三月。

予亦亲督河干,冲冒风日,与夫役共甘苦,一时河兵、营勇、民夫众数万,通力合作,次第进占,无不鼓舞奋兴,人什其力,戴星而出,终夜有声,民亦劳止",①除山东运河沿线十五州县民夫外,还有河兵、驻军参与堵口,可见工程规模之大。光绪元年(1875)丁宝桢堵菏泽贾庄黄河决口后,又修筑障东堤,据《新筑障东堤记》载,"余既南塞菏泽贾庄,复躬督官绅、员弁监筑长堤,障横流而顺下,以顾运道、卫民田,军民欢跃赴工,坚冰初泮,手足皲坼,骄阳如炙,面目焦黧,虽疾风甚雨,踔历不少休,五阅月而堤成",②所修河堤耗银50余万两,从东明谢家庄至东平十里堡,长约250里,保障了运道民生。清代黄河历次决口山东,都会动用大量夫役从事堵口工程,这些夫役基本来源于沿河州县,由佥派逐渐改为雇募,"滨河贫民情愿赴工力作,每年赖此以糊口,亦非州县派拨",③其组成既有当地贫苦百姓,也有额设夫役、河兵,正是不同人群的通力合作,才多次堵塞黄河决口,保障了山东区域社会的稳定,减轻了黄河决口的危害。

　　除黄河修筑工程外,清代山东运河岁修亦需大量临时夫役,其中尤以南旺塘河、临清塘河挑浚用工最多。山东运河水源匮乏,泥沙淤垫严重,须不时对河道予以挑浚,"运道每浅阻,山东犹循故事,三年一大挑",④"一年一小挑,间年一大挑"。⑤大挑之年需要动用大量民力,多从附近州县雇募,清廷规定"凡大挑之年,共需各州县募夫六千二十四名半,请动工价、器具并下河厅雇船工价银共一万七千二百一十一两八钱五分,内于东省司库请拨银一万五千一十九两三钱一分八厘八毫,在本道河库河银项下拨银二千一百九十二两五钱三分一厘二毫,临期给发濒河州县,募夫挑河,俟工竣核明有无节省,如有节省

①　(清)丁宝桢:《侯家林大王庙记》,同治十一年(1872)三月。
②　左慧元:《黄河金石录》,黄河水利出版社1999年版,第357页。
③　(清)陈法:《河干问答》不分卷,民国十三年(1924)贵阳文通书局铅印《黔南丛书》本。
④　(清)傅泽洪:《行水金鉴》,商务印书馆1936年版,第170页。
⑤　(清)黎世序:《续行水金鉴》卷75《运河水》,清道光十二年(1832)刊本。

存贮道库留为下年之用"，①挑河费用由山东省库与运河道库共同承担,省库占主导。而夫役来源与数量分别为,运河厅属济宁州募夫 696 名、济宁卫募夫 99 名、汶上县募夫 370 名、嘉祥县募夫 68 名、鱼台县募夫 297 名、巨野县募夫 202 名,共计 1732 名,"内济宁募夫挑挖济宁塘河,其余募夫俱挑挖南旺塘河,每名日给工价银五分,外给器具银二钱,共该工价银五千八百八十八两八钱,器具银三百四十六两四钱,均用工六十八日"。②

　　捕河厅属阳谷县募夫 644 名半、寿张县募夫 452 名、寿张县乡夫 50 名、东阿县募夫 154 名、东平州募夫 397 名、东平所募夫 20 名,共 1717 名半,"内除寿张乡夫五十名不协挑南旺,止挑本境长河四十三日,其余募夫一千六百六十七名半协挑运河厅属汶上汛南旺塘河四十三日,散去夫九百二十二名半,下剩夫七百四十五名仍回本境,用工二十五日,每名日给工价银五分,外给器具银二钱,共该工价银四千六百二十三两八钱七分五厘,器具银二百四十三两五钱,再查捕河厅额设浅、闸夫五百四十一名,大挑之年例挑南旺四十三日,始回本境挑挖"。③ 泇河厅属滕县募夫 370 名,挑挖彭口河用工 43 日,峄县募夫 300 名,挑挖本汛河道用工 23 日,合计募夫 670 名,"每名日给工价银五分,外给器具银二钱,共该工价银一千一百四十两五钱,器具银一百三十两"。④ 上河厅属聊城县募夫 515 名半、临清州募夫 456 名、堂邑县募夫 323 名、清平县募夫 209 名、博平县募夫 220 名半、馆陶县募夫 181 名,共募夫 1905 名,"每名日给工价银五分,外给器具银二钱,共该工价银四千九十五两七钱五分,器具银三百八十两,例挑临清塘河,均用工四十三日"。⑤ 下河厅德州、夏津、武城等地河道宽阔,不能置闸筑坝,无募夫之款,"止需长夫驾船捞浚,每船一只抵

---

① (清)叶方恒：《山东运河备览》卷 9《挑河事宜》,清乾隆四十一年(1776)切问斋刻本。
② (清)叶方恒：《山东运河备览》卷 9《挑河事宜》,清乾隆四十一年(1776)切问斋刻本。
③ (清)叶方恒：《山东运河备览》卷 9《挑河事宜》,清乾隆四十一年(1776)切问斋刻本。
④ (清)叶方恒：《山东运河备览》卷 9《挑河事宜》,清乾隆四十一年(1776)切问斋刻本。
⑤ (清)叶方恒：《山东运河备览》卷 9《挑河事宜》,清乾隆四十一年(1776)切问斋刻本。

夫一名,每年三千工支给雇船,工价银一百五十两"。① 除大挑外,每年还须小挑,小挑用工较大挑为少,但仍须募夫,"各州县募夫一千二百五十五名,请动工价、器具并下河雇船工价,共该银二千八百四十九两六钱,系动支本道存贮历年节省募夫款项银两",②挑河银两由运河道库支付。

小挑夫役来源与数量为,捕河厅属阳谷县募夫 361 名半、东阿县募夫 58 名半、寿张县募夫 23 名、寿张县乡夫 55 名、东平州募夫 78 名、东平所募夫 20 名,共募夫 596 名,"共该工价银一千二百九两三钱,器具银一百八两二钱,小挑之年各在本汛挑挖四十六日,并不协挑南旺"。③ 泇河厅属滕县募夫 170 名,挑挖彭口河,用工 36 日,峄县募夫 100 名,挑挖本汛河道,用工 23 日,共募夫 270 名,工价银 410 两,器具银 54 两。上河厅属聊城县募夫 94 名、堂邑县募夫 55 名、清平县募夫 55 名、临清州募夫 74 名、博平县募夫 55 名半、馆陶县募夫 55 名半,合计募夫 389 名,"挑挖临清塘河,用工三十六日,共该工价银七百两二钱,器具银七十七两八钱"。④

总体来看,大挑规模大,间隔时间长,用工多且耗银数额大,小挑频率高,每年均须挑挖,用工少且耗银少,但无论大挑、小挑均形成了固定的河工制度。至光绪年间,每年河工费用逐渐形成了预算估工制,据《运泇捕上下泉六厅光绪十七年咨办各工估需银两简明册》载,光绪十七年(1891)六厅工程共估用银 6995 两 6 钱 3 分 2 厘,其中泇河厅属滕汛运河西岸郗山堤一段需做埽工 379 丈 5 尺,"每丈用秫秸三十八束,土半方,共秫秸一万四千四百二十一束,每束银二分七厘,共银三百八十九两三钱六分七厘,搬料压土共募夫七百五十九名,每名银四分,共银三十两三钱六分",⑤峄汛湖口大坝水柜内添筑埽坝,

① (清)叶方恒:《山东运河备览》卷9《挑河事宜》,清乾隆四十一年(1776)切问斋刻本。
② (清)叶方恒:《山东运河备览》卷9《挑河事宜》,清乾隆四十一年(1776)切问斋刻本。
③ (清)叶方恒:《山东运河备览》卷9《挑河事宜》,清乾隆四十一年(1776)切问斋刻本。
④ (清)叶方恒:《山东运河备览》卷9《挑河事宜》,清乾隆四十一年(1776)切问斋刻本。
⑤ 《运泇捕上下泉六厅光绪十七年咨办各工估需银两简明册》不分卷,清光绪十七年(1891)抄本。

"共秫秸一万四千七百三十八束四分,每束银二分七厘,共银三百九十七两九钱三分七厘,搬料厢秸共募夫九百八十二名五分六厘,每名银四分,共银三十九两三钱二厘"。① 上河厅属堂博汛西岸梁家浅修护堤防风埽工 70 丈,"共用秫秸一万六千八百束,每束重三十斤,价银二分七厘,共银四百五十三两六钱,搬料压土共募夫一千一百二十名,每名工银四分,共银四十四两八钱,二共估银四百九十八两四钱"。② 其他甲马营巡检汛运河东岸武城县牛蹄窝南首防风埽工,需募搬料压土夫役 961 名 9 分 2 厘,每名银 4 分,共银 38 两 4 钱 7 分 7 厘;下河把总汛运河东岸德州卫第八屯防风埽工,需募夫 1115 名 4 分,每名银 4 分,共银 44 两 6 钱 1 分 6 厘。

　　清代山东运河临时夫役虽非常设人员,多系临时雇募,不具有很强的组织性、系统性,但对山东河防稳定、运道畅通仍起到了重要作用。与清初相比,清中后期募夫制的确立对于吸引沿河百姓、无业者参与河道工程有着较大的激励效果,提高了区域社会民众加入河防建设、护河卫家的积极性,同时以工代赈对于解决闲散劳动力、灾民生活也有着重要意义,保障了社会秩序的稳定。除运河本身外,每兴大工,大量人员聚集河工现场,对沿河商业市场、米粮价格、市镇经济都会产生了积极影响,促进了沿河地区商品的交流与经济的发展。

　　① 《运泇捕上下泉六厅光绪十七年咨办各工估需银两简明册》不分卷,清光绪十七年(1891)抄本。
　　② 《运泇捕上下泉六厅光绪十七年咨办各工估需银两简明册》不分卷,清光绪十七年(1891)抄本。

第五章　明清山东运河工程对
区域生态环境的影响

　　自然环境是与社会环境相对的专有名词,主要指由气候、水土、地域等自然事物所形成的环境,对人类的生活有重要影响,自然环境是社会环境的基础,而社会环境又是自然环境的发展,二者相辅相成,缺一不可。生态环境与自然环境概念十分相近,但二者并不等同,"自然环境的外延比较广,各种天然因素的总体都可以说是自然环境,但只有具有一定生态关系构成的系统整体才能称为生态环境。仅有非生物因素组成的整体,虽然可以称为自然环境,但并不能叫做生态环境"。[①] 生态环境与人类有着密切关系,"是指影响人类生存与发展的自然资源与环境因素的总称,一般指水环境、土地环境、生物环境以及气候环境。生态环境的演变是多重因素共同作用的结果,有自身的演变规律。自从有了人类以后,人为因素成为环境演变的众多诱因之一",[②]其中水工建设,尤其是大型水利工程建设,会对周边区域社会生态环境造成多方面的影响,这种影响是一把双刃剑,既有利的方面,也导致了诸多弊端,"长期以来,经济的发展、人口的增长、城市建设的扩大以及各种工程的建设,使京杭

---

　　① 李杰:《生态思语》,线装书局2016年版,第14页。
　　② 王光谦、王思远、张长春:《黄河流域生态环境变化与河道演变分析》,黄河水利出版社2006年版,第2页。

大运河沿线生态环境遭到严重破坏",①产生了水污染、河道淤塞、水系紊乱、植被破坏、生态失衡等问题,而且这些问题早在明清时期就已出现,甚至一直影响至今。美国学者彭慕兰也指出:"与自然生态衰变密切相关的是水利失修。黄运作为黄河与运河这两条极易成灾的大河的交汇处,治水问题成为这个地区社会生活中极为重要的事件……在 18 世纪以前,中央政府对大运河的维护,也延缓了黄运的经济和社会的衰落。当然,政府对大运河的维护是出于漕运目的,而不是为地方增加福利,但大运河不仅给黄运带来了所必需的木材和石头,而且使国家为这个地区提供了重要的治水服务,避免了大规模的生态破坏",②这一观点与论断非常符合明清山东黄运地区的特征。

明清两朝,中央及地方政府在山东运河区域兴修的大量工程及诸多的水工设施,对于减轻黄河泛滥的危害,保障沿河区域社会稳定起到了一定作用,但在"转漕为国家大政"③的国策下,沿线农田水利、商业流通、民众生活都要服务于漕运,从而导致沿线河流湖泊、农业灌溉、土壤植被发生了一系列变化,突出表现为水系的紊乱、灌溉与漕运用水矛盾的尖锐、土壤盐碱化、植被结构改变、自然灾害频繁发等问题,正如李德楠指出:"一个地区的水利发展情况是自然因素和人类活动长期影响的结果,与这个地区的自然地理条件以及社会经济发展状况关系密切"。④ 特别是 1855 年黄河铜瓦厢决口,夺山东大清河河道,由利津入海后,尽管清廷仍不时希望恢复运河交通,但随着运道中断、漕粮改折、河官裁撤,山东黄运两河的治理逐渐由中央转嫁于地方,大型工程由山东巡抚主持,小型水利工程建设则由地方精英负责,参与工程的主体几乎全为区域社会民众,国家库帑在河工治理中的比例急剧减少,地方留存经费及

---

① 张金池等:《京杭大运河沿线生态环境变迁》,科学出版社 2012 年版,第 IX 页。

② (美)彭慕兰著、马俊亚译:《腹地的建构:华北内地的国家、社会和经济(1853—1937)》,上海人民出版社 2017 年版,第 19 页。

③ 吴剑杰:《张之洞年谱长编》,上海交通大学出版社 2009 年版,第 470 页。

④ 李德楠:《明清黄运地区的河工建设与生态环境变迁研究》,中国社会科学出版社 2018 年版,第 20 页。

民众摊派、捐纳比例不断上升,黄河、运河治理所具备的国家性大为减弱。由于缺乏国家强力支持及统一的宏观调控,这一时期山东黄运地区的生态环境趋向恶化,突出表现为河道水系的进一步紊乱、土地盐碱化严重、水患更为频繁,对沿线地区民众、社会造成了巨大危害,"尽管改革使中央政府的负担减少了,但在黄运地区,原来较为合理的体制也被破坏了;水灾治理并没有得到改善,反而更加恶化。鲁西地区的黄河向民堤的转化,根本没有形成一种更加具有成本效益的治水体制"。① 民国年间著名政治家潘复指出:"溯自南运失治,汶、泗泛滥于其间,东平、济宁、鱼台数郡,绵历三四百里,岁浸民田不下七千万亩,生生之机既斫,无复余力捍御堤防,而河官以时为进退,初无远计,情势日以变易,益相视莫可谁何? 昏垫之忧有固然矣",②旱涝无常加之河官踌躇无策,沿线河流、湖泊形势紊乱,泛滥成灾,导致大量民田、庐舍被淹,百姓流离失所。沿河民众完全处于一种靠天吃饭的状态,"间遇亢旱连年,地亦时或涸出,农民不肯弃地,犹思及时种麦,以冀幸获,然必次年再旱,始能丰收一季。稍遇微雨,上游水来,则并资力籽种而悉丧之,其后谋开稻田,卒无成效",③不能形成稳定的种植环境,无法保障民众正常的生活。

第一节　明清山东运河工程对区域河流、
湖泊环境的影响

明清两朝中央及地方社会在山东运河区域大规模水利工程的进行对沿线河流、湖泊造成了巨大影响,诸如会通河的开凿、疏浚,南阳新河的开凿、泇河的开挖及沿线水柜、闸坝、堤堰等工程设施的建设都会影响河流、湖泊环境,甚

---

① (美)彭慕兰著、马俊亚译:《腹地的建构:华北内地的国家、社会和经济(1853—1937)》,上海人民出版社2017年版,第23页。
② 山东南运湖河疏浚事宜筹办处:《山东南运湖河疏浚事宜筹办处第一届报告》,1915年版,第1页。
③ 潘守廉:民国《济宁县志》卷1《疆域略》,民国十六年(1927)铅印本。

至"水性靡常,一时有一时之故道。夫既曰故道,则水不由此中行,势必变为桑田,年近则犹有河形,年远则行迹全无,岂有千百年后之桑田犹得确指为千百年前某水故道耶?",①可见河流变迁为常态。明清两朝,运河对其他自然河道、湖泊的扰乱非常严重。首先,山东运河未开凿之前,境内汶、泗、沂、徒骇、马颊诸河有其自行入海之路,遵循就下规律,沿线民众均可用其水以灌溉农田,但会通河开凿后,沿线河流几乎全部服务于漕运,或被引入运河之中作为补漕水源,或被拦腰截断作为减河,或人为设置湖泊以为水柜,水系环境发生了剧烈改变,沿河相对稳定的生态明显失调。其次,山东境内的自然河流多为东西走向,由西及东入海,有其固定河道与入海路线,但会通河、南阳新河、泇河开通后,因运河为南北走向,所以坚固的运河大堤将其他河流拦腰截断,导致入海之路受阻,泛滥于河堤之下,不但淹没农田、庐舍,而且导致沿河土地盐碱化异常严重。最后,山东运河沿线的北五湖、南四湖为运河水柜,专为补给运道水源而置,其形成、发展、演变、干涸与运河有着密切的关系,人为因素在湖泊环境变迁中起到了重要作用,"漕河之别,曰白漕、卫漕、闸漕、河漕、湖漕、浙漕。因地为号,流俗所通称也。淮、扬诸水所汇,徐、兖河流所经,疏瀹决排,靠人力是系,故闸、河、湖于转漕尤急",②诸湖因运河而变迁无常,或淤塞,或疏浚,或垦殖,或禁垦,充分体现了明清王朝以漕为生、以运为命的政治局势。

一、明清山东运河工程对区域河流环境的影响

明清山东境内的济运河流主要为汶水、泗水、卫河三河,其他济水、沂水、徒骇河、马颊河、老黄河、大清河诸河对运道也有一定影响,但总体来看,除京杭大运河外的其他河道,或作为济运之源,为运河提供补给,或作为泄洪之路,将多余之水予以分流,以保运堤。在京杭大运河未开挖前,山东诸水有其行经

① (清)王道亨:乾隆《德州志》之《序》,清乾隆五十三年(1788)刻本。
② (清)张廷玉:《明史》,岳麓书社1996年版,第1221页。

之道与入海之路,遵循相应的自然规律,人为干预因素较少。而济州河、会通河、南阳新河、泇河开凿后,大规模的河道工程及诸多水工设施在山东境内建设,济运成为了山东河工兴修的第一要务,其他自然河道、湖泊、泉源都要服务于运河,这就对原有的河道布局、水网水系产生了大量干预,人为因素在诸河道变迁中的影响越来越大,从而导致山东沿运河流环境发生了巨大变化。

汶水又称汶河,为明清山东运河的主要补给河道之一,对于保障京杭运河山东段的畅通起到了巨大作用,"镇口闸直至临清板闸一带漕渠共计八百余里,皆藉汶河之水以资利涉"。① 在山东运河未开之前,"汶水出泰山莱芜县原山,西南入济也",②《水经注》亦载,"莱芜县在齐城西南,原山又在县西南六十里许。《地理志》:汶水与淄水俱出原山,西南入济",③可见自古时起汶、济二水即相通。《论语类考》称汶河之源有三,"一出泰山之仙台岭,一出莱芜县原山之阳,一出莱芜县寨子村,至泰安州合焉。经兖州府宁阳、汶上县界,又西过东平州,又北过东阿县,又东北过长清诸县,由济入海",④其名有北汶、瀛汶、紫汶、浯汶、牟汶之称,实为一河。汶水为季节性河流,主要汇沿线山洪、诸河及泉源,流量差异大,日常水源较少,汛期则暴涨,水流湍急,河身宽度在150米至500米之间,水文特征为河宽水浅,在山东诸河中较为适宜引水济运。元代开山东运河后,汶河与京杭大运河的关系逐渐密切,汶河济运经历了由"引汶入济"到"引汶绝济"的变迁过程。元初行海运,漕粮多由海路绕山东登莱大洋直至直沽,后开山东济州河,试图海道、运河联运,漕船由江南运河至新开济州河,然后入大清河(济水)入海,泛海至直沽,"至元二十年,开济州河渠,遏汶入洸,至任城会源闸而分。会源闸者,今济宁天井闸也。会源闸之水分而北流者,至须城之安民山入清济故渎,由东阿之戴家庙、西旺湖、薛家桥入

---

① (明)潘季驯:《潘季驯集》,浙江古籍出版社2018年版,第432页。
② (汉)许慎:《说文解字》,九州出版社2006年版,第886页。
③ (北魏)郦道元:《水经注》,浙江古籍出版社2013年版,第325页。
④ (明)陈士元:《论语类考》卷3《地域考》,清文渊阁四库全书本。

于大清河,以通海运。而其上流出东平界者,但言其北流入海,而不著所由,当亦入济故渎无疑矣",①元初汶入于济,汇流入海,谓之引汶入济,漕船由济州河出海北上。不过数年后,大清河入海之路淤塞,漕船不通,元廷又开挖东平至临清会通河,汶河济运形势发生改变,汶河成为了京杭大运河东平以北至临清河道的主要水源,横断济水,"未几开会通河,自安民山达临清,而汶水始会于漳,不由济渎入海,故元初海运谓之引汶入济,济者故道也。其后开会通谓之引汶绝济,绝者济为漕河所遏,不得东也,而大清河至是不谓之济,而谓之汶矣",②《漕运通志》亦载元开会通河时利用汶河水源,"自安民山开河,北至临清,凡二百五十里,引汶绝济,直属漳御",③也说明济为汶所断。关于汶河、济水、运河之间关系的变化,明人于慎行曾予以清晰论述:"汶水由东平北流,合北济故渎以入于海。泗水由曲阜南流,合南济故渎以入于淮,此《水经》故道也。自元宪宗七年,济倅毕辅国始于汶水之阴,堽城之左作斗门一所,遏汶南流,至任城入泗,以饷宿、薪戍边之众,谓之引汶入济,此堽城坝所由始也。世祖至元二十年,以江淮水运不通,自任城开渠达于安山,为一闸于奉符,即堽城坝,以导汶水入洸;为一闸于兖州,即金口坝,以遏泗水会洸,合而至任城会源闸南北分流,此天井闸之所由始也。二十六年,用寿张尹韩仲晖言,复自安山开河,由寿张西北至东昌临清,直属御漳,凡二百五十里,建闸三十有一,谓引汶绝济,此会通河所由始也",④详细介绍了汶、济二水的关系变迁。

明初黄河决口,会通河淤塞,工部尚书宋礼疏浚运道,"遏汶水全流,南出汶上之西,入于南旺,分而为二,六分北流以达御、漳,四分南流以接沂、泗",⑤"明永乐中又筑戴村坝,遏汶水尽出南旺以资运,而安山入济故道填淤久

① (清)顾炎武:《天下郡国利病书》,上海古籍出版社2012年版,第1604页。
② (清)朱鹤龄:《禹贡长笺》卷3,清文渊阁四库全书本。
③ (明)杨宏、谢纯:《漕运通志》,方志出版社2006年版,第19—20页。
④ (清)朱鹤龄:《禹贡长笺》卷3,清文渊阁四库全书本。
⑤ (清)顾炎武:《顾炎武全集》,上海古籍出版社2011年版,第1542页。

矣",①"筑戴村坝,将分水枢纽从济宁改至南旺,疏浚沿线泉源,修设闸坝,利用沿线湖泊等方式,确保会通河水源充裕"。②戴村坝建成后,分流汶水,"东省运河专赖汶河之水,南北分流济运,而汶河之水尤藉泉源之灌注",③于是汶水自大汶口以上为上游,分南北两支,北支为干流牟汶河(汶河),南支为柴汶河(即小汶河),大汶口至戴村坝为中游,称大汶河,戴村坝以下为下游,名大清河,其中柴汶河为引汶济运主干道,对于保障明清两朝山东运河的畅通起到了重要作用。戴村坝这一水工设施为会通河提供了水源,但同时也引起了汶河水环境的巨大改变,自此以后汶水由南旺入运河,运河以西济水不能东注,洪水大量积滞于运堤之下,潴蓄而成安山湖,汶水入济故道也淤为平地,汶河亦自宁阳分为两支,"一支自东平州戴村坝西南流,至汶上县会白马、鹅河,凡八十里,出分水河口:一派分流而北,经东平、寿张、东阿、阳谷绝河,又经聊城、博平、堂邑、清平,凡三百六十五里,至临清会卫河,北入于海;一派分流而南,经嘉祥、巨野,凡一百里,至济宁州城南天井闸,东与沂、泗、汶三水合流而南。一支自宁阳堽城坝西南流,别名洸河,经滋阳、济宁之境,合泗、沂二水,凡一百余里,至济宁州城南天井闸东,合分水河口流来汶水,又南流,经邹县、鱼台、沛县,凡四百一十里,至徐州合沁水,东南入于淮"。④

因漕河用水需大量闸、坝等水工设施的建设,阻碍了汶河的通畅性,导致河道泥沙淤积现象日加严重。宁阳汶河堽城坝初为沙堰,有人议制石堰可防冲毁,既节国家资财,又省民力,但工程主持者马之贞认为不可,"汶,鲁之大川,底沙深阔,若修石堰,须高水平五尺,方可行水,少涨于平,与无堰同,河底填高,必益为害,竭力作成,涨涛悬注,倾败可待",⑤认为改石堰会导致大量泥

---

① (清)胡渭:《禹贡锥指》卷4,清文渊阁四库全书本。
② 王玉朋:《清代山东运河河工经费研究》,中国社会科学出版社2021年版,第20页。
③ (清)张伯行:《居济一得》卷4《疏浚泉源》,清文渊阁四库全书本。
④ (明)王琼:《漕河图志》,水利电力出版社1990年版,第12页。
⑤ (明)杨宏、谢纯:《漕运通志》,方志出版社2006年版,第270页。

沙积于堰下,导致堰坝崩溃的可能性加大,加之这一区域无石材可以修砌,沙堰虽须每年修造,但可保河道无虞。为警示后人,其又称:"后人勿听,浮议妄兴,石堰重困民,壅塞涨水,大为民害"。① 后数十年后河臣不听其议,沙堰改为石质,被水冲毁,"水退,乱石龃龉壅沙,河底增高。自是水岁溢为害。至元四年②秋七月,大水溃东闸,突入洸河,两河罹其害,而洸亦为沙所塞,非复旧河矣"。③ 此后明清两朝汶河淤沙问题始终未得到彻底解决,堽城坝日益溃败,漕河主要依赖戴村坝所分汶河之水以接济。

泗水,即泗河,也为明清山东运河重要补水河道之一,甚至局部河段成为了运道的组成部分。《括地志》载,"泗水源在兖州泗水县东陪尾山,其源有四道,因以为名",④《通鉴纲目》亦记,"泗水出鲁国卞县桃墟西北陪尾山,源有四泉,四泉俱导,因以为名。西南过彭城,又东南经吕梁,至下邳入淮"。⑤《漕河图志》对泗水四源进行了详细说明,"一出山(陪尾山)西麓石窦内,名趵突泉;一出山东麓石窦内,名淘米泉;一出山东五步,一出山东南四十步,二泉无名,与淘米泉合流,向南绕山西一里,合趵突泉,西流一百七十余里至滋阳县城东五里与沂水合,同入金口闸,又西南流三十里,至济宁州城东与汶水合,南达于淮"。⑥ 泗水源出诸泉,沿途接纳诸泉及沂水、洙水诸河,遂成大川,早在隋代时,薛胄就曾于泗水上筑堰,以利漕运民田,元世祖时修复旧堰为滚水石坝,"复建金口、土娄、杏林三闸,以引泗、沂二水,西入济宁"。⑦ 明永乐初年,元建石坝损毁,改筑土坝,成化时复修为长 50 丈的石坝。元明清三代山东运河南段主要依靠泗水支流府河接济,同时某些时期内还曾利用鲁桥至清口段泗河

① (明)杨宏、谢纯:《漕运通志》,方志出版社 2006 年版,第 270 页。
② 此处为元惠宗后至元四年(1338)。
③ (明)杨宏、谢纯:《漕运通志》,方志出版社 2006 年版,第 270 页。
④ (清)郝懿行:《山海经笺疏》,上海古籍出版社 2019 年版,第 258 页。
⑤ (宋)朱熹:《通鉴纲目》卷 26,清文渊阁四库全书本。
⑥ (明)王琼:《漕河图志》,水利电力出版社 1990 年版,第 12—13 页。
⑦ (明)王琼:《漕河图志》,水利电力出版社 1990 年版,第 116—117 页。

为运道。为保障运河水源,使泗水服务于国家漕运,元明时期曾于泗水上置金口坝、金口闸、土娄闸、宫村闸、吴泰闸等闸坝水工设施近 30 处。尽管大兴土木,但因明清王朝一直力图通过人力措施驱黄从清口入淮,导致黄河频繁泛滥于泗水河段,甚至明中前期茶城以下河道不得不借黄行运,漕船行徐州、吕梁二洪,艰难万分,不但漕粮多漂流,而且军丁、船工经常溺亡,沿泗河一带州县频遭水患。为避黄保运,嘉靖、万历年间先后开南阳新河、泇河,将明中前期使用的泗水运道及附近湖泊置于运堤以西,以收贮黄河泛滥之水,保南阳新河、泇河安稳,但大量黄河洪水及泥沙的侵入,也导致南阳、昭阳、微山、独山诸湖连成一片,形成了后世统称的微山湖。清代康熙年间河道总督靳辅又开皂河、中运河,从而使京杭大运河除在清口与黄河、淮河交汇数里外,其他河段完全避开了黄河冲击,而不再使用的泗河水道,自徐州以下完全被黄河泥沙淤废,弃之不用。

卫河,古称卫水,也是明清山东运河的重要组成部分,山东境内卫河主要为临清至德州段,明称卫河,清名南运河,该段河道历史悠久,隋唐为永济渠、宋金为御河,不但是河南漕粮入京的必由之路,而且在山东境内也是京杭大运河的主河段之一。卫河实际发源于山西省太行山麓,沿途接纳众流,至河南辉县方成河川,所以古籍中多认为卫河源于辉县百门泉,明人李梦阳则认为卫水为济水一支,"济之性劲,其源出于晋,伏流地中,乍见乍伏,一支穿太行为百泉,为卫水;一支为济,源出山东,为七十二泉"。① 卫河未成运道前为黄河故道,称白沟,亦称宿胥故渎,当时太行山麓的清水、淇水、洹水皆入古黄河,黄河迁徙后,白沟水源匮乏,东汉末年曹操引淇水入白沟,水源始盛,淇水以西清河逐渐演变为卫河河道,同时丹河亦汇入,隋炀帝开永济渠时,引沁水入清河(卫河),北通涿郡,以运漕粮、兵丁。自隋开永济渠后,特别是元明清三代对卫河的大规模改造,使卫河与漕运的关系日加密切,国家管理、治理属性不断

---

① (清)杜文澜:《古谣谚》,岳麓书社 1992 年版,第 389 页。

增强,甚至引漳入卫、引沁入卫等水工措施的采取,充分体现了卫河的国家性、人工性、社会性。据《漕河图志》载,"卫河源出辉县苏门山百门泉,东北流,经新乡、汲县、淇县、浚县、汤阴、安阳、滑县、内黄、魏县、大名、元城、馆陶,会淇、漳诸水,凡千里至临清州会汶水,又经清河、夏津、武城、恩县、故城、德州、景州、吴桥、东光、南皮、交河、沧州、兴济、青县、霸州、静海,凡千里余,至直沽会白河,同入于海",①卫河历河南、山东、河北、天津四地,其中京杭大运河临清至天津段主河道就近 900 里,占京杭大运河总长度的近四分之一,其地位异常重要。元代以前,浊漳未入卫,卫河水源清澈,适宜船只航行,《宋史》载,"今御河上源,只是百门泉水,其势壮猛,至卫州以下,可胜三四百斛之舟,四时行运,未尝阻滞,堤防不至高厚,亦无水患",②可见宋代卫河水环境较为平稳。明清两朝,卫河下游之水渐微,临清至天津河道多有浅阻,引漳入卫之议屡兴,明中前期多引漳河部分水源以济卫河,清康熙中期全漳入卫,水势浩大,"因漳水合流,又名漳河,或总谓之漳御卫河",③漳河大量泥沙遂入卫河,卫河亦浑浊不堪,沿线大名、元城、魏县、馆陶、冠县、德州等地屡遭水患,明清两朝遂开四女寺、哨马营、沧州捷地诸减河以泄洪流入海,对沿线区域生态环境、社会环境产生了巨大影响。

除以上与运河关系密切的三河外,沂河、徒骇河、马颊河、老黄河、大清河也与运河有着一定关系。沂河属淮河流域泗沂沭水系,古时为泗水重要支流,据《水经注》载,"沂水出泰山盖县④艾山,郑玄云:出沂山,亦或云临乐山。水有二源:南源所导,世谓之柞泉;北水所发,俗谓之鱼穷泉。俱东南流,合成一川,右会洛预水,水出洛预山,东北流注之。沂水东南流,左合桑预水,水北出桑预山,东注于沂水",⑤又陆续汇螳蜋水、连绵水、浮来山水、小沂水、蒙山水,

---

① (明)王琼:《漕河图志》,水利电力出版社 1990 年版,第 11 页。
② (元)脱脱:《宋史》,吉林人民出版社 1995 年版,第 1501 页。
③ (明)王琼:《漕河图志》,水利电力出版社 1990 年版,第 96 页。
④ 盖县:古县名,西汉以故盖邑置,县治在今山东省沂源县东南盖冶村附近。
⑤ (北魏)郦道元:《水经注》,浙江古籍出版社 2013 年版,第 342 页。

最后于下邳入泗水。《名山藏》则载沂河源出曲阜尼山西南,"分流为二,一西流至兖州府城东金口坝上与泗会,一与泗南下,二水南趋,其故道从塔里河出师家庄闸河,元时作金口坝遏二水緜黑风口入济,又南流会洸水至济宁出天井闸,国朝因之。又有出沂水县艾山者,会家陀、沂水诸泉,与沂水、汶合流至邳州入淮",①《漕河图志》称沂水有二源,一出曲阜县尼山,"西流三十五里,至滋阳县东五里与泗水合",②一出沂水县,"出沂水县者,经沂州、郯城三百余里,至邳州入漕河,其河甚微……泗水及曲阜县所出沂水,旧自邹县堪里合流,南达于淮",③沂水二源皆入泗,增加了泗水运道水量,强化了该段借泗为漕的航运能力。

徒骇、马颊两河亦深受会通河影响,明清山东徒骇河非《禹贡》所载九河之河流,该河发源于河南濮阳清丰县,上游为古漯水河道,据道光《济南府志》载,"漯水故道《通志》云:自朝城县西南诸陂,从杨家陂导流,东北至贾家河头入阳谷县界,行四十余里入莘县界,又东北流,复入阳谷界,行三十里入聊城界,又东入运河。漯水自聊城县运河东岸减水闸分流,行三十八里入博平界,又北至邓家桥为古鸣犊河,一河而异其名。博平境内行五十二里入高唐州界,俗名土河,旧志遂谓之徒骇河也,高唐境内行六十三里,又东北经茌平县境,行十里至珍珠庙入禹城县界",④再经齐河、临邑、济阳、商河、惠民诸县至沾化入海,其中自禹城以南称漯水,禹城以北称徒骇河。山东境内马颊河亦非禹时九河之一,又称笃马河,"唐时黄河故道,因导水入笃马河故,亦有马颊之称,非禹迹也"。⑤ 该河同样发源于河南濮阳,因状似马颊而得名,据《禹贡指南》载,"马颊河势,上广下狭,状如马颊也"。⑥ 该河自山东博平县田家口由运河

①　(明)何乔远:《名山藏》卷49《河漕记》,明崇祯刻本。
②　(明)王琼:《漕河图志》,水利电力出版社1990年版,第13页。
③　(明)王琼:《漕河图志》,水利电力出版社1990年版,第117页。
④　(清)成瓘:道光《济南府志》卷6《山水二》,清道光二十年(1840)刻本。
⑤　(清)成瓘:道光《济南府志》卷6《山水二》,清道光二十年(1840)刻本。
⑥　(宋)毛晃:《禹贡指南》卷1,清武英殿聚珍版丛书本。

分支东流,经清平、高唐、恩县、平原、德州、陵县、德平、乐陵、阳信、庆云、无棣,自月河口入海。自会通河开通后,为保障运河汇水及泄水,运河以西诸河多沦为运道进水河,运河以东诸河则成为减水河,徒骇、马颊亦是如此,"马颊、徒骇二河,分别自博平、东昌泄运河过涨之水,东北入海,同时内地农田陂水,亦咸来汇注,赖为疏泄,然以势缓流长,辄患湮淤。且沿河小民贪图近利,每每侵种河道,与水争田,因此而卒酿巨患者,志不绝书"。① 其中马颊河上游自朝城县东北流,经阳谷县、堂邑县,横断运河东流,"自直隶开州、清丰、南乐、元城,经曹州观城、朝城等县,绵亘数百里,至莘、冠、堂三邑境内,积淤年久,有仅存河形者,有淤成平陆者",②上游河道逐渐淤塞,所存者只有运河以东下游河道,成为了半截河,每逢雨季,洪水受阻难以下泄,泛滥于莘县、堂邑诸县,屡为灾患,"马颊河淤浅已久,运河横梗中间,每年伏秋之际,运水盈满,泄放不及,以致莘、冠、堂三邑恒被水灾",③河道水环境发生了巨大改变。同时为保障这一泄水通道的稳定,防止马颊河洪流冲毁运堤,修筑大寺东涵洞、房家口北涵洞、十里铺进水闸、龙湾铺进水闸、魏坝上减水闸等水工设施,以使马颊河、运河顺利相交。徒骇河亦被运河所断,运西之水被运堤所阻,潴积成黑龙潭、白家洼、鹅鸭陂等小型浅湖及洼地,同时为防徒骇河水患危及运河,置龙湾铺进水闸,三孔桥、二孔桥减水闸及龙湾滚水坝,旧闸口涵洞、娘娘庙后涵洞,以合理调度徒骇河进水、排水问题。即便国家通过诸多水工设施力图平衡运道与民生之间的关系,但在保漕国策下,水工建设倾向于漕运,因此徒骇河、马颊河沿岸水患不断,因水利纠纷发生的冲突不绝于缕,对区域社会造成了巨大危害。

老黄河为临清以北运河排泄洪流之河道,据道光《济南府志》所载,"黄河故道,《通志》云:今谓之老黄河,自直隶元城县入山东冠县界,北经馆陶县至

---

① 侯仁之:《我从燕京大学来》,生活·读书·新知三联书店 2009 年版,第 324—325 页。
② (清)黎世序:《续行水金鉴》,商务印书馆 1937 年版,第 2187 页。
③ (清)陆耀:《山东运河备览》,《中华山水志丛刊》25 册,线装书局 2004 年版,第 302 页。

临清州,逾会通河,绕旧城威武门外,始有沙河之名,北入清平县界,又北入夏津县界,又北入恩县界,河形已见,水渐通流,老黄河又东北经平原县境之看坟村至赵家庄转入德州界,又东北经甜水铺至九龙庙口,有四女树减水闸引河水入之",①又经德州,入直隶吴桥,纳哨马营滚水坝支河之水,再过宁津县、南皮县,复入山东乐陵县界,行45里入直隶盐山、庆云,又东北入山东海丰县界,由大沽河口入海。老黄河并非单一河道,由诸条古河道组成,"历代黄河故道不一,此河自直隶元城县至德州为禹酾二渠之贝邱川,至王莽遂空,俗谓之王莽河,又为屯氏河之渎,自德州至乐陵为鬲津河故道,自直隶盐山县至海丰县大沽河口则唐时所开之无棣沟也,今成一渠,通谓之老黄河,重加修浚,可以泄漕河溢水",②《德州乡土志》亦载,"老黄河,汉屯氏别河,成帝建始五年大河决东郡金堤,分二枝,西枝曰张甲河,东枝曰屯氏别河,别河又出枝津,曰屯别枝津,自馆陶北行,经临清、武城、故城,东与屯氏河会,即今运河,已见运河考。别河东北经夏津县南,又东北经恩县西,左卫中所军屯分布河北,又东北至甜水铺入州境,又东至九龙口分二枝,南枝入笃马河,名屯别南渎,北枝入周大河故道,名屯别北渎",③又经吴桥、宁津、庆云,至海丰北大沽口入海,"河自馆陶来,至临清东南为会通河所断,至海五百余里,遗迹多湮,半为沙陆,惟金堤尚存"。④

老黄河主要泄漳、卫汇流洪水,"哨马营滚水坝泄卫河异涨之水,由老黄河入海",⑤以减轻临清以北河道行洪压力。另外大清河也深受运河、黄河影响,大清河为古济水下游,1855年黄河铜瓦厢决口后,河道为黄河所夺,运河以东河道成为今黄河河道。《广志绎》载,"济河在汶上北,云即大清河。《禹贡》:出于陶邱北,又东至于河,又东北会于汶,又东北入于海……则大清河乃

---

① (清)成瓘:道光《济南府志》卷6《山水二》,清道光二十年(1840)刻本。
② 孟昭贵主编:《夏津县志古本集注》,天津人民出版社2001年版,第153页。
③ (清)严绥之:《德州乡土志》之《河渠》,清末钞本。
④ (清)严绥之:《德州乡土志》之《河渠》,清末钞本。
⑤ (清)黄春圃:《山东运河图说》不分卷,清钞本。

济之故道,非济之本流。世间水惟济最幻,即其发源处,盘涡转毂能出入诸物,若有机者然",①"大清河,济水故渎,济水旧由安民亭南汇汶,称大清河,济、汶合流,北行四十里始至清河门"。② 元代开会通河后,横断大清河,明清两代黄河屡决山东张秋及沙湾运道,多夺大清河河道入海,国家屡兴大工堵塞决口,力保山东运河安流,而大清河作为运盐河道,对于强化沿海食盐通过大清河、运河运至内陆也具有重要作用。但大清河为东西走向河流,为张秋诸处南北运堤所阻,虽置减水闸、涵洞、滚水坝以泄运西积水,但仍然导致"每伏秋大汛,运水顶阻,疏泄无路,必俟运河水落,方能开西岸之闸放之入运,由运入河归海,运河消落稍迟,则濮、观、朝、莘、堂、阳之洼地已沉水底",③可见大清河之所以为患于运西诸州县,与会通河的开凿有着密切关系,导致该区域水环境趋于恶化。

总之,明清两朝山东运河与沿线区域自然河流有着密切关系,作为南北走向的人工河道,运河将诸多东西走向的大小河流拦腰截断,一方面虽解决了运河水源补给问题,满足了漕运之需,但同时也导致了运西严重的水患与土地的盐碱化,给沿河民众造成了巨大灾难。明清山东运河相关水利工程的建设,从国家层面上讲,保障了漕粮北上,维护了王朝统治。但对基层社会来说是一把双刃剑,一方面运河带来了人流、物流、商品流,促进了沿线市镇的崛起,但同时也使区域自然环境受到巨大挑战,洪涝、干旱等灾害发生频率加快,产生了诸多负面影响。

二、明清山东运河工程对区域湖泊环境的影响

明清时期,山东运河水利工程的建设除对沿线河道布局、水系分布产生影响外,因济运、蓄水、排水的需要,也导致了相当数量湖泊的产生、扩大与消亡,

---

① (明)王士性:《王士性地理书三种》,上海古籍出版社1993年版,第303页。
② (清)蒋作锦:《东原考古录》之《漫坝汶水分派考》,清光绪十八年(11892)刻本。
③ (清)董恂:《江北运程》卷14《提纲》,清咸丰十年(1860)刻本。

人为干预沿线湖泊生态环境的力度加大。山东运道向以乏水而著称,"运艘全赖于漕渠,漕渠每资于水柜。南旺等五湖,谓南旺、蜀山、安山、马肠(马场)、马踏五湖也。或以南旺、安山、马肠、昭阳为四柜,水之柜也。漕河水涨,则减水入湖,涸则放水入河,各建闸坝,以时启闭,实为利漕至计"。① 这种以保漕为目的闸坝水工建设,虽使国家对沿线湖泊的管理、治理不断强化,甚至产生了河官、湖夫等专职管湖人员,通过修置相关水工设施以调控湖泊与运河及其他河流关系,采取疏浚、禁垦等措施以保障湖泊水源稳定,但"水柜"这一特定称谓,也体现了湖泊自然属性的削弱及其服务于漕运的特征。明清山东运河沿线湖泊的变化往往是漕运、河工影响的结果,北五湖、南四湖等湖泊在黄河、运河的影响下,在不同历史时期其面积、存亡变迁较为剧烈。

明清山东运河沿线湖泊深受黄河决徙、国家漕运的影响。邹逸麟指出:"在黄淮海南部的黄淮海平原上,湖沼的巨大变迁是从 12 世纪黄河南泛开始的。以后的变化也主要是受黄河和运河变迁的影响。其结果是:豫东、豫东南、鲁西南西部以及淮北平原北部的湖沼,大都被黄河的泥沙所填平,也有一部分是因为人为垦殖加速了淤废。上述地区湖沼淤废之后,平原上的沥水都集中到山东丘陵西侧,黄河冲积扇前缘的低洼地带,形成了今黄河以南、淮河以北长达数百公里的新生湖沼带"。② 其中济宁以北的北五湖为移动消亡型湖泊,诸湖与运河有着密切关系。安山湖形成于元末,为梁山泊余脉,"湖形如盆碟,高下不甚相悬",③主要依赖汶水补给,但屡遭黄河淤垫,对元代会通河作用不大,明永乐初年重开会通河后,安山湖成为了运河水柜之一,面积约百里,"全赖安山一湖以济运",④可见此时安山湖对于保障运河畅通起着重要作用。不过自明中叶开始,因安山湖济运功能削弱,政府开始允许民众佃种,

---

① (清)顾祖禹:《读史方舆纪要》卷 129《川渎六·漕河·海道》,清稿本。

② 邹逸麟:《黄淮海平原历史地理》,安徽教育出版社 1997 年版,第 187 页。

③ (明)潘季驯:《潘季驯集》,浙江古籍出版社 2018 年版,第 604 页。

④ (清)靳辅:《治河方略》卷 4《安山湖》,清刊本。

湖面不断缩小,万历初年水面仅余三分之一,其余尽被垦殖,"自许民佃种以来,百里湖地,尽成麦田",①河臣认为"法非不善,但统陇无界,禁例不严,民情无厌,渐至今日,殆无旷土矣",②其时明廷允许民众垦湖佃种,并征收租银,从法律层面上允许了垦湖的合法性,却将湖面锐减原因归罪于百姓,属河臣推卸管理不善之责任。崇祯初年,形势进一步恶化,"东平有安山湖,济宁有南旺湖,一望汪洋,延袤广远,四围沙淤,渐成沃壤,百姓私垦种麦,周围可数百顷,豪强各相占据,强弱互为争夺,至有凶殴健讼,残躯毙命者",③因湖田发生的冲突不胜枚举。崇祯十四年(1641)八月总理河道张国维上言称:"汶上县河至南旺分流,各湖联络,在西为南旺湖,名曰水壑,主于泄以备涝也,在东为蜀山、马踏两湖,名曰水柜,主于收以待匮也。又南至济宁境为马场湖,北至东平境为安山湖,亦系水柜,近蜀山、马踏皆废潴蓄,马场、安山久化平陆矣",④可见除安山湖外,其他湖泊现状也颇为不堪,济运功能大减。清雍正三年(1725)内阁学士何国宗查勘运河,议复安山湖为水柜,重筑临河及沿湖堤防,但其时运河早已淤高,湖水难以入运,加之安山湖水源匮乏,因此相关工程并未实施,十三年(1735)山东巡抚岳浚称:"湖水无源,不堪复作水柜",⑤《河漕备考》亦载,"今一望平陆,于运道全无所济",⑥于是将剩余湖面给民垦种。乾隆十四年(1749)安山湖升科纳粮,"湖内遂无隙地矣"⑦,安山湖由此消失。咸丰五年(1855)黄河决口,夺大清河河道,汶河北上为黄河所顶阻,加之黄水倒漾泛滥,东平、东阿附近洪流汇聚,遂于安山湖旧地形成东平湖。

北五湖除安山湖最早消失外,其他蜀山、马踏、南旺、马场四湖湖面因淤

---

① (明)潘季驯:《潘季驯集》,浙江古籍出版社2018年版,第604页。
② (明)潘季驯:《潘季驯集》,浙江古籍出版社2018年版,第604页。
③ (明)毕自严:《度支奏议》堂稿卷5《题履户科都给事中解学龙等会议疏》,明崇祯刻本。
④ (清)傅泽洪:《行水金鉴》,商务印书馆1937年版,第1912页。
⑤ (清)陆耀:《山东运河备览》卷6《捕河厅河道》,清乾隆四十一年(1776)切问斋刻本。
⑥ (清)朱鋐:《河漕备考》之《淮北漕河考》,清钞本。
⑦ (清)陆耀:《山东运河备览》卷6《捕河厅河道》,清乾隆四十一年(1776)切问斋刻本。

塞、垦殖也逐渐缩小,济运功能不断削弱。诸湖之水多来自附近河流、泉源,尤以夏秋季节纳水最多,洪流所携带大量泥沙随之入湖,导致湖泊不断淤塞,尽管明清两朝制定了挑挖定规,不时予以浚治,但法久废弛,淤垫仍日甚一日,正德、嘉靖时人黄绾在《论治河理漕疏》中言:"夫南旺、马肠、樊村、安山诸湖本山东诸泉之所钟聚,钟聚于此,然后分为漕河,今为漕者,惟知封浚泉源为急,而不知南旺、马肠诸湖,积沙淤塞,堤岸颓废,蓄水不多之为害也",①同时期人刘天和亦称:"安山、南旺、蒲湾泊、昭阳诸湖大半淤填平满,积水甚少,运舟恒苦浅涩",②可见在明中期时沿线湖泊淤积就已非常严重。万历年间,汶水入南旺湖沿途数百里,"皆淤沙深广,春夏亢阳,久沙则干燥,水多渗入沙底,况所经既远,安得不微……数百里之淤沙不可尽浚,浚则复淤,劳费不已",③通过挑挖等工程措施也不能尽除淤沙。清顺治、康熙年间,南旺西湖已淤,"大抵自北柳林,直至济宁,其东堤外一带大水皆南旺东湖也,其西湖今已淤塞,非东湖比",④其他诸湖也淤塞日甚,"蜀山、马踏、马场、南旺等湖更在济宁以北,并非黄水经由之地,但各处湖身高洼不一,伏秋水发,汶、泗各河不无携带泥沙,而坡地雨水下注亦有淤积",⑤各处来水均携沙入湖,导致湖泊淤垫严重。雍正时南旺湖"河身日淤,弥望民田",⑥蜀山湖"初周围六十五里,中有小山,今淤"。⑦ 咸丰五年(1855)后,山东运道环境发生改变,随着漕粮改折,铁路兴起,传统漕运日落西山,沿河水柜也处于无人管理的荒废状态,南旺、蜀山诸湖或淤成平地,或面积锐减。清末民初,"马踏湖、南旺湖淤垫成田,不能蓄水,

---

① 黄河水利委员会黄河志总编辑室编:《历代治黄文选》,河南人民出版社 1988 年版,第 92 页。
② (明)刘天和:《问水集》不分卷,明刻本。
③ (明)王圻:《续文献通考》卷 38《国用考》,明万历三十年(1602)松江府刻本。
④ (清)陆陇其:《三鱼堂日记》卷 1《丙午公车记》,清同治九年(1870)浙江书局刻本。
⑤ (清)福趾:《户部漕运全书》卷 45《漕运河道》,清光绪刻本。
⑥ (清)朱鋐:《河漕备考》之《淮北漕河考》,清钞本。
⑦ (清)朱鋐:《河漕备考》之《淮北漕河考》,清钞本。

牛头河亦失其排水之作用,蜀山湖虽未全行淤垫,其容水之量亦较从前大减",①与运河已几乎没有任何关系。除泥沙淤积湖泊外,政府允垦及私垦、盗垦等现象屡禁不止,导致湖泊面积不断缩小。早在明弘治年间,通政司右通政韩鼎掌张秋北河分司时,"堤南旺湖以障泛滥,民得耕种其湖内田",②实际已经将湖田耕种合法化。正德、嘉靖年间,随着大量泥沙冲入湖中,出现了相当数量的沙滩地,"率皆侵占,耕稼其上"。③ 甚至不法之人故意盗决湖堤,放水淤田,对"凡故决山东南旺湖、沛县昭阳湖堤岸,及阻绝山东泰山等处泉源者,为首之人并遣从军,军人犯者徙于边卫"④的律令置若罔闻,可见垦田之利已使部分群体超越了对律法的畏惧。嘉靖、隆庆后,盗决、私垦湖田已呈普遍现象,"湖地侵于豪右,清复为难",⑤"嘉、隆以来,昭阳湖为河水淤平,民耕其中。而南旺、安山诸湖,亦多为民所盗种,湖皆狭小,无以济运,漕行其间,多患浅涩"。⑥ 万历时,私垦现象日加严重,"止因旧堤浸废,界址不明,民乘干旱,越界私种,尽为禾黍之场",⑦后经科臣建议虽修复南旺诸湖以利漕运,但不久盗决、复垦如故,沿河诸水柜面积有减无增。清初张伯行曾言:"或曰安山湖招垦升科矣,固宜复。南旺湖并未招垦升科,湖未尝不在也,而又何为言复乎?予曰:虽未招垦,而汶、巨、嘉之私垦者不下数百顷矣,特未升科耳!湖既佃种,则将十二斗门尽行堵闭,汶河之水虽值大发之时,涓滴不得入湖,湖虽未废,而其实已经久废矣"。⑧ 雍正年间,南旺湖已有淤地上千顷,"无水时,许民稞种,岁可得麦无算",⑨"凡沿湖近地已经成田者,不必追究,其未经耕种者,当湖水

---

① 潘复:《山东南运湖河水利报告录要》,南运湖河水利筹办处 1916 年版,第 1—2 页。
② (明)过庭训:《本朝分省人物考》卷 106《韩鼎》,明天启刻本。
③ (清)傅泽洪:《行水金鉴》,商务印书馆 1936 年版,第 1678 页。
④ (明)杨宏、谢纯:《漕运通志》,方志出版社 2006 年版,第 142 页。
⑤ (清)康基田:《河渠纪闻》卷 9,清嘉庆霞荫堂刻本。
⑥ (清)顾祖禹:《读史方舆纪要》卷 129《川渎六·漕河·海道》,清稿本。
⑦ (清)傅泽洪:《行水金鉴》,商务印书馆 1937 年版,第 1831 页。
⑧ (清)张伯行:《居济一得》卷 2《复南旺湖》,清正谊堂全书本。
⑨ 黎德芬:民国《夏邑县志》卷 6《人物·宦迹》,民国九年(1920)石印本。

稍落,速宜严禁,不可仍令侵占",①通过允垦报赋的方式,使水柜淤田合法化,以减少私垦现象。但垦湖升科之例一起,私垦者不绝如缕,乾隆年间定"马踏、蜀山、马场、独山、微山诸湖,严禁占种芦苇,南旺、南阳、昭阳诸湖水柜,仅堪泄水,小清河久淤塞,均宜次第修治",②其时诸湖主要收贮运河所泄余水,济运作用减弱。清末运河断流,诸湖无人管治,官府利于征收赋税,湖地多被垦殖殆尽,只在夏秋水发时方有部分水面,存水已非常态化。

与北五湖相比,昭阳湖、微山湖、南阳湖、独山湖等南四湖属潴水新生型湖泊。南四湖中,昭阳湖出现最早,因其地低洼,历史时期黄河夺泗入淮,大量洪水积聚于此,形成浅水型湖泊,元代时方有湖名,"昭阳湖即山阳湖,俗名刁阳湖也,山东滕、邹二县水咸汇于此,东长十里,阔一里,西十一里,北四里,周二十九里有奇",③不过元时面积较小,与运河关系不大。明永乐年间疏浚会通河后,为增加运道水源,开始强化沿河诸水柜的设置,昭阳湖存水逐渐增多,南阳新河开凿后,昭阳湖由运东水柜变为运西水壑,"昔时运道在湖之西,诸湖悉资济运,自新河既开,运道东徙,汶、泗、沂、潔载之高地而行,西岸诸湖止以减水,而不以进水,直至微山以南始分流入泇,仅存一线"。④ 此时昭阳湖补运作用虽减,但因收纳运河溢出余水及黄河泛滥之洪流,面积不断扩大,"昭阳湖一名刁阳湖,即南济之所汇也。上承曹县、菏泽、城武、单县、定陶、巨野、嘉祥、济宁、金乡等九州县坡水及鱼、滕等县泉水,积水大潴,自北而南曰南阳、曰昭阳、曰枣庄、曰李家、曰郗山、曰微山、曰吕孟、曰张庄、曰韩庄,随地异名,而以昭阳为要领,湖水一支西南出张谷山口,经荆山桥,入邳济运;一支由湖口闸入泇济运",⑤乾隆年间昭阳湖周长至180里,超元明时29里的6倍余。南阳

① 戴逸、李文海:《清通鉴》,山西人民出版社2000年版,第2665页。
② 赵尔巽:《清史稿》,吉林人民出版社1995年版,第2588页。
③ (明)曹学佺:《大明一统名胜志》之《直隶名胜志》卷12,明崇祯三年(1630)刻本。
④ (清)董恂:《江北运程》卷21,清咸丰十年(1860)刻本。
⑤ (清)董恂:《江北运程》卷21,清咸丰十年(1860)刻本。

湖形成于明成化年间,其时引南旺西湖之水东南流,至鱼台县东北南阳闸入运,积水而成南阳湖,"周围九里五分,受金、单、曹、武等县坡水入湖",①面积较小。清代时诸湖逐渐连为一片,南阳湖成为了昭阳湖的一部分,周围约四五十里,"运河西岸,跨鱼台、沛两县境有昭阳湖,其专属鱼台者,又别名南阳湖",②而独山湖亦与南阳湖有所混,"独山湖在滕县南六十里,接鱼台县界,亦名南阳湖,沙河、邹泗诸水余流所汇也,亦引流入运河",③诸湖之间没有明确界限。其实独山湖经历了漫长的历史变迁,最终形成于隆庆时开南阳新河后,"若独山、赤山、微山、吕孟原非柜也,新河障田成湖",④其成为运河水柜,与新运道的开辟及修筑的护田堤防有密切关系。微山湖为诸多小型湖泊贯通而成,初以吕孟湖为主,"吕孟湖,在滕县一百里运河之南,其西为赤山湖、微山湖,东为张庄湖,又东接峄县之韩庄湖,实一湖也,今统谓之吕孟湖。《明会典》:四湖相连,长八十里",⑤《江北运程》亦称:"吕孟湖在滕县南一百二十里,北为运河,其西为赤山湖、微山湖,东为张庄湖,又东接峄县之韩庄湖,实一湖也,今统谓之吕孟湖",⑥万历前虽有微山湖之名,但因诸湖面积狭小,以吕孟而概称,而非微山。诸湖水面扩大且完全成为一体,始于泇河开凿后,其时新运道移至微山之东,吕孟等小型湖泊被隔至运道以西,沿线坡水及黄河东决溢水汇入吕孟诸湖,使诸湖完全连为一片,统称微山湖。清顺治时,"废镇口河,专用泇河,微山、吕孟并昭阳等湖即汇而为一,李家口诸河故迹遂没",⑦微山诸湖面积广达百里,"界滕、峄、徐、沛之中,周围百余里,凡郓城、嘉祥、巨野、鱼台、金乡、城武、曹县、定陶、寿张、阳谷、曹、单各州县之水皆南注之,兖、

① (清)陆耀:《山东运河备览》卷4《运河厅河道上》,清乾隆四十一年(1776)切问斋刻本。
② (清)董恂:《江北运程》卷21,清咸丰十年(1860)刻本。
③ (清)董恂:《江北运程》卷21,清咸丰十年(1860)刻本。
④ (明)万恭:《治水筌蹄》,水利电力出版社1985年版,第85页。
⑤ (清)官修:康熙《大清一统志》卷99《兖州府》,清乾隆九年(1744)武英殿刻本。
⑥ (清)董恂:《江北运程》卷22,清咸丰十年(1860)刻本。
⑦ (清)黄浚:康熙《滕县志》卷1《山川》,清康熙五十六年(1717)刻本。

徐间一巨浸也",①成为了山东运河区域最大的湖泊。微山湖对于运河具有重要补给作用,"微山湖上承昭阳、南阳以及鱼台、金乡、滕、沛各县坡水,由湖口闸宣泄,以济峄县八闸,并江南邳、宿运道",②乾隆时"微山湖在县(滕县)西南七十里,境内大小诸湖,如郗山、吕孟等皆得以微山湖统之,昭阳其别名也",③诸湖已混流贯通,难以明确区分。清末民初,"南阳湖低水位时面积 54平方公里,独山湖占 190 平方公里,昭阳湖 165 平方公里,微山湖有 480 平方公里,共计近 900 平方公里。因同时也受到泥沙不断的淤积,故湖水很浅",④呈现面积大,水位浅的特点。

明清两朝,与北五湖总体趋向萎缩不同,南四湖相对较为稳定,但在某些时期亦存在淤塞、垦殖现象。昭阳湖明中期前周长 29 里,汇邹县、滕县二县水,嘉靖初期"昭阳一湖淤成高地,大非国初设湖初意"⑤;嘉靖三十三年(1554)因黄沙漫湮,湖淤为平地,"惟昭阳湖淤为平地,原与运河不相关涉,与民佃种,公私两利"⑥;嘉靖四十四年(1565)黄河北溢,"湖湮,又开新河运道,去湖益远矣",⑦受淤更为严重。清雍正年间微山湖亦遭淤塞,"周围百余里,凡兖州东境之水皆南注之,徐、邳间一巨浸也,今半淤为民田矣"。⑧ 嘉庆十九年(1814)河道总督吴璥奏称:"微山湖存水仅一二尺,南阳、昭阳、独山诸湖淤成平陆,无水可导",⑨可见此时南四湖几乎无水可存。咸丰五年(1855)黄河铜瓦厢决口后,南四湖或纳黄河洪流,不时扩大,或遭淤塞,时有缩小,其面积并不固定,不过与北五湖逐渐消失相比,南四湖保持相对稳定状态,并一直延

---

① (清)靳辅:《治河方略》卷 4,清乾隆刊本。
② (清)陆耀:《山东运河备览》卷 3《泇河厅河道》,清乾隆四十一年(1776)切问斋刻本。
③ (清)陈顾:乾隆《兖州府志》卷 3《山川志》,清乾隆二十五年(1760)刻本。
④ 邹逸麟:《黄淮海平原历史地理》,安徽教育出版社 1997 年版,第 185—186 页。
⑤ (清)张廷玉:《明史》,吉林人民出版社 2005 年版,第 1332 页。
⑥ (明)郑晓:《郑端简公奏议》卷 7《淮阳类》,明隆庆五年(1571)刻本。
⑦ (清)朱鋐:《河漕备考》之《淮北漕河考》,清钞本。
⑧ (清)朱鋐:《河漕备考》之《淮北漕河考》,清钞本。
⑨ 赵尔巽:《清史稿》,大众文艺出版社 1999 年版,第 2234 页。

续至今天,形成了总面积达 1266 平方公里的湖区,对山东运河区域的生态环境、社会环境产生着重要影响。相对于北五湖明清时期被大规模的垦殖,南四湖垦湖现象虽相对较轻,但觊觎者亦复不少。嘉靖三十二年(1553)工部议准"昭阳湖柜外余地约七百余顷,置之荒芜,委为可惜,若招民佃种,每岁纳银,沿河诸湖可得银万数两,贮之河道,或打造剥船,或雇纤夫,或买办桩草,或修理闸座,则官得赡用,民得安生,其积水之处若有侵占,仍照新例问罪",①试图将柜外湖地合法化,从而获取田税银以助河工费用。但垦殖湖地合法化制度一开,各种瞒垦、私垦、盗垦现象随之而生,不同人群心存侥幸,欺瞒官府,垦湖取利,致水面日加缩小。雍正年间,河道总督齐苏勒曾言:"查昭阳湖因昔年黄河水淤,积有肥土,尽为豪户占种,虽借升斗虚名,实夺河漕大利。而安山、南旺等湖,原有堤界,近因附近居民觊觎,湖地私垦,亦与昭阳无异,致湖干水少,现今一望为禾黍之场",②要求清查湖田,严禁占种,以济运道。相较于昭阳湖占种严重,独山、南阳、微山三湖垦殖现象相对较轻,其原因在于四湖本即相通,难以详细区分,同时昭阳湖受黄河淤塞较为严重,不时出现新田,垦殖较为简便,因此更受关注,被垦概率更大。

明清两朝通过工程措施设置沿河水柜,积蓄水源以济漕运,并建闸、置坝力图实现湖泊、运河水源的相对平衡,实现漕河的畅通。但黄河的侵袭,泥沙的淤塞,导致湖泊面积不断缩小,加之沿湖民众不断垦殖湖田,诸水柜济运功能日加削弱。为实现漕运、民生的和谐,明清政府曾允垦部分湖田,升科纳赋,以增加河工费用与国库收入,同时制定诸多法令禁垦、限垦余存湖面,但在利益诱惑下,各种盗决水柜,淤湖成地的现象不断发生,河湖关系不断恶化。清末随着黄河北徙,运道断绝,国家对山东运河沿线湖泊的管理、治理呈弱化状态,湖泊的国家性几乎消失,垦殖现象更趋严重,因河湖关系失调而导致的灾

---

① (明)郑晓:《端简郑公文集》卷 12 上《佃种昭阳湖柜外余地疏》,明万历二十八年(1600)郑心材刻本。
② (清)董恂:《江北运程》卷 17,清咸丰十年(1860)刻本。

害不断发生,对沿河、沿湖生态环境产生了巨大影响。

第二节　明清山东运河工程对区域土壤环境、种植结构的影响

明清两朝,山东运河区域因大规模水利工程的施行,导致沿河土壤环境、种植结构发生了明显改变。同时因漕运具有国家性、强制性,所以沿河农业生产、水源灌溉均须与漕运环境、河道环境相适应,因此一方面导致了沿河民众因势利导,种植烟草、棉花、果木等经济作物的积极性增强,农作物种植也以适宜干旱环境的小麦、玉米、甘薯为主,尽量减少对国家漕河水源的占用,但另一方面因利益诉求的差异,亦导致农业生产与漕河用水矛盾的尖锐化,发生了大量的水利争端与冲突。同时以漕为本的国策及大量水工设施的建设,对运河周边的自然河道、湖泊、沼泽产生了很大的扰乱,特别是南北走向的运河河堤,导致诸多东西走向的河流不能顺利入海或排泄,致使沿河土地盐碱化异常严重,再加上黄河频繁决口改道,土地沙化情况也较为突出。

一、明清山东运河工程对区域土壤环境的影响

土壤是母质、气候、生物、地形和时间等因素共同作用下形成的自然体,"从环境科学的角度看,土壤不仅是一种资源,而且也是人类生存环境的重要组成要素,为人类环境的总体组成要素之一。由于土壤环境的特殊物质组成、结构和空间位置,除了肥力外,土壤尚有另外一些重要的客观属性,如土壤系统的缓冲性、土壤系统的净化功能等"。① 土壤环境的要素包括农田、草地和林地等,其中山东运河区域主要以农田为主,草地、林地为辅。山东运河主要流经鲁西北、鲁中南、鲁南地区,其中鲁西北黄泛平原区主要为潮土,质地适

---

① 张辉:《土壤环境学》,化学工业出版社 2006 年版,第 1 页。

中,呈中性或微碱性,而鲁中南、鲁南等地的低山丘陵、山麓平原、河谷平原主要为褐土,也呈中性或微碱性,当然沿河土壤类型并不单一,往往混杂潮土、褐土、盐土、风沙土、沙壤土等多种类型,不过某些区域以某一类型为主而已。

明清两朝,山东运河沿线土壤沙化、盐碱化现象非常严重,其原因与黄河频繁决口及诸多水利工程的修建有密切关系。其中沙化指"因气候变化和人类活动所导致的天然沙漠扩张和沙质土壤上植被破坏,沙土裸露的过程,是土地退化的重要表现,多发生在干旱、半干旱或半湿润易旱区。由于过牧、滥垦、过樵等人为的不合理利用,使土地失去植被,加之缺乏有效保护措施,因而加重了风力侵蚀作用,导致细土粒和土壤养分丧失,土壤质地变粗,甚至裸露出心土或母质层而失去生产能力"①,而盐碱化则是"当用河水灌溉地下排水不充分的田地时,往往发生积水和盐碱化现象。天然地下水源的增加使含水层逐渐升高,水通过所剩下的很浅的表层土壤而蒸发,促使矿物和盐分浓集在地面附近,土壤理化性能变差,危害作物的生长",②山东运河区域土壤的盐碱化属内陆盐碱化,"主要是由于地势平坦,排水不畅,气候干燥,气温较高,随着强烈的蒸发,盐分上升到地表,使土壤发生盐碱化"。③

明清时期黄河频繁决口山东,形成了部分质量较高的淤肥地,"当决口泛滥的水流较缓时,或是在低洼之地水流缓冲时,由于粘粒下沉,可能形成肥力条件较好的沉积物",④在一定程度上能改善当地的土壤环境,增加土地肥力,提高农业收成。如东平安山湖附近洼地,"兰阳河决,湖淤益高,百里沮洳变为膏壤,因思借黄终无善策,既收其利,旋受其害",⑤《东平县志》亦称安民山

① 付志方:《江山如此多娇——自然河北》,河北美术出版社 2016 年版,第 441 页。
② 蔚百彦等:《公民常见灾害急救手册》,西安交通大学出版社 2016 年版,第 109 页。
③ 河北省地质环境检测院编著:《河北省地质环境演变特征研究》,河北科学技术出版社 2019 年版,第 78 页。
④ 王建革:《清代华北平原河流泛决对土壤环境的影响》,《历史地理》(第 15 辑),上海人民出版社 1999 年版,第 157 页。
⑤ (清)蒋作锦:《东原考古录》之《安山湖考》,清光绪十八年(1892)刻本。

前向有荒地数十顷,"向来寸草不生,并无粮赋,自被黄水之后,地渐淤涸,转瘠为腴,居民争种,构讼不已"。① 博兴县全境低平,"北半地近黄河,尤为洼下,在昔碱卤卑湿,不适耕耘,自光绪间河决南堤,水遍北境,迨水退泥淤,土质膏腴,不可谓黄河之赐也,若南境全属膏腴",②黄河淤积改善了当地的盐碱状况。不过相较于带来的收益,因黄河决溢泛滥而造成的土地沙化问题则更为严重,对当地的农业生产造成了巨大打击,如饱受黄河决徙影响的东明县境内有沙地质与不毛地质,其中沙地质"此质在田地中亦下品也,其色白而黄,其性涂而散,近百年来迭受河害者大率此质为多,不过较强于不毛者耳! 若值秋涝之年则收获较斥卤者为愈,秋禾中如菽、粱、黍、稷之类均可播植",③不毛地质土壤肥力最差,"此地几不成质,乡人所谓飞沙不毛者也! 近百年来每于大河迁徙时,而大溜所经之地率遗,此种飞沙其色白,其性散而碎,即以水渗和亦不成泥,且其质中,往往见星星之点为黄白色,古人谓淘沙得金,殆此类欤! 值狂风大作,则飞沙石走,扑面击鼻,避之不及也,五谷之播殖者无一可者",④几乎不能种植任何作物。临清素称繁富,人烟辐辏,商货云集,但受黄河及漳卫河影响,亦有相当数量的沙地,乾隆三十六年(1771)南巡经临清州,"旨临清州及陵县水冲、沙压、盐碱地亩千余顷,钱粮、漕米概予豁除",⑤"城西南兴隆庄、唐庄一带之沙河,尚系纯沙土质,五谷不能生长,仅能种植果木",⑥可见临清亦有一定数量的沙地、盐碱地,其作物种植类型深受土质影响。受盐碱之害的州县则数量更多,山东运河区域地理形势的复杂性,导致诸水被运河堤坝所阻,加之大量闸座等水利工程的建设,使河道的泄洪功能减弱,不能顺利排泄,导致了严重的积涝,沿河土地深受盐碱之害。如曹县黄河所经,涝灾频繁,

---

① 张志熙:民国《东平县志》卷1《方域》,民国二十五年(1936)铅印本。
② 白眉初:民国《山东省志》卷4《博兴县》,钞本。
③ 任传藻:《东明县新志》卷1《土质》,民国二十二年(1933)铅印本。
④ 任传藻:《东明县新志》卷1《土质》,民国二十二年(1933)铅印本。
⑤ (清)张度:乾隆《临清直隶州志》卷首,清乾隆五十年(1785)刻本。
⑥ 张自清:民国《临清县志》卷6《疆域志·土质》,民国二十三年(1934)铅印本。

"本境地亩肥硗不等,其盐碱不毛之地甚多,非多加粪料难以生殖,其寒苦之家无力置办粪料,每就其力所能为,将田之熟成者耕之,其不毛之地不能兼顾,至于荒芜既久则愈难开垦",①因经济原因盐碱地属无法改良之土壤。夏津县城北、城东北一带村庄土地半属沙碱,"万历中知县李精白申除城西沙河、白波,城北茶店屯、八方塔、于里、长屯、李蛮屯、三十里铺等处沙滩不毛地百五顷,粮赋摊入寄庄各户派征……元朝久荒,渐次垦熟,但沙碱无膏腴,久之风雾阴霾,堤东高埠尽成沙堆,堤下污下,三年两淹,溃成盐碱,不产五谷,国赋无出,民多逃亡",②民众因土质恶劣而无以为生,多四散逃亡。类似情况在山东运河区域较为普遍,在赖地为生的明清时代,土地的盐碱化对小农经济无疑雪上加霜,导致了诸多的生态问题与社会问题。

明清山东运河区域大兴黄运河工,需使用大量的石料、木料、苇料、秸秆等物,加之沿线民众私垦草地、砍伐树木,导致森林多被破坏,群山童童,没有足够的植被保持水土,土地沙化现象异常严重。土地的沙化不但致使以前的膏腴之壤变为不毛之地,农民收入减少,不利于税收增加与社会稳定,而且雨季时洪水裹挟大量泥沙冲入运河及沿线河流、湖泊,导致河道淤塞、洪害频发,国家需耗费大量的人力、物力、财力对河道进行挑挖,对灾荒予以赈济,消耗了社会财富。而土地盐碱化对自然生态、民众生活造成的影响更为严重,一方面土地盐碱化导致土壤板结与肥力下降,不利于农作物的生长,影响产量,阻碍了民众生活水平的提高,另一方面还使地下水质恶化,不适宜农业灌溉与民众饮用。

(一) 山东运河沿线土地的沙化

明清两朝因黄河决徙及植被破坏而造成的沙地数量非常之大,而山东运河区域由于大量水利工程的建设,对于制作水工设施的木料需求更甚,加之沿

---

① (清)裴景煦:光绪《曹县乡土志》之《农》,清光绪三十三年(1907)抄本。
② 谢锡文:民国《夏津县志续编》卷4《食货志·田赋》,民国二十三年(1934)铅印本。

线人口密集,生存压力较大,所以不断的开垦林地、草地、湖地以求自足,导致大量沙地出现,而沙地规模的扩大又产生了诸多恶果,不但使沿河民众利用的土地资源减少,迫使其进一步垦殖其他土地类型,造成恶性循环,而且破坏了区域社会的生态环境,导致自然灾害加剧,进一步增加了沿河民众的生活难度。

明清山东馆陶、冠县、临清、武城、夏津等卫河沿线土地沙化的产生与自然因素、人工因素均有较大关系。卫河水源较为清澈,但明清引漳入卫、全漳入卫后,泥沙量剧增,其原因在于漳河多沙,善淤、善徙、善决,"漳河之性汹涌奔湍,拥挟沙泥,虽有淤田之利,实多冲决之虞",①"漳河水浅,两岸多平滩漫沙",②"漳河两岸沙土十之八九,胶泥十仅一二,以平旷沙松之土当冲刷之锋,故安阳、内黄沿河数十村庄灾潦岁告",③漳河入卫后虽增加了运河水量,但同时也导致河道淤塞,"浊漳之水,亦浑浊带泥,引以入卫济运,一经消落,则河底益形淤垫",④"卫河上游泉流微弱,水不胜舟之语。故又引漳入卫,以资济运。嗣因卫河为漳河积沙淤垫,复有另开支河,泄漳仍归故道之议",⑤同时因河底淤高,夏秋季节水患发生频率大增,沿河土地多被淹浸,水退后沙化问题较为突出。明清两朝漳、卫两河曾多次交汇的馆陶县土地沙化问题异常严重,历史时期黄河曾多次决口于此,"古黄河在县西,南自冠县流入县境,北流入临清,汉武帝元光中河决馆陶,成帝时复决馆陶,即此。今河绝,金堤外即黄河旧身,久已淤为平地,皆成沙压矣",⑥"邑为九河支道,河身尚存,荒沙极目,遇

①　(清)魏源:《魏源全集》,岳麓书社 2004 年版,第 604 页。
②　顾廷龙、戴逸:《李鸿章全集》,安徽教育出版社 2008 年版,第 598 页。
③　(清)魏源:《古微堂集》,朝华出版社 2017 年版,第 625 页。
④　中国水利水电科学研究院水利史研究室编:《再续行水金鉴》,湖北人民出版社 2004 年版,第 1511 页。
⑤　中国水利水电科学研究院水利史研究室编:《再续行水金鉴》,湖北人民出版社 2004 年版,第 1511 页。
⑥　丁世恭:民国《馆陶县志》卷 1《地理志·山川》,民国二十五年(1936)铅印本。

风飙迁,流吹没所"。①《馆陶县志》亦载,"馆邑为卫河纵贯之区,又当九河支道,沙压质薄,斥卤性滑,土地性质攸分",②对民众种植、生活都造成了较大的压力。馆陶县沙地数量较大,"向地虽薄,间有可耕种,至康熙五十八九年间,春风狂暴,河底荒沙压入民地,年深一年,加之水旱不均,逃亡日盛,而至此极也,过此以往又不知作何光景矣! 自南起张沙,北抵薛店,中间七八十里之地大略相等,合之河西旧河荒沙,不下千余顷,除薄地犹可耕种不论外,实在不能耕种与夫逃亡年湮之地得若千顷",③甚至清末咸丰年间还有数百顷沙地难以改良,无法种植粮食作物。沙地的形成受多重因素影响,分板沙、飞沙两类,"沙土地多系滨河田涨沙而成,田者俗亦称沙河地,飞沙一种土质轻松,色现微赤,此土含有十分之八以上砂子,十分之二以下黏土,多隙穴,易透水,空气亦易流通,随风流动,滋养料少,生产力极弱,不适五谷,宜种簸箕柳或其他树木。至板沙,质极坚致,色现微白,不易透空气,湿气较多,不生谷类,间有种树者,亦甚难蕃殖也",④两种沙地均不适宜种植农作物,无利于农。冠县沙地问题亦相当严峻,史称邑多沙地,"吾冠诸河除卫河外,皆久湮淤,近河地多被沙压,每春大风,飞沙障日,二麦立枯,若遍植以杨柳、果树,则树以蔽沙,沙以壅树,葱茏茂密,狂风亦可减其虎威",⑤沙地限制了农作物的生长,只能种植树木。《冠县志》亦载,"屯氏古河久已淤为平路,惟沙河、马颊河尚有行迹,而下游又淤塞不通,雨潦稍盛,流沙冲溢,以故近河之地多被沙压"。⑥ 对于沙压地,明清政府一般采取豁免赋税的政策予以优惠,"乾隆二十四年水冲沙压,奉文豁除四乡地五十一顷六亩三厘。嘉庆二年豁免乾隆五十七、九等年沙压

---

① (清)郑先民:康熙《馆陶县志》卷6《赋役志》,清光绪十九年(1893)刻本。
② 丁世恭:民国《馆陶县志》卷2《政治志·经济》,民国二十五年(1936)铅印本。
③ (清)郑先民:康熙《馆陶县志》卷6《赋役志》,清光绪十九年(1893)刻本。
④ 丁世恭:民国《馆陶县志》卷2《政治志·经济》,民国二十五年(1936)铅印本。
⑤ (清)梁永康:道光《冠县志》卷1《地舆志》,清道光十年(1830)修民国二十三年(1934)补刊本。
⑥ (清)梁永康:道光《冠县志》卷1《地舆志》,清道光十年(1830)修民国二十三年(1934)补刊本。

四乡地一百七十八顷一十八亩八分八厘"。① 临清州所辖武城县,"邑中有运
河一道,东西又有黄河、沙河故迹,地多沙碱,不堪行犁",②"武城地多狭,沙卤
多,陵谷、沟渠、道路又居其大半,物产其间者率不良",③百姓从土地中获得的
收入较少。另一县夏津处于黄河故道之中,饱受风沙之害,夏津县田地分为三
等,其中两等为中等沙卤、下等沙地,沙地呈带状分布,一为黄河故道,长约 60
里,宽 1 里至 3 里不等;一为沙河附近,亦约长 60 里,宽半里至 1 里不等,"地
多飞沙,雨大积水,每妨种植",④县有学田数百亩,清初"兵燹以来,岁久多湮,
今其存者洼下沙碱之区十有八九",⑤沙碱比例较高。

　　除卫河、南运河区域外,会通河沿线州县沙地数量亦复不少。东昌府博平
县地形复杂,"博境沙壤、洼区高下相错,夏秋水盛,不免汗漫之虞",⑥"西北
一带沙埼一望茫然,五谷不生,起科与上壤等,民甚苦之"。⑦ 另东昌府莘县
"莘境沙滩、荻港一望无际",⑧清平县"近年城多飞沙,随浚随积,隍池、沟渠
埋没几尽"。⑨ 东平州有淤地一片,"坐落西乡西启保安民山前何官屯庄以南,
西与梁山相望,荒碱沙窝,寸草不生,并无粮赋"。⑩ 兖州府所辖各州县也有相
当数量的沙地,顺治四年(1647)、六年(1649),"节年查出滋阳、宁阳、济宁、邹
县、泗水、汶上、阳谷等七处水冲、沙压,奉文除豁地一百四十四顷八十八亩四
分七厘零"。⑪ 兖州府阳谷县屡遭黄河冲徙,境内有南土山,"在城北十二里,

---

①　(清)梁永康:道光《冠县志》卷 3《田赋》,清道光十年(1830)修民国二十三年(1934)补
刊本。

②　(明)尤麟:嘉靖《武城县志》卷 2《户赋志》,明嘉靖刻本。

③　(明)尤麟:嘉靖《武城县志》卷 2《户赋志》,明嘉靖刻本。

④　谢锡文:民国《夏津县志续编》卷 1《疆域志》,民国二十三年(1934)铅印本。

⑤　(清)方学成:乾隆《夏津县志》卷 3《学校志论》,清乾隆六年(1741)刻本。

⑥　(清)李维诚:光绪《博平县续志》卷 2《河道》,清光绪二十六年(1900)刻本。

⑦　(清)杨祖宪:道光《博平县志》卷 5《时政》,清道光十一年(1831)刻本。

⑧　(清)孔广海:光绪《莘县志》卷 10《艺文志》,清光绪十三年(1887)刻本。

⑨　(清)王佐:康熙《重修清平县志》卷上《形胜》,清康熙五十六年(1717)刻本。

⑩　(清)左宜似:光绪《东平州志》卷 7《田赋》,清光绪七年(1881)刻本。

⑪　(清)陈顾:乾隆《兖州府志》之《田赋志》,清乾隆二十五年(1760)刻本。

以沙堆得名,夏秋禾黍蔽野,其山不显,至刈获后始有沙漫微形",①另有北土山"在城北十五里,其形颇高,前有土山寺,寺傍旷土约数里许,旧皆散沙,随风飘吹,寸草不能楼,近颇生蔓草,可容刍牧,间有开垦之者,然终不甚宜稼也",②不适宜粮食作物种植。峄县西境,"瀺河之冈岭多沙碛,丰岁所收谷不能自赡,民往往负贩为生",③民众只能通过贩售以补农产之不足。

　　明清两朝山东运河区域的土地沙化问题受多重因素影响。从自然因素看,黄河在山东境内的决口、淤塞,虽产生了一定的沙淤地,有利于农业生产,但同时也扰乱了其他河流的布局,冲毁了原有农田,导致大量泥沙积垫,形成了相当数量的沙地。从人为因素看,大量水利工程的建设及对沿线植被的破坏,使"山多童山濯濯,草木不殖",④生态平衡被打破,风沙发生频率高,再加之诸多闸、坝等水工设施的修建,导致下游河道缺水,沿线土地缺乏灌溉,沙化问题随之而生。尽管明清两朝针对土地的沙化问题采取了一定措施予以治理,如换掉土地表层土壤、种植树木、生物改良等,但因沙地数量大,河流决徙、风沙问题不能得到根本解决,所以基本于事无补,不可能做到标本兼治,土地沙化有增无减。

(二) 山东运河沿线土地的盐碱化

　　山东运河沿线盐碱地的产生也受多重因素影响,但最主要的原因是运河的开凿及大规模水利工程的建设,导致沿线水环境发生改变,土壤结构随之恶化而产生的。山东运河沿线虽缺水,但洪涝灾害发生频率却较高,长期的积水及无规律的干旱,导致盐碱聚集的概率提升,"盐随水来,盐随水去,洪涝补充地下水,盐分随地下水向下游汇集,干旱季节,又随土壤水上升至地表,水分蒸

---

① (清)董政华:光绪《阳谷县志》卷1《山川》,民国三十一年(1942)铅印本。
② (清)董政华:光绪《阳谷县志》卷1《山川》,民国三十一年(1942)铅印本。
③ (清)周凤鸣:光绪《峄县志》卷7《物产略》,清光绪三十年(1904)刻本。
④ 张志熙:民国《东平县志》卷4《物产》,民国二十五年(1936)铅印本。

发消失,而盐分则积聚于土壤表层。因此,洪涝旱又是发生土壤盐碱化的根源之一"。① 明清两朝以保漕为国策,过多关注运河水源是否充足,而忽视了对涝旱碱的综合治理,致使诸多自然河道排水不畅,加之无法控制地下水位与解决泄洪出路,因此土地的盐碱化有增无减,清人盛百二曾言:"碱生于水而成于日,水之所过,烈日曝之,则碱起焉",②比较科学的解释了盐碱地的产生。

土地的盐碱化现象在山东运河区域普遍存在,"东省碱地多,五谷不丰",③无论是馆陶、冠县、临清、德州的卫河区域,还是临清至枣庄的会通河沿线地区,因水环境均较为复杂,且诸河受运河堤防阻碍,盐碱化土地数量较多,"山东运河以东的鲁北平原上,马颊、徒骇、大清等河自西南流向大海。这些河道曾为黄河泛滥的通道,明清时期常遭受黄河浊流的侵灌,河道迁浅衍漫,流水不畅,沿岸低洼地区浮盐泛碱,惨白如雪,形成条带分布的盐碱土地区"。④ 馆陶县的盐碱地相当严重,"碱地即斥卤之地。此土性滑为味碱,地质学上谓其含有碱性而不宜耕种,故曰碱地,贫民多利用以晒小盐,可供食品,毫不适宜于农作物之种植",⑤虽可制作硝盐,但无益于农产。冠县有沙地、盐碱地、荒地40顷又80亩,"每亩派征银一分,共派征银四十两八钱一厘"。⑥ 临清虽然盐碱地数量不多,但仍有少量,"碱土区域在本县中所占尤小,仅砖城北门外一区,面积约十数顷,盐类过多,终年湿润斥卤,仅有苔藓,不生五谷"。⑦ 临清直隶州所属夏津县也有部分沙碱地,"东南膏沃,西北沙碱,且多水患,此其地大较也",⑧武城县"邑土有白黑,而赋无重轻,况地多碱斥,而旱涝不常,一概征之则可谓均否耶? ……或以地之沙碱户之逃绝为言,今亦均派

---

① 水利电力部水利建设司编:《农田基本建设规划》,水利电力出版社1978年版,第55页。
② (清)盛百二:《柚堂笔谈》卷2,清乾隆刻本。
③ (清)厉秀芳:道光《武城县志续编》卷7《风俗物产》,清道光二十一年(1841)刻本。
④ 李令福:《明清山东盐碱地的分布及其改良利用》,《中国历史地理论丛》1994年第4期。
⑤ 丁世恭:民国《馆陶县志》卷2《政治志·经济》,民国二十五年(1936)铅印本。
⑥ 丁世恭:民国《馆陶县志》卷3《食货志》,民国二十五年(1936)铅印本。
⑦ 徐子尚:民国《临清县志》之《疆域志》,民国二十三年(1934)铅印本。
⑧ (明)易时中:嘉靖《夏津县志》卷1《地理志》,明嘉靖刻本。

以通之,当必有活法矣?"①田赋的不合理征派进一步加剧了民众生活的艰辛。东昌府其他临河州县也大抵如此,如聊城县、堂邑县、博平县、莘县、茌平县、清平县临近运河、徒骇河、马颊河,因大量水利工程的施建,导致河道水系紊乱,水患频繁,盐碱地也较为严重。聊城县地质斥卤,"宜硝,故城内硝户最多,每当天色微明,起向街巷掃土,日上运土至家,立锅熬硝以售,藉此治生",②百姓无法耕种盐碱地,只能变通思维,从中获取微利。堂邑县有杂产五种,"曰蜂蜜、曰蜡、曰硝、曰小盐,曰碱,有二,一自土成,一烧草灰,淋水煎炼以成,草灰者佳",③可知当地有碱性土壤,因以产碱。博平县素有碱地,万历十八年(1590)博平知县华公清查土地,"每丈量必亲履田亩,肥不过索,瘠不过盈,一切奸民之漏报,猾吏之飞诡,无所容也。清出沙碱地九十五顷二十八亩有奇,以三亩折一亩,于是贫民蒙减粮之惠矣",④一次清查地亩就能查出沙碱地近百顷,可见博平沙碱之害异常严重。莘县位于徒骇河、马颊河畔,碱害严重,甚至有名为"碱厂村"的村庄,据《莘县志》载,"上等地,每白地二亩五分三厘一毫一忽折粮地一亩,本县照依白地起科,除耗粮、脚价、马草随时征收外,每白地一亩起夏税麦二合九勺七抄,银一厘六毫一丝七忽,秋粮米九合八勺三抄,银六厘七毫五忽。白地,碱地也"。⑤茌平县明清两朝屡遭水患,"茌平多潟卤,百姓煮盐糊口,有司厉禁不出境",⑥土地不能耕种,百姓只能变换思路,煮盐为生。清平县"地多斥卤,民苦瘠贫,凭高四望,萧条满目",⑦百姓生计维艰。

除东昌府外,兖州府临河州县也有大量盐碱地亩。阳谷县万历年间查勘

---

① (明)尤麟:嘉靖《武城县志》卷2《户赋志》,明嘉靖刻本。
② (清)陈庆藩:宣统《聊城县志》卷1《方域》,清宣统二年(1910)刻本。
③ (清)刘淇:康熙《堂邑县志》卷7《物产》,清光绪十八年(1892)重刊本。
④ (清)杨祖宪:道光《博平县志》卷5《土俗记》,清道光十一年(1831)刻本。
⑤ (清)张朝玮:光绪《莘县志》卷9《艺文志》,清光绪十三年(1887)刻本。
⑥ (清)嵩山:嘉庆《东昌府志》卷46《物产》,清嘉庆十三年(1808)刻本。
⑦ 梁钟亭:民国《清平县志》第二册《舆地志·疆域》,民国二十五年(1936)铅印本。

田地,竟有沙碱薄地 400 余顷,可见此类土地数量之巨,另有白碱陂,水势漫衍,长十余里,阔十七八里,"无水时其于地也为刚卤,每亩不值千钱"。① 寿张县"为鲁下邑,征粮地仅四千余顷,中间肥硗相间,斥卤居多",②"今寿、阳交界,自黄姑塚至张秋通运沟,所以泻十二连洼之水,利农田而济漕运者也,奈失修百有余年,兼之同治年间黄流西溢,淤垫皆平,每值伏秋大雨,积潦淹稼,田之卑者成泽,高者生碱,变沃为瘠,灾黎实难谋生",③大量盐碱地的存在,对寿张民众生活造成了巨大冲击。金乡县种植苜蓿,其原因即碱地较多,以作物改良土壤,"苜蓿能煖地,不畏碱,碱地先种苜蓿,岁谷无不发矣,又云碱地畏雨,岁潦多收"。④ 济宁州有盐碱地,"不任耕者",⑤三乡"其地高阜膏腴者八分,低洼咸碱者二分则为上;其地低洼咸碱者八分,高阜膏腴者二分则为下;其地高阜膏腴,低洼咸碱者半则为中。大约东乡以十分言,则上四、中四、下二;南乡以十分言,则上二、中三、下五;西北乡以十分言,则上三、中四、下三。三等定则,随各乡高下而粮增减焉",⑥盐碱地所占比例较大,只能通过粮地质量高下征税。鱼台县河湖纵横,地处泽国,有土城周长七里,"高二丈二尺,门三,东曰仰岱,南曰横荷,西曰达汶,北无门而扁曰'望京',地卤易溃,修葺无宁",⑦水患频繁,盐碱横生,甚至威及城池。

明清时期山东运河沿线土地盐碱化异常严重的原因,除历史时期黄河屡次改道影响外,还与明清王朝以保漕为目的,大兴水利工程,修建南北运堤有密切关系。正是人力措施对沿线河湖水系的破坏,导致水环境、土壤环境紊乱,从而形成了大量的盐碱地。土地质量的下降,进一步削弱了沿线民众抗灾

① (清)董政华:光绪《阳谷县志》卷1《山川》,民国三十一年(1942)铅印本。
② (清)王守谦:光绪《寿张县志》卷8《艺文》,清光绪二十六年(1900)刊本。
③ (清)王守谦:光绪《寿张县志》卷8《艺文》,清光绪二十六年(1900)刊本。
④ (清)李坴:咸丰《金乡县志》卷3《食货》,清同治元年(1862)刊本。
⑤ (清)徐宗干:道光《济宁直隶州志》卷3之2《食货一》,清咸丰九年(1859)刻本。
⑥ (清)徐宗干:道光《济宁直隶州志》卷3之2《食货一》,清咸丰九年(1859)刻本。
⑦ (清)马得祯:康熙《鱼台县志》卷7《城池》,清康熙三十年(1691)刻本。

自救的能力,使他们时刻面临流离失所的危机,因此更加无力应付国家赋税、自然灾荒,从而陷入了恶性循环。尽管为稳定社会秩序及自保,明清政府及民众采取了一系列措施对盐碱地进行治理,但因保漕大政未变,河湖水系仍日益败坏,只能改良部分土地,不能做到标本兼治。

二、明清山东运河工程对区域植被及农业种植结构的影响

早在宋代时,山东地区的植被就已遭到严重破坏,"今齐鲁间松林尽矣,渐至太行、京西、江南,松山大半皆童矣"。① 明清两朝,随着山东人口的不断增加,人地矛盾进一步激化,加之大量河道工程建设需要木材、草束,因此林地、草地被大规模的人为垦殖,植被覆盖率进一步降低,沿河"泰山、徂徕等处,故所谓山坡杂木、怪草盘根之固土者,今皆垦为熟地"。② 此种局势下,明清政府一方面河工建设对木材等物料需求迫切,但沿河已无天然林木,不得不求购于市场,但市场之木多来自四川、贵州等地,距离遥远,对于紧急的河工事务难解近渴,因此明清政府及沿河官员鼓励民间植柳,除加固堤防,美化环境外,还可以用于制作埽桩等河工物料,一举多利。同时山东运河沿线民众针对土地的沙化、盐碱化及"会通河成,东兖之泉皆汇于汶泗,转注漕渠,一盂一勺,民间不得有焉"③的现实,及时调整种植结构,扩大高粱、小麦、豆类等耐旱作物的种植面积,同时大量种植棉花、烟草、果木等经济作物,丰富收入来源,适应国家漕运及山东运河区域社会现实,这种改变虽有被动性质,但在一定程度上使民众创新性得到了提升,能够更好应对灾荒等意外状况的发生。

(一)明清山东运河区域柳树的广泛种植

柳树与芦苇为明清时期重要的河工物料,其中北方运河区域以柳树为主,

---

① (宋)沈括:《梦溪笔谈》,上海古籍出版社 2015 年版,第 155 页。
② (明)杨宏、谢纯:《漕运通志》,方志出版社 2006 年版,第 271 页。
③ (明)谢肇淛:《北河纪》卷 4《河防记·东平坎河口坝记》,清文渊阁四库全书本。

"河工埽料,柳束为重,耐久坚实,尤济工用",①南方则以芦苇为主,分别种植以应对黄运河工需求。明清诸多史料对柳树的价值多有记载,如《行水金鉴》载,"河防之法全资柳料,若树艺不繁,即使钱粮不乏,人力众多,亦终于束手无策耳",②可见河工对柳料需求甚于钱粮,其重要性可见一斑。《防河奏议》称:"柳枝、荻苇为河工第一要料",③"河工埽料,柳束为重",④《河渠纪闻》也载,"天下有取用极小而利甚大,用甚便,而有实用者,河堤种柳是也。固堤根、缓水势、澄沙填缺,此效之见于平时者也。当抢险工紧,料物不及备之时,就近芟柳枝夹杂草用之,当其冲要,化险护工,此用之宜于济急者"。⑤ 关于植柳方法及作用,明代总理河道刘天和曾创植柳六法,分别为卧柳、低柳、编柳、深柳、漫柳、高柳,其中卧柳可植于春天新创之堤,堤柳用于旧堤及新堤不系栽柳时月修筑者,编柳用于近河数里紧要去处,不分新旧堤岸者,前三种植柳方法可用于护理堤防及防治泛溢之水。而深柳"尤宜急栽、多栽数层,此法黄河用之,运河频年冲决深要去处亦可用"。⑥ 漫柳栽于坡水漫流之处,不畏淹没,既可拦阻淤沙,又可加固堤防。高柳于堤内外用高大柳桩成行栽种,黄河可用护堤,运河也可栽于堤面以便船只牵挽。万历年间总河潘季驯亦言:"护堤之法,无如栽柳为最。而栽柳六法,无如卧柳为佳,盖取其枝从根起,扶苏茂密,足抵狂澜也。每堤一丈,载柳十二株。每夫一名,载堤三丈。柳、樟以径二寸为则,离堤以三尺为准,堤内载完方及堤外。如有枯死,随时补种",⑦对植柳数目、标准都进行了详细的规定。清代继承明代植柳之法,同时又有所创新,《桑园围总志》载,"河工护堤之法,其一载卧柳、长柳,相兼载植,卧柳须用桃

---

① （清）康基田:《河渠纪闻》卷18,清嘉庆霞荫堂刻本。
② （清）傅泽洪:《行水金鉴》,商务印书馆1936年版,第673页。
③ （清）嵇曾筠:《防河奏议》卷1,清雍正刻本。
④ （清）嵇曾筠:《防河奏议》卷2,清雍正刻本。
⑤ （清）康基田:《河渠纪闻》卷7,清嘉庆霞荫堂刻本。
⑥ （明）刘天和:《问水集》,中国水利工程学会1936年版,第21页。
⑦ （明）潘季驯:《潘季驯集》,浙江古籍出版社2018年版,第386页。

核大者,入地二尺余,出地二三寸许,柳去堤址约二三尺,密栽,俾枝叶搪御风浪。长柳须距堤五六尺许,既可捍水,且每岁有大枝可供埽料,俱宜于冬春之交,津液含蓄之时栽之",①可见柳树在明清河工中地位异常重要,作用巨大。

明清山东运河区域对于植柳非常重视,除可作为河工物料外,还可加固堤防、绿化环境、荫庇行旅。《山东全河备考》称:"旧例督夫培土栽柳,乃运河第一关键,不可不加之意也",②可见植柳对山东河工之重要。山东河工植柳始于明前期,成化年间命山东按察司副使陈善整理运道,他除加固堤岸、疏浚淤塞外,还种植柳株,"沙河达临清,植柳百万,盘根环堤,浓阴蔽路",③不但利于河工取给,而且加固了堤防、便利了商旅。弘治年间,黄河屡决张秋及沙湾,河工物料需求孔亟,因此在治河时往往伴随植柳,如户部侍郎白昂治河时,就曾"随河修堤二千余里,随堤植柳百万余株。又浚莱芜诸泉二百八十余,以济漕河"。④ 至明中期,山东运河沿线植柳已逐渐普遍化,总理河道潘季驯曾言:"宜令东平、汶上管河官督夫培土植柳,悉如旧制,此系运河第一喫紧关键",⑤明确指出植柳为河工第一要务,当时济宁州、临清州、东平州、德州、汶上县、聊城县、堂邑县、博平县等沿河州县分别设置植树、巡树夫役,防范树木被滥砍、乱伐,保障树木成长及河工需求。入清后,植柳成为了河政及地方官员政绩的考核标准之一,清初"河干一带有载柳三万株及二万、一万株者,分别叙录,有栽柳不及三千株并全不载者,分别参处……滨河州县各置柳园数处,栽植柳株,秋冬验明,行以劝惩之例",⑥"责令黄河经行各州县印官,于濒河处所,各置柳园数区,或取之荒地,或就近民田,量给官价,每园安置徭、堡夫数名,布种浇灌,既便责成,而道厅等官可以亲诣稽察,秋冬验明,行以劝惩之例。将见数

---

① (清)明之纲:《桑园围总志》卷8《岁修志》,清同治刻本。
② (清)叶方恒:《山东全河备考》卷2《河渠志》,清康熙十九年(1680)刻本。
③ (清)董政华:光绪《阳谷县志》卷12《艺文三》,民国三十一年(1942)铅印本。
④ 魏源全集编辑委员会:《魏源全集》,岳麓书社2004年版,第204页。
⑤ (清)薛凤祚:《两河清汇》卷3《运河》,清文渊阁四库全书本。
⑥ (清)傅泽洪:《行水金鉴》,商务印书馆1936年版,第673页。

年之后,遍地成林,不但有济河工,而河帑亦可以少节,民力亦可以少苏矣",①指出植柳无论对于河防建设,还是减轻国家财政负担及民生压力均有裨益。康熙朝时置栽柳专官,"于沿河州县择闲散人授以委官名色,专管栽柳,三年分别劝惩",②后又定"河官种柳不及数者,免其处分。成活万株以上者记录一次,二万株以上者记录二次,三万株以上者记录三次,四万株以上者加一级,多者照数议叙,分司道员各计所属官员内有一半议叙者,记录一次,全议叙者加一级,均令年终题报",③对种植数目、奖励等级进行了详细规定,体现了康熙朝对这一事务的重视。雍正年间又议准,"每年山东、河南巡抚饬令近河州县及管河各官,将沿河空地勘明,各捐资多栽柳树,各以种柳细数呈报上司,三年后该督抚察核报部,酌量议叙,如希图议叙,强占民地累民者,即行参究",④"嗣后管河之分司、道员、同知、通判、州县等官于各该管沿河地方栽柳,成活五千株者记录一次,万株者记录二次,万五千株者记录三次,二万株者准加一级"。⑤同时鼓励民间植柳,百姓如植柳二万株者可授予九品顶带,重视程度较前朝有增无减。乾隆朝更进一步细化相关章程,树种进一步丰富,乾隆三年(1738)定"嗣后山东、河南印河文武官弁于沿河官地内,有能捐资栽成小杨五百株者记录一次,千株者记录二次,千五百株者记录三次,二千株者加一级,其沿河居民有情愿出资在官地栽成二千株,或在自己地内栽成千株者,给以九品顶带荣身,每年春间栽种,次年秋间核验栽成数目,题明议叙,杨树交汛官收管",⑥后又多次对植树、种苇诸事予以规定,以扩大河工物料来源。

在国家的鼓励及地方政府的推动下,山东运河沿线州县植柳成风,无论是卫河沿线,还是会通河沿线,都分布有大量柳林,对河工建设、水灾防范起到了

①　(清)傅泽洪:《行水金鉴》,商务印书馆 1937 年版,第 667 页。
②　(清)允裪:《钦定大清会典则例》卷 133《工部》,清文渊阁四库全书本。
③　(清)允裪:《钦定大清会典则例》卷 133《工部》,清文渊阁四库全书本。
④　(清)允裪:《钦定大清会典则例》卷 133《工部》,清文渊阁四库全书本。
⑤　(清)允裪:《钦定大清会典则例》卷 133《工部》,清文渊阁四库全书本。
⑥　(清)允裪:《钦定大清会典则例》卷 133《工部》,清文渊阁四库全书本。

重要作用。东昌府馆陶县临卫河,不时有河工之举,康熙年间知县郑先民,"于城濠周围栽柳八百余株,蔚然金汤矣"。① 雍正年间馆陶知县赵知希除减沙地额赋外,还"于城南栽官柳万株,为堤岸之备"。② 堂邑县有柳、榆、槐、桑、杨、楮、椿诸树,另有柽树"俗名西河柳,又名山川柳,又名观音柳,近县皆产之,颇以为薪,故绝无大树",③正德四年(1509)堂邑主簿武瑾,"性介才裕,河务修举,环城筑堤种柳,其利保障"。④ 莘县临徒骇、马颊两河,河工建设需要柳料,弘治元年(1488)知县顾严于城池两岸,"夹岸植柳树千余株",⑤除固城池外,亦可工用。临清州素有植柳之风,明初平江伯陈瑄曾于临清植柳以便河工、行旅,清代知州杨芊,"开垦荒田至数十顷,间有隙地则令树桑插柳,蔚然成林,催科不扰,收漕便民"。⑥ 清代武城县知县厉秀芳曾于卫河沿岸植柳六千余株,并立碑载植柳之益,鼓励百姓及以后官员效仿,其碑文称:"一柳根蟠结,则堤根自固,可免岁修之扰。一偶用防险,即径取掛岸,可无远伐之劳。一土与根附,不致冲卸,可泯决口之虞。一间遇冲决,树木排列,可省桩木之费。一种树挡沙,可保麦苗之损。一林木庇荫,可资风水之益。一冬日木柴柳炭,可获利息。一夏日荫浓树密,可憩行旅",⑦有诸多益处可利河工、民生。阳谷县明清时期多遭水患,万历二十五年(1597)知县傅道重沿城四围植柳千余株,筑土堤高丈余,"渠深寻许,夹岸植柳护之,岁久木乔官司有耗,采而无增植",⑧因河工及建筑需求,所植柳树多有耗损,后知县范宗文补种千株。康熙年间鱼台知县沈铉吉,"均田平赋,民无偏累,又沿濠栽柳,今皆成荫,城垣壮

① (清)郑先民:康熙《馆陶县志》卷3《城池》,清光绪十九年(1893)刻本。
② 丁世恭:民国《馆陶县志》卷8《职官志·政绩》,民国二十五年(1936)铅印本。
③ (清)张茂节:康熙《堂邑县志》卷7《物产》,清光绪十八年(1892)重刊本。
④ (清)张茂节:康熙《堂邑县志》卷11《名宦》,清光绪十八年(1892)重刊本。
⑤ (明)王深:正德《莘县志》卷1《城池》,明正德刻嘉靖间增刻本。
⑥ (清)张度:乾隆《临清直隶州志》卷6下《秩官八》,清乾隆五十年(1785)刻本。
⑦ (清)厉秀芳:道光《武城县志续编》卷14《艺文志》,清道光二十一年(1841)刻本。
⑧ (清)董政华:光绪《阳谷县志》卷1《城池》,民国三十一年(1942)铅印本。

色,漕堤长亘八十余里,修筑尝致烦扰,公按丁金夫,四日轮替,一月竣工,民不言劳"。① 康熙年间杨奇逢任滕县县令,曾协济南河河工,"工解柳费几百倍,公察民隐,沿城凿池多种官柳,以备工需",②另一知县赵邦清"植树表界,自界河而南数十里柳荫蔽日,左右引泉脉为渠"。③

明清山东运河区域植被的变化是多方面的,但体现在河工建设对植被的影响上主要是柳树、杨树等树种的栽种及部分芦苇的种植,以适应河工建设、河防抢修及制作埽桩的需要,其中柳树的广泛种植在山东运河区域具有普遍性,是除秸秆外使用最大的河工物料,这种情况的出现与山东的地理环境、土壤环境、水环境密不可分的,柳树对环境要求不高,耐旱、耐水,不但成活率较高,而且生长速度快,适应性强,能够较好的在山东运河沿线成长、成材,这对于补充河工物料作用很大,能够有效保障河防工程的顺利进行。

(二)明清山东运河区域农业种植结构的调整

明清两代为保障国家漕运,官府严禁山东运河沿线民众引用运河及济运河流、湖泊之水灌溉农田,但在运河暴涨时又泄水于民田,导致农业生产频遭困境,农田水利事业几乎荒废,清臣沈葆桢曾言:"议者谓运河贯通南北,漕艘藉资转达,兼以保卫农田,意谓运道存则水利亦存,运道废则水利亦废。臣以为舍运道而言水利易,兼运道而筹水利难。民田于运道势不两立。兼旬不雨,民欲启涵洞以溉田,官必闭涵洞以养船。迨运河水溢,官又开闸坝以保堤,堤下民田立成巨浸,农事盖不可问",④魏源亦言:"山东微山诸湖为济运水柜,例蓄水丈有一尺,后加至丈有四尺,河员惟恐误运,复例外蓄至丈有六七尺,于是环湖诸州县尽为泽国。而遇旱需水之年,则又尽括七十二泉源,涓滴不容灌

①　(清)马得祯:康熙《鱼台县志》卷15《宦迹》,清康熙三十年(1691)刻本。
②　(清)王政:道光《滕县志》卷6《宦绩》,清道光二十六年(1846)刻本。
③　(清)王政:道光《滕县志》卷6《宦绩》,清道光二十六年(1846)刻本。
④　赵尔巽:《清史稿》,吉林人民出版社1995年版,第2596页。

溉。是以山东之水,惟许害民,不许利民,旱则益旱,涝则益涝,人事实然,天则何咎?"①可见农田水利与运河漕运存在诸多矛盾。为谋求生存,沿河民众只得改变种植结构,通过种植耐旱、耐涝、耐盐碱作物及提高经济作物比例的方式试图获取稳定回报,同时在国家及地方政府的推动下,秸秆类作物因可作为河工物料,也得到了广泛种植。

明清山东运河沿线秸秆类作物小麦、大豆、玉米、高粱被广泛种植,除满足食用外,还可用于河工建设。明代以前山东的粮食作物主要以粟为主,麦并不占主导,明清两朝因小麦耐旱、耐盐碱,加之山东漕粮格局以小麦为主,大豆为辅,故小麦逐渐成为山东主要粮食作物,"山东民食大半仰麦"。② 明李东阳《怀麓堂集》载,"山东诸府,谷、麦所宜",③麦与谷并称。明郝敬《周礼完解》按古九州划分,称山东青州"其谷宜稻麦",④兖州"谷宜四种,稻、麦、黍、稷",⑤小麦已在全省分布。《图书编》亦载,"今山东古青、兖地也,米麦之赋二百八十五万一千一百一十九石,丝二千一百一十斤,绢五万九千九百九十匹,木棉五万二千四百四十九斤,草二百八十一万四千二百九十束,盐一十四万五千六百一十四引",⑥可见米麦占山东粮赋的主导。除麦外,大豆、高粱、玉米也有广泛种植,明崇祯年间曾于山东各府买豆35000石,以运往边镇供给军马食用⑦;高粱又称蜀黍、蜀秫,具有较强的耐旱、耐涝、耐盐碱能力,"北方地不宜麦禾者,乃种此,尤宜下地。立秋后五日,虽水潦至一丈深,不能坏之"⑧;玉米又称玉蜀黍,"亦谓之棒子,亦谓之包谷,可煮食,亦可作面舂米

① (清)魏源:《魏源全集》,岳麓书社2011年版,第336—337页。
② 李国祥、杨昶主编:《明实录类纂经济史料卷》,武汉出版社1993年版,第52页。
③ (明)李东阳:《怀麓堂集》卷39《文稿十九》,清文渊阁四库全书本。
④ (明)郝敬:《周礼完解》卷8《夏官司马下》,明九部经解本。
⑤ (明)郝敬:《周礼完解》卷8《夏官司马下》,明九部经解本。
⑥ (明)章潢:《图书编》卷19《九州贡赋今昔之殊》,清文渊阁四库全书本。
⑦ (明)毕自严:《度支奏议》之《堂稿》卷11,明崇祯刻本。
⑧ (明)徐光启:《农政全书》,岳麓书社2002年版,第390页。

食"。① 运河沿线的德州粮食作物即有麦、豆、谷、高粱等,《德州志》载,"谷之属,黍、稷、谷、豆、芝麻、蜀黍、荞麦"。② 聊城作物有木棉、红花,"芝麻、麦、豆、稷、黍、粟"。③ 东平州物产有"谷属麦,大麦、小麦,又有穬麦……粟有黄白二种……黍有黑白二种,即秫米也",④还有高粱、芝麻、大豆、大米等作物。济宁州谷类作物有"穬麦、小麦、荞麦、黍、稷、稻粱、蜀黍、芝麻、谷",⑤豆则有黄豆、黑豆、缸豆、青豆等。除食用价值外,山东运河区域频繁的河工建设也促进了秸秆类作物的种植,因柳树、芦苇产量有限,因此尽管秸秆"至一二年后朽坏无存,柴不如柳,然犹胜于秸",⑥其质量虽劣于柳料、柴料,但高粱、小麦等秸秆作物分布地域广、产量大,加之所制埽工具有弹性,可以减缓洪流的冲击及护理堤岸,因此对于堵口、治水仍具有相当大的作用。明代总河万恭曾言:"古有黄河风防之法,如遇水涨涛击,下风堤岸则以秫秸、粟藁及树枝、草蒿之类,束成捆把,遍浮下风之岸,而系以绳,随风高下,巨浪止能拍击捆把,且以柔物,坚涛过之,足杀其势,堤且晏于内",⑦可见至少在明代之前河工中就已使用秸秆为防河物料。至清雍正时议准"东省黄河抢修工程需用秫秸,照豫省抢修之例于山东管河道库节省银内酌量工程之缓急,需用物料之多寡,动支银五千两给发黄河厅,依限办料贮工,价值照岁修例画一报销",⑧"今河工之埽,皆以秫秸",⑨在山东境内河防中已大量使用。据《豫东宣防录》载,"豫、东两省黄河工程所以专用秫秸而不用芦苇者,实缘本地无芦苇可购",⑩可见山东

---

① （清）成瓘:道光《济南府志》卷13《物产》,清道光二十年(1840)刻本。
② （明）郑瀛:嘉靖《德州志》卷2《食货志》,明嘉靖刻本。
③ （清）向植:《聊城县乡土志》不分卷,清光绪三十四年(1908)石印本。
④ （清）左宜似:光绪《东平州志》卷2《物产》,清光绪七年(1881)刻本。
⑤ （清）徐宗干:道光《济宁直隶州志》卷3之3《食货志·物产》,清咸丰九(1859)年刻本。
⑥ （清）刘鹗:《刘鹗集》,吉林文史出版社2007年版,第87页。
⑦ （明）万恭:《治水筌蹄》,水利电力出版社1985年版,第57—58页。
⑧ （清）官修:《大清会典则例》卷132《工部》,清文渊阁四库全书本。
⑨ （清）贺长龄:《清经世文续编》卷89《工政二》,清光绪石印本。
⑩ （清）白钟山:《豫东宣防录》卷6,清乾隆五年(1740)刻本。

河工专用秫秸与本地植被分布结构密不可分。《利津县志》亦载,"利津地滨海,壤多斥卤,其上者沙土肥殖,宜莳木棉,岁收利三倍,然此特十之三四也。自黄河北徙,数冲突为害,濒河之民修防事亟,总计一年四汛,远或一二十日,近或七八日,苟有失靡,不舍末耜,负畚锸趋役于工,凡桩橛、秫苇之属及农器之足用者,咸输焉……独产葭苇,邑民薪炊,率资之以修埽工,用与秫秸等,近年亦颇取给焉",①可见芦苇、秫秸为山东黄河河工的重要物料。除自用外,山东秫秸还协济其他省份,乾隆年间徐州黄河漫工,"山东省协济秫秸一百五十万束,河南协济秫秸三百五十万束,檾一百六十万斤,克期由水路运工,以济急需"。②

除粮食作物外,经济类作物棉花、苜蓿、烟草、花生、果树种植面积的不断扩大,也是山东运河区域农业种植结构调整的重要表现。棉花又称吉贝,具有耐旱,适应性强等特点,明清时期在山东广泛种植,"齐鲁人种棉者,既壅田下种,率三尺留一科。苗长后,笼干粪,视苗之瘠者,辄壅之。亩收二三百斤以为常",③"遍及江北与中州矣",④其中尤以运河区域分布最多,明代徐广启曾言:"今北土之吉贝贱而布贵,南方反是。吉贝则泛舟而鬻诸南,布则泛舟而鬻诸北",⑤可见明代北方是棉花的重要产区,通过运河销往南方,制成布匹后再返销北方。运河区域的东昌府、兖州府以盛产棉花而闻名天下,据嘉靖《山东通志》载棉花"六府皆有之,东昌尤多,商人贸于四方,其利甚博"。⑥ 东昌府所属冠县,"邑多沙地,土性与木棉宜,河北清水镇各庄种棉者多,夙称富庶";⑦高唐州、恩县两地,"宜木棉,江淮贾客贸易,居人以此致富",⑧顾炎武

---

① (清)盛赞熙:光绪《利津县志》卷5《吏书第一》,清光绪九年(1883)刻本。
② (清)黎世序:《续行水金鉴》卷15《运河水》,清道十二年(1832)刻本。
③ (明)徐光启:《农政全书》,岳麓书社2002年版,第561页。
④ (明)徐光启:《农政全书》,岳麓书社2002年版,第558页。
⑤ (明)徐光启:《农政全书》,岳麓书社2002年版,第565—566页。
⑥ (明)陆钺:嘉靖《山东通志》卷8《物产》,明嘉靖刻本。
⑦ (清)梁永康:道光《冠县志》卷3《食货志》,清道光十年(1830)修民国二十三年(1934)补刊本。
⑧ (清)官修:《大清一统志》卷132《东昌府》,清文渊阁四库全书本。

亦称:"高唐、夏津、恩县、范县宜木棉,江淮贾客列肆赍收,居人以此致富";①临清州"临清等处地皆白土,农产统以木棉为大宗",②民国年间临清县"全县土质,沙质壤土约占百分之六十以上,埴质壤土约占百分之三十以上,沙、碱二种不过占百分中之二三,故本县可耕之地达百分之九十五,种棉之地达百分之六十,棉花出产占本县之第一位"。③ 兖州府植棉数量虽低于东昌府,但沿河诸州县也多有种植。明属兖州府、清属曹州府的郓城县富产棉花,"地广衍,饶沃土,宜木棉,贾人转鬻江南,为市肆居焉,五谷之利不及其半"④;东阿县有丁泉集,"皆山田,地硗确⑤,民居山麓之间,无大聚落,惟地产木棉,夏秋咸来负贩,始有集场",⑥因种植棉花吸引商人聚集而成集市;汶上县"地宜木棉,纺车之声相闻",⑦"棉花,漕河以西地多宜之"⑧;济宁州为明清重要的棉花交易市场,"济有棉桑之产,实惟蚕织之业",⑨有棉花市位于州城南关,临运河,通过水路运输棉花。其他寿张、鱼台、滕县、峄县亦各有棉花种植,既可织布自用,又可售于市场,获取利益。除棉花外,苜蓿在山东运河沿岸部分州县也有种植,苜蓿耐寒、耐旱、耐盐碱,非常适宜于运河沿线土壤,济宁州"苜蓿种之能克碱",⑩"碱地寒苦,惟苜蓿能暖地,不畏碱。先种苜蓿,岁夷其苗食之,三年或四年后犁去其根,改种五谷、蔬果,无不发矣",⑪其他冠县、莘县、恩县、临清州、夏津县、武城县、德州、清平县、汶上县、宁阳县、鱼台、嘉祥、滕县也皆种

---

①　(清)顾炎武:《肇域志》之《山东七》,清钞本。

②　李文治:《中国近代农业史资料》第1辑,生活·读书·新知三联书店1957年版,第424页。

③　张自清:民国《临清县志》卷1《疆域志·土质》,民国二十三年(1934)铅印本。

④　(清)李登明:乾隆《曹州府志》卷7《食货志》,清乾隆二十一年(1756)刻本。

⑤　硗确(qiāo què):指坚硬贫瘠的土地。

⑥　(清)吴怡:道光《东阿县志》卷2《方域志》,清道光九年(1829)刊本。

⑦　(明)王命新:万历《汶上县志》卷4《风俗》,清康熙五十六年(1717)补刻本。

⑧　(明)王命新:万历《汶上县志》卷7《物产》。

⑨　(清)徐宗干:道光《济宁直隶州志》卷3之3《物产》,清咸丰九年(1859)刻本。

⑩　(清)徐宗干:道光《济宁直隶州志》卷3之3《物产》,清咸丰九年(1859)刻本。

⑪　(清)徐宗干:道光《济宁直隶州志》卷3之3《物产》,清咸丰九年(1859)刻本。

植苜蓿,既可改良土壤,又可用作饲料。

烟草又称淡巴菰或淡巴姑,也为山东运河区域大宗经济作物,据《济宁直隶州志》载,"淡巴姑之为物,始于明季,本产遐方,今则遍于天下。而济州之产甲于诸郡,齐民趋利若鹜……大约膏腴尽为烟所占,而五谷反皆瘠土",①"今观济宁种烟者,其工力与区田等而不畏其难者,为利也",②可见济宁州百姓为求更多利益而轻视五谷种植,其原因即种植烟草能够获得更多的收入。道光年间包世臣对济宁烟草行业的兴盛也有记载,"闸河以台庄入东境,为商贾所聚,而夏镇、而南阳、而济宁、而张秋、而阿城、而东昌、而临清,皆为水马头,而济宁为尤大,与济南长山之周村相埒。其出产以烟叶为大宗,业此者六家,每年买卖至白金二百万两,其工人四千余名",③可见济宁烟草业经营规模之大。滋阳县明代并无烟草种植,"烟之为物,滋阳旧无其种。顺治四年,城西颜村店、史家庄始种之,相习渐广,京贩云集,最为民间之利",④成为了民众增收的重要经济作物。肥城"烟叶之运于河西,靛青之运于泰安、沂州,窑货之运于临清、东昌"。⑤ 东阿县有斑鸠店集,"在城西南二十五里,滨大清河西岸,厥田膏沃,其民多农,附近产烟叶,每逢二、七日集期"。⑥ 其他宁阳、滕县、清平、茌平、临清诸地也都出产烟草,为民众家庭收入的重要组成部分。花生又名落花生、长生果,豆科草本植物,出油率较高,既可自食,又可出售,因此在山东运河区域分布较为广泛。如卫河沿岸的德州,"州境所产之物曰杂粮、曰花生、曰山蔬、曰西瓜,所制之品曰布、曰苇席、曰凉帽胎、曰藤草帽。每岁杂粮水运、陆运出境,总有二三万石之谱。花生水运出境,总有五六十万斤之

---

① (清)徐宗干:道光《济宁直隶州志》卷 3 之 3《物产》,清咸丰九年(1859)刻本。
② (清)徐宗干:道光《济宁直隶州志》卷 3 之 3《物产》,清咸丰九年(1859)刻本。
③ 谭其骧:《清人文集地理类汇编》第 4 册,浙江人民出版社 1987 年版,第 657 页。
④ (清)黄恩彤:光绪《滋阳县志》卷 4《物产志》,清光绪十四年(1888)刻本。
⑤ (清)钟树森:《肥城县乡土志》卷 9《商务》,清光绪三十四年(1908)刊本。
⑥ (清)道光《东阿县志》卷 2《方域》,清道光九年(1829)刊本民国二十三年(1934)铅印本。

谱"，①可见所产花生数量之巨。宁阳县，"落花生土名长生果，本南产，嘉庆初齐家庄人齐镇清试种之，其生颇蕃，近年则连阡接陌，几与菽、粟无异"。② 山东运河南部的峄县、滕县也有花生种植，"县西境瀑河之冈岭多沙碛，丰岁所收谷不能自赡，民往皆负贩为生，困甚。近察其地，宜落花生，居民艺之，亩岁得十余石，南商每以重价购之，由是境内人远近皆传植之，贩鬻日众，居民衣食皆给，而以羡益殖其业焉"，③"落花生一名长生果，有中西两种，近为出口货之大宗"，④不但种植数量广，而且在居民生计中占有重要地位。其他肥城、滋阳、冠县、武城、恩县、聊城、临清等沿河州县也均种植，且数量呈不断增长趋势，清末时多出口与外销。

明清两朝，梨、枣等果树耐旱、耐涝，且具有一定的耐盐碱性，所以在山东运河区域种植数量巨大，除销售鲜果外，甚至还制成干果以增加产品附加值，同时还可延长保质期。鲁西运河沿线的东昌府几乎每县都种植梨、枣，"梨六府皆有之，其种曰红消、曰秋白、曰香水、曰鹅梨、曰瓶梨，出东昌、临清、武城者为佳"，⑤"枣，六府皆有之，东昌属县独多，种类不一，土人制之，俗名曰胶枣、曰牙枣，商人先岁冬计其木，夏相其实而直之，货于四方"。⑥ 东昌府属冠县，"本县出产大宗为输出品，若土布、杂皮及枣、梨、杏、桃、金针菜、玫瑰花等物，每年输出者亦为数不少"⑦；堂邑、博平二县盛产梨枣，"郡谣云：堂梨博枣，谓其产多，其实非最上之品"⑧；馆陶县种植果树有梨、枣、桃、李、樱桃、木瓜、核桃等；高唐州有枣六种，梨七种；清平县有梨六种，枣五种。兖州府广植梨树、

① （清）冯鬏：《德州乡土志》之《商务》，清末钞本。
② （清）黄恩彤：光绪《宁阳县志》卷6《物产》，清光绪五年（1879）刻本。
③ （清）王宝田：光绪《峄县志》卷7《物产略》，清光绪三十年（1904）刻本。
④ （清）生克中：宣统《滕县续志稿》卷1《物产》，清宣统三年（1911）铅印本。
⑤ （明）陆鈇：嘉靖《山东通志》卷8《物产》，明嘉靖刻本。
⑥ （明）陆鈇：嘉靖《山东通志》卷8《物产》，明嘉靖刻本。
⑦ （清）梁永康：道光《冠县志》卷2《商会》，清道光十年（1830）修民国二十三年（1934）补刊本。
⑧ （清）刘淇：康熙《堂邑县志》卷7《物产》，清光绪十八年（1892）重刊本。

枣树,其中梨有秋白、香水、桑皮数种,其下辖各州县亦各有栽植。东阿县"梨有秋白、香水、铁皮桑数种,城西北者最佳……枣遍地有之,种有酸甜铃脆之分,西北者佳,南艘多贩焉"①;宁阳县,"土颇膏沃,宜桑麻,植柿、梨,麻利独饶"②;滕县,"其俗好种树,而饶于枣梨,贫者农务毕则入山樵采治炭"。③ 其他阳谷县果属有梨、枣、桃、杏、沙果、石榴、葡萄等,汶上县有梨、枣、核桃、栗子、梅、葡萄等,鱼台县果品有枣、梨、文官果、樱桃、核桃、栗子等。

明清两朝山东运河区域的土壤因运河的贯通及大量水工设施的建设而发生了较大改变,进而导致了植被种类、分布及农业种植结构的调整。这种影响对于运河区域社会来讲是一把双刃剑,既有利的方面,如经济作物的广泛种植,增加了民众收入,改善了民众生活。但其弊端也较为严重,首先大量工程建设导致了河湖水系紊乱,旱涝无常,影响了区域生态平衡;其次沿线大量植被被砍伐用于河工,水土流失严重,土壤肥力下降;最后国家专注于保漕,虽带来了商货的流通,但农业灌溉却不得使用济漕水源,民地、漕河用水矛盾尖锐。

第三节　明清山东运河区域水患及洪涝灾害

明清山东运河频繁的水工建设严重影响了沿线河湖水系布局及运行规律,引黄济运、避黄保运、引汶绝济、引漳入卫等工程的进行导致黄河、汶河、大清河、卫河与运河发生着密切关系,泛滥、冲决不时发生,而徒骇、马颊诸河为运河所中断,或沦为减河,或成济运之渠,河道淤塞、盈涸受人为因素影响较大,而沿河湖泊变为水柜,其收水、泄水更须以漕运为中心,加上大量闸坝的设置及南北运堤的形成,严重影响了自然河道下泄,特别是夏秋时节最易形成决

---

① (清)董政华:道光《东阿县志》卷2《物产》,清道光九年(1829)刊本民国二十三(1934)年铅印本。

② (清)陈顾溥:乾隆《兖州府志》卷5《风土志》,清乾隆二十五年(1760)刻本。

③ (清)王政:道光《滕县志》卷3《风俗志》,清道光二十六年(1846)刻本。

堤与洪涝灾害,对沿线区域社会农业生产、民众生活造成了巨大灾难。山东运河沿线水患的产生具有一定原因与规律,明人周用曾言:"至于运河以东,山东济南、东昌、兖州三府州县地方虽有汶、沂、洸、泗等河,然与民间田地支节脉络不相贯通,每年泰山、徂徕诸山水发之时,漫为巨浸,溃决城郭、漂没庐舍,耕种失业,亦与河南河患相同",①其原因即汶泗诸河完全以服务漕运为主,被人为管控,不利于农业生产。《图书编》亦称:"山东水道,会通受派于黄河支流,合泉于汶、泗,淫涝久而鱼台、曹、单之防必溃,卫河涨而馆陶、清源之害孔殷,环二郡千里之间成奔突四出之势",②可见山东全河均存在泛滥、冲溢之险。

咸丰五年(1855)黄河北徙后,因漕河淤塞、河官裁革,黄运诸河缺乏管理、维护,河患更甚,"清季漕运停废,运河及其支流湖泊,并失修治,以致夏秋水涨,泛滥成灾,冬春水涸,又无相当之节制,航行不便,灌溉无资,且沿运各县,如济宁、鱼台两县,终年淹没沉粮之地,计25800公亩,被水淹没缓征地,计济宁、鱼台、汶上、邹县、峄县、东平、东阿,共79870公亩,又时被水灾之区,如金乡、嘉祥、巨野、滋阳、滕县、宁阳及聊城、阳谷、博平、清平等县,其面积亦不下数万顷。故此段运河,灾害多而益少也"。③ 今人根据历史资料总结出明清时期山东,"水涝灾害主要出现在鲁西北、鲁西南、鲁南平原的低洼地区和胶莱河两侧平原低洼地区,包括惠民、德州、聊城、菏泽、济宁、枣庄、临沂等地市和其地市部分地区",④山东运河沿线及半岛地区是省内主要洪涝灾害高发区域。

一、明清山东卫河区域水患及洪涝灾害

明清两朝京杭大运河临清至德州段称卫河或南运河,而山东运道还包

---

① (明)周用:《周恭肃公集》卷16《奏疏》,明嘉靖二十八年(1549)刻本。
② (明)章潢:《图书编》卷37《疏通水道》,清文渊阁四库全书本。
③ 黄泽仓:《分省地志·山东省》,中华书局1935年版,第10页。
④ 赵传集:《山东自然灾害防御》,青岛出版社1992年版,第32页。

括不属于主航道的馆陶、冠县两地之间的卫河河段。明清五百余年间,卫河泛滥无常,特别是引漳入卫、全漳入卫后,洪涝灾害频繁发生,不但冲毁田亩,漂没庐舍,导致灾民流离失所,扰乱了正常的农业生产,甚至毁坏城墙、衙署,削弱了政府对基层社会的管理与控制。山东卫河沿线州县的变迁与国家漕运有着密切关系,卫河既带来了交通、商业的便利,也造成了巨大的水患问题。

明清山东卫河区域州县包括东昌府属馆陶、冠县、临清、清平、夏津、武城等州县及济南府属德州。成化十八年(1482)秋八月久雨,卫河、漳河、滹沱河涨溢,"运河口岸多决,自清平县至天津卫凡八十六处,大蒙等村凡九处",①洪水不但阻绝运道,导致漕船不通,而且沿线遍成泽国,田亩、庐舍皆被浸泡。弘治十五年(1500)漳河决魏县注馆陶卫河,殃及下游临清、德州诸地。嘉靖年间,卫河水患频繁,多次冲决堤岸,为祸于馆陶、临清、武城等州县,嘉靖八年(1529)卫河决口,漂没馆陶居民田庐,第二年河决坏武城县城池百余丈,"平地水深丈余,涛声若雷,溺死者数百十人,时赖郡守陈公赈救之",②二十三年(1544)武城再次遭遇水患,"平地水深丈余,岁大饥",③三十年(1551)"卫河决,临清、馆陶坏民庐稼",④"坏民庐稼百里"。⑤ 隆庆三年(1569)"卫河决馆陶,溺死人畜无算"。⑥ 康熙年间全漳入卫后,临清、恩县、德州诸处水患益加严重,"漳水全归卫河,漳、卫合力并驰,排山倒峡而来,一线卫河,势难容受。山东德州适当卫河之冲,不但漕艘经临,波撼浪涌,每有冲激损坏之虞,而且水势泛涨,庐舍民田难免淹没,德州首受其害",⑦"漳、卫合而势悍急,恩、德当冲

① 李国祥、杨昶主编:《明实录类纂河北天津卷》,武汉出版社1995年版,第1580页。
② (明)陈露:嘉靖《武城县志》卷10《杂志》,明嘉靖刻本。
③ (明)陈露:嘉靖《武城县志》卷10《杂志》,明嘉靖刻本。
④ 王华安:民国《馆陶县志》卷5《大事志·灾异》,民国二十五年(1936)铅印本。
⑤ (清)屠寿征:康熙《临清州志》卷3《祥异》,清康熙十三年(1674)刻本。
⑥ 王华安:民国《馆陶县志》卷5《大事志·灾异》,民国二十五年(1936)铅印本。
⑦ (清)黄彭年:《畿辅通志》,河北人民出版社1989年版,第439页。

受害,乃于德州哨马营、恩县四女寺建坝,开支河以杀其势",①通过分泄洪流的方式减轻对运河堤防的冲击。乾隆二年(1737)、四年(1739)卫河皆决于临清,乾隆二十二年(1757)卫河再决,冠县受灾,"自元城小滩镇漫入县境,城四门皆屯,秋禾淹没",②五十九年(1794)卫河漫口,冠县、馆陶同时被淹。同治九年(1870)秋久雨,卫河决口,泛滥成灾,免馆陶县正赋,十二年(1873)卫河决口临清塔湾,冲下游夏津县,"由沙河溢入白泊,县治西鄙水灾"。③ 光绪十六年(1890)大雨致卫河决口,两年后漳水入卫河再决,二十年(1894)沁河决,"北注卫河,水溢为灾,漂没民田、庐舍无数,正赋迭经豁免,居民户口田舍因频年灾祸既不无变动,岁征赋额自随之变易"。④ 光绪二十七年(1901)漕运罢停后,清政府疏于对卫河的管理与治理,"上流力弱,水量逐年减少,惟届秋期,漳水涨发或沁水北注,漳、沁二水有一灌入卫河,则因之泛溢,每易决口",⑤沿线州县频遭水灾之害。

　　明清时期卫河频繁的水患灾害对山东鲁西、鲁北沿河区域造成了巨大的影响。水患的发生除与气候、降水、地质等自然因素有关外,还与国家的保漕策略密不可分,卫河本为较稳定性河道,但引漳入卫、全漳入卫后,大量泥沙冲入其中,导致河道淤垫现象异常严重,同时水量增加虽使运河航运能力提升,但是也带来了很大的危害。一方面为汇聚水源,明清政府不允许沿河民众使用卫河溉田,大量民田虽临河,干旱季节却面临无水可用的困境,不利于农业生产与百姓日常生计。另一方面漳河、卫河及所聚支流均为季节性河流,夏秋最易涨水,溃堤现象时有发生,淹没沿岸田亩、庐舍,百姓大受其害,水患冲击了社会秩序,不利于国家对基层社会的控制。

① 赵尔巽:《清史稿》,吉林人民出版社 1998 年版,第 2586 页。
② (清)梁永康:道光《冠县志》卷 10《杂录志》,清道光十年(1830)修民国二十三年(1934)补刊本。
③ 谢锡文:民国《夏津县志续编》卷首,民国二十三年(1934)铅印本。
④ 王华安:民国《馆陶县志》卷 2《政治志·财政》,民国二十五年(1936)铅印本。
⑤ 王华安:民国《馆陶县志》卷 2《政治志·财政》,民国二十五年(1936)铅印本。

二、明清山东会通河沿线水患及洪涝灾害

明清时期广义的会通河包括临清至台儿庄之间近千里的河道，涵盖东平至临清狭义会通河河段、南阳新河河段、泇河河段三部分。明清会通河沿线水环境复杂，与黄河、汶河、泗河、大清河、徒骇河、马颊河、沂河发生着密切联系，特别是明中前期借黄行运、引黄济运，黄河频繁决口于张秋、曹县、单县等地，造成了巨大的水患问题，同时会通河水源匮乏，需引用其它河流、湖泊之水接济，人为济运改变了鲁北、鲁西、鲁南地区原有的河道布局，运堤又阻碍了西来坡水的下注，造成的水患问题异常严重，甚至寿张、鱼台等县县治因水患而迁至他处，而百姓田亩、生计更受其害。

地处鲁西的东昌府境内有会通河、徒骇河、马颊河诸河，这些河道关系复杂，其中最突出的特点为自然河道多被运河截断，不但造成了大量洪水的积聚，淹没了沿线农田、庐舍，而且多数自然河道丧失了自然就下的规律，淤塞严重，沦为了运河的减河，成为了运河排水、泄水的重要通道，进一步加剧了洪水的危害。景泰七年(1456)秋久雨，博平县湄河与来自濮阳的大水汇合，"漂没禾稼屋庐，甚苦垫溺"，①弘治十三年(1500)河大决，博平陆地行舟。顺治七年(1650)秋，黄河决口河南荆隆口，裹挟运河，淹及东昌府，"溃金堤，冲漕河，水入东昌城内，西南角房屋陷没，至十二年冬始消。典史陈国祚设法泄西坡之水入运河。十年河决金龙口，泛莘及聊城"，②"聊邑为十八州县之首，旧有考院在郡城内，黄河决溢漕河而北浸，城不没者仅三版，考院因以荡析"，③洪水冲毁了大量房屋，百姓受灾严重。康熙四十二年(1703)漕河水决，茌平诸地受灾，"舟行陆地，一省告饥，多有鬻妻卖子者，人相食"。④ 乾隆二年(1737)

---

① (清)杨祖宪：道光《博平县志》卷1《天文志》，清道光十一年(1831)刻本。
② (清)陈庆蕃：宣统《聊城县志》卷11《通纪志》，清宣统二年(1910)刻本。
③ (清)陈庆蕃：宣统《聊城县志》卷13《艺文志》，清宣统二年(1910)刻本。
④ (清)王世臣：康熙《茌平县志》卷1《天文》，清康熙四十九年(1710)刊本。

博平秋禾被水,田亩被淹,三十一年(1766)"运河决口,漂没水次仓,平地水深数尺"。① 嘉庆六年(1801)运河复决,浸淹禾稼,道光二年(1822)五月,"淫雨不止,秋,运河决口,平地水深四五尺、六七尺不等,陆地行舟"。② 光绪十三年(1887)聊城减水闸运河水溢,后吴家口再决,"博平西南乡水深四五尺,陆地行舟"。③ 马颊、徒骇两河亦为祸于沿线州县,"马颊河淤浅已久,运河横梗中间,每年伏秋运水盈满,泄放不及,以致莘、冠、堂三邑被灾"。④ 徒骇也为运堤所阻,运西坡水无法顺利下注,"在今日为减泄坡水之要道,聊城县运河西岸白家洼一带地势低洼,汇聚上游濮、范、冠、朝、莘、阳诸州县坡水,由十里铺进水闸及吕家湾涵洞放入运河,夏秋水发,宣泄不及,淹浸民田",⑤导致田亩被淹,百姓生计难以维系。

鲁西南兖州府地域辽阔,所辖州县众多,除受曹州府、东昌府黄河水患影响外,境内黄河、运河也频繁冲决,加之汶、泗诸水不时泛滥,造成的水患问题也异常严重。明清两朝阳谷县屡遭黄河、运河水患,明正统、景泰、弘治年间黄河屡次决口阳谷张秋,入清后其患更甚,顺治十年(1653)夏六月大水,"城中乘桴,田禾淹没,屋垣尽颓",⑥康熙五十四年(1715)、五十五年(1716)连续大雨,禾稼被淹,"大雨如汪,平地水深数尺,禾尽淹",⑦六十一年(1722)"河决钉船帮口,直趋张秋,溃运河东岸,下大清河入海"。⑧ 其后雍正、乾隆、嘉庆、道光、咸丰、同治、光绪年间黄河与运河屡次为患于阳谷境内,或淹田亩、或毁市镇,危害巨大。东平州水患较阳谷更甚,洪武二十四年(1391)黄河决口,漫东平安山湖,弘治五年(1492)"河决黄陵冈,淹东平及平阴民田"。⑨ 嘉靖三

① (清)杨祖宪:道光《博平县志》卷1《天文志》,清道光十一年(1831)刻本。
② (清)杨祖宪:道光《博平县志》卷1《天文志》,清道光十一年(1831)刻本。
③ (清)李维诚:光绪《博平县志续志》卷1《灾祥》,清光绪二十六年(1900)刻本。
④ (清)董恂:《江北运程》卷12,清咸丰十年(1860)刻本。
⑤ (清)康基田:《河渠纪闻》卷20,清嘉庆霞荫堂刻本。
⑥ (清)董政华:光绪《阳谷县志》卷9《灾异》,民国三十一年(1942)铅印本。
⑦ (清)董政华:光绪《阳谷县志》卷9《灾异》,民国三十一年(1942)铅印本。
⑧ (清)董政华:光绪《阳谷县志》卷9《灾异》,民国三十一年(1942)铅印本。
⑨ 张志熙:民国《东平县志》卷16《大事》,民国二十五年(1936)铅印本。

十一年(1552)东平大水,坏民居、禾稼,隆庆三年(1569)"东平山水泛涨,决护城堤,禾稼俱浮,民乃饥"。① 入清后,东平仍是水患不断,顺治七年(1650)黄河决荆隆口,东平受灾,后连续五年黄河水患,东平屡被冲淹,康熙五十五年(1716)"东平大雨,平地水深二三尺,湖地水深五七尺,麦多腐烂,秋禾尽没,民屋冲坏者无算"。② 其后东平河患仍是不断,民众流离失所,深受其害。汶上有南旺分水枢纽工程,调节汶河及诸湖水源,水域环境复杂,亦多遭水患,汶上县有李家口,"在草桥北里许,水泛屡决,湮没民田,康熙三年知县汪震元审形度势,自上源改挑新河一道以杀汶水之性,复为高堤厚堰以防之",③通过堤堰等工程措施以减水患之害。

济宁州为洸、府两河交汇之地,洪水频繁淹及城关,"城关民居稠密,近河庐舍甚多,每遇汛涨风雨,居民纷纷迁徙,彻夜号救之声惨不忍闻"。④ 道光二十三年(1843)秋禾被水,淹一百余村庄,第二年淹三十余村庄,二十五年(1845)再淹一百余村庄,二十六年(1846)大雨害稼,二十七年(1847)六月大雨"水汩民居,龙斗于东南郭外,坏漕船数只",⑤三十年(1850)泗河水溢"由灌塚集、接驾庄、上吴家湾、下吴家湾、黑土店等地方秋禾尽淹,又值丰县黄河决,淹至城东南一带村庄"。⑥ 咸丰年间黄河铜瓦厢决口后,济宁几乎无年不灾,旱涝无常,百姓疲敝不堪,生计维艰。鱼台县地势低洼,境内有诸多河流、湖泊,号称泽国,往往成为泄水之区,水灾几乎年年有之。洪武四年(1371)黄河决巨野,灌鱼台,坏民田庐,"弘治五年春三月河决黄陵冈,淹没及境。六年会通河溢,官民庐舍及运船没者无算",⑦正德、嘉靖、万历、崇祯年间多次大

① 张志熙:民国《东平县志》卷16《大事》,民国二十五年(1936)铅印本。
② 张志熙:民国《东平县志》卷16《大事》,民国二十五年(1936)铅印本。
③ (明)栗可仕:万历《汶上县志》卷1《方域》,清康熙五十六年(1717)补刻本。
④ (清)徐宗干:道光《济宁直隶州志》卷2之5《山川志·河渠》,清咸丰九年(1859)刻本。
⑤ (清)卢朝安:咸丰《济宁直隶州续志》卷1《五行志》,清咸丰九年(1859)刻本。
⑥ (清)卢朝安:咸丰《济宁直隶州续志》卷1《五行志》,清咸丰九年(1859)刻本。
⑦ (清)马得祯:康熙《鱼台县志》卷4《灾祥》,清康熙三十年(1691)刻本。

水,百姓罹难。顺治二年(1645)黄河决通流集、金隆口诸处,"至九年莫能治,凡八年间县境淹没,人民失业,逃亡者十室而九,田产荒芜,蒲苇弥望,萧条极目",①康熙元年(1662)河决复加大雨,"溃北堤,灌城中,深三尺余,市操舟行。官民署宅多圮",②县令只能前往谷亭书院办公,民众逃往城堤高处巢栖,乾隆、道光、咸丰时鱼台水患之害,洪涝日甚一日。峄县、滕县为泇河流经地区,"自明朝以来,邑之旱蝗、霾潦、地震、日食之变间岁有之",③灾害发生频率较高,而水患为其一。万历七年(1579)夏大水,"山麓激水丈余,平地一望巨浸,居民田庐荡然,无一存焉,询之故老,亦谓百年所无也",④乾隆四十六年(1781)"黄河洪水由湖入泇,频河八社田庐漂没"。⑤ 滕县亦有河决之患,咸丰初年"河决丰北,邑西滨湖浸为泽国,于是下诏蠲租赋,截南漕以济贫困"。⑥

　　明清山东会通河水患导致了严重的社会问题。首先,水患的产生与国家大规模的河工建设有着密切关系,以保漕为目的大量水工设施虽在一定程度上保障了部分民田,但人为改变自然规律,破坏生态平衡的行为却使会通河沿线水系紊乱,河道败坏,湖泊淤塞,沿河民众频受旱涝之苦。其次,水患发生后,政府及地方社会往往会采取一系列措施安抚民生,如蠲免税粮、截漕赈灾、开仓放粮等,地方官员或百姓甚至会修筑堤防加强防卫,但这些举措是以不能影响运道为前提的,所以水患问题不可能得到根治。最后,明清山东运河水患属综合因素影响的结果,既是天灾,亦是人祸,保运与民生往往处于矛盾与对立状态,两者难以兼顾,因此舍民生以护运道成为了明清统治者经常采取的措施,体现了漕运"为一代之大政"的国策。

---

① (清)马得祯:康熙《鱼台县志》卷4《灾祥》,清康熙三十年(1691)刻本。
② (清)马得祯:康熙《鱼台县志》卷4《灾祥》,清康熙三十年(1691)刻本。
③ (清)王宝田:光绪《峄县志》卷15《灾祥》,清光绪三十五年(1909)刻本。
④ (清)王宝田:光绪《峄县志》卷15《灾祥》,清光绪三十五年(1909)刻本。
⑤ (清)王宝田:光绪《峄县志》卷15《灾祥》,清光绪三十五年(1909)刻本。
⑥ 崔公甫:民国《续滕县志》卷3《艺文志》,民国三十年(1941)刻本。

第六章　明清山东运河河政管理及河工建设对区域社会环境的影响

　　社会环境有狭义与广义的区分,其概念的大小并不一致,其中狭义的社会环境指"人类生活的直接环境,如家庭、劳动组织、学习条件和其他集体性社团等。社会环境对人的形成和发展进化起着重要作用,同时人类活动给予社会环境以深刻影响,而人类本身在适应改造社会环境的过程中也在不断变化",①而广义的社会环境范围则要大得多,包括"社会政治环境、经济环境、文化环境、心理环境等大的范畴,它们与组织的发展也是息息相关的"。② 社会环境不是孤立的,而是与自然环境、人类活动有着密切关系,"社会环境是指在自然环境的基础上,人类通过长期有意识的社会劳动,加工和改造了自然物质,创造的物质生产体系,积累的物质文化等所形成的环境体系,是与自然环境相对的概念。社会环境一方面是人类精神文明和物质文明发展的标志,另一方面又随着人类文明的演进而不断地丰富和发展,所以也有人把社会环境称为文化—社会环境"。③

　　明清山东运河河政管理及河工建设对山东区域社会环境的影响主要包括

---

　　① 杨宝林:《农业生态与环境保护》,中国轻工业出版社 2015 年版,第 6 页。
　　② 杨玲、吴淑梅:《公共关系学》,中国海洋大学出版社 2016 年版,第 22 页。
　　③ 杨宝林:《农业生态与环境保护》,中国轻工业出版社 2015 年版,第 6 页。

对政治、经济、文化、心理等大环境的影响,在政治上,一系列衙署、机构的设置,提升了山东运河的政治地位,丰富了沿线城市功能,扩大了与国家及其他沿运省份的政治交流。在经济上,大量河工建设,需要相当规模的物资及劳动人员,这些都需要从沿河市场购买或雇募,从而促进了沿运区域市场体系的建立与发展,同时山东闸河性质,导致大量船只需要待闸,船上人员纷纷上岸销售产品、购买商货、饮食起居等,刺激了商业、服务业的兴起,加之运河贯通所带来的商贾、客货,更使山东运河沿线商业繁荣、贸易发达,促进了经济的发展与进步。在文化上,山东运河不但是一条交通之河与政治之河,也是一条文化之河,南北文化于此融汇贯通,信仰习俗在此交融,饮食、音乐、舞蹈、杂技兼收并蓄,不同民族文化和谐共处,外来文化吸收接纳,充分体现了山东运河文化开放包容、兼收并蓄、开拓创新的特点。在心理环境上,运河所带来的政治、经济、文化的变迁,对沿线社会民众心理产生了重要影响,这些影响在民风、习俗等方面均有具体体现,展现了人与区域社会的互动关系,即社会影响了人的心理,而心理的变化又促进了人对社会的改造。

　　明清山东运河河政、河工对区域社会环境的影响是多方面的,涉及内容较为广泛,难以面面叙及,本章主要就商业发展、水神信仰、水利争端与社会应对三方面进行重点分析与研究,以个案展现整体、以微观反映宏观,从而揭示河政、河工对区域社会的巨大影响,并就二者的互动关系予以探讨。明清运河的贯通,带来了南北商帮、商货的聚集,他们或在沿线城市、集镇经营贸易,或以此地为物流枢纽南北转贩,逐渐形成了临清、济宁两大商业名埠,张秋、东昌、德州等中等商业城市,南阳镇、四女寺、阿城、七级、台儿庄等小型商业市镇,从而在山东运河区域形成了层次较为清晰、布局相对严整的商业市场网络体系,建构起了较为发达的山东运河经济圈与商业圈。而水神信仰在山东运河区域的传播、发展与演变,则与河道工程建设、水工设施设置、商人推广、民间信仰文化交流等因素密不可分,有大量碑刻资料就河工与信仰之间的关系进行了记载,"水神信仰及其庙宇在城市的祭祀神灵中占有重要地位,其宗教建筑的数量与质量、信奉的人群、国家敕封的规格都远超其他神灵,这既充分体现了运河对城市信仰文化的重大影响,同时也是国家在建构神灵祭祀层级时,对运河城市水神的崇敬与倾斜"。① 除政治上、经济上提高了沿线城市地位,促进了商业发展外,河工建设也导致了诸多区域社会的冲突与争端,其中关于水利的矛盾尤为突出,围绕着灌溉、泄洪之间的博弈,不同州县,甚至同一区域不同民众之间既有着共同的利益诉求,同时也有需求的差异,当这种冲突无法协调时,就会通过争端予以体现,为解决矛盾,政府及地方社会往往会予以协调,但仍有大量争端始终不能得到消弭,甚至愈演愈烈,造成了严重的后果。

第一节　明清山东运河河政、河工对区域
市镇与商业的影响

明清山东沿运区域经济的发展与商业的繁荣受多重因素的影响,但最关键的推动力为运河交通,"山东作为运河流经的重要河段,其济宁、临清等地成为重要的物资集散地,南方的土产通过运河运至山东,山东的商品也沿运河运输到省外"。② 在运河未开凿前,鲁西属典型的小农经济,沿线百姓以从事粮食种植为主,几乎没有从事商业、手工业、服务业的人员,市镇经济也处于一种非常薄弱的状态,与外界沟通较少,属于一种相对封闭的境况,而运河贯通山东西部后,大量河工建设进行、水利设施设置,保障了运河的基本通航,水运交通优势逐渐凸显,吸引了全国各地的商人前来山东运河区域经营,他们或以沿线城市、镇集为中转枢纽,将商货沿水路、陆路销往四方,或在沿河之地开设店铺固定经营。同时山东运河区域大量河政、漕运衙署的设置,在提高所在城市政治地位的同时,也吸引了商人、商货的到来,如河工物料的采购、劳役人员

---

① 郑民德:《明清小说中运河城市临清与淮安的比较研究》,《明清小说研究》2021年第2期。

② 周广骞:《山东方志运河文献研究》,中国社会科学出版社2021年版,第13页。

的雇募、官府日常用度等都对商人有着明显的吸引,对于商品市场、劳动力市场的建构起到了积极作用,不同人员的汇聚及商货的积累,强化了市场层级,形成了大型商业枢纽城市、中等商业城市、小型商业市镇的区别,三者既有一定的界限,同时又有沟通与交流,形成了繁荣的山东运河经济圈与商业圈,而这种局面的出现与运河的推动作用是分不开的。正如许檀所指出:"山东的商业城镇是随着商品流通的发展而发展起来的,因而大多分布在流通干线上。其中以运河沿线兴起最早,明代中叶已出现一批相当繁荣的商业城镇……运河沿岸商业城镇的发展与漕运有密切的关系",①王云亦认为:"山东运河的畅通,引起了沿岸城乡及辐射区域剧烈的社会变迁,其变迁的深度和广度在整个华北地区的历史都是空前的",②准确论述了运河对山东商业市镇及区域社会的巨大影响。

一、明清时期山东运河区域的大型商业枢纽

明清时期的临清与济宁是山东运河沿线,乃至整个山东地区最为发达的商业名埠,作为河政枢纽、漕运码头、商业中心,两地均有着重要的政治、经济、文化地位,其中明代临清商业优于济宁,清代济宁则反超临清,体现了不同时代的发展特色。临清是华北地区重要的商品聚集地及商货转运枢纽,通过水路可南至东昌、张秋、济宁,北至德州、泊头、天津等地,客货贸易异常发达,号称"小天津"。而济宁为河道总督驻地,其境内运河北接张秋、临清,南通淮安、扬州、苏州等地,过往商货南北皆有,城市空间布局、市民生活、文化土壤具有明显的南方特色,号称"小苏州"。临清、济宁两地的商业变迁与运河有着密切关系,运河通则城市兴,运河败则城市衰,正如《明清山东运河区域社会变迁》所称:"明清时期山东运河区域经历了从荒僻到繁荣,又渐趋沉寂的类似马鞍型的社会变迁过程。其主要特点是:社会变迁的动力主要来自交通环

---

① 许檀:《明清时期山东商品经济的发展》,中国社会科学出版社1998年版,第156页。
② 王云:《明清山东运河区域社会变迁》,人民出版社2006年版,第1页。

境改善与漕运政策等外部因素;以开放的形态吸纳融汇各区域物质文化精华;濒河城镇与运河腹地社会发展不平衡。该区域大起大落的变革态势及特点,给后人以深刻的历史启迪和警示"。①

临清位于鲁西平原,古称清源,地理位置优越,"河据会通,水引漳、卫,大堤绕其前,高阜枕其后,乃南北之喉襟,舟车之都会也",②交通优势异常明显。早在明永乐二十一年(1423),山东巡抚陈济即上言:"淮安、济宁、东昌、临清、德州、直沽,商贩所聚,今都北平,百货倍往时,其商税宜遣人监榷一年,以为定额",③可见明初临清、济宁的商人数量就已不少。明代小说《花影集》亦称:"时运河初开,而临清设两闸以节水利,公私船只往来住泊,买买器集,商贾辐辏,旅馆市肆,鳞次蜂脾,游妓居娼逐食者众",④不但汇集了大量商人,而且各类人群纷纷前来谋生,城市商业、服务业均有了较大发展。随着运河的畅通及交通优势的进一步确立,宣德年间"商船多自淮安、清江经济宁、临清赴北京",⑤临清成为了重要的商货转输枢纽。除交通便利外,临清还设有大型水次仓、卫河造船厂、工部砖厂、户部钞关等,大量中央官员汇聚临清,临清政治地位也迅速提升,加之大量粮食在临清市场流通,运军在临清出售土宜与购买商货,进一步刺激了临清商业市场的繁华,成化、弘治时"临清据南北之冲,四方商旅所辐辏,而运河出焉"。⑥ 隆庆、万历初期临清商业达到鼎盛,大量徽商于临清经营布匹、典当、粮食、丝绸诸行业,"山东临清,十九皆徽商占籍,商亦籍也",⑦"清源城中多大贾,舟车捆载纷如雨",⑧大量外地商人甚至纷纷入籍

---

① 王云:《明清山东运河区域社会变迁》,人民出版社 2006 年版,第 27 页。
② (清)陈梦雷:《古今图书集成》,中华书局 1985 年版,第 9998 页。
③ (清)张廷玉:《明史》,吉林人民出版社 1995 年版,第 1265 页。
④ (明)陶辅:《花影集》,吉林大学出版社 1995 年版,第 77 页。
⑤ 《明宣宗实录》卷 107,宣德八年十一月戊辰条。
⑥ (明)程敏政:《临清州观音阁下浮桥记》,引自《古代鲁商文化史料汇编》,山东人民出版社 2010 年版,第 315 页。
⑦ (明)谢肇淛:《五杂俎》,山东人民出版社 2018 年版,第 490—491 页。
⑧ (明)谢肇淛:《小草斋集》,福建人民出版社 2009 年版,第 798 页。

临清,与当地民众一起生活、交流,成为了城市人口的重要组成部分。在诸多
商人的推动下,临清"北至塔湾,南至头闸,绵亘数十里,市肆栉比,有肩摩毂
击之势",①形成了规模较大的城市商业圈。明代小说《梼杌闲评》称:"却说
临清地方,虽是个州治,倒是个十三省的总路,名曰'大马头',商贾辏集,货物
骈填,更兼年丰物阜,三十六行经纪,争扮社火,装成故事,更兼诸般买卖都来
赶市,真是人山人海,挨挤不开",②《金瓶梅词话》亦言:"这临清闸上,是个热
闹繁华的大马头去处,商贾往来,船只聚会之所,车辆辐辏之地,有三十二条花
柳巷,七十二座管弦楼",③城市呈现出一派繁华兴盛景象。连意大利传教士
利玛窦都惊叹:"临清是一个大城市,很少有别的城市在商业上超过他。不仅
本省的货物,而且还有大量来自全国的货物都在这里买卖,因而经常有大量旅
客经过这里",④即便在外国人的视角中,临清也是全国著名的商埠与码头。
万历初期后,随着大量宦官被遣往沿河城市监督钞关、粮仓、矿山,山东运河沿
线济宁、张秋、东昌、临清等地遍置钞关或抽税关卡,"层关叠征",加之宦官滥
征商税、骚扰郡县,导致商人裹足不前,客货阻滞,包括临清在内的城市商业遭
到严重打击,"中家以上大率破,远近萧然罢市"。⑤ 万历二十七年(1599)甚
至发生了州民王朝佐反宦官马堂滥征税收的斗争,虽暂时打击了宦官的嚣张
气焰,但宦官对商业的危害依然有增无减,临清商业发展进程受阻,"天下萧
然,生灵涂炭",⑥社会秩序陷入混乱之中。关于万历中后期临清的萧条境状,
明人谢肇淛曾言:"只今毒焰犹未破,依旧豺狼当道卧。万姓眉蹙不敢言,但
恨时无王朝佐"。⑦ 户部侍郎赵世卿亦言:"临清向来缎店三十二座,今闭门二

---

① 徐子尚:民国《临清县志》,凤凰出版社2004年版,第139页。
② (明)李清:《梼杌闲评》,中国戏剧出版社2000年版,第18页。
③ (明)兰陵笑笑生:《金瓶梅词话》,延边大学出版社1996年版,第851页。
④ [意]利玛窦:《利玛窦中国札记》,商务印书馆2017年版,第23页。
⑤ (明)朱国祯:《涌幢小品》,中华书局1959年版,第204页。
⑥ (清)张廷玉:《明史》,岳麓书社1996年版,第4442页。
⑦ (明)谢肇淛:《小草斋集》,福建人民出版社2009年版,第798页。

十一家。布店七十三座,今闭门四十五家,杂货店今闭门四十一家,辽左布商绝无矣"。① 甚至连临清人柳佐都悲观地感叹:"商贸亦见萧条"。② 天启、崇祯年间战乱频仍,天灾不断,临清经济更是雪上加霜,"临清重过声寂然,但见犬衔死人足。饿鸥衔人肠,群鸥飞夺枯树巅。东昌蝗虫卖成市,略一尝之呕欲死。东阿、平、汶何可云,村落皆为灰,道路尸纷纭",③一派凄惨荒芜景象。

入清后,随着社会秩序的逐渐稳定,临清得以重新复兴。康熙年间,临清成为南北交通咽喉,商业重地,以富庶而著称于世,"盖此地五方走集,四民杂处,商贾辐辏,士女嬉游,故户列珠玑,家陈歌曲,饮食宴乐极耳目之观……至于本境之民,逐末者多,力本者少",④可见清初临清就已商人汇集,市民生活异常奢侈,无论是物质生活,还是精神生活都达到了相当的高度。《乡园忆旧录》亦载,"临清水旱十二门,运河一道,舟楫往来,百货骈集",⑤依靠运河之利,临清成为了南北客货囤积与转运基地。清代临清总体繁荣程度虽不及明代,但仍然是华北,乃至全国重要的商业中心,粮食业、棉布业、盐业、铁器、瓷器、典当业异常发达,远超周边州县,其中尤以粮食业为最,"临清一关原系水路通津,惟赖米粮商贩船只通过,始得钱粮丰裕。又必直隶与豫、东两省彼此粮价贵贱不同,或北收南贩,南收北贩,米粮通行过关,船料粮税方克丰盈",⑥"东省沿河地方,如夏镇、济宁、张秋、临清、德州等处,原为米粮聚之地"。⑦ 据许檀考证,"流通较盛的年份估计会达五六百万——一千万石,其中至少有三分之一系由山东输出,而三省粮价持平,流通较少的年份……经由临清关流通的粮食按税银折算至少仍有一二百万石之数",⑧可见临清流通粮食数目之巨。

① 《明神宗实录》卷376,万历三十年九月丙子条。
② (明)柳佐:《修建观世音菩萨宝塔疏》,临清舍利塔第七层。
③ (明)左懋第:《左忠贞公剩稿》卷4,清乾隆五十九年(1794)刻本。
④ (清)于睿明:康熙《临清州志》卷首《序》,清康熙十二年(1673)刻本。
⑤ (清)王培荀:《乡园忆旧录》,齐鲁书社1993年版,第58页。
⑥ 许檀:《明清时期山东商品经济的发展》,中国社会科学出版社1998年版,第166页。
⑦ (清)白钟山:《豫东宣防录》卷3,清乾隆五年(1740)刻本。
⑧ 许檀:《明清时期山东的粮食流通》,《历史档案》1995年第1期。

乾隆中前期临清商业达到清代鼎盛,"临清为南北水陆冲途,商贾辐辏,人民蕃庶",①"临清为山左水陆之冲,距京师八百里而近,商贾辐辏,市廛林列"。②不过经乾隆三十九年(1774)王伦之乱后,临清受到严重打击,损失惨重,"乃啸聚阳谷、寿张、堂邑三县之亡命,蚁屯蜂集,虽三旬扑灭,而干戈烽火,村市为墟"。③《子不语》亦载,"山左王伦之乱,临清焚杀最惨,男女尸填河,高于岸者数尺,贼既平,启闸纵尸顺流而下,无赖者窃剥其衣,故尸多裸露",④战乱使大量商人或死或逃,数百年繁华毁于一旦,城池废毁,村市萧条。经嘉庆、道光两朝,临清有所恢复,咸丰初年"东昌、临清为商贾云集,士民富饶之区"。⑤但随着清军与太平天国北伐军在临清激战,加之黄河北徙,运道断绝,临清受到双重打击,"衙署、祠宇、房舍延烧净尽,死者焦烂积压……茫茫浩劫如此惨耶,二十七万生灵骈首屠戮,岂不痛哉!"⑥"甲寅之变,临清罹劫者数万人",⑦"境内之水在昔汶、卫交流,漕运通利,而南北行旅亦多取道于此。自漕运既停,汶河亦塞,百货之转输谨赖卫水一流,然当冬春之际,每忧淤浅。一届夏秋,则水潦盛涨,又时有溃决之患",⑧国家对河工管控的削弱,导致卫河通行难度加大,旱涝灾害发生频率也不断提高。

清末临清商业虽受损严重,但仍有一定根基,仍不失为鲁西重要的经济重镇,"临清旧城为商贾聚集之所,市廛密比,贼残破后,近已修理,渐复旧观"。⑨据民国《临清县志》载,民国中前期临清有棉业 40 家、钱业 18 家、粮业 39 家、布业 16 家、硵炭业 85 家、木业 37 家、杂货业 28 家、竹业 15 家,其他铜锡业、

---

① (清)于敏中:《临清纪略》卷 8,清文渊阁四库全书本。
② (清)俞蛟:《梦厂杂著》,上海古籍出版社 1988 年版,第 105 页。
③ (清)俞蛟:《梦厂杂著》,上海古籍出版社 1988 年版,第 105 页。
④ (清)袁枚:《子不语》,浙江古籍出版社 2017 年版,第 302 页。
⑤ (清)潘颐福:咸丰朝《东华续录》之咸丰 33,清光绪刻本。
⑥ 徐子尚:民国《临清县志》之《艺文志》,民国二十三年(1934)铅印本。
⑦ 徐子尚:民国《临清县志》之《艺文志》,民国二十三年(1934)铅印本。
⑧ 徐子尚:民国《临清县志》之《疆域志·河渠》,民国二十三年(1934)铅印本。
⑨ 徐子尚:民国《临清县志》之《艺文志》,民国二十三年(1934)铅印本。

铁货业、茶食业、酱园业、洋货业、酒业、卷烟业、印刷业各有十数家或数十家不等,共计有36项经营类别,717处商家,临清本地出产棉花、小麦、鸡子、瓜果、香油、哈达、皮货销往天津、济南、青岛、上海、聊城、东三省、内外蒙古、北京、汉口等地,输入货物则有砟炭、盐、药料、茶叶、绸缎、石灰、洋布、杂货等,由河南、天津、山西、浙江、济南、泺口等地运往临清销售。①

济宁为明清山东运河沿线的另一著名城市,不但是河道总督、工部管闸管泉主事等中央河政官员的驻地,而且水陆交通便利,商业发达,文化兴盛,在京杭大运河上地位至关重要。济宁明洪武年间为府建置,后降为州,清雍正年间升直隶州,数年后降为散州,乾隆后期再升直隶州,一直延续至清末。明代济宁即为南北水陆枢纽,"岱宗东峙,大河西流,南控江淮作齐鲁之屏障,北通燕赵为畿甸之咽喉,水陆交通,舟车云合",②吸引了大量商人前来济宁经营。《广志绎》载,"天下马头,物所出所聚处,苏、杭之币,淮阴之粮,维扬之盐,临清、济宁之货"。③《山左笔谈》在叙及山东抗倭策略时亦称:"泰山香税,外国所艳闻也,则必驰泰安州;既则济宁商店咸在城外,倭必觊之而走济宁",④可见济宁为商货聚集之所。明末济宁商业有了相当发展,如济宁南关外有义井巷,"济上当南北要冲,而义井巷又当济上要冲,其居民之鳞集而托处者不下数万家,其商贾之踵接而辐辏者亦不下数万家"。⑤ 入清后,济宁商业得到进一步发展,甚至超过了临清,成为了山东第一大商埠,"济当河漕要害之冲,江淮百货走集,多贾贩,民竞刀锥,趋末者众,然率奔走衣食于市者也",⑥"济当南北咽喉,子午要冲。我国家四百万漕艘皆经其地。士绅之舆舟如织,闽、广、吴、越之商持资贸易者,又鳞萃而猬集;即负贩之夫,牙侩之侣,亦莫不希余润

---

① 徐子尚:民国《临清县志》之《经济志·商业》,民国二十三年(1934)铅印本。
② 《明通志》,摘自李泉、王云《山东运河文化研究》,齐鲁书社2006年版,第109页。
③ (明)王士性:《王士性地理书三种》,上海古籍出版社1993年版,第244页。
④ (明)黄淳耀:《山左笔谈》,清学海类编本。
⑤ (清)徐宗干:道光《济宁直隶州志》卷4《建置》,清咸丰九年(1859)刻本。
⑥ (清)徐宗干:道光《直隶州志》卷3之5《风土志》,清咸丰九年(1859)刻本。

以充口食"，①不同人群均集于济宁城中,城市发展呈现一派欣欣向荣之景。除方志资料外,明清小说对济宁的繁华也多有描述,如《女仙外史》称:"济宁一州,正当南北之冲,人民殷富,户口繁庶,比临清更胜",②《施公案》中有济宁所管桃花镇地方,书中人物褚标言:"人说济宁州有座桃花镇极其繁华,果然名不虚传,却是一个好地方。因向窗外观看街上的人景,只见往来杂众,车马喧阗,实在是个冲衢要道的景象"。③ 清代济宁较为发达的行业则有烟草业、布业、绸缎业、杂货业、竹木业,皆有商铺十数家至数十家不等,其中尤以烟草业最为发达,"济宁所产为尤良,往往京国及诸都会处皆卖济宁烟,他方之贾至州贩运者不可胜计",④"济宁环城四五里,皆种烟草,制卖者贩郡邑皆遍,富积巨万",⑤成为了济宁商业繁荣的重要支撑之一。清末战乱及黄河北徙对济宁的影响小于临清,但漕粮改折及频繁的自然灾害,仍对济宁产生了一定冲击。据民国《济宁县志》载,"邑隶省之西南,实为要塞,湖河环绕,轮轨交通,商务殷繁,物产富有,四方之人群萃于此。益以连年不靖,人有戒心,水旱频仍,民多忧患",⑥"粮运改途,河道废弛,津浦通车,于是四方商贩均改由铁路运输,贸易重心渐移向济南、徐州一带,该县市况顿见停滞,不复如昔日之蒸蒸日上矣"。⑦ 不过济宁运河仍与江浙地区相贯通,经清末民初恢复后,商贸有所发展,"济宁地滨运河,而又以兖济支路交通南北,迩年来商务渐兴,田价倍增,工业亦目有起色",⑧设有济宁商会、钱业工会、钱业公所等商务机构,银行、当业、火柴公司、书铺、面粉公司、卷烟公司、药材业、酱园业数量众多,与南方各省的商贸交流非常频繁。

---

① （清）胡德琳:乾隆《济宁直隶州志》卷8《艺文志》,清乾隆四十三年（1778）刻本。
② （清）吕熊:《女仙外史》,金城出版社2000年版,第359页。
③ （清）佚名:《施公案》,齐鲁书社1993年版,第788页。
④ （清）王元启:《祇平居士集》卷1《烟草小论》,清嘉庆十七年（1812）刻本。
⑤ （清）王培荀:《乡园忆旧录》卷3,清道光二十五年（1845）刻本。
⑥ 潘守廉:民国《济宁县志》卷1《疆域略》,民国十六年（1927）铅印本。
⑦ 张礼恒:《鲁商与运河商业文化》,山东人民出版社2010年版,第253页。
⑧ 潘守廉:民国《济宁县志》卷2《实业篇》,民国十六年（1927）铅印本。

明清时期临清、济宁作为山东运河沿线最大的商业枢纽,不但是鲁西、鲁南地区重要的商埠与码头,而且在整个山东,乃至华北、全国货物转输中都占有重要地位。依靠便利的水陆交通,加上大量河政衙署的设置、河道工程的建设,刺激了两个城市经济的发展与商业、服务业、手工业的繁荣。不过在数百年间,临清、济宁两地的发展也并非一帆风顺,在不同时期受战乱、灾荒、河道状况、漕运政策的影响较大,特别是清末黄河改道、漕粮改折、战乱频仍、灾荒不断,都阻碍了城市的发展进程,但受益于良好的历史根基,加之两个城市随时代发展而调整产业布局,不断扩大与天津、上海、济南等城市及海外的商贸交流,其城市发展有了新的特点与态势。

二、明清时期山东运河区域的中等商业城市

除大型商埠外,明清山东运河沿线还有一定数量的中等商业城市,其繁荣程度虽不如大型商埠,但仍高于一般商业市镇,经济实力较为雄厚。中等商业城市具有显著的特点:首先,城市一般具有坚固的城池,防卫性能较好,能够保护城内商民。其次,城中或驻有中央级别的河政官员,或设有军事卫所,有着突出的政治、军事地位。最后,城市商业发展过程中,外地商人在其中起着重要推动作用,通常设有商业会馆,商业类型也较为丰富。山东运河区域中等商业城市以张秋镇、东昌府、德州为代表,其行政级别差异较大,但均为区域政治、经济、文化中心,商业影响力辐射数府或数省,在明清山东商品经济发展中也起着相当大的作用。

张秋镇又名安平镇、景德镇,该镇明属兖州府、清属泰安府管辖,为山东运河沿线仅次于临清、济宁的著名商埠,古称涨秋,"因秋涨河决而名,又因河屡决而忌水字,故去旁三点",①加之地势低洼,自古即水患频繁。五代显德初年,黄河决东平杨柳渡,遣宰相李谷治河,筑堤阳谷抵张秋。元代开凿会通河

---

① (清)林芃:(康熙)《张秋志》卷1《沿革》,清康熙九年(1670)刻本。

后,于张秋设都水分监,管理河工、漕运事务,明初重浚山东运河后,张秋政治、经济地位迅速上升,由寿张、东阿、阳谷三县共管,"河东皆东阿,河西则鼓楼迤南属寿张,迤北阳谷,而东阿间其中",①一镇分属三县充分体现了张秋在漕河上的重要性。明中前期黄河屡决于张秋,中央政府大兴河工,带动了商业的发展,如河工物料的采购、劳役人员的雇募、商人待舟张秋等,刺激了城镇商业、手工业、服务业的发展。张秋的崛起完全得益于其交通优势,"张秋界寿、东、阳谷之间,锁钥汶、济,襟带齐鲁,亦河渠一要区也",②"安平在胜国③时为景德镇,尝置都水分监以居行河之使,盖亦大聚落也。国朝开会通河,特遣水部大夫驻节其地,以总漕渠之政,南北几二千里,辐辏而受成焉,则尤称要哉。乃其地籍东阿,而错丽于阳谷、寿张之境,三邑鼎峙而有之……漕渠出于齐鲁之郊,旋之若带,张秋其襟结也,北二百里而为清源,而得其贾之十二,南二百里而为任城,而得其贾之十五,东曰三百里而为浏口,而盐策之贾于东兖者十而出其六七"。④ 张秋镇虽有运河之利,但其发展也经历了较长的历史过程,明初"其始占籍者仅八家为市",⑤前来经营的商人不多。宣德、成化年间,随着外来商人逐渐聚集,"临清、济宁、张秋等处,军民杂处,商贾纷集,奸伪日滋",⑥于是设山东按察司副使一员,整饬兵备,兼理刑名。景泰、弘治年间,黄河屡决张秋,"朝廷再遣重臣大兴人徒,临塞决口,玄圭告成,乃赐名安平,而复号为镇"。⑦ 弘治治水后,随着社会秩序的稳定及河道的畅通,张秋经济进入迅速发展期,"迨弘治塞决,改名安平以后,休养生聚,称殷盛焉,商贾刀泉贸易,肩相摩,万井乐业,四民衣食于阛阓者,不啻于外府"。⑧ 至万历初年,张

① (清)林芃:(康熙)《张秋志》卷1《沿革》,清康熙九年(1670)刻本。
② (清)林芃:(康熙)《张秋志》之《序》,清康熙九年(1670)刻本。
③ 胜国:被灭亡的国家,这里指元朝。
④ (清)林芃:(康熙)《张秋志》之《旧序》,清康熙九年(1670)刻本。
⑤ (清)林芃:(康熙)《张秋志》卷2《街市》,清康熙九年(1670)刻本。
⑥ 李国祥、杨昶主编:《明实录类纂山东史料卷》,武汉出版社1994年版,第97页。
⑦ (清)林芃:(康熙)《张秋志》之《旧序》,清康熙九年(1670)刻本。
⑧ (清)林芃:(康熙)《张秋志》卷2《街市》,清康熙九年(1670)刻本。

秋商业达到鼎盛,"安平在东阿界中,枕阳谷、寿张之境,三邑之民夹渠而室者以数千计,五方之工贾骈辈而滞鬻其中,齐之鱼盐,鲁之枣栗,吴越之织文綦组,闽广之果布珠玑,奇珍异巧之物……其廛以数百计,则河济之间一都会矣"。① 其中有南京店街,诸商汇集,"盛时江宁、凤阳、徽州诸缎铺比屋居焉,其地百货亦往往辐辏,乃镇之最繁华处",②是该镇的商业中心。在商业文化的熏陶与感染下,张秋民众经商意识不断提升,种植梨枣,卖与江淮商人,同时出售阿胶、枸杞等药品,"河壖弃地多沮洳者,岁有蒲苇之利,四郊多水棉,负贩者皆络绎,市上土布、土绸亦不乏,然稍粗滥耳。酒凡三四种,而桑落为佳,清者圣"。③ 经济的发展及收入的增加,使张秋镇民众的生活与消费观念也迥异于其他地区,"张秋在河上,五方杂错,风俗不纯,仰机利而华侈,与邑人绝异……此地绾毂南北,五方杂居,好尚异习,无足惟者,寡积聚而矜子母,服饰近靡,即府胥厮养皆履丝刺绣,里父老醵金钱大酺,卒岁尤盛,婚娶不计财,婿重亲迎"。④ 万历中后期,随着矿监税使对沿河市镇的危害,加之灾荒频繁、战乱纷起,张秋也遭到沉重打击,"乃庆、历以来,百物凋耗,列肆尽闲,市产民力较昔十不及五"。⑤ 天启年间,白莲教徐鸿儒作乱,波及张秋,崇祯年间李青山发动起义,多次攻击张秋城池,大量商人或被杀,或离散,商业遭到重创。

明末清初,张秋一派萧条之象,经顺治、康熙两朝休养生息后,经济逐渐恢复,"河上官商船只云集,樯桅如林,市肆楼房栉比,百货云屯,商民往来,肩摩毂击"。⑥ 清代张秋商业类型众多,其中尤以屠宰、茶酒、绸缎、布匹、杂货、瓷器、铁器等行业最为兴盛,"镇中诸行最盛者曰屠、曰曲,其课各三十五金而有赢焉;其次曰杂货、曰缎行,则二而当一矣;又其次曰梭布、曰平机布、曰瓷器、

---

① (清)林芃:(康熙)《张秋志》卷10《艺文志二》,清康熙九年(1670)刻本。
② (清)林芃:(康熙)《张秋志》卷2《街市》,清康熙九年(1670)刻本。
③ (清)林芃:(康熙)《张秋志》卷1《物产》,清康熙九年(1670)刻本。
④ (清)林芃:(康熙)《张秋志》卷1《风俗》,清康熙九年(1670)刻本。
⑤ (清)林芃:(康熙)《张秋志》卷2《街市》,清康熙九年(1670)刻本。
⑥ 杨霁峰:民国《增修阳谷县志》之《民社志》,民国抄本。

曰铁器、曰篓纸、曰板片,厚薄差焉,盖六而当一焉"。① 如张秋制酒业素有盛名,"阿城、张秋、鲁桥、南阳、马头镇、景芝镇、周村、金岭镇、姚沟,并界联江苏之夏镇,向多商贾在于高房邃室,踩曲烧锅,贩运渔利"。② 为扩大税收,政府在张秋设税课司,置牙行43家调控商业,每年收税近200两。经营上述行业的除本地商人外,外商中山陕商人比例较大,他们实力雄厚,从事行业众多,建有山西会馆,供奉关帝,通过神灵祭祀增进乡情、强化合作,不断提升晋商在当地社会的影响力。在诸商推动下,张秋镇商业规模早已超越寿张、阳谷、东阿三县,形成了"镇城有九门九关厢,七十二条街,八十二胡同"③的城市格局,知名的商业街巷有南寺洼、纸店街、大猪市、炭市街、钟楼街、显惠庙、谯楼、北司街、锅市街、税课局街等,其他专业性街道如竹竿巷、柴市、羊市、瓷器巷、果子市、木头市、牛市的数量亦复不少。乾隆年间张秋商贾辐辏,将兖州府管粮通判、寿张营守备驻于张秋,以防护城池、稽查保甲,维持商业秩序。嘉庆、道光时,张秋经济持续发展,人口众多,"张秋濒临运河,界连一州三邑,烟火稠密,不下数千家"。④ 不过这种繁盛局面很快因战乱而中断,咸丰初年太平天国北伐军占据张秋,与清军激战,商民大量死亡,后捻军、宋景诗黑旗军又多次攻打张秋,城镇屡遭兵燹,废毁严重,日趋衰落。

东昌居京杭大运河中枢位置,明初即为重要的政治、军事要地,永乐年间会通河浚通后,东昌成为水陆枢纽,"东昌据南北之要冲……元改东昌路,皇朝改为东昌府,原州二,县十有六,盖山东巨府也",⑤"东昌为京辅舟车孔道",⑥南接张秋、济宁,北通临清,联络兖州府、大名府、曹州府、泰安府,有着优越的交通位置。《山东盐法志》更是对东昌府的重要性进行了描述,"东昌

① (清)林芃:(康熙)《张秋志》卷6《税课》,清康熙九年(1670)刻本。
② 中国第一历史档案馆:《乾隆年间江北数省行禁踩曲烧锅史料》,《历史档案》1987年第4期。
③ 杨霁峰:民国《增修阳谷县志》之《民社志》,民国抄本。
④ (清)王守谦:光绪《寿张县志》卷8《艺文》,清光绪二十六年(1900)刊本。
⑤ (明)陆钺:嘉靖《山东通志》卷15《公署》,明嘉靖刻本。
⑥ (明)钟惺:《隐秀轩集》,上海古籍出版社1992年版,第512页。

府宋卫齐鲁之冲,地平土沃,无名山、大川之限。南接济、兖,北连德、景,漕河所经,要冲之地。襟卫河而带会通,控幽、蓟而引淮、泗,泰岳东崝,漳水西环,实齐鲁之会也。万国贡赋,四方朝献,胥由此达,古今言地之冲,此其最焉"。①永乐后期,因东昌众商汇聚,货物云集,明廷派税司官员监税东昌,后随着运河的畅通,加之外地商帮、商人不断涌入,东昌商业随之勃兴。万历时东昌本土商人数量不断增加,民众生活方式有了明显改变,消费水平大幅提升,"聊城为府治,居杂武校,服食、器用竞崇鲜华……百姓讼稀少,然多惰窳,寡积聚,由东关溯河而上,李海务、周家店居人陈椽其中,逐时营殖",②"迨入明季,密迩两京,风化沾被,日久民有恒产,皆慕诗书礼乐,男务农,女勤织",③尽管史料记载存在冲突之处,但均体现了聊城经济的富庶及百姓生活的稳定。

入清后,大量外籍商人纷纷前来东昌经营,其中数量较多者有山西、陕西、江西、苏州、杭州等地商人,他们设立会馆,加强商贸交流。诸商中以晋商经营范围最广、实力最强,建有山陕会馆、太汾公所,"东郡商贾云集,西商十居七八",④"聊摄为漕运通衢,南来商舶络绎不绝,以故我乡之商贩云集焉,而太、汾两府者尤伙,自国初至康熙间,来者踵相接",⑤"殷商大贾,晋省人最多,昔年河运通时,水陆云集,利益悉归外省",⑥可见外地商人,尤其是山西商人在聊城商业发展中占有重要地位。嘉庆时东昌商业极其繁盛,"东昌府治,东省之大都会也,近圣人之居,风醇俗美,席表海之盛,物阜民殷,以故人烟辐辏,士商云集",⑦"东昌为山左名区,地临运漕,四方商贾云集者不可胜数",⑧经营

① (清)莽鹄立:《山东盐法志》卷3《疆域》,清雍正刻本。
② (清)顾炎武:《肇域志》卷20,清钞本。
③ (清)胡德琳:嘉庆《东昌府志》卷4《风俗》,清嘉庆十三年(1808)刻本。
④ (清)李正仪:《重修山陕会馆戏台山门钟鼓亭记》,清道光二十五年(1845)立。
⑤ (清)李弼臣:《旧米市街太汾公所碑记》,清同治十三年(1874)冬月立。
⑥ (清)陈庆蕃:宣统《聊城县志》卷1《物产》,宣统二年(1910)刻本。
⑦ (清)贾履中:《春秋阁碑文》,清嘉庆十四年(1809)立。
⑧ (清)温承惠:《山陕会馆众商重修关圣帝君大殿、财神大王北殿、文昌火神南殿及戏台看楼并新建飨食、钟鼓楼序》,清嘉庆十四年(1809)立。

门类涉及粮食、炭业、铁器、当铺、布匹诸多行业。咸丰初年,东昌仍较为发达,"东昌郡城亦商贾辐辏,素称饶裕之区"。①"东昌、临清为商贾云集,土民富饶之区",②但其后随着运河断流、战乱破坏,东昌经济大受影响,外省商人纷纷撤离,商业繁荣程度不如往昔,"该处近值运河淤塞,必待伏汛黄水灌入,商船始通,终年计不过三四个月",③"迄今地面萧条,西商俱各歇业,本地人之谋生为备艰矣"。④不过因经济根基尚存,东昌与天津、济南、上海等地的联系仍较为密切,棉花、小麦、玫瑰花、干果外销量较大,周村与济南京货、绸缎、布匹,天津与上海红白糖、洋油、糯米、洋油、杂货,东平药材也在东昌境内广泛销售。民国初年,"城内户口殷实,商业虽不及往昔,然近一二年来装置电灯,整理街道,禹东汽车一日开驶数次,故有蒸蒸日上之势,楼东大街高肆栉比,尤称繁盛,东关大街长约三里,小东关长约二里,为商贾辐辏之区,人口约二万余",⑤仍为区域性商业中心。

明清德州虽为散州,但水陆交通均很发达,有"九达天衢,神京门户"之美誉,城市繁荣长达数百年之久。明朝初年,受元末战乱及明初"靖难之役"的影响,德州人口锐减,"残杀蹂躏,几无孑遗",⑥一派荒凉景象。永乐初年设置卫所后,州城人口主要以军户为主,为满足军民对商品的需求,明政府"移州治于卫城,招集四方商旅,分城而治,南关为民市,为大市,小西关为军市,为小市。马市角南为马市,北为羊市,东为米市,又东为柴市,西为锅市,又西为绸缎市",⑦通过招商举措发展城市经济。会通河疏浚后,德州成为水陆交通枢纽,"州控三齐之肩背,为河朔之咽喉……盖川陆经途,转输津口,州在南北

---

①　(清)王先谦:咸丰朝《东华续录》之咸丰33,清光绪刻本。
②　(清)王先谦:咸丰朝《东华续录》之咸丰33,清光绪刻本。
③　(清)丁宝桢:《丁文诚公奏稿》,贵州历史文献研究会2000年版,第215页。
④　(清)陈庆蕃:宣统《聊城县志》卷1《物产》,宣统二年(1910)刻本。
⑤　白眉初:民国《山东省志》第4卷,民国十四年(1925)刻本。
⑥　李树德:《德县志》卷13《风土志》,民国二十四年(1935)刊本。
⑦　(清)王道亨:乾隆《德州志》卷4《市镇》,清乾隆五十三年(1788)影印本。

间,实必争之所也",①"山东古青州地,外引江淮,内包辽海,西面以临中原,而川陆则悉会于德州"。② 交通的便利,促进了德州商品经济的发展,使德州成为了江北重要的商业城市之一,"州城临运河,船桅如麻",③"凡东南漕粟,商贾宾旅,以及外夷朝贡,道皆由此"。④ 大量人口或途经德州前往四方,或于此经营商业,"枕卫河为城,接轸畿辅,固东南要路,水陆会道也。兵车之至止,邮传之驱驰,征商戍卒之往还,旅客居民之奔走,魋结鳀冠之朝贡,均问渡卫河"。⑤ 弘治年间德州已达到"军馈交相集,舟行不可前"⑥的繁盛程度,大量运军、商民于此贸易,甚至过往船只堵塞了河道。至正德年间,德州人口不断增长,内城已难以满足需求,同时为强化城池防御,筑外罗城,周长28里,形成了内、外城相结合的坚固城防体系,万历四十年(1612)卫河西徙浮桥口,"立大小竹竿巷,每遇漕船带货发卖,遂成市廛,其他则北乡有柘园镇,南乡有甜水铺,东乡有边临镇,王解、新安、东堂、土桥、王蛮皆有市面,故皆称镇店焉",⑦形成了城市、市镇相互结合的市场网络体系。入清后,随着社会秩序的稳定,德州人口激增,乾隆年间达到了16万余人,"官于斯,商于斯,幕游于斯,乔寓于斯",⑧集聚了不同阶层与群体。清代德州商业类型较为丰富,涉及粮食、典当、布匹、棉花、纸张、烟草、药材、红白糖等诸行业,商货沿运河南下或北上,销往全国各地。据《德州乡土志》所载,"州境所产之物曰杂粮、曰花生、曰山蓣、曰西瓜,所制之品曰布、曰苇席、曰凉帽胎、曰藤草帽。每岁杂粮水运、陆运出境,总有二三万石之谱;花生水运出境,总有五六十万斤之谱;山蓣、西瓜水运出境,总各有三十四万斤之谱;布、苇席陆运出境,凉帽胎陆运至西安、汉口、成

① (清)顾祖禹:《读史方舆纪要》,商务印书馆1937年版,第1390—1391页。
② (明)陈全之:《蓬窗日录》,上海书店出版社1985年版,第29页。
③ (清)张潮:《虞初新志》,上海书店1986年版,第275页。
④ (清)顾祖禹:《读史方舆纪要》,中华书局2005年版,第1493页。
⑤ 李树德:民国《德县志》,凤凰出版社2004年版,第418页。
⑥ (明)曹学佺:《石仓历代诗选》卷359,清文渊阁四库全书补配清文津阁四库全书本。
⑦ (清)王道亨:乾隆《德州志》卷4《市镇》,清乾隆五十三年(1788)影印本。
⑧ 李树德:《德县志》卷15《艺文志》,民国二十四年(1935)铅印本。

都,分销至各直省",①其他砟炭、烟煤、麻果油、洋线、洋油、山货等也由道口镇、天津、泰安、曲阜等处运往德州销售。除商货转销外,德州沿河民众也利用地利之便,开设店铺、饭庄等,甚至部分近河百姓从事一些小本生意以补贴家用,如《儿女英雄传》载,"这德州地方是个南北通衢,人烟辐辏的地方……那运河沿河的风气,但是官船靠住,便有些村庄妇女赶到岸边,提个篮儿,装些零星东西来卖,如麻绳、棉线、零布、带子,以至鸡蛋、烧酒、豆腐干、小鱼子之类都有,也为图些微利"。② 清末随着漕粮停运、铁路修建、灾荒不断、战乱频起以及沿海开埠通商,德州也受到了相当大的影响,"德州地旷人稀,自光绪丁丑、戊寅间大祲大疫,逃亡、死徙者十之三四,数十年来孳生日众,遭庚子变后,连岁歉收,水陆商务大减,全境生计萧索,壮者谋食四方",③"商埠开而京道改变,漕运停而南舶不来,水陆商务因之大减,而生齿盛衰亦与之有密切关系"。④ 民国《德县志》亦称:"本县地瘠土薄,物产不饶,虽处于南北孔道,而商业殊难繁荣。当清代漕运未停之时,商家运输货物多用船运,自津浦铁路通行,多由陆运,取便捷也……历年金钱之外溢不堪胜计,加以工业不赈,除贩运之货物外,毫无出品",⑤难以与明清兴盛时相提并论。

明清山东运河沿线中等商业城市的兴衰与运河有着密切关系,无论东昌、德州,还是张秋镇,都因运河的贯通而迅速崛起,成为了沿河重要的商埠与码头,吸引了南北客商与行旅,丰富了城市的商业布局,建构起了连通临清、济宁大型商埠与小型市镇的市场网络体系,兴盛达数百年之久。但随着清末运河断流,漕运衰败,加之战乱频繁、灾荒不断,中等商业城市备受打击,大量外商纷纷撤离,本地商务也一蹶不振,民众生活困苦,与昔日繁荣局面形成了天壤之别。

---

① （清）冯翥:《德州乡土志》之《商务》,清末钞本。
② （清）文康:《儿女英雄传》,华文出版社2018年版,第322页。
③ （清）冯翥:《德州乡土志》之《户口》,清末钞本。
④ （清）冯翥:《德州乡土志》之《户口》,清末钞本。
⑤ 李树德:《德县志》卷13《商务》,民国二十四年(1935)铅印本。

三、明清时期山东运河区域的小型商业市镇

明清时期山东运河区域的小型商业市镇数量最多,与基层社会民众的联系也最为密切,其中比较有代表性的有南阳镇、阿城镇、七级镇、魏家湾镇、台儿庄等,这些小型商业市镇往往是区域社会政治、经济、文化中心,既是州县一级河政官员的驻地,又建构有与百姓关系密切的商品市场,而且市场中农产品与日用品占有相当比例,充分体现了其作为基层社会公共空间的属性。

南阳镇今属山东济宁微山县,明清两朝属鱼台县管辖,在明中期南阳新河开通后,"管河之员俱住南阳河上,凡漕船经过时刻,催趱出入必报",①设有河督行署、管河厅署、管河主簿署、闸官署,河政地位异常重要。河政机构的设置及河道工程的建设,促进了经济与商业发展,使南阳镇成为了京杭大运河上的重要商埠与码头,"南阳为鱼台首镇,昭阳湖头在其市后",②形成了一定规模的商业市场,当时南阳镇为"舟楫鳞次之所",③大量商船在此停泊,促进了市镇的繁荣。历明末清初战乱后,南阳镇受到一定冲击,但仍有"居人三千余家",④为附近州县较大规模市镇。经康熙、乾隆休养生息后,南阳镇持续发展,"南阳之南旧为漕岸,运道东行,长航乃断,九省轮蹄交驰,两畔雨涨涛奔"。⑤ 路经南阳镇的各地商旅数量众多,清人冯振鸿在《河帅刘公重修石路横桥记》中亦称:"南阳,鱼邑巨镇也。湖水环之,中通一线,为南北要津,前马令修建石桥以通行旅,邑人称快焉",⑥对其交通地位的重要性进行了描述。清代中后期,南阳有"江北小苏州"、"小济宁"之称,南来商人前来经营、贸易

---

① (清)马得祯:康熙《鱼台县志》卷6《河渠》,清康熙三十年(1691)刻本。
② 中国水利水电科学研究院水利史研究室编:《再续行水金鉴》,湖北人民出版社2004年版,第2131页。
③ (清)赵英祚:光绪《鱼台县志》卷3《文行》,清光绪十五年(1889)刻本。
④ (清)谈迁:《北游录》,中华书局1960年版,第142页。
⑤ (清)赵英祚:光绪《鱼台县志》卷4《金石志》,清光绪十五年(1889)刻本。
⑥ (清)赵英祚:光绪《鱼台县志》卷4《艺文志》,清光绪十五年(1889)刻本。

者甚多,大量粮食、丝绸、食盐、瓷器、布匹等货云集南阳,镇上店铺林立、市肆繁盛,客货贸易异常发达,既为南北货物囤积之地,又为转运枢纽。清末运河中断后,南阳也渐趋衰落,但仍有一定根基,民国初年设有商会,为鲁西南惟一的镇级商会。

七级镇与阿城镇今属聊城市阳谷县管辖,明清时期属兖州府阳谷县管理,也为著名运河城镇。七级镇在明清两朝以粮食码头而闻名,称"金七级","七级曾名毛镇,北魏时因有古渡,称七级渡,为航运码头,因渡口有七级石阶,故名七级"。① 七级镇明清两朝设有国家水次仓,收兑东阿、阳谷、平阴、肥城、莘县五县漕粮,数额约2万石,因此每届漕运时节,不但运军、水手前来运输漕粮,而且附近州县纳漕民众也纷纷前来交兑漕粮,从而促进了市镇粮食贸易的繁荣,并带动了其他行业的发展。七级镇市场的兴盛与优越的交通位置及国家漕粮运输密不可分,"自元以来,江南诸省由此入贡,阿、莘、谷县于斯转漕……车水马龙,风帆浪舶,出没于四达之水陆,升平之象可谓盛哉",②京杭大运河穿镇而过,漕船、商船、民船由镇中通行,两岸店铺林立,货物山积,一派兴盛景象。关于七级镇明清两朝的繁荣,诸多碑刻、诗歌也进行了描述,"地滨漕渠,商贾云集,南船北马,水路交驰,巨镇也,亦孔道也",③镇中街巷众多,全盛时有六座城门,四关厢,六条纵向街道,八条横向街道,建有数十座庙宇。明诗人帅机曾有《过阿城七级》一诗,称:"七级何清浅,千航鼓吹喧。蟠云堤险固,瀑布水潺湲。孔道民居密,涓流国计存。三齐形胜地,陵谷几更翻",④阳谷人吴铠亦有《七级古渡》诗:"古渡怜七级,东南贡道同。渔歌消白日,雁阵入苍穹。冠盖风云集,楼船日夜通。盈盈但一水,谁有济川功",⑤"渡口夕

---

① 戴均良:《中国古今地名大词典》(上),上海辞书出版社2005年版,第20页。
② 杨霁峰:民国《增修阳谷县志》第1册《疆域志》,民国二十六年(1937)刻本。
③ 《修万年桥碑记》,道光十一年(1831)三月立。
④ (明)帅机:《阳秋馆集》卷4,清乾隆四年(1739)刻本。
⑤ (清)董政华:光绪《阳谷县志》卷15《题咏》,民国三十一年(1942)铅印本。

阳晚,中流鼓棹频。为言万里客,此处是通津",①诗歌既体现了七级交通、漕运枢纽的位置,同时对其商业景观也有描述。七级镇的主要商业市场分布于运河两岸,南为棉花市,东为米市、酒肆,西关街为农贸交易场所,东关为商业区,城镇布局井然,同时还有大量药铺、饭铺、茶馆服务于运河上来往的人群,熙熙攘攘,一派热闹景象。除七级镇外,阿城为阳谷县另一运河名镇,以盐业而著称于世,故称"银阿城"。明清两代,山东沿海食盐通过大清河运至济南泺口,再通过运河、盐河运至阿城,由此分销四方,明人谢肇淛曾称:"阿城春水满,夹岸尽鱼盐",②可见阿城在明代时即为重要的盐业码头。顾炎武在《肇域志》中亦载,"阿城在县西四十里会通河西岸,阳谷界也,谓之阿城闸,夹河而居者数百家,贾人贩盐者往焉",③有大量外省及本省盐业商人汇聚于此。除盐业外,阿城的其他商业也较为发达,商贾所聚,百货兴盛,为山东运河沿岸的水码头。七级、阿城两镇受战乱影响较为严重,明末李青山起义,清代王伦起义及捻军、义和团运动都曾波及两镇,加之黄河洪水、旱蝗不断,"运道由是大坏,漕船阻遏不行,而沿河两岸居民田畴、庐舍淤没殆尽,荡析离居不堪其苦",④市镇渐趋衰落。

清平县魏家湾镇临运河、马颊河,明清时期商贾汇集,经济发达,号称"漯阳之名镇"。⑤明清两代魏家湾河工频起,境内堤防、闸座林立,由上河通判、堂邑与清平管河主簿负责河道工程建设,同时设有巡检司、驿站,政治、交通地位异常重要。魏家湾设有水次仓及钞关分税口,其中水次仓为收贮附近州县漕粮的官方机构,"三十里至魏家湾,为粮食码头,清平之首镇,而高唐、清平两州县兑漕水次在焉",⑥镇上有大量粮店,粮食基本全部通过运河运输而来。

---

① (清)董政华:光绪《阳谷县志》卷15《题詠》,民国三十一年(1942)铅印本。
② (明)谢肇淛:《小草斋集》(下),福建人民出版社2009年版,第1236页。
③ (清)顾炎武:《肇域志》,上海古籍出版社2004年版,第669页。
④ 周竹生:民国《东阿县志》卷2《舆地二·河渠》,民国二十三年(1934)铅印本。
⑤ (明)佚名:《玄帝庙创建香火田碑记》,明嘉靖二十四年(1545)立。
⑥ (清)包世臣:《小倦游阁集》卷17,清钞本。

而魏家湾分税口隶属临清钞关,负责征收过往船料、商业税收。据宣统《增辑清平县志》载魏家湾盛况,"地滨运河,舟楫往来,南北各货云集,居人以是居奇致富,声妓之声甲一邑"。①《清平县乡土志》亦载,"明清之际运河行魏家湾,商业昌茂,民殷富,最为繁盛之区",②镇内人口辐辏,货物山积,经商者众多,物质、精神生活相当丰富。咸丰年间黄河决口铜瓦厢后,运道中断,加之兵燹遍布,旱蝗相继,魏家湾镇也遭重创,"自南漕折运,东昌、临清间运河已成废渎,偶值夏秋淫潦,东昌西北白家洼等处水无所泄,由涵洞灌入运河,直达临清,百余里间商民用小船营运取便一时,涸可立待",③"工无专业,商无大贾,合境之人无非农者",④"清平地当南北之冲,东临高唐,陆路西接临清,水路兵马往来,被害甚巨,户口凋敝",⑤交通环境、商业环境大不如前。

台儿庄古称台庄,为明清泇河名镇,其居苏、鲁两省交界处,南北船只于此汇集,客货贸易异常发达。台儿庄的发展始于万历年间泇河开通后,"兖州之域有台庄,山左隐僻处也。自泇河既导,而东南财赋跨江绝淮,鳞次仰沫者岁四百万有奇,于是遂为国家要害云。其地平衍四徹,民风朴淳"。⑥ 至清代台儿庄成为了重要的商埠与码头,特别是清中后期北方运河不畅,该地成为了"南船北马"的重要分界点,"那去处是个水陆码头,八方聚集之所,大凡从南往北者,从这里起车,从北至南者,在这里雇船",⑦北方商客陆路至此须换船南行,南方商客至此须换车北上。随着大量商人、货物的聚集,台儿庄日加繁盛,"台庄枕河跨湖,人稠地硗,东连铜、邳,北接兰、郯,以隔所出,四方仰给,

① （清）陈钜前:宣统《增辑清平县志》卷12《耆旧志》,清宣统三年(1911)刻本。
② （清）佚名:光绪《清平县乡土志》,清光绪末抄本。
③ 梁钟亭:民国《续修清平县志》之《舆地志四·河渠》,民国二十五年(1936)铅印本。
④ （清）陈钜前:宣统《增辑清平县志》卷12《耆旧志》,清宣统三年(1911)刻本。
⑤ 梁钟亭:民国《续修清平县志》之《舆地志二·区治》,民国二十五年(1936)铅印本。
⑥ （清）田显吉:康熙《峄县志》卷1《建置志》,清康熙二十四年(1685)刻本。
⑦ （清）陈朗:《雪月梅传》,齐鲁书社1986年版,第322页。

加以户不积粮,人不耕食,约台之民,商贾过半",①民众经商者众多。至清末,台儿庄在运河沿线知名度不断提升,"跨漕渠,当南北孔道,商旅所萃,居民饶给,村镇之大甲于一邑,俗称天下第一庄",②"台庄濒运河,商贾辐凑,阛阓栉比,亦徐、兖间一都会也"。③ 不过咸丰、同治年间的战乱对台儿庄也造成了巨大的破坏,"咸丰九年间,毛匪猖披,所过隳名城,杀豪杰,不可胜数",④后捻军、幅军又与清军激战于台儿庄附近,导致"军兴数十年来,世家巨族日益雕耗,而负贩细民又为重息所困,至于山川自有之物产皆无力自为之",⑤市镇经济逐渐衰败。

当然除了以上诸镇外,夏镇、鲁桥、开河、袁口、韩庄等市镇也在京杭大运河沿线具有一定的商业影响力。如夏镇"为徐、济交界之地,商贾辏泊,民居殷阜,可当滕、邹一邑,虽无城郭之固,而高楼三四十座",⑥"镇系滕、鱼台、沛三县分辖,兖、曹两府州县皆在此兑漕,故东省水次以夏镇为大",⑦其繁华程度超过滕县、邹县诸县,大量商货于此汇集。鲁桥镇位于济宁州南六十里,"居民杂稠,商贾辏集,本部一大镇也",⑧在济宁州属镇中商业地位较为重要。开河镇置有开河闸,为漕船待闸之所,大量商人上岸交易,城镇商业繁盛,"亦一聚落,岁十月下旬为市集,百货萃焉",⑨"小市千家集,长河两派分"⑩。袁口镇有袁口闸,"闸为汶上首镇,县漕在此收兑,居民三千户,通商贾百货"⑪。

---

① (清)胡啸庐:《求赈济急启》,转引自《台儿庄运河文化》,人民日报出版社 2002 年版,第 399 页。

② (清)周凤鸣:光绪《峄县志》卷 8《村庄·市集附》,清光绪三十年(1904)刻本。

③ 陈玉中等:《峄县志点注》,枣庄出版管理办公室 1986 年版,第 1062 页。

④ 陈玉中等:《峄县志点注》,枣庄出版管理办公室 1986 年版,第 1062 页。

⑤ (清)周凤鸣:光绪《峄县志》卷 7《物产略》,清光绪三十年(1904)刻本。

⑥ (明)李起元:《计部奏疏》卷 3《妖贼谋截漕道疏》,明刻本。

⑦ 谭其骧主编:《清人文集地理类汇编》(第 4 册),浙江人民出版社 1987 年版,第 659 页。

⑧ (清)张鹏翮:《治河全书》卷 7《济宁州》,清钞本。

⑨ (清)谈迁:《北游录》不分卷,清钞本。

⑩ (明)李东阳:《怀麓堂集》卷 93《文续稿三》,清文渊阁四库全书本。

⑪ 中国水利水电科学研究院水利史研究室编:《再续行水金鉴》,湖北人民出版社 2004 年版,第 2126 页。

韩庄位于苏鲁运河交界处,其发展得益于明万历年间迦河的开通,明末清初时韩庄"有土堡,居人百余家",①江苏、山东两省商人多于此停歇、贸易,百货汇聚,也为区域商业枢纽。

明清两朝山东运河区域的小型商业市镇较大型流通枢纽、中等商业城市数量更多,与普通民众的联系也更为密切,对于满足群众日常需求,丰富基层市场商品类型起到了重要作用。这些小型商业市镇对运河的依赖较为严重,正是在便利交通的推动下,客货流通、农产品商品化、民众供需才得以实现,而运河断航后,这些小型市镇都遭到了严重打击,加之山东沿线区域为战乱、灾荒频发区域,进一步加剧了这些市镇的衰落,导致繁荣局面不复从前,充分体现了市镇与运河兴衰与共的关系。

第二节　明清山东运河河工建设与神灵信仰

明清时期山东运河河工建设频繁,而在工程开始前、进行中、竣工后往往会祭祀金龙四大王、真武大帝、天妃等与黄河、运河、漕运有关的神灵,以祈祷或感谢神灵的护佑,甚至通过册封或赐予匾额等方式,提升这些神灵在国家神灵结构中的地位,推广其信仰理念,扩大其信仰群体。河工建设与水神的结合,有着深层次的社会原因与现实需求。首先,明清时期尽管治河技术有了明显的进步,但面对黄河频繁决口、运河疏浚、黄运关系处理时仍面临诸多困境,单纯依靠人力措施往往难以解决,因此求助于神灵,成为了国家与民众采取的措施。其次,河道工程进行时祭祀神灵成为了一种惯例与传统,祭祀文化的盛行,及其与河工建设的密切结合,是数百年间河工信仰文化的传承,有着深厚的文化根基与历史底蕴。最后,"海晏河清"是明清统治者及沿河百姓的美好愿望,他们的利益诉求既有一致性,同时也有区别。在封建帝王及河政官员视

---

① （清）谈迁:《北游录》不分卷,清钞本。

野中,河工建设伴随水神祭祀,可以表达其虔诚之心,希望神灵能够感受到他们的希冀,进而保佑黄河安澜与运河通畅;而对于百姓而言,祭祀水神更加关乎自身利益,面对黄河、运河决口对沿岸农田、庐舍造成的破坏,他们不愿频遭饥荒冻馁之苦,所以祈神以达减灾、消灾的目的非常明确。

一、明清山东运河区域的金龙四大王信仰与河工建设

金龙四大王为明清时期黄河、运河沿线重要的神灵信仰,"黄河当七省之漕渠,赤子转四方之刍粟,材官介士护卫,神京者咸仰给焉,不有神助,则司其职者何能奠平成之绩而收输挽之劳也",①无论是明清统治者,还是运粮官军、普通百姓都对金龙四大王异常崇敬。金龙四大王的原型为南宋人谢绪,其经历了由人到神的变化,《金龙四大王祠墓录》称:"谢绪,钱塘县人,理宗皇后谢氏之族也。世居邑之安溪,德祐二年帝北狩,谢太皇太后以病请留,元兵突入宫,舁之而去,绪大恸,作诗二章与其徒决曰:'生不能报国恩,死当诉之上帝',异日黄河水北流是吾效灵之证,遂赴水死。时苕水陡涌高丈余,绪尸立而逆流,举葬于金龙山之侧"。② 明清两朝,运河流经山东,加之黄河频繁决口于沙湾、张秋、曹县等地,因此作为"黄河福主""漕运之神"的金龙四大王得到了广泛的祭祀,无论是河工建设,还是水工设施修建、船只开行,都会举行相应的仪式,以祈祷金龙四大王予以护佑或显灵。关于金龙四大王信仰在北方地区的兴盛,明人谢肇淛曾言:"北方河道多祀真武及金龙四大王,南方海上则祀天妃云",③小说《二十年目睹之怪现状》也言:"这顺、直、豫、鲁一带,凡有河工的地方,最敬重的是大王。况且这是个金龙四大王,又是大王当中最灵异的。"④可见,包括山东在内的北方河道对于金龙四大王推崇备至。

---

① (清)仲学辂:《金龙四大王祠墓录》卷4《外录》,清光绪钱塘丁氏八千卷楼刻本。
② (清)仲学辂:《金龙四大王祠墓录》卷1《传志》,清光绪钱塘丁氏八千卷楼刻本。
③ (明)谢肇淛:《五杂俎》,上海古籍出版社2012年版,第274页。
④ (清)吴趼人:《二十年目睹之怪现状》,山东文艺出版社2016年版,第325页。

　　早在明前期,山东运河区域即已有了金龙四大王的相关信仰,据明陈文《重建会通河天井闸龙王庙碑记》载,"济宁州城南,东去五十步有闸……闸旧有金龙四大王庙一所,凡舟楫往来之人皆祈祷之,以求利益焉。积岁既久,颓毁亦盛。前总督漕运右参将汤公节见而叹曰:是非所以安神。俾卫、州官属及郡之义士捐资以更新之。经始于正统戊辰十月三日,至腊月而庙成,三间五楹,高二丈二尺,广三丈四尺,深二丈三尺,视旧庙基址规模盖宽广壮丽数倍矣",①庙复建初未有神像,后工部管闸主事刘让,"来理闸事,公暇募往来之好义者助缗,循旧塑神像坐立者凡七位,及其门户、窗牖、舆几、席供,且未备者,刘公悉置新之",②可见济宁州早在明正统前即有金龙四大王庙,正统十三年(1448)重新修建。景泰二年(1451)黄河决口张秋沙湾运河,漕运不畅,景泰帝命工部尚书石璞前往治河,沙湾堤成后,册封河神封号,以酬神灵襄助之功,同时于沙湾决口处建感应神祠,祭大河之神,"仍加封朝宗、顺正、惠通、显灵、广济大河之神,其左祀护国金龙四大王及平浪侯晏公、英佑侯萧公,以春秋二仲及起运、运毕凡四祭,北河郎中主之"。③ 沙湾感应祠完全因河工而建,此时金龙四大王在祠宇之中作为陪祀,并非主神。

　　景泰七年(1456),经左副都御史徐有贞题请,于沙湾建金龙四大王专祠,"命有司春秋致祭"。④ 至成化初年,金龙四大王庙宇遍及苏北、山东河道,"自吕梁、徐州以达临清,凡两岸有祠,皆祀金龙四大王之神。岂非神司此土,有庇祐人民之德,而不可无者也"⑤。嘉靖四十四年(1565)八月黄河决沛县,"横截运道,弥漫数百里",⑥于是明廷命总理河道、工部尚书朱衡前往治河,

---

　　① (明)王琼:《漕河图志》,水利电力出版社1990年版,第266页。
　　② (明)王琼:《漕河图志》,水利电力出版社1990年版,第266页。
　　③ (明)谢肇淛:《北河纪》卷8《河灵纪》,明万历刻本。
　　④ 《明英宗实录》卷273,景泰七年十二月戊申条。
　　⑤ (明)王琼:《漕河图志》,水利电力出版社1990年版,第266页。
　　⑥ (明)朱衡:《鱼台县新建金龙四大王庙记》,引自《金龙四大王祠墓录》卷4《外录》,清光绪钱塘丁氏八千卷楼刻本。

"抵济宁,议开新河,越丙寅九月九日河通,漕舟悉达京师,行次德州,先帝下谕问,奉敕建庙鱼台县新河堤上,以答神庥,不数月而工成"。① 隆庆六年(1572)六月又命总河佥都御史万恭前往鱼台致祭金龙四大王,"兹者漕河横溢,运道阻艰,特命大臣总司开浚,惟神职主灵源,功存默相,式用遣官,备申祭告,伏望鉴兹重计,纾予至怀,急竭洪澜,佑成群役,俾运储以通济,永康阜于无疆"。② 国家除在济宁、张秋镇、鱼台等河工要地设置金龙四大王庙宇外,德州、聊城、郓城、武城县、台儿庄诸地也建有庙宇。

入清后,山东河工有增无减,特别清后期黄河决口张秋运道后,山东几乎无年不兴大工,因此清廷对金龙四大王的册封频率不断提升,庙宇分布范围、数量、信仰群体人数也持续增加。早在顺治二年(1645)经河道总督杨方兴奏请,敕封金龙四大王"显佑通济四字";③康熙四十年(1701)再经河道总督张鹏翮奏请,加封"昭灵效顺四字";④后又屡次加封。特别是在黄运形势严峻的咸丰、同治、光绪三朝,加封频率较高,神灵封号最后达数十字之多。在国家的不断倡导与推动下,山东运河区域遍布金龙四大王庙宇,信仰群体涉及官员、商人、百姓等。如张秋镇金龙四大王庙创自明初景泰年间,后崇祯年间山西商人朱元运等人重修庙宇,规模宏阔、祠宇壮丽,康熙年间因受明末清初战乱影响而毁坏不堪,山西、陕西两省商人再次重建,寿张县主簿马之骦记曰:"张秋镇当会通之中,天庾御衣之龙舸,王师国旅之艨艟,朝士通人之鹢首,游洄衔尾,如络如织,莫不祈望神庥,以资利济,故津梁所在,例奉明禋……之骦职任河防,维神是戴,仰承佑庇,不可殚称"。⑤ 武城县大王庙道光年间重修,据下河通判萧以霖《重修大王庙碑记》载,"道光岁在乙酉冬十月,漕艘返至武城

① (明)朱衡:《鱼台县新建金龙四大王庙记》,引自《金龙四大王祠墓录》卷4《外录》,清光绪钱塘丁氏八千卷楼刻本。
② (明)谢肇淛:《北河纪》卷8《河灵纪》,明万历刻本。
③ (清)仲学辂:《金龙四大王祠墓录》卷首《封号》,清光绪钱塘丁氏八千卷楼刻本。
④ (清)仲学辂:《金龙四大王祠墓录》卷首《封号》,清光绪钱塘丁氏八千卷楼刻本。
⑤ (清)林芃:康熙《张秋志》卷10《艺文志二》,清康熙九年(1670)刻本。

时,秋汛已逝,源微流弱,水浅舟胶,捞浅则大不胜其寒冱也。起剥则船既回空无物可起矣,守冻则来年正供必于是船以起运,尺水不波,一筹莫展,弁丁有束手已耳。乃隆冬之初,陡然涨水,滞漕克济,岂非神之力为之哉!"①其他菏泽、东昌、滕县、临清、鱼台等黄河、运河沿线州县亦各有大王庙宇,充分体现了这一信仰的普遍化。

明清时期山东运河区域之所以能够成为金龙四大王信仰的核心地带,是与该区域频繁的河工建设密不可分的。国家的保漕策略及运河的长期运行,促进了这一信仰的不断兴盛与发展。清末运河衰落后,随着大型工程的减少及国家对运河干预力度的减弱,这一信仰也逐渐趋于衰落,可见其产生、发展与运河的历史变迁存在着一致性。

二、明清山东运河区域的真武大帝信仰与河工建设

真武大帝又名玄武大帝、元天上帝、元武大帝,为道教北极四圣之一,被奉为北方之神,同时因真武"北方阴精之宿,司水之神也",②所以又有着明显的水神功能。真武既掌北方、又与水有着密切关系的属性,使这一信仰在北方运河区域得到了广泛的推崇。

明清时期真武大帝与河道治理有着密切关系,其原因即"玄武水神之名,司空水土之官也",③"北方七神之宿,实始于斗,镇北方,主风雨",④因此在河道治理时往往希望得到真武护佑,从而达到治河成功的目的。另外明清时期,特别是明代统治者对于真武信仰极为推崇,并在全国广建庙宇,"北京奉天殿两壁斗拱间绘真武神像,武当山致崇礼之极,山绕数百里,隶观中。成祖起兵,真武空中协助,时燕邸在北,一念真灵皆山川密感,故空中神成祖之神也,京师

---

① （清）厉秀芳:道光《武城县志续编》卷14《艺文下》,清道光二十一年(1841)刻本。
② （清）熊寿试:《伤寒论集注》,中国中医药出版社2015年版,第194页。
③ （南朝宋）范晔:《后汉书》,岳麓书社2008年版,第283页。
④ 《重修纬书集成》卷6《河图》,引自《巴蜀文化研究》,巴蜀书社2004年版,第200页。

堂偏北向,盖避尊也"。① 至明代中期时,"北方河道多祀真武",②北方四神中惟真武地位独尊,"真武即玄武也,与朱雀、青龙、白虎为四方之神……至今香火殆遍天下,而朱雀等神绝无崇奉者"。③ 真武的水神属性使其在山东运河区域备受重视,如德州地处卫河之滨,水患频繁,河工频举,"德旧有北极庙,在北门之城堙,为殿三楹,中以元帝像,规制森严,盖控镇阖郡之閟宫也"。④ 张秋镇地势低洼,明清黄河多决口于此,弘治年间刘大夏治水后,于张秋建显惠庙,"在张秋城北,祀真武及东岳、文昌三神像,弘治间敕建"。⑤ 弘治时张天瑞《重修显惠庙记略》也记载了庙宇修建原因,"弘治癸丑春,河决张秋,阻漕道,坏民田,于时九重宵旰,抱瓠子之忧,遣重臣筑塞之。工成而更名曰安平,仍赐祠,祠河神,祠名显惠"。⑥

兖州府滕县为漕河要地,境内河工环境复杂,有真武庙四座,"一在南门内西城下元太清观也,洪武初改为真武庙,祀元帝,正德十三年重修正殿、后殿、两廊各三间,有祈禳则祭,过则已无常祭。一在北城门上,千户李经修。一在滕城,创建无考,规制极古,乔木森然。而在东邵薛河坝,土者曰元帝庙,嘉靖间乡民李达等创建,万历中工部主事詹忻重修"。⑦ 其中薛河坝元帝庙的修建与河工建设有着密切关系,据《真武庙碑》载"先是嘉靖间旧漕淤塞不可浚,大司空朱公因遂就新漕,而薛河旧径东邵以达于漕,乘伏秋,涨沙山峙,恐其复为漕患,乃筑石坝捍御之。大司空既筑石坝,而居民李达谋所以镇护之者,于是建祠祠元帝,元帝者元武神也"。⑧ 至万历年间,因河道侵蚀,庙宇倾圮殆尽,"督水使者行水经东邵谒祠,因而崇大之……潢主河渠,俱属之元武,然则

① (明)陈全之:《蓬窗日录》卷1,明嘉靖四十四年(1565)刻本。
② (明)谢肇淛:《五杂俎》,上海古籍出版社2012年版,第274页。
③ (明)谢肇淛:《五杂俎》,上海古籍出版社2012年版,第274页。
④ (清)王道亨:乾隆《德州志》卷12《艺文》,清乾隆五十三年(1788)刻本。
⑤ (明)谢肇淛:《北河纪》卷8《河灵纪》,明万历刻本。
⑥ (清)林芃:康熙《张秋志》卷10《艺文志二》,清康熙九年(1670)刻本。
⑦ (清)王政:道光《滕县志》卷4《祠祀》,清道光二十六年(1846)刻本。
⑧ (清)王政:道光《滕县志》卷12《艺文上》,清道光二十六年(1846)刻本。

元武者,固清渠应祀之神也……文皇既定鼎于燕,而仰给东南粟岁百万石,以社稷之命悬于漕河一线,虽时有乾溢,寻复故,其乃元帝实式灵之。嘉靖河塞东徙,所费巨万,而边河民不堪命,今弃不葺,使神无宁宇而民为逋逃,脱若蚁穴一溃则诸坝坏,诸坝坏则漕河塞,是委神睨于沙迹也。使者无亦欲凭庙堂之灵徼神福,使镇护其河渠,用是缮完葺墙,封殖居民"。① 后工部主事詹忻重新修理薛河真武庙,规模较嘉靖时更为宏阔,重修目的为"使神获歆其禋祀,而民人享其土利,民神相固以顺及天地,无逢其灾害,诸坝无恙而漕河无患,刍粟飞挽千里坐致。此一役也,国家无征怨于百姓而使者有荣施焉",②通过建庙以实现社稷与民生的统一。除德州、张秋、滕县外,山东沿河诸郡县无不建有真武庙,除防护漕河外,还兼有祈雨、祛水患等功能。如茌平县"真武,水神也……此庙茌邑独多,散见于各乡镇者达二十一所之多,岂当年曾受水灾之害而固祀之欤,不然何其多也"。③ 东平州西门内有真武庙,"相传祈雨最著灵应。道光五年夏旱,知州周云凤偕僚属步祷,甘澍立需"。④

真武大帝作为明清两朝山东运河区域重要的水神信仰,在河工治理、降水祈雨中起到了重要作用,与国家及区域社会发生着密切关系。从明清王朝角度考虑,尊崇真武信仰,广设庙宇进行祭祀,提升神灵地位,有助于发挥其水神的功能,达到保障河工顺利、漕运畅通的目的,同时宣扬神灵的教化功能,使民众的社会行为更加符合伦理道德的要求,也有助于社会治理与控制,从而实现王朝统治的稳固。而从区域社会及民间百姓角度看,祭神则具有相当大的目的性,即希望通过祈神达到消除水患、降雨助农、引福避灾等目的。

三、明清山东运河区域的天妃信仰与河工建设

天妃又名天后、妈祖,是明清时期广泛分布于沿海、沿河、沿江地区的神灵

---

① （清）王政:道光《滕县志》卷12《艺文上》,清道光二十六年(1846)刻本。
② （清）王政:道光《滕县志》卷12《艺文上》,清道光二十六年(1846)刻本。
③ 牛占诚:民国《茌平县志》卷2《真武庙》,民国二十四年(1935)铅印本。
④ （清）左宜似:光绪《东平州志》卷6《建置考·附寺观》,清光绪七年(1881)刻本。

信仰。天妃与水有着密切关系，"天妃宫，乃漕运奉祀之神，皆云起于宋，盛于元，盖时海运著灵也"。① 天妃的原型为福建莆田人林默，"此女乃福建莆田林氏之季女，幼悟玄机，长知祸福，在室三十年，显灵元祐，州里立祠。至元中奏号天妃"。② 入明之后，因天妃与海运、漕运关系密切，成为了中央政府不断册封的对象，神灵地位不断提高，永乐年间封神为"护国、庇民、妙灵、昭应、弘仁、普济天妃，赐祠京师，尸祝者遍天下焉"，③其封号达十余字之多。

元明之际，福建商人沿运河经营，将天妃信仰带到了山东运河区域，并逐渐与河工治理、水患消除产生了密切关系。德州天妃庙建于明代，位于南回营西，据明代王权《天妃庙记》载，"德州旧无天妃庙，庙初立无文字纪岁月，天顺庚辰、成化辛丑两新之，吾境内多泰山元君祠，谒天妃庙者恒以元君视之"，④可见德州天妃庙建于天顺之前，作为女性神灵，土著人往往将其与碧霞元君混淆。临清亦有天妃庙，明代小说《梼杌闲评》中总理河道朱衡治水功成后，于临清天妃宫摆宴庆祝，"知州又具春花、春酒并迎春社火，俱到宫里呈献。平台约有四十余座，戏子有五十席班……连诸般杂戏，俱具大红手本，巡捕官逐名点进，唱的唱，吹的吹"，⑤治河成功得益于天妃护佑，在宫中庆祝有祭神、酬神的寓意。张秋镇为河工要地，明清两代黄河屡决于此，镇中建有大量水神庙宇，其中天妃庙即其一，弘治七年（1494）刘大夏治河成功后，"诏安平镇建庙祀真武、龙王、天妃，时塞张秋决口成，改张秋镇为安平镇，建庙祀诸神，赐额显灵"。⑥ 济宁州有天仙阁，"一作天妃阁，在北关东北，为谒岱通衢，持香顶礼者岁无虚日"。⑦ 峄县台儿庄有天妃宫，"天后圣母宫在城东南六十里台庄闸西，

① （明）田艺蘅：《留青日札》卷9《天妃》，明万历重刻本。
② （明）田艺蘅：《留青日札》卷9《天妃》，明万历重刻本。
③ （明）费元禄：《甲秀园集》卷36《文部》，明万历刻本。
④ （清）王道亨：乾隆《德州志》卷12《艺文》，清乾隆五十三年（1788）刻本。
⑤ （明）李清：《梼杌闲评》，九州出版社2001年版，第14页。
⑥ （明）王圻：《续文献通考》卷79《群祀考》，清文渊阁四库全书本。
⑦ （清）徐宗干：道光《济宁直隶州志》卷5之2《秩祀》，清咸丰九年（1859）刻本。

历代封典。录云圣母姓林,福建莆田县人,父讳惟悫,母王氏,诞降于宋太祖建隆元年三月二十三日,太祖雍熙四年九月九日化升,时显灵于湄屿间,乡人立祠祀之,后神功屡著……国朝雍正二年加封天后圣母,十一年通行直省列入祀典,咸丰三年复募福建士商重修",①对天妃生平、册封进行了记载。

明清时期山东运河区域天妃庙宇数量总体较金龙四大王庙、真武庙为少,作为源于福建沿海的水神,其最初主要盛行于濒海地区,后随着商人、水手等群体的传播,在山东运河区域也得到了信奉与祭祀,与河工建设、水道治理产生了密切联系。作为外来神灵,天妃信仰之所以能够在山东运河区域传播与发展,是与其水神的属性密不可分的,商人为求水路平安、国家为保漕运畅通、百姓为祈风调雨顺,都促进了天妃等水神信仰的发展与兴盛。当然除了金龙四大王、真武大帝、天妃外,其他如大禹、许逊、晏公、宋礼、白英、潘季驯、靳辅、栗毓美、黄守才等治水名人及龙王、黄河神、济水神等,这些人格神或自然神的庙宇在山东运河区域也有相当数量的分布,体现了明清王朝对治水文化的推崇。

第三节　明清山东运河区域的水利争端与社会应对

明清两朝山东运河区域大规模的河工建设,对区域农业生产环境、水利环境产生了巨大且深远的影响,在某些时期国家漕运需求与基层社会百姓利益并非完全一致,因此产生了大量水利纠纷,这些问题既包括漕河与农业灌溉对水源的争夺,也包括区域社会不同州县之间的用水、泄洪、排涝之间的冲突。针对这些不利于国家管控与社会稳定的因素,明清政府及地方社会总是试图消除或缓解矛盾,减少问题向诉讼、械斗方向发展,尽量实现不同群体利益的

---

① 　(清)周凤鸣:光绪《峄县志》卷10《祠祀》,清光绪三十年(1904)刻本。

协调与分配。但在利益博弈中,往往存着偏颇与不合理之处,国家及政府更多考虑漕河用水,"会通河成,东兖之泉皆汇于汶泗,转注漕渠,一盂一勺,民间不得有焉",①政府往往不会过多顾及百姓的用水需求,甚至当漕河漫溢时,为保堤防,采取放水淹田的极端措施,从而导致官民对立严重。而区域社会不同州县、乡村的利益则更具代表性,一旦处理不公,往往会引起大规模的冲突及械斗,这种现象的出现除因地方水利也与运河用水存在矛盾外,还因河道分布、河堤走向、河防安危在不同区域差异较大,农业灌溉用水量的多少、洪水排泄区域难以做到量化与科学处理,因此必然会导致矛盾的激化与升级,进而使社会秩序陷入混乱。

一、明清临清至德州运河区域水利争端与社会应对

明清临清至德州运河称卫河或南运河,该段河道为季节性河流,冬春水少,夏秋暴涨,因此农田灌溉与漕河用水之间的矛盾格外突出。万历初年,总理河道潘季驯为保障卫河航运用水充足,发布禁令,"至于漳、卫上源据称天旱泉微,诚有之矣,但民间灌溉壅遏泉源,致妨运道,合行该道将一应私坝悉行拆毁,如遇雨少泉微,尽令导入漕渠以济粮艘",②可见在保漕国策下,民间灌溉完全被置之不顾。万历十六年(1588)总理河道杨一魁议引沁水入卫,以达助运之目的,明廷派科臣常居敬前往勘查,其称:"沁水多沙善淤,入漕恐反为患,不如坚筑决口,辟广河身以吐南行之气,而卫河急加疏浚,下民间引灌田之禁,尤完计也",③试图通过禁止民间灌田的方式以蓄卫河之水。入清后,对卫河水源的管控有增无减,顺治十七年(1660)因天气干旱,漕河缺水,"春夏之交卫水微弱,粮运涩滞,堰分灌民田之水入卫济漕",④乾隆年间又将沿途入卫

---

① (明)谢肇淛:《北河纪》卷4《河防纪》,清文渊阁四库全书本。
② (清)傅泽洪:《行水金鉴》卷125《运河水》,清文渊阁四库全书本。
③ 李国祥、杨昶主编:《明实录类纂经济史料卷》,武汉出版社1993年版,第906页。
④ (清)康基田:《河渠纪闻》卷13,清嘉庆霞荫堂刻本。

泉源、洹河、小丹河用以济漕,同时建闸坝节制水源,只有在不耽误漕运的情况下,民众方沾余润,但民田灌溉往往与漕河用水时间一致,因此百姓用水异常艰难。除济漕、灌溉矛盾外,卫河沿线州县、村落的水利争端更是不胜枚举,因灌溉、泄洪而导致的冲突频频出现,这种涉及具体利益的矛盾不仅会考验地方官处理纠纷的能力,而且往往不同社会群体参与其中,致使情况更加复杂与严峻,一旦不能正确处理,经常会引起械斗或长期的利益博弈,导致社会局势陷入混乱,国家对基层社会的管控也会由此削弱。

明代虽施行引漳入卫之策,但只是利用部分漳河水源,水患尚不严重,清康熙全漳入卫后,卫河暴涨,频繁发生水患。雍正三年(1725)东昌府武城县排泄卫河洪流的龙王嘴河道附近村民为保护村庄而创修民堤,但很快被洪水冲毁,于是重筑坚固堤防以挡洪流。雍正八年(1730)卫河再决,武城所修堤坝虽保护了附近村庄,但也导致洪水不能下泄,致使卫河东侧大量农田被淹,受害百姓不计其数,特别是与武城相邻的夏津县、德州卫屯田军民也受到了很大影响。在这种局势下,被淹土地军民意图扒堤泄水,而筑堤百姓又持械看护,导致发生械斗,武城县甚至抓捕了前来扒堤的夏津、德州卫百姓与屯军。后德州卫、夏津县受害军民前往卫所及夏津县衙处控告武城县以邻为壑,堵塞龙王嘴水道的行为,要求开挖排水渠道,以泄洪流,但夏津、武城、德州卫互不统辖,各官员均从本地利益出发,导致事件迁延不决,始终无法解决,最后上诉至夏津县、武城县的上级衙门东昌府及德州卫上级衙门济南府,因冲突涉及运道,两府又上呈至济宁河道总督衙门处置,据乾隆《武城县志》载,"闫家沟在城南莲花池东,其西旧筑横堤一道,防上游之水,使由沟道入沙河,不致冲决屯庄。以与夏津、德州卫交界,雍正八年两处人开堤构讼,各申请河东总督、山东巡抚委勘"。① 因事连数州县,河东河道总督与山东巡抚命山东督粮道及掌管济南、东昌两府事务的济东道员协调争端,通过实际勘查与咨询附近百姓后,

---

① （清）骆大俊:乾隆《武城县志》卷 2《山川形胜》,清乾隆十五年(1785)刻本。

又与东昌、济南两府商同,决定在德州卫、夏津县、武城县河道附近开挖排水沟,"经济东道勘明,德州卫、夏津各处水患并与武城横堤无涉,议令两县一卫分辖屯庄俱于莲花池以东照现在沟形拨夫分界开掘宽深,一律使水达沙河,河工浚时立碑垂远。两院各准如详饬行,讼乃息",①所挖泄水渠道南起夏津县闫庄,北至武城县龙王嘴,全长数十里,从而解决了排水不畅及土地被淹问题,使争端得以平息。

龙王嘴水利争端平息数年后,乾隆初年武城县又与邻近的直隶清河县发生了水利冲突,而该争端自明嘉靖年间就已开始,延续上百年之久。明清时期山东武城县西南部与直隶清河县东北部接壤,在清河县境内有一字河流入武城境,自三官庙入运河,可泄两县积水,以护两岸农田、庐舍,明中期该河道下游长期得不到疏浚,淤塞不通,难以入运,导致积水壅阻,淹没武城县西南部大量农田、村庄,造成了严重的水患问题。为解困境,武城县知县谢梦显曾欲联合清河知县协同处理水患,但未得回应,于是募集民夫在运西接一字河处筑堤,名毛家堤,"毛家堤延袤三十里,广三丈,高丈许,自毛家庄起,至西李屯止,明嘉靖三十六年知县谢梦显筑,堤外界沟一道,引水入蔡河归运"。②筑堤并非只为保障武城民田,兼有守护漕河之目的,"此堤之设,实因漕运淤塞,经巡抚、巡按委直隶、山东司府会勘题请修筑,以防冲决运河,非专为武城民田计也",③该堤的修筑使武城民田得以保全,百姓感谢知县筑堤之功,亦称"谢公堤"。该堤建成后,虽保护了武城田庐,但却导致上游清河县数十村庄陷入汪洋,光绪《清河县志》载"一字河又名之曰邑字河,由莲花池逶迤至东入武城界,每遇水患疏通之,以消安家洼一带之水而入蔡河,亦犹有行水之道也。嘉靖三十七年武城县令私其民,乃召徒役于御河西接一字河筑横堤四十余里,逆绝上流,四十一年水患作灾,清河民汹汹末知死所,武城人聚堤抵掌以鸣得意,

---

① （清）骆大俊:乾隆《武城县志》卷2《山川形胜》,清乾隆十五年(1785)刻本。
② （清）骆大俊:乾隆《武城县志》卷2《山川形胜》,清乾隆十五年(1785)刻本。
③ （清）骆大俊:乾隆《武城县志》卷2《山川形胜》,清乾隆十五年(1785)刻本。

由是二省交恶,谋动干戈"。① 清河县民为解水患,要求扒堤泄水,但被武城县民所阻,因泄水分洪问题而导致的纠纷使两县矛盾不断加剧,直隶、山东两省也纷纷上奏明廷要求予以协调,"朝廷下明诏,令两省使者平其事,武城人强不服,犹豫未肯撤堤"。② 隆庆三年(1569)河决临清尖冢,清河县"平地水深丈余,死于水者甚多,城不没者数版,民多避居九塚得免。武城人日操兵刃守堤,如藏库属"。③ 因洪水过大,谢公堤被毁,"直下如建瓴,而武城人反自贻伊戚矣。夫天下一家壤土相接,而欲以邻境为壑,其谓之何然?"④清河、武城、故城诸县被水,受害百姓不计其数,据武城县知县金守谅《毛家堤水利条陈》所载,"横流散漫,平地一丈有余,及直隶大名、广平诸府,馆陶、枣强、南宫、河间、故城、德州诸处尽被淹没,其地南高北洼,将武城西南毛家庄新筑护水长堤冲过,直灌运河,至武城城下,南去夏津二十里,东去恩县十五里,西去枣强、南宫三十里,北去故城五十里,洪波滔天,无处非水,莫辨境界,城堞崩裂,四关并二十一里乡屯淹没民田六千四百七十五顷五十二亩有余,坏房屋三万二千三十四间,男妇死者共二百六十一口,牛驴马诸畜八千八百五蹄,其中虽间有高埠可避,然庐舍尽倾,木栖者有之,坐卧无地,烟火无炊,赤身暴风淫雨之中,居食两空已经半月有余"。⑤ 民众如此困苦之下,总理河道却命武城县尽快堵塞决口及修复减水闸座,丝毫不顾百姓安危。为解百姓困苦,金守谅称:"伏望俯察灾异宽恤民力,缓其堵筑溜口之举,且武城、清河之地俱系平岸,并无闸座基址,至于堤本平地,系武城抛弃征粮民田修筑,亦无原行河路所经,何由设建闸座,明系清河刁民耸官朦胧,妄申欲毁武城防患堤岸,不知新筑三十五里长堤起自毛家庄,至西村,高一丈,阔三尺,已经十三年前申准河道,本为数次水

① (清)胡裕燕:光绪《清河县志》卷1《河渠》,清光绪九年(1883)刊本。
② (清)胡裕燕:光绪《清河县志》卷1《河渠》,清光绪九年(1883)刊本。
③ (清)胡裕燕:光绪《清河县志》卷1《河渠》,清光绪九年(1883)刊本。
④ (清)胡裕燕:光绪《清河县志》卷1《河渠》,清光绪九年(1883)刊本。
⑤ (清)骆大俊:乾隆《武城县志》卷13《艺文上》,清乾隆十五年(1785)刻本。

患淤塞粮运而筑,其关系甚重,岂特一城池之患哉"。① 后清乾隆年间武城知县骆大俊亦在《毛家堤水利条陈后序》中称:"考武城西南毛家庄旧筑横堤,防黄芦河之泛溢坏民田庐且淤塞漕运也,本武城地界而临直隶清河县。隆庆三年大水,武城漂没尤甚,是时金君方为民请命不暇,而清河乘机煽祸,乃以安家洼之小小被浸,借口毛家堤,鸣之当道,计欲毁去而后快,金君奉檄侃侃以争,力持不可"。② 关于两县的是非曲直,方志多从地方史角度出发,但国家以漕河为重的策略,确实导致了不同地域水利纷争的加剧。至万历六年(1578)洪水再冲清河,田地被淹,庄稼不得下种,清河官民要求开浚渠道,山东、直隶两省遣官考察,"各上宪相度故道,募山东水工与境内老人观地形,准高下,树帜分部,乃移城隍神于公所,为文酬酒以誓曰:其有不若于令者,有如此河,是役也计地征夫,庶民子来,凡动静三千余人,以义官、田宦等六十三人董其工",③工程历时一月将排水沟渠拓宽、挖深,"洪河、莲花池积水行渠中沛然,若决江河,然后民得平土而居之,又督夫千余修漕堤凡四十里,嗣后水得不为灾而河亦不决,决则有渠无患,又不争于武城人"。④ 排水渠道的修治及运河堤防的加固,使水患得以平息,安澜了上百年之久。乾隆三年(1738)运河再决清河县,武城县百姓受害,重修谢家堤。《清河县志》载,"河决为患,武城人自毛家店起,延袤至徐里村止,潜地增高且分土于东,而使水西流,邑人不堪,遂讼于上官,两省使者平其事,并勒诸石以垂示",⑤并得出"堤不拆则水患在清邑,河不疏则水患又在武城"⑥的结论,于是采取清河境内疏浚河道,武城境内拆除谢公堤的措施,从而实现了利益的妥协。

道光二年(1822)河南省漳河漫水,下流由大名县、元城县达山东、直隶交

① (清)骆大俊:乾隆《武城县志》卷13《艺文上》,清乾隆十五年(1785)刻本。
② (清)骆大俊:乾隆《武城县志》卷13《艺文上》,清乾隆十五年(1785)刻本。
③ (清)胡裕燕:光绪《清河县志》卷1《河渠》,清光绪九年(1883)刊本。
④ (清)胡裕燕:光绪《清河县志》卷1《河渠》,清光绪九年(1883)刊本。
⑤ (清)胡裕燕:光绪《清河县志》卷1《河渠》,清光绪九年(1883)刊本。
⑥ (清)胡裕燕:光绪《清河县志》卷1《河渠》,清光绪九年(1883)刊本。

界处的红花堤,导致堤坝溃决,漳河由山东馆陶入卫河,"若将漫口堵筑,恐沥水无从疏泄,元城县北乡村皆成泽国,若不筑复,则馆陶村庄又受其害,事关两省民田庐舍"。① 红花堤是否筑复,既关系到元城、馆陶两县民众利益,更涉及到直隶、山东两省水利协调问题。但在争端初期,两县、两省都没有正确协调纠纷,从而导致矛盾愈演愈烈,最终发生了大规模械斗,造成了死伤数十人的惨剧。后清廷派大学士戴均元与河南巡抚程祖洛前往处理,经勘查后议定"卫水自袁村决口,刷有河槽,则漳、卫分流,轻减水患,实为可乘之机,自应统筹全局,开治新河"。② 此举虽分泄了部分洪流,但属治标不治本,两县水利争端始终没有得到彻底解决,造成了严重的社会问题。清末漕粮改折、河官裁撤后,关于漕运与农田灌溉之间的矛盾基本消失,但民间水利争端仍悬而未决、持续不断,进一步加剧了社会危机。

明清山东卫河、南运河流域的馆陶、武城、冠县、夏津、临清、德州等州县因水利、水患而导致的矛盾与冲突频繁出现,这种情况的根源与"以漕为本"的国家策略是分不开的,为保障运河的顺利通航,所有沿河水利举措都要围绕漕运展开,百姓农田灌溉、水患治理都要服务于此,从而导致了大量的水利争端。尽管国家及地方政府采取了种种措施以防止冲突向剧烈化方向发展,但因地方利益差异巨大,加之问题解决机制缺乏长期运行的制度保障,因此致使某些水利争端愈演愈烈,延续达上百年之久。

二、明清会通河区域水利争端与社会应对

明清会通河几乎完全为人工开凿,其水源全部借助于汶河、泗河、黄河及沿线诸泉、水柜。山东运河沿线河道均属季节性河流,夏秋水多,冬春水少,漕河用水与农田灌溉几乎同一时期,因此水利争端、水患问题频繁爆发于会通河区域,加之黄河屡次冲决山东运道,河工建设频繁,加剧了水系的紊乱,从而使

---

① 《清宣宗实录》卷58,道光三年九月戊辰条。

② 《清宣宗实录》卷60,道光三年十月癸卯条。

水利争端进一步计划,削弱了国家对会通河区域社会的控制。

明清会通河用水与沿线民众水患治理、灌溉用水存在矛盾之处,运河对于沿线民众既有利,亦有弊。光绪《峄县志》称:"漕渠之病峄久矣,一不治则运阻,运阻则民扰至,水与民争地而全境受其困,然为害固多为利亦不少,得其人以理之,则镪货流通,水性得而民财可殖",①"堤闸繁多而启闭之事殷,前障后妨而川源之脉乱矣,至于岁久弊滋,岸圮水高,门庭时警,重以山溪涨发,河流倒灌,而沿运八社几不免其鱼之叹焉",②可见频繁水利工程的施建及水工设施的运作,也带来了严重的水患问题。会通河主要以汶河为源,夏秋汇诸河、山泉之水,冲入运道,"一线渠河岂能容受汶河异涨之水……横溃四溢,势所必然,是不以海为壑,而以滨河之民田为壑也",③洪水淹没了大量民田,导致沿线民众无以为生,流离失所。而兖州金口坝拦阻泗水用以济运,因明清两代经常疏于整治,导致该坝既不能利运,反而害民,"水发辄溢,弥原淹野,禾尽腐败,不可收拾,盖非一日矣!是为利于漕河者仅什一,而贻患于小民者,恒千百也",④由于水工设施年久失修,为祸于沿河百姓,危害巨大。济宁、汶上闸座众多,如不得启闭要领,也会造成祸患,"惟蜀山湖之金线、利运二闸,马场湖之安居、十里营二闸,蓄泄启闭,不失其宜,则诸洼之水有所归而不为患矣……济运二闸启闭失宜,每见湖水泛滥,田湖莫辨,乡民合词吁求开闸而不能,将来州卫必有相争之势,夫蓄水者湖也,未闻蓄水于民田之内也",⑤蓄水于民田,不但导致田亩沦为泽国,百姓无所收成有碍生计,而且官民矛盾加剧,不利于地方社会稳定。嘉祥县诸水因运渠所阻,无所旁泄,每致为患,"雨集辄溢,有纳无宣,走而害稼,且东泄则妨漕渠,南委则引黄流,畚锸难施,疏通非

① (清)周凤鸣:光绪《峄县志》卷首《叙》,清光绪三十年(1904)刻本。
② 赵亚伟主编:《峄县志点注本》,线装书局2007年版,第94页。
③ 袁绍昂:民国《济宁县志》卷1《疆域略》,民国十六年(1927)刊本。
④ (明)杨宏、谢纯:《漕河图志》,方志出版社2006年版,第317页。
⑤ (清)徐宗干:道光《济宁直隶州志》卷2之5《山川志》,清咸丰九年(1859)刻本。

易,安在为藏纳者耶?"①地方社会对于治水处于两难境地,既不能妨碍漕河,又不能增加黄河水源,难以施治。除此之外,因河工建设导致水系紊乱而产生的地方社会矛盾也不断加剧,如济宁牛头河本纳北五湖及沿线诸水,下注微山湖,以泄上游余水,保障运道安稳,后开南阳新河,牛头河淤塞,水利失修,巨野、郓城、嘉祥、定陶、金乡、城武等县坡水因下游牛头河阻塞,诸水汇集,沿岸一片汪洋,清初曾议浚牛头河,因阻力重重而难以施治,牛头河沿线州县为自保而加固本境堤防,不惜以邻为壑,"因居民各徇利害之私,聚讼纷争",②难以在河道挑浚上达成一致意见。汶上县地势低洼,有宋家洼,加之南旺附近诸水汇集而无所排泄,每逢大雨,则如同泽国,因此县境父老欲挑浚牛头河,以泄宋家洼所积之水,但下游济宁州为防水患发生于本境,极力反对,甚至斥责汶上之举,"未悉南北水势高下情形,不顾利害,屡屡条陈请开上源,岂非以邻为壑? 盖牛头河下流入龙湾、庙道口等处久已淤断不通,即永通、万善之水尚不能容泄,而况南旺湖一泻建瓴而下,势且十倍,牛头河堤岸立见崩溃,西南一带庄田皆潴而为湖,民其鱼也",③指出下游如不浚治,上游来水难以排泄,必为患于济宁沿河一带村庄。乾隆二十九年(1764)经兖州府知府觉罗普尔泰协调汶上、济宁、嘉祥、鱼台诸县矛盾,成功挑浚牛头河上下游河道,使南旺湖、宋家洼诸水泄入微山湖,沿岸水患得以减轻。后因沿岸官员良莠不齐,不甚重视水利,牛头河复淤,即便有提议浚治者,众口难调,响应者无。河道不通导致水患频繁,各州县相互指责,汶上、济宁、嘉祥怒斥鱼台不挑本境水道,导致水泛于上游,而鱼台又恐所泄之水汇于本县致成泽国。嘉庆九年(1804)山东巡抚铁保议挑此河,遭鱼台县官民反对,"牛头河开通,上有来源,下无去路,又以汶上县属南旺湖心较高五六丈,势如建瓴,难免泛溢",④提议无果而终。而鱼

---

① (清)章文华:光绪《嘉祥县志》卷1《方舆志》,清光绪三十四年(1908)刻本。

② (清)卢朝安:咸丰《济宁直隶州续志》卷1《大政志》,清咸丰九年(1859)刻本。

③ (清)徐宗干:道光《济宁直隶州志》卷2之5《山川志》,清咸丰九年(1859)刻本。

④ (清)黎世序:《续行水金鉴》卷110《运河水》,清道光十二年(1832)刻本。

台县坚持不浚牛头河,亦有为自身利益的考虑,"鱼台士民以牛头河开通鱼邑民田受淹具控,查鱼邑滨湖衿民多有占种滩淤地,一经挑通,水及湖滩,不能垦种,而上游之济宁、嘉祥、巨野、金乡、汶上等县民田每遇积潦,水无去路,往往被淹,亦指鱼邑以邻为壑"。① 后在嘉庆皇帝过问下,命河东河道总督吴璥负责牛头河挑浚工程,并动拨藩库、河库银助工。竣工后,既减轻了沿河水患,又增加了微山湖水源,一举而两得。道光年间,河东河道总督栗毓美再次挑浚牛头河,但屡挑屡淤,始终未能解决沿河水利、水患争端问题。其他类似水利纠纷在会通河沿线不胜枚举,如杨家坝存废、张家庄坝拆建、民埝修置等,都导致了大量冲突与矛盾,地方官员虽采取一系列措施予以协调,但终因不同群体各怀私利,始终无法予以根治。

明清山东会通河沿线设置了大量的湖泊用以济运与泄洪,称"水柜",其中尤以南四湖、北五湖最为知名。因黄河频繁淤塞水柜,所以沿湖土地较为肥沃,附近豪强、百姓多淤湖为田、垦湖为地,从而导致济运水源减少,与国家矛盾日益尖锐,而清末黄河改道后,水系紊乱,湖田多湮没,产权不甚清晰,沿湖州县百姓为争夺湖田所有权展开了激烈较量,导致了大量冲突。水柜作为保障运道通航的重要水工设施,国家明文规定不能私垦、私占,"凡故决山东南旺湖、沛县昭阳湖堤岸及阻绝山东泰山等处泉源者,为首之人并遣从军,军人犯者徙于边卫",②从制度上对盗决人员进行惩治。但随着法久废弛,沿河水柜多被侵占,"看得安山、南旺湖地,国初运河之旁原有积水之湖,谓之'水柜',盖河水干涸,则放水入河,河水泛溢,则泄水入湖。后来湖堤渐废,湖地渐高,临居百姓遂从而占种之,父子相传为业,民固不知其为官也"。③ 为恢复水柜,明廷命河官清查疆界,不许军民垦种湖田。万历年间因大量湖田合法化,加之政府为获取租赋,对于垦殖湖田的态度模棱两可,导致济运水源大减,

① (清)赵英祚:光绪《鱼台县志》卷1《山川志》,清光绪十五年(1889)刻本。
② (明)王宠:《东泉志》,全国图书馆文献缩微复制中心1999年影印版,第783页。
③ (明)杨宏、谢纯:《漕运通志》,方志出版社2006年版,第209页。

河政衙门与垦湖人群的矛盾日加尖锐,"诸湖之地半为禾黍之场,甚至奸民壅水自利,私塞斗门"。① 而湖田产权的不清晰性,也使不同群体的争夺日益剧烈,"湖地肥沃,奸民之窥伺已久,安山一湖既有听民开垦之令,势将竞起告佃,若轻给耕种,必且废为平陆"。② 至明末时,北五湖水柜被大量垦殖,湖地规模大增,此举虽增加了政府财赋,却也导致运河水源日趋紧张。入清后,清廷制定了严厉的垦湖惩罚措施,不过清中后期随着黄河频繁决口,河政管理废弛,加之战乱频繁、灾荒不断,湖田垦殖呈普遍化,因湖田争夺而导致的冲突日加严重。咸丰元年(1851)黄河决口于丰县,"沛县等属正当其冲,凡微山、昭阳等湖地,铜、沛、鱼台之民田,均已汇为巨浸,一片汪洋。居民流离转徙,以为故乡永成泽国,不复顾恋矣。厥后咸丰五年,黄河决于兰、仪下游,郓城等属正当其冲,于是郓城、嘉祥、巨野等县之难民,由山东迁徙来徐,其时铜、沛之巨浸,已为新涸之淤地,相率寄居于此,垦荒为田,结棚为屋,持器械以自卫"。③ 前往鱼台、铜山、沛县的山东灾民通过开垦湖地、打渔捕捞等方式谋生,"查湖团者,山东曹属之客民,垦种苏、齐交界之湖地,聚族日众,立而为团也。该处滨微山、昭阳两湖西岸,南迄铜山,北跨鱼台,绵亘二百余里,宽三四十里,或二三十里不等"。④ 此时咸丰元年(1851)黄河所冲铜、沛土地由于洪水业已退去,土地涸出,逃亡外地的土著居民纷纷返回家乡,从而与在此耕种的山东客民发生了激烈冲突,"主客构讼,几成不可解之仇"。⑤ 咸丰九年(1859)山东移民中的一支侯团与徐州铜山郑家集民众发生矛盾,被徐州道驱逐出境。同治元年(1862)、三年(1864)矛盾进一步激化,"同治元年又有东民在唐团边外占种沛地,设立新团,屡与沛民械斗争控,至三年六月,遂有攻破刘庄寨,连毙

---

① (明)潘季驯:《河防一览》,浙江古籍出版社2018年版,第563页。
② (清)叶方恒:《山东全河备考》,齐鲁书社1996年版,第407页。
③ (清)曾国藩:《曾国藩奏稿》,河北人民出版社2016年版,第144页。
④ (清)曾国藩:《曾国藩奏稿》,河北人民出版社2016年版,第144页。
⑤ (清)曾国藩:《曾国藩奏稿》,河北人民出版社2016年版,第144页。

数十命之事"。① 漕运总督吴棠遣兵平息,团民被杀者达上千人。针对土著与移民争端,曾国藩就其矛盾根源指出:"铜、沛之土民,当丰工初决时流亡在外,迨后数载还乡,睹此一片淤地变为山东客民之产,固已心怀不平,而官长议定所占沛地押令退还者,又仅托诸空言,并未施诸实事。且同此巨浸新涸之区,孰为湖荒,孰为民田,茫无可辨,沛民之有产者既恨其霸占,即无产者亦咸抱公愤,而团民恃其人众,置之不理,反或欺侮土著,日寻斗争,遂有不能两立之势"。② 曾国藩为解决主客矛盾,采取了较为缓和的解决措施,首先给予已被驱逐的民团部分补贴或银两,安抚其心,使其不至流离失所。其次设立专官处理主客争端,稽查保甲、听断词讼。最后将部分田亩退还于土著居民,并褒奖与捻军作战牺牲的唐团首领唐守忠,惩治沛县构讼文生王献华,以示公正无私,赏罚分明。经曾国藩处理后,湖田争端有所缓和,一直到清朝灭亡未再发生大规模的矛盾与冲突。

明清会通河的水利争端几乎完因漕河而产生。会通河人工水道的性质及其与黄河、汶河、泗河、大清河的复杂关系决定了其必须依靠大规模的水工建设及大量水工设施的修建来保障其正常运作,这由此导致了漕河用水与农田用水、水患与水利争端的频繁发生。这些矛盾一旦爆发后,往往会引起局部区域社会的动荡,使各种因水利而积聚的问题迅速爆发,引起冲突与争斗,而国家及地方社会能否正确处理这些争端,直接关系到民众的切身利益。不过在保漕国策下,民生始终要让位于漕运,这是无法改变的事实,正是基于这一原因,大量冲突只能为暂时缓和,不可能从根本上予以解决。

---

① (清)曾国藩:《曾国藩奏稿》,河北人民出版社 2016 年版,第 145 页。
② (清)曾国藩:《曾国藩奏稿》,河北人民出版社 2016 年版,第 144 页。

结　　语

山东运河是中国大运河的重要组成部分,有2500余年的历史,对沿线区域社会产生了巨大且深远的影响,从春秋菏水、战国淄济运河,再到隋唐永济渠、元明清会通河,运河在山东境内呈现出分布范围不断扩展、管理制度日加严格、影响力逐渐增强的特点,当然这种情况的出现与明清时期漕运的制度化及山东运河区域的地理、社会状况密不可分。明清山东运河的形成并非一蹴而就,从对元代济州河、会通河的沿用,再到卫河、南运河的改造提升,以及南阳新河、泇河的开凿,其过程延续达上百年之久,而运河与黄河关系的处理更是异常复杂,从借黄行运到避黄保运、黄运分离,甚至为防黄河冲决而开凿山东半岛的胶莱运河,这一系列河工措施充分体现了明清山东黄运关系的复杂性。

笔者以明清山东运河河政、河工与区域社会关系为研究对象,全面探讨了历史时期山东黄运河工建设、水工设施、衙署设置、官员职责、夫役类型、运河区域商业市镇、民间信仰与社会争端等方面的演变规律及其与国家、社会的互动关系,从而揭示了山东运河区域的特色及黄运关系的复杂性。同时,通过对明清山东运河河政、河工与区域社会历史学、地理学、社会学、民俗学等方面的深入研究与解读,对于当今的大运河文化带建设、大运河国家文化公园建设也有一定的借鉴意义。山东运河历史悠久,底蕴深厚,"文化遗产内容丰富,既包括河道、闸坝、堤防、驿站、码头、钞关、桥梁、城镇等有形的物质文化遗产,又包括文学、戏剧、民俗、信仰、礼仪、节庆等无形的非物质文化遗产",①2019 年 2 月中共中央办公厅、国务院办公厅联合印发的《大运河文化保护传承利用规划纲要》提到:"大运河遗存承载的文化是指与大运河相关的各种遗存所代表、蕴含的文化,以大运河沿线遗存的'物'为基础,其载体是大运河沿线的运河文物遗存、水工遗存、运河附属遗存以及其他关联遗存,是大运河千年历史的真实印记",因此通过对历史时期山东运河水工设施、河政衙署等物质遗存的研究、保护与利用,有助于贯彻与落实国家战略,实现历史研究与服务社会的结合。

首先,从政治角度看,对明清山东运河河政、河工的探讨有助于扩大运河史、漕运史的研究范围与深度,强化对明清山东运河衙署分布、管理结构、运作模式、黄运关系、水工设施的了解与认识,明晰山东运河在国家漕运体系中的地位与作用。明清两朝,京杭大运河山东段在国家漕运体系中占有重要地位,除因该段运道沟通南北,几乎完全为人工开凿外,还由于山东运河水源匮乏,需通过河工措施引汶济运、引泗济运、引泉济运、引湖济运,加之黄河不断冲决、淤塞,导致山东运河河工不断,国家设置了大量河政衙署管理与治理山东黄运两河,这种情况一方面提高了山东运河的政治地位,增强了国家对山东运河区域社会的关注,在工程建设、社会治理上中央政府会投入更多的财力与精力,另一方面便利的交通、较高的政治地位在王朝末期或战乱时期又往往会成为不同势力觊觎的对象,他们将运河水工设施、河政衙署、沿河市镇作为争夺的焦点,给沿河区域社会造成了巨大灾难。

其次,从经济方面看,明清两朝山东运河的贯通及黄运两河的大规模治理促进了沿线市镇的发展、商货的流通及市场体系的建构。明清山东运河贯通南北、勾连东西,大量漕船、商船、民船通过山东运河前往全国各地,加快了商

---

① 胡梦飞:《山东运河文化遗产保护、传承与利用研究》,中国社会科学出版社 2021 年版,第 46 页。

人、客货在山东运河区域的聚集与转输,刺激了济宁、临清、张秋等商业城市的崛起,建构起了大型商埠、中等商业城市、小型商业市镇的市场网络体系,提升了山东在国家经济中的地位。而频繁的黄运河工建设则扩大了对物料、夫役的需求,使粮食、木材、铁货、劳动力市场异常繁荣。另外山东运河沿线大量的闸坝等水工设施,在一定程度上延缓了商船、民船的通行效率,众多船只需要待闸停留,船上人员纷纷上岸销售货物、购买土产、消费娱乐,既繁荣了当地商品市场,又促进了手工业、服务业的发展,使山东运河沿线客货云集,百业兴旺。

最后,明清山东运河河政、河工建设对区域社会自然环境、社会文化环境也产生了巨大且深远的影响。运河是一把双刃剑,在带来市镇发展、商业繁荣的同时,也破坏了沿线生态平衡,导致沿线水环境、土壤环境恶化,自然灾害频发,给沿河民众造成了巨大灾难。山东运河水源匮乏,其堤防不但阻碍了东西向自然河流的正常下泄,致使洪水泛滥于运河以西区域,冲决田亩,漂荡庐舍,导致土地沙化、盐碱化现象异常严重,而且占用了大量水源,使黄河、汶、泗、济、沂、徒骇、马颊诸河及沿线湖泊布局发生了明显改变,河流自然就下的规律遭到破坏,导致漕河用水与农业需水、运道泄水与民众防洪始终处于一种紧张与矛盾的状态。面对运河匮水及涨溢等问题,明清政府为保障漕粮北达京师,不惜以夺取农田灌溉水源或以沿线田亩为泄水之区为代价,甚至通过向金龙四大王、真武大帝、天妃等水神祈祷,以希冀黄运两河安澜。而日益激烈的水利冲突与争端,削弱了国家对基层社会的控制,导致各类矛盾不断。为缓和局势,明清政府试图在不影响漕河用水的基础上予以调解,力图将争端消弭于初期,但王朝利益与区域社会利益、官府利益与民众利益并非完全一致,加之矛盾的调节者本身就带有利益诉求,从而使诸多水利冲突延续上百年之久,始终不能得到彻底解决。

总之,通过对明清山东运河河政、河工与区域社会的研究,可以使我们对明清时期山东运河的历史演变及其与国家、社会的互动关系有更加清晰的了解,既能认识到黄运关系的处理并非简单的河工建设、工程维持,又能透过现象认识到本质,即漕运体系下的河工行为具有浓厚的政治性,充分体现了工程国家与水利社会之间既统一又矛盾的关系。而在山东运河沿线设置河政衙署、委派官员更多的是一种国家行为,即通过中央政权的强制力量,以河政体系的完善、河官职责的发挥、大量夫役的设置,使山东运河置于王朝控制之下,充分发挥其稳固统治的作用。同时山东运河还促进了沿线城镇的崛起、商业的发展,甚至对国家神灵体系、民间信仰、种植结构、水利争端都产生了巨大的影响,深刻凸显了运河不仅是一条交通之河、政治之河,更是一条经济之河、文化之河、社会之河。

参 考 文 献

一、古籍文献

1.（春秋）左丘明：《左传》，中华书局 2007 年版。

2.（汉）司马迁：《史记》，中华书局 2006 年版。

3.（汉）刘向：《战国策》，中华书局 2019 年版。

4.（南朝宋）范晔：《后汉书》，中华书局 2000 年版。

5.（北魏）郦道元：《水经注》，中华书局 2009 年版。

6.（唐）魏征：《隋书》，中华书局 1973 年版。

7.（唐）房玄龄：《晋书》，中华书局 1974 年版。

8.（唐）李吉甫：《元和郡县图志》，中华书局 1983 年版。

9.（后晋）刘昫：《旧唐书》，中华书局 1975 年版。

10.（宋）范成大：《桂海虞衡志》，中华书局 2002 年版。

11.（宋）司马光：《资治通鉴》，上海古籍出版社 2017 年版。

12.（宋）欧阳修：《新唐书》，中华书局 1975 年版。

13.（元）脱脱：《宋史》，中华书局 1985 年版。

14.（元）脱脱：《金史》，中华书局 2020 年版。

15.（元）偈傒斯：《偈傒斯全集》，上海古籍出版社 1985 年版。

16.（明）宋濂：《元史》，中华书局 2000 年版。

17.（明）丘浚：《大学衍义补》，江苏大学出版社 2018 年版。

18.（明）王琼：《漕河图志》，水利电力出版社 1990 年版。

19.（明）陈邦瞻：《元史纪事本末》，商务印书馆 1935 年版。

20.（明）何乔远：《名山藏》，江苏广陵古籍刻印社 1993 年版。

21.（明）周之翰：《通粮厅志》，北京出版社 2019 年版。

22.（明）潘季驯：《河防一览》，明万历十八年（1590）刻本。

23.（明）谢肇淛：《北河纪》，明万历刻本。

24.（明）刘天和：《问水集》，中国水利工程学会 1936 年版。

25.（明）王在晋：《通漕类编》，齐鲁书社 1996 年版。

26.（明）陆钶：嘉靖《山东通志》，明嘉靖刻本。

27.（明）胡瓒：《泉河史》，明万历刻清顺治增修本。

28.（明）王宠：《东泉志》，明正德五年（1510）刻本。

29.（明）朱泰：万历《兖州府志》，明万历刻本。

30.（明）官修：《明实录》，中华书局 2016 年版。

31.（明）程敏政：《明文衡》，吉林人民出版社 1998 年版。

32.（明）杨宏、谢纯：《漕运通志》，方志出版社 2006 年版。

33.（明）王鏊：《王鏊集》，上海古籍出版社 2013 年版。

34.（明）张居正：《张太岳集》，中国书店 2019 年版。

35.（明）宋应星：《天工开物》，商务印书馆 1933 年版。

36.（明）万恭：《治水筌蹄》，水利电力出版社 1985 年版。

37.（明）崔旦：《海运编》，商务印书馆 1937 年版。

38.（明）李清：《三垣笔记》，中华书局 1982 年版。

39.（清）狄敬：《夏镇漕渠志略》，书目文献出版社 1997 年版。

40.（清）张廷玉：《明史》，中华书局 1974 年版。

41.（清）傅维麟：《明书》，商务印书馆 1936 年版。

42.（清）傅泽洪：《行水金鉴》，商务印书馆 1937 年版。

43.（清）顾祖禹：《读史方舆纪要》，中华书局 2005 年版。

44.（清）顾炎武：《天下郡国利病书》，上海古籍出版社 2012 年版。

45.（清）夏燮：《明通鉴》，线装书局 2009 年版。

46.（清）李大铺：《河务所闻集》，中国水利工程学会 1937 年版。

47.（清）顾炎武：《肇域志》，上海古籍出版社 2004 年版。

48.（清）李世禄：《修防琐志》，中国水利工程学会 1937 年版。

49.（清）查继佐：《明书》，齐鲁书社 2000 年版。

50.（清）曾国藩：《曾国藩全集》，岳麓书社 2011 年版。

51.（清）丁宝桢：《丁文诚公奏稿》，贵州历史文献研究会 2000 年版。

52.（清）张伯行：《居济一得》，商务印书馆 1936 年版。

53.（清）薛凤祚：《两河清汇》，清文渊阁四库全书本。

54.（清）白钟山：《豫东宣防录》，清乾隆五年（1740）刻本。

55.（清）苏潜修：《灵山卫志校注》，五洲传播出版社 2002 年版。

56.（清）黎世序：《续行水金鉴》，商务印书馆 1936 年版。

57.（清）翁同龢：《翁同龢日记》，中华书局 1989 年版。

58.（清）刘坤一：《刘坤一集》，岳麓书社 2018 年版。

59.（清）左宗棠：《左宗棠全集》，岳麓书社 2014 年版。

60.（清）刘锦藻：《清朝续文献通考》，商务印书馆 1955 年版。

61.（清）叶方恒：《山东全河备考》，清康熙十年（1680）刻本。

62.（清）靳辅：《治河方略》，清刊本。

63.（清）张鹏翮：《治河全书》，清钞本。

64.（清）潘世恩：嘉庆《大清一统志》，四部丛刊续编景旧钞本。

65.（清）黄春圃：《山东运河图说》，清抄本。

66.（清）孙鼎臣：《河防纪略》，清咸丰九年（1859）刻本。

67.（清）林芃：康熙《张秋志》，清康熙九年（1670）刻本。

68.（清）蔡绍江：《漕运河道图考》，清刻本。

69.（清）董恂：《江北运程》，清咸丰十年（1860）刻本。

70.（清）嵩山：嘉庆《东昌府志》，清嘉庆十三年（1808）刻本。

71.（清）贺长龄：《清经世文续编》，清光绪石印本。

72.（清）孙承泽：《春明梦余录》，北京古籍出版社 1992 年版。

73.（清）陆耀：《山东运河备览》，清乾隆十四年（1775）刻本。

74.（清）黄彭年：《畿辅通志》，河北人民出版社 1998 年版。

75.（清）官修：《清实录》，中华书局 2012 年影印版。

76.（清）朱鋐：《河漕备考》，清抄本。

77.（清）康基田：《河渠纪闻》，清嘉庆霞荫堂刻本。

78.（清）魏源：《魏源全集》，岳麓书社 2004 年版。

79.（清）郑观应：《郑观应集》，上海人民出版社 1982 年版。

80.（清）欧阳昱：《见闻琐录》，岳麓书社 1986 年版。

81.（清）胡德琳：乾隆《济宁直隶州志》，清乾隆四十三年（1778）刻本。

82.（清）于睿明：康熙《临清州志》，清康熙十三年（1681）刻本。

83.（清）方学成：乾隆《夏津县志》，清乾隆六年（1741）刻本。

84.（清）王政：道光《滕县志》，清道光二十六年（1846）刻本。

85. 柯劭忞：《新元史》，中国书店 1988 年版。

86. 吴笈孙：《豫河志》，民国十二年（1923）本。

87. 徐子尚：民国《临清县志》，民国二十三年（1934）铅印本。

88. 孙葆田：民国《山东通志》，民国七年（1918）铅印本。

二、专著

1. 全汉升：《唐宋帝国与运河》，商务印书馆 1944 年版。

2. 史念海：《中国的运河》，陕西人民出版社 1988 年版。

3. 陈桥驿：《中国运河开发史》，中华书局 2008 年版。

4. 姚汉源：《京杭运河史》，中国水利水电出版社 1998 年版。

5. 姚汉源：《黄河水利史研究》，黄河水利出版社 2003 年版。

6. 姚汉源：《中国水利发展史》，上海人民出版社 2005 年版。

7. 安作璋：《中国运河文化史》，山东教育出版社 2006 年版。

8. 邹逸麟：《中国历史地理概述》，福建人民出版社 1993 年版。

9. 邹逸麟：《黄淮海平原历史地理》，安徽教育出版社 1997 年版。

10. 许檀：《明清华北的商业城镇与市场层级》，科学出版社 2021 年版。

11. 许檀：《明清时期山东商品经济的发展》，中国社会科学出版社 1998 年版。

12. 王云：《明清山东运河区域社会变迁》，人民出版社 2006 年版。

13. 王云、李泉：《山东运河文化研究》，齐鲁书社 2006 年版。

14. 周魁一：《二十五史河渠志注释》，中国书店 1990 年版。

15. 蔡蕃：《京杭大运河水利工程》，电子工业出版社 2014 年版。

16. 蔡泰彬：《明代漕河之整治与管理》，台北商务印书馆 1992 年版。

17. 李治亭：《中国漕运史》，文津出版社 2008 年版。

18. 傅崇兰：《中国运河城市发展史》，四川人民出版社 1985 年版。

19. 张含英：《历代治河方略述要》，商务印书馆 1945 年版。

20. 吴琦：《漕运与中国社会》，华中师范大学出版社 1999 年版。

21. 倪玉平：《清代漕粮海运与社会变迁》，上海书店出版社 2005 年版。

22. 贾国静：《黄河铜瓦厢决口改道与晚清政局》，社会科学文献出版社 2019 年版。

23. 李德楠：《明清黄运地区的河工建设与生态环境变迁研究》，中国社会科学出版社 2018 年版。

24. 王云、郑民德：《中国运河志·人物》，江苏凤凰科学技术出版社 2019 年版。

26. 郑民德：《明清运河漕运仓储与区域社会研究》，人民出版社 2020 年版。

27. ［美］彭慕兰著、马俊亚译：《腹地的构建：华北内地的国家、社会和经济（1853—1937）》，上海人民出版社 2017 年版。

28. ［美］黄仁宇：《明代的漕运》，新星出版社 2005 年版。

29. ［日］星斌夫：《大运河—中国の漕运》，近藤出版社 1971 年版。

30. 邹宝山：《京杭运河治理与开发》，水利电力出版社 1990 年版。

31. 王玉朋：《清代山东运河河工经费研究》，中国社会科学出版社 2021 年版。

32. 胡梦飞：《山东运河文化遗产保护、传承与利用研究》，中国社会科学出版社 2021 年版。

33. 周广骞：《山东方志运河文献研究》，中国社会科学出版社 2021 年版。

34. 山东省济宁市政协文史资料委员会编：《济宁运河文化》，中国文史出版社 2000 年版。

35. 钟行明：《经理运河：大运河管理制度及其建筑》，东南大学出版社 2019 年版。

36. 山东运河航运史编纂委员会编：《山东运河航运史》，山东人民出版社 2011 年版。

37. 左慧元：《黄河金石录》，黄河水利出版社 1999 年版。

38. 于德普、梁自洁：《山东运河文化文集》，齐鲁书社 2003 年版。

39. 高建军：《山东运河民俗》，济南出版社 2006 年版。

40. 成淑君：《明代山东农业开发研究》，齐鲁书社 2006 年版。

41. 程方：《明代山东的农业与民生研究》，天津人民出版社 2012 年版。

42. 杨发源：《清代山东城市发展研究》，湖北人民出版社 2013 年版。

43. 王宝卿：《明清以来山东种植结构变迁及其影响研究》，中国农业出版社 2007 年版。

44. 王守亮：《明清小说中的山东城市映像研究》，山东大学出版社 2022 年版。

45. 胡梦飞：《明清时期山东运河区域民间信仰研究》，社会科学文献出版社 2019 年版。

46. 赵维平：《明清小说与运河文化》，上海三联书店 2007 年版。

47. 王耀：《水道画卷：清代京杭大运河舆图研究》，中国社会科学出版社 2016 年版。

48. 张从军：《山东运河》，山东美术出版社 2013 年版。

49. 山曼：《山东黄河民俗》，济南出版社 2005 年版。

50. 山东黄河河务局编：《山东黄河大事记》，黄河水利出版社 2006 年版。

51. 本书编委会:《济宁京杭运河及南旺枢纽》,中国水利水电出版社 2018 年版。

52. 余敏辉:《区域发展与文化认同——明清徽商、大运河与长三角关系研究》,安徽大学出版社 2021 年版。

53. 徐照林:《运河系统工程研究》,新华出版社 2019 年版。

54. 欧阳洪:《京杭运河工程史考》,江苏省航海学会 1988 年版。

55. 金诗灿:《清代河官与河政研究》,武汉大学出版社 2016 年版。

56. 董运启:《泇运河的前世今生》,山东人民出版社 2015 年版。

57. 政协山东省聊城市委员会编:《运河名城聊城》,中国文史出版社 2021 年版。

58. 胡克诚:《京杭运河桥梁遗产与地名》,中国社会出版社 2016 年版。

59. 井扬:《居天下之首的临清运河钞关》,中国财政经济出版社 2016 年版。

60. 张礼恒、吴欣、李德楠:《鲁商与运河商业文化》,山东人民出版社 2010 年版。

三、论文

1. 姚汉源:《从历史上看中国水利的特征》,《水利学报》1985 年第 5 期

2. 邹逸麟:《运河对中华文明发展的意义》,《月读》2018 年第 11 期。

3. 许檀:《明清时期华北的商业城镇与市场层级》,《中国社会科学》2016 年第 11 期。

4. 许檀:《明清时期的临清商业》,《中国经济史研究》1986 年第 2 期。

5. 王云:《明清时期山东运河区域的徽商》,《安徽史学》2004 年第 3 期。

6. 王云:《明清山东运河区域的商人会馆》,《聊城大学学报》2008 年第 6 期。

7. 王云:《明清山东运河区域社会变迁的历史趋势及特点》,《东岳论丛》2008 年第 3 期。

8. 王云:《明清时期山东的山陕商人》,《东岳论丛》2003 年第 2 期。

9. 王云:《明清时期山东运河区域的金龙四大王崇拜》,《民俗研究》2005 年第 2 期。

10. 李泉:《中国运河文化的形成及其演进》,《东岳论丛》2008 年第 3 期。

11. 马俊亚:《集团利益与国运衰变——明清漕粮河运及其社会生态后果》,《南京大学学报》2008 年第 2 期。

12. 封越健:《论明代京杭运河的管理体制》,《明史研究》1997 年第 1 期。

13. 封越健:《明代京杭运河的工程管理》,《中国史研究》1993 年第 1 期。

14. 吴琦、李想:《清代漕河中的百万"衣食者"——兼论清代漕运对运河大众生计的影响》,《华中师范大学学报》(人文社会科学版)2021 年第 6 期。

15. 毛佩琦:《明代临清钩沉》,《北京大学学报》(哲学社会科学版)1988 年第 5 期。

16. 孙竞昊、汤声涛:《明清至民国时期济宁宗教文化探析》,《史林》2021 年第 3 期。

17. 孙竞昊、佟远鹏:《遏制地方:明清大运河体制下济宁社会的权力网络与机制》,《安徽史学》2021 年第 2 期。

18. 倪玉平:《试论清代的漕粮海运文化》,《故宫博物院院刊》2008 年第 2 期。

19. 朱玲玲:《明代对大运河的治理》,《中国史研究》1980 年第 2 期。

20. 官美堞:《明清时期的张秋镇》,《山东大学学报》(哲学社会科学版)1996 年第 2 期。

21. 陈冬生:《明清山东运河地区经济作物种植发展述论——以棉花、烟草、果木的经营为例》,《东岳论丛》1998 年第 1 期。

22. 吴欣:《明清京杭运河河工组织研究》,《史林》2010 年第 2 期。

23. 吴欣:《明清时期京杭运河的社会组织浅议》,《中原文化研究》2015 年第 3 期。

24. 吴欣:《明清时期京杭运河浅铺研究》,《安徽史学》2012 年第 3 期。

25. 吴欣:《明清山东运河区域"水神"研究》,《社会科学战线》2013 年第 9 期。

26. 李德楠:《水患与良田:嘉道间系列盗决黄河堤防案的考察》,《苏州大学学报》2020 年第 2 期。

27. 李德楠:《清代河工物料的采办及社会影响》,《中州学刊》2010 年第 5 期。

28. 李德楠:《试论明清时期河工用料的时空演变——以黄运地区的硬料为中心》,《聊城大学学报》2010 年第 1 期。

29. 李德楠:《明清京杭运河引水工程及其对农业的影响》,《农业考古》2013 年第 4 期。

30. 贾国静:《清代河政体制演变论略》,《清史研究》2011 年第 3 期。

31. 江晓成:《清前期河工体制变革考》,《社会科学辑刊》2015 年第 3 期。

32. 江晓成:《清前期河道总督的权力及其演变》,《求是学刊》2015 年第 5 期。

33. 郑民德:《明清小说中的山东运河城市》,《城市史研究》2021 年第 1 期。

34. 郑民德:《明清时期山东运河区域的真武大帝信仰》,《中国道教》2020 年第 4 期。

35. 戴龙辉:《清代河政体系下的河兵研究》,《史学月刊》2019 年第 5 期。

36. 潘威:《重析咸丰五年黄河"铜瓦厢改道"的形成》,《史林》2021 年第 5 期。

37. 王永谦:《浅谈清代大运河的兴废》,《中国历史博物馆馆刊》1993 年第 1 期。

38. 袁飞:《清代漕运河道考述》,《中国农史》2014 年第 2 期。

39. 钮仲勋:《黄河与运河关系的历史研究》,《人民黄河》1997 年第 1 期。

40. 王元林、孟昭峰:《元明清时期引汶济运及其影响》,《人民黄河》2009 年第 4 期。

41. 郑民德:《明清小说中运河城市临清与淮安的比较研究》,《明清小说研究》2021 年第 2 期。

42. 胡克诚:《庙堂与河工:嘉靖七年运河之议探微》,《运河学研究》2018 年第 2 期。

43. 吴士勇:《明代万历年间总漕与总河之争论述》,《南昌大学学报》2017 年第 4 期。

44. 钟行明:《元明清大运河管理制度的演进》,《运河学研究》2018 年第 1 期。

45. 张轲风:《清代河道总督建置考论》,《历史教学》(高校版)2008 年第 9 期。

46. 裴丹青:《嘉道年间河款到工率探析》,《清史研究》2022 年第 2 期。

47. 胡梦飞:《明清时期山东地区的金龙四大王信仰》,《山东青年政治学院学报》2016 年第 3 期。

48. 张晓虹、程佳伟:《明清时期黄河流域金龙四大王信仰的地域差异》,《历史地理》2011 年第 1 期。

49. 高元杰:《环境史视野下清代河工用秸影响研究》,《史学月刊》2019 年第 2 期。

50. 高元杰:《清代运河水柜微山湖水位控制与管理运作——基于湖口闸志桩收水尺寸数据的分析》,《中国农史》2022 年第 1 期。

51. 高元杰:《会通河引水工程演变中的水沙因素》,《华北水利水电学院学报》2012 年第 4 期。

52. 王玉朋:《明代大运河沿线湖田开发政策的演变》,《档案与建设》2022 年第 5 期。

53. 王玉朋:《清代山东运河冬挑经费研究》,《农业考古》2021 年第 6 期。

54. 牛志奇:《明清时期的河道总督制度》,《中国水利》2020 年第 10 期。

55. 刘德岑:《元明时代会通河的沿革》,《西南师范学院学报》1957 年第 1 期。

56. 卞师军、郭孟良:《试析明清运河之水柜湖田的成因》,《齐鲁学刊》1990 年第 6 期。

57. 李泉:《明清时期江北运河对区域农业发展的影响》,《中国社会科学报》2017 年 5 月 16 日。

58. 崔建利、马忠庚:《明清时期的漕运总督与河道总督》,《光明日报》2009 年 3 月

17 日。

59. 李德楠、胡克诚：《从良田到泽薮：南四湖"沉粮地"的历史考察》，《中国历史地理论丛》2014 年第 4 期。

60. 李德楠：《国家运道与地方城镇：明代泇河的开凿及其影响》，《东岳论丛》2009 年第 12 期。

61. 李德楠：《比较视野下的明清运河城市——以济宁、临清为例》，《中国名城》2015 年第 7 期。

62. 钟行明：《明清山东运河船闸的空间分布与管理运作》，《建筑文化》2016 年第 5 期。

63. 钟行明：《明清山东运河水柜管理运作》，《建筑与文化》2016 年第 6 期。

64. 朱年志：《明清山东运河与沿岸小城镇发展》，《华北水利水电大学学报》2015 年第 4 期。

65. 郑民德：《明清山东运河城市历史变迁研究——以聊城为对象的考察》，《聊城大学学报》2017 年第 5 期。

66. 王玉朋、高元杰：《明清山东运河区域城市洪涝及御洪之策》，《聊城大学学报》2017 年第 2 期。

67. 曹志敏：《清代山东运河补给及其对农业生态的影响》，《安徽农业科学》2014 年第 15 期。

68. 吴琦、杨露春：《保水济运与民田灌溉——利益冲突下的清代山东漕河水利之争》，《东岳论丛》2009 年第 2 期。

69. 孟艳霞：《明代山东运河区人地矛盾及引发生态环境问题探析》，《青岛农业大学学报》2017 年第 4 期。

70. 陈麟辉、张春美：《清代大运河淤塞原因略论》，《历史教学问题》1993 年第 5 期。

责任编辑：柴晨清

图书在版编目(CIP)数据

明清山东运河河政、河工与区域社会研究 / 郑民德
著. -- 北京 ： 人民出版社，2024. 11. -- ISBN 978‐7‐01
‐026917‐7

Ⅰ. TV882. 852；C912. 8

中国国家版本馆 CIP 数据核字第 2024VZ2636 号

明清山东运河河政、河工与区域社会研究
MINGQING SHANDONG YUNHE HEZHENG HEGONG YU QUYU SHEHUI YANJIU

郑民德　著

人民出版社 出版发行
(100706　北京市东城区隆福寺街 99 号)

北京九州迅驰传媒文化有限公司印刷　新华书店经销

2024 年 11 月第 1 版　2024 年 11 月北京第 1 次印刷
开本:710 毫米×1000 毫米 1/16　印张:22
字数:331 千字

ISBN 978‐7‐01‐026917‐7　定价:89.00 元

邮购地址 100706　北京市东城区隆福寺街 99 号
人民东方图书销售中心　电话 (010)65250042　65289539